Teubner Studienbücher

Informatik

Berstel: Transductions and Context-Free Languages
278 Seiten. DM 38,– (LAMM)

Bolch/Akyildiz: Analyse von Rechensystemen
Analytische Methoden zur Leistungsbewertung und Leistungsvorhersage
269 Seiten. DM 28,80

Dal Cin: Fehlertolerante Systeme
206 Seiten. DM 24,80 (LAMM)

Ehrig et al.: Universal Theory of Automata
A Categorical Approach. 240 Seiten. DM 24,80

Giloi: Principles of Continuous System Simulation
Analog, Digital and Hybrid Simulation in a Computer Science Perspective
172 Seiten. DM 25,80 (LAMM)

Hotz: Informatik: Rechenanlagen
Struktur und Entwurf. 136 Seiten. DM 17,80 (LAMM)

Kandzia/Langmaack: Informatik: Programmierung
234 Seiten. DM 24,80 (LAMM)

Kupka/Wilsing: Dialogsprachen
168 Seiten. DM 21,80 (LAMM)

Maurer: Datenstrukturen und Programmierverfahren
222 Seiten. DM 26,80 (LAMM)

Mehlhorn: Effiziente Algorithmen
240 Seiten. DM 26,80 (LAMM)

Oberschelp/Wille: Mathematischer Einführungskurs für Informatiker
Diskrete Strukturen. 236 Seiten. DM 24,80 (LAMM)

Paul: Komplexitätstheorie
247 Seiten. DM 26,80 (LAMM)

Richter: Betriebssysteme
Eine Einführung. 152 Seiten. DM 24,80 (LAMM)

Richter: Logikkalküle
232 Seiten. DM 24,80 (LAMM)

Schlageter/Stucky: Datenbanksysteme: Konzepte und Modelle
2. Aufl. 368 Seiten. DM 29,80 (LAMM)

Schnorr: Rekursive Funktionen und ihre Komplexität
191 Seiten. DM 25,80 (LAMM)

Spaniol: Arithmetik in Rechenanlagen
Logik und Entwurf. 208 Seiten. DM 24,80 (LAMM)

Vollmar: Algorithmen in Zellularautomaten
Eine Einführung. 192 Seiten. DM 23,80 (LAMM)

Weck: Prinzipien und Realisierung von Betriebssystemen
299 Seiten. DM 29,80 (LAMM)

Wirth: Compilerbau
Eine Einführung. 2. Aufl. 94 Seiten. DM 16,80 (LAMM)

Wirth: Systematisches Programmieren
Eine Einführung. 4. Aufl. 160 Seiten. DM 22,80 (LAMM)

Preisänderungen vorbehalten

Teubner Studienbücher   Informatik

G. Schlageter / W. Stucky
Datenbanksysteme: Konzepte und Modelle

Leitfäden der angewandten Mathematik und Mechanik LAMM

Unter Mitwirkung von
Prof. Dr. E. Becker, Darmstadt
Prof. Dr. G. Hotz, Saarbrücken
Prof. Dr. P. Kall, Zürich
Prof. Dr. Dr.-Ing. E. h. K. Magnus, München
Prof. Dr. E. Meister, Darmstadt
Prof. Dr. Dr. h. c. F. K. G. Odqvist, Stockholm

herausgegeben von
Prof. Dr. Dr. h. c. H. Görtler, Freiburg

Band 37

Die Lehrbücher dieser Reihe sind einerseits allen mathematischen Theorien und Methoden von grundsätzlicher Bedeutung für die Anwendung der Mathematik gewidmet; andererseits werden auch die Anwendungsgebiete selbst behandelt. Die Bände der Reihe sollen dem Ingenieur und Naturwissenschaftler die Kenntnis der mathematischen Methoden, dem Mathematiker die Kenntnisse der Anwendungsgebiete seiner Wissenschaft zugänglich machen. Die Werke sind für die angehenden Industrie- und Wirtschaftsmathematiker, Ingenieure und Naturwissenschaftler bestimmt, darüber hinaus aber sollen sie den im praktischen Beruf Tätigen zur Fortbildung im Zuge der fortschreitenden Wissenschaft dienen.

Datenbanksysteme: Konzepte und Modelle

Von Dr. rer. pol. Gunter Schlageter
o. Professor an der FernUniversität Hagen

und Dr. rer. nat. Wolffried Stucky
o. Professor an der Universität Karlsruhe

2., neubearbeitete und erweiterte Auflage
Mit 70 Abbildungen, einigen Tabellen
und zahlreichen Beispielen

 B. G. Teubner Stuttgart 1983

Prof. Dr. rer. pol. Gunter Schlageter

1943 geboren in Lörrach. Von 1964 bis 1969 Studium der Elektrotechnik/ Nachrichtentechnik an der Universität (TH) Karlsruhe. 1969 bis 1970 wissenschaftlicher Mitarbeiter am Geophysikalischen Institut der Unversität Karlsruhe. 1970 bis 1978 wissenschaftlicher Mitarbeiter am Institut für Angewandte Informatik und Formale Beschreibungsverfahren der Universität Karlsruhe (TH). 1973 Promotion bei H. Maurer und W. Stucky. 1977 Habilitation für Informatik an der Universität Karlsruhe. 1978 bis 1979 wissenschaftlicher Rat und Professor an der Abteilung für Informatik der Universität Dortmund. Seit 1979 ordentlicher Professor für Praktische Informatik an der FernUniversität Hagen.

Prof. Dr. rer. nat. Wolffried Stucky

1939 geboren in Bad Kreuznach. 1959 bis 1965 Studium der Mathematik an der Universität des Saarlandes. 1965 Diplom in Mathematik. 1965 bis 1966 wissenschaftlicher Mitarbeiter (DFG) bei J. Dörr und G. Hotz am Institut für Angewandte Mathematik der Universität des Saarlandes. 1966 bis 1970 wissenschaftlicher Assistent am Institut für Angewandte Mathematik der Universität des Saarlandes. 1970 Promotion bei G. Hotz. 1970 bis 1975 wissenschaftlicher Mitarbeiter in der pharmazeutischen Industrie (1970 bis 1971 Firma Boehringer Mannheim GmbH, 1972 bis 1975 Firma E. Merck, Darmstadt). 1971 bis 1975 Inhaber des Stiftungslehrstuhls für Organisationstheorie und Datenverarbeitung (Mittlere Datentechnik) der Universität Karlsruhe (nebenamtlich). Seit 1976 ordentlicher Professor für Angewandte Informatik an der Fakultät für Wirtschaftswissenschaften der Universität Karlsruhe (TH).

CIP-Kurztitelaufnahme der Deutschen Bibliothek
Schlageter, Gunter:
Datenbanksysteme : Konzepte u. Modelle / von
Gunter Schlageter u. Wolffried Stucky. — 2.,
neubearb. und erw. Aufl. — Stuttgart : Teubner,
1983.
  (Leitfäden der angewandten Mathematik und
  Mechanik ; Bd. 37) (Teubner-Studienbücher :
  Informatik)
  ISBN 978-3-519-12339-2   ISBN 978-3-322-93995-1 (eBook)
  DOI 10.1007/978-3-322-93995-1
NE: Stucky, Wolffried:; 1. GT

Gesamtherstellung: Beltz Offsetdruck, Hemsbach/Bergstraße
Umschlaggestaltung: W. Koch, Sindelfingen

VORWORT

Das Gebiet der Datenbanksysteme durchläuft in den letzten Jahren
eine geradezu stürmische Phase der Entwicklung, so daß es sicherlich nicht unproblematisch ist, zum gegenwärtigen Zeitpunkt ein
Buch über Datenbanksysteme zu schreiben. Andererseits hat das Gebiet inzwischen einen solchen Umfang angenommen - und zugleich haben sich einige Konzepte ausreichend durchgesetzt -, daß für denjenigen, der sich mit dem Gebiet etwas ausführlicher befassen will,
dringend eine systematische, auf das Wesentliche beschränkte Einführung benötigt wird. Dieser Versuch wird mit dem vorliegenden
Buch unternommen.

Wir sind uns darüber im klaren, daß die Stoffauswahl und Tiefe der
Behandlung der einzelnen Fragen beim Umfang eines solchen Buches
etwas willkürlichen Charakter haben muß. Ziel war es, die wesentlichen, weithin anerkannten Konzepte herauszuarbeiten, dabei aber
zugleich einen Überblick über den Kernbereich des Gesamtgebietes
zu geben; einige der jüngsten, noch unsicheren Entwicklungen sind
nur angedeutet, Randentwicklungen oder sehr in die Zukunft reichen-
de Ideen konnten nicht vorgestellt werden.

Entsprechend dem Wissensstand auf dem Gebiet konnten auch in diesem Buch nicht alle Fragen in gleicher Tiefe behandelt werden.
Während einige Probleme sehr genau untersucht und verstanden und
mit formalen Methoden beschreibbar und analysierbar sind, müssen
andere Problemkreise mehr verbal und intuitiv diskutiert werden.
Wir haben uns jedoch bemüht, soweit als möglich gängige, aber un-
scharfe Konzepte exakt zu definieren.

Das Buch ist in sich abgeschlossen und setzt keine besonderen Ma-
thematik- oder Informatikkenntnisse voraus.

Das druckfertige Manuskript wurde von Frau M. Uhtes und Frau
I. Jakob unter Opferung einiger Abende hergestellt, die Abbildungen wurden von Frau M. Uhtes und Fräulein I. Lempert angefertigt.
Wir danken allen für ihre sorgfältige Arbeit. - Dem Teubner-Verlag
danken wir für gute Zusammenarbeit und rasche Drucklegung.

Last not least danken wir unseren Familien, die vor allem in den
letzten Wochen der Fertigstellung dieses Buches sehr stark in
Mitleidenschaft gezogen waren, für Ihr Verständnis.

Karlsruhe, im Juni 1977   G. Schlageter
                                                 W. Stucky

Vorwort zur zweiten Auflage

Seit dem Erscheinen der 1. Auflage dieses Buches sind nunmehr
6 Jahre ins Land gegangen - eine lange Zeit für das Gebiet der
Informatik generell, für Datenbanksysteme im besonderen. Es hat
sich vieles getan im Bereich Datenbanksysteme: viele Dinge sieht
man heute ganz anders als noch vor 6 Jahren, viele Dinge haben
sich weiterentwickelt bzw. sind neu entstanden, wenn auch viele
Grundkonzepte geblieben sind. Die Folge ist, daß die nunmehr vor-
liegende 2. Auflage dieses Buches mit der 1. in weiten Teilen nur
noch den Buchtitel gemeinsam hat.

Wir haben zunächst einige Kapitel umgestellt; dies mag nur äußer-
lich scheinen, aber es steckt doch etwas mehr dahinter: insbesondere wird durch die Verschiebung des früheren Kapitels 2 zum jetzigen Kapitel 7 die Reihenfolge "logische Ebene vor physischer Ebene"
stärker betont. Beim Netzwerk-Datenmodell liegen die neuesten CODA-
SYL-Vorschläge zugrunde, wenn diese auch zum Teil noch etwas der
Abklärung bedürfen. Das hierarchische Datenmodell ist weiter enthalten, jetzt sogar in einem eigenen Kapitel, es wird allerdings
- im Gegensatz zu vielen anderen Autoren - seiner Bedeutung für
die grundsätzliche Datenbankdiskussion entsprechend wiederum nur
relativ kurz behandelt. (Über die Bedeutung für die Praxis soll
damit nichts ausgesagt sein.) Das relationale Datenmodell, über
welches in den letzten Jahren eine Unmenge an Literatur neu hinzu-
kam, ist nun von der theoretischen Seite her - vor allem auch aufgrund eigener Überlegungen und Erfahrungen in Vorlesungen - wesentlich stärker abgesichert; so wird beispielsweise eine Unterschei-

dung zwischen Relation, Relationsvariable, Relationstyp, relationales Schema konsequent herausgearbeitet (Kapitel 6), die Theorie der funktionalen Abhängigkeiten und Normalformen etwas ausführlicher behandelt. Das Kapitel über die physische Datenorganisation wurde ebenfalls in Teilen wesentlich geändert; außerdem wurden nur noch solche Datenstrukturen aufgenommen, die für die Realisierung von Datenbanksystemen von Bedeutung sind. Und schließlich wurde, ihrer Bedeutung gemäß, die Recovery zu einem eigenen, wenn auch relativ kleinen Kapitel, das Kapitel Datenschutz wurde erweitert. So gerne wir ein Kapitel über das aktuelle Gebiet der "verteilten Datenbanksysteme" aufgenommen hätten - die Stoffülle der grundlegenden Konzepte, die ja in diesem Buch im Vordergrund stehen sollen, erlaubte dies nicht.

Wir hoffen, daß wir mit dieser zweiten Auflage ein Buch vorlegen, welches in einheitlicher Weise die wichtigen Konzepte und Modelle für Datenbanksysteme beschreibt, und wir wünschen uns, daß dieser Auflage ein ebenso großer Erfolg beschieden sein wird wie der ersten.

Für wertvolle Anmerkungen und Anregungen, sowohl schriftlicher Art wie in vielen Gesprächen, die uns bei der Abfassung dieser zweiten Auflage sehr nützlich waren, danken wir allen, von denen sie kamen; insbesondere möchten wir hier namentlich erwähnen die Herren M. Mresse vom Institut für Informatik der Universität Zürich und R. Krieger vom Institut für Angewandte Informatik und Formale Beschreibungsverfahren der Universität Karlsruhe (TH).

Das druckfertige Manuskript wurde von Frau H. Holland und Frau M. Uhtes hergestellt, die Abbildungen wurden von Herrn C. Warnecke angefertigt. Wir danken allen für ihre sorgfältige Arbeit. -
Dem Teubner-Verlag danken wir für die Geduld während der unerwartet langen Überarbeitungsphase und für die rasche Drucklegung.

Hagen/Karlsruhe, im April 1983   G. Schlageter
                                             W. Stucky

INHALTSVERZEICHNIS

1 GRUNDLEGENDE KONZEPTE VON DATENBANKSYSTEMEN

1.1 Realwelt und Modell

Ein zentrales Gebiet der Informatik ist das Gebiet der computergestützten Informationssysteme. Wir wollen uns in diesem Buch mit einem wichtigen Teil solcher Informationssysteme, den Datenbanksystemen, beschäftigen.

Um eine grobe Vorstellung von den zugrundeliegenden Begriffen zu erhalten, ohne sie an dieser Stelle bereits definieren zu wollen, können wir unter einem *Datenbanksystem* den Teil eines (computergestützten) Informationssystems verstehen, der sich mit der Beschreibung der vorhandenen Daten, ihrer Verwaltung sowie dem Umgang mit und dem Zugriff zu ihnen befaßt. Ein *Informationssystem* eines Unternehmens enthält die zur Kontrolle und Steuerung dieses Unternehmens notwendigen Informationen sowie die dazugehörigen Verarbeitungsprozesse. Wir werden diese Begriffe im folgenden etwas genauer erläutern.

Wenn wir ein *Unternehmen der realen Welt* betrachten - und hier steht "Unternehmen" sowohl für betriebliche und industrielle Unternehmen als auch für andere vergleichbare Systeme -, so müssen wir, je nachdem, was wir untersuchen wollen, von vielen konkreten Dingen abstrahieren und uns ein geeignetes Modell von diesem Unternehmen machen. Im Zusammenhang mit Informations- und Datenbanksystemen besteht die Modellbildung darin, daß wir gewisse Dinge der realen Welt als Objekte, sogenannte *Entities* ansehen, zwischen denen gewisse *Beziehungen* bestehen. Solche *Entities* können sein: Personen, Orte, Gegenstände, Begriffe, Ereignisse oder beliebige andere reale oder abstrakte Dinge, die für die Beschreibung des Unternehmens für den Beobachter von Interesse sind. Um die Komplexität dieses Unternehmens der realen Welt im Modell zu reduzieren, wird man nach strukturellen Ähnlichkeiten suchen: aufgrund gewisser Ähnlichkeitskriterien, die den Entities zukommen, wird man *Klassen* von Entities bilden, wie z.B., um bei dem Teilbereich eines Industrieunternehmens zu bleiben:

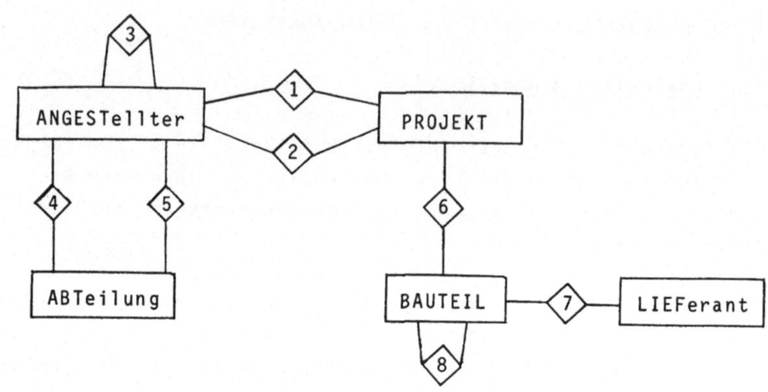

Entity-Typen

Beziehungstypen
(von links nach rechts bzw.
oben nach unten zu lesen:)

1 ist Mitarbeiter an
2 ist Projektleiter von
3 ist Vorgesetzter von
4 ist Angehöriger von
5 wird geleitet von
6 benötigt
7 wird geliefert von
8 geht ein bei der Herstellung von

<u>Abb. 1.1:</u> Modell eines Teiles eines Unternehmens

- Angestellte des Unternehmens,
- Abteilungen des Unternehmens,
- Projekte, die von dem Unternehmen durchgeführt werden,
- Bauteile, die von dem Unternehmen hergestellt oder gekauft
  werden,
- Lieferanten des Unternehmens.

Entities einer Klasse sind vom selben *Typ* (z.B. "Angestellter").
Wir werden - in etwas lascher Redeweise - auch von dem "Entity Angestellter" sprechen, wenn aus dem Kontext eindeutig ersichtlich

ist, daß es sich um den Entity-Typ "Angestellter" handelt. Wir
werden sehen, daß diese sprachliche Vereinfachung nicht zu Schwierigkeiten führt. In bildlichen Darstellungen werden wir Entity-Typen mit einem Rechteck darstellen (vgl. Abb. 1.1).

Ein Entity hat gewisse Merkmale (*Attribute*), die zu seiner Beschreibung wichtig sind, z.B.

- Name (eines Angestellten),
- Berufsbezeichnung (eines Angestellten),
- Namen der Kinder (eines Angestellten),
- Farbe (eines Bauteiles),
- Kosten für die Herstellung/Lieferung (eines Bauteiles)
u.a.m.

Jedes Attribut kann Werte aus einem bestimmten Wertebereich annehmen. Damit kann man für konkrete Entities Aussagen der Form "a hat
Wert w" oder "a = w" (a ein Attribut, w ein Wert aus dem zugehörigen Wertebereich) machen; etwa für einen konkreten Angestellten
bzw. ein konkretes Bauteil:

- Name = Hubert Meyer,
- Berufsbezeichnung = Programmierer,
- Namen der Kinder = (Albert, Ida, Ulf),
- Farbe = blau,
- Herstellungskosten = 73,50 DM.

Wir ersehen aus diesen Beispielen bereits eine charakteristische
Eigenschaft der Klassenbildung: jedem Entity-Typ kann man eine
Kombination von Attributen, jedem Entity dieses Typs eine entspre-
chende Kombination von Attributwerten zuordnen. Die Modellbildung
muß so geschehen, daß diese Attributkombinationen das zugehörige
Entity eindeutig identifizieren.

Beispiele für *Beziehungen* zwischen Entities sind etwa die folgenden (vgl. auch Abb. 1.1):

- Ein Angestellter ist Mitarbeiter an bestimmten Projekten. ◇1
- Ein Angestellter ist Projektleiter eines bestimmten Projektes. ◇2

- Ein Angestellter ist Vorgesetzter eines bestimmten anderen Angestellten.   
- Ein Angestellter gehört zu einer bestimmten Abteilung.
- Eine Abteilung wird von einem bestimmten Angestellten geleitet.
- Bei der Durchführung eines Projektes werden bestimmte Bauteile benötigt.
- Ein Bauteil wird von bestimmten Lieferanten geliefert.
- Ein Bauteil findet Verwendung bei der Herstellung eines anderen Bauteiles.

(Das Unternehmen ist in Wahrheit natürlich viel komplexer. Zum Beispiel müßte man noch die Entity-Typen Lager, Kunde, Bestellung, Auftrag usw. und die damit verbundenen Beziehungen einbeziehen. Aus Gründen der Übersichtlichkeit sind diese Entities und Beziehungen jedoch in dem Beispiel weggelassen.)

Die obigen Beispiele zeigen eine weitere charakteristische Eigenschaft der Klassenbildung: konkrete Beziehungen zwischen Entities (z.B. "der Angestellte Hubert Meyer ist Mitarbeiter am Projekt Mondlandung") sind ihrerseits derart klassifizierbar, daß abstrakte, benennbare Beziehungen, sogen. *Beziehungstypen* ("ist Mitarbeiter an") zwischen Entity-Typen ("Angestellter", "Projekt") hergestellt werden können.[1] In bildlichen Darstellungen stellen wir abstrakte Beziehungen durch eine Raute dar, mit welcher die beteiligten Entity-Typen mit Strichen verbunden sind - vgl. Abb. 1.1. Ein solches Diagramm bezeichnen wir auch als *E-R-Diagramm (entity-relationship-diagram)*, da es auf den Grundbausteinen Entity und Beziehung (englisch: relationship) aufbaut.

Entity- und Beziehungstypen dienen insbesondere dazu, statische Strukturen im Unternehmen zu beschreiben. Zeitlich veränderlich hingegen ist die Menge der konkret vorhandenen Entities und Beziehungen zwischen diesen Entities. Wir werden im Abschnitt 2.1 weitere Eigenschaften der Modellbildung mit Entity- und Beziehungs-

---

[1] Wir haben es hier mit strukturerhaltenden Abbildungen zu tun, die man in der Mathematik üblicherweise als Homomorphismus bezeichnet. Auf mögliche Formalisierungen in dieser Richtung wollen wir jedoch in diesem Buch nicht eingehen.

typen diskutieren.

1.2 Datenverwaltung in Dateisystemen

Betrachten wir nun wieder das Unternehmen selbst: Jedes Unternehmen hat ein bestimmtes Ziel. Zur Erfüllung dieser seiner Aufgaben muß vom Informationssystem des Unternehmens Information von außen aufgenommen, verarbeitet und entsprechende Information nach außen wieder abgegeben werden. Die für diese Verarbeitung notwendigen Informationen über den gegenwärtigen Zustand des Unternehmens werden in den *Dateien* bzw. bei fortgeschrittenen Systemen in der *Datenbank* des Informationssystems verwaltet.

Überlegen wir uns zunächst für unser Beispiel-Unternehmen (vgl. Abb. 1.1), wie einige der hier anstehenden Aufgaben auf konventionelle Art (z.B. mit einfachen COBOL-Hilfsmitteln) gelöst werden können.

Eine Standardaufgabe A ist in jedem Fall die monatlich durchzuführende "Gehaltsabrechnung". Ein COBOL-Programm hierfür wird sicher auf eine vorhandene Stammdatei ANGESTELLTEN-DATEI zurückgreifen, die aus Records vom Typ ANGESTELLTER mit allen Angaben über einen Angestellten besteht - vgl. Dateibeschreibung in Abb. 1.2. Diese Datei kann beispielsweise sequentiell bearbeitet werden.

Eine zweite Standardaufgabe B sei die Verwaltung der Projektdaten bzw. die regelmäßige Erstellung entsprechender "Projektberichte". Hierzu gebe es eine PROJEKT-DATEI, die zu jedem Projekt mehrere Sätze mit allen notwendigen Angaben über das Projekt selbst, den Projektleiter und die weiteren Projektmitarbeiter enthält - vgl. Dateibeschreibung in Abb. 1.3. In dieser Datei stehen die Sätze in der Reihenfolge
    (PROJEKT   PROJ-LEITER   PROJ-MITARBEITER ...) ...
(d.h. erst alle Angaben zu Projekt 1, dann alle Angaben zu Projekt 2 usw.), die Verarbeitung geschieht sequentiell.

```
FD ANGESTELLTEN-DATEI; ... ;
   DATA RECORD IS ANGESTELLTER.
01 ANGESTELLTER.
   02 ANGEST-NR          ... .
   02 TELEFON-NR         ... .
   02 NAME               ... .
   02 ANSCHRIFT          ... .
   02 PERSOENL-ANGABEN   ... .
   02 GEHALTS-ANGABEN    ... .
   ...
```

<u>Abb. 1.2:</u> Beispiel "Gehaltsabrechnung" - Dateibeschreibung

```
FD PROJEKT-DATEI; ...; DATA RECORDS ARE
   PROJEKT, PROJ-LEITER, PROJ-MITARBEITER.
01 PROJEKT.
   02 PROJ-NR            ... .
   02 PROJ-BESCHREIBUNG  ... .
   02 ANZAHL-MITARBEITER ... .
   ...
01 PROJ-LEITER.
   02 ANGEST-NR          ... .
   02 NAME               ... .
   02 TELEFON-NR         ... .
   ...
01 PROJ-MITARBEITER.
   02 ANGEST-NR          ... .
   02 NAME               ... .
   02 TELEFON-NR         ... .
   ...
```

<u>Abb. 1.3:</u> Beispiel "Projektberichte" - Dateibeschreibung

Wir stellen fest, daß die Zugehörigkeit zu einem bestimmten Projekt durch die physische Hintereinanderfolge hinter diesem Projekt hervorgeht, und daß weiterhin die Reihenfolge insofern eine Rolle spielt, als der zweite Satz (PROJ-LEITER), der sich ja im Aufbau in nichts von den folgenden Sätzen (PROJ-MITARBEITER) unterscheidet, durch seine Stellung als erster Satz nach PROJEKT beinhaltet, daß hier Angaben über den Projektleiter gemacht werden. Man erkennt außerdem die enge Verflechtung von Programmablauf und Dateiaufbau.

Nehmen wir nun an, daß als weitere Aufgabe C das Erstellen von "Tätigkeitsberichten" hinzukommt - d.h. ein Bericht, in dem für jeden Angestellten die von ihm mitbearbeiteten Projekte angegeben sind. Der mit dieser Aufgabe betraute Programmierer hat, sofern er die bereits vorhandenen Dateien ANGESTELLTEN-DATEI und PROJEKT-DATEI kennt, im wesentlichen drei Möglichkeiten zur Realisierung seines Programmes. Die erste Möglichkeit besteht darin, daß er die vorhandenen Dateien ohne irgendwelche Änderungen nutzt. Dann muß man diese aber in umständlicher Weise evtl. mehrfach sequentiell lesen, das neue Programm ist - für sich allein gesehen - ineffizient. Er kann die Dateien aber auch nutzen, indem er gleichzeitig durch Einführung zusätzlicher Indexe (vgl. Kap. 7: Physische Datenorganisation) deren Organisationsform ändert. Dann entsteht allerdings zwar nur einmaliger, aber dennoch wahrscheinlich recht großer (auch finanzieller) Aufwand für die Umorganisation der Dateien sowie für die Änderung der COBOL-Programme, die diese Dateien benutzen (zumindest müssen Änderungen in der ENVIRONMENT DIVISION durchgeführt, die Programme neu compiliert werden). Für den Programmierer am einfachsten ist aber voraussichtlich die dritte Möglichkeit: um sein eigenes Programm so effizient wie möglich zu machen, ohne "offensichtlichen" zusätzlichen Mehraufwand, ignoriert er die bereits vorhandenen Dateien und baut sich seine eigene neue ANGEST-PROJEKT-DATEI auf, in der für jeden Angestellten nacheinander alle von diesem mitbearbeiteten Projekte mit den entsprechenden Daten enthalten sind:

    (ANGEST   PROJ ...) ...

Auf den Aufbau der einzelnen Sätze für ANGEST und PROJ brauchen wir hier nicht näher einzugehen. Es sei nur noch folgender Hinweis erlaubt: es liegt bei diesem Beispiel nahe, alle Angaben über einen Angestellten in einen einzigen Satz zu packen; damit lädt man sich aber, wenn man nicht zuviel Speicherplatz verschenken will, das Problem der *Verwaltung variabel langer Sätze* auf - eine im allgemeinen recht komplizierte und aufwendige Verwaltungsarbeit!

Typisch bei dieser konventionellen Vorgehensweise ist es (vgl. Abb. 1.4), daß jeder Programmierer sich seine Dateien selbst aufbaut, unabhängig und vielleicht sogar ohne Kenntnis der Dateien anderer Programmierer. Der Dateiaufbau ist unmittelbar an die jeweilige Verarbeitung angepaßt, und in dieser Form ist die Datei auch physisch abgespeichert. Dies führt zunächst einmal zu einer *Redundanz* der Daten: Angaben über Angestellte (z.B. NAME) tauchen in allen drei Dateien obiger Beispiele auf, Angaben über die Projekte in zwei Dateien, usw. Das Schlimme daran ist, daß diese Redundanz in der Regel nicht zentral kontrolliert wird. Dies wird folglich dazu führen, daß *Inkonsistenz* der Daten (d.h. logische Widersprüche der Datei-Inhalte) nur schwer, wenn überhaupt vermieden werden kann. Wenn beispielsweise ein Angestellter von einer Abteilung in eine andere versetzt wird, unter gleichzeitiger Änderung der Tätigkeit (Projekte) sowie des Gehalts, so müssen *alle* Dateien geändert werden (vgl. Abb. 1.2 - 1.4), und diese Änderungen müssen so miteinander abgestimmt geschehen, daß nicht verschiedene Programme zum selben Zeitpunkt unterschiedliche Werte derselben Größe sehen können.

Ein weiteres großes Problem ist die durch die Anpassung des Dateiaufbaues an die Verarbeitung bedingte *Daten-Programm-Abhängigkeit* (auch kurz *Datenabhängigkeit*): Ändert sich der Aufbau der Dateien, so müssen gleichzeitig meist alle darauf basierenden Programme geändert werden und umgekehrt. Ändern sich die Auswertungen oder müssen sie ergänzt werden, so zeigt sich zusätzlich, daß dieser konventionellen Vorgehensweise eine große *Inflexibilität* innewohnt: Soll die Aufgabe "Projektberichte" nachträglich so ergänzt werden, daß auch der Wohnort der Mitarbeiter im Projektbericht angegeben wird, so muß entweder die PROJEKT-DATEI um die Wohnorte in den Sätzen PROJ-LEITER und PROJ-MITARBEITER ergänzt werden, oder es muß eventuell die ANGESTELLTEN-DATEI von sequentiellem Zugriff in direkten Zugriff umorganisiert werden o.ä. Diese Inflexibilität

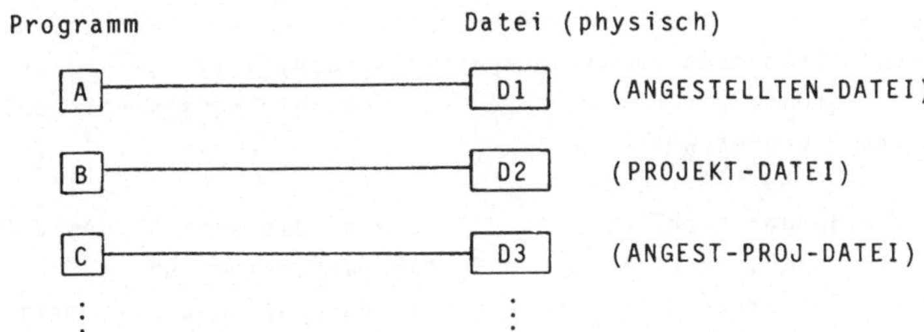

Abb. 1.4: Programmierung im konventionellen Stil

hängt in diesem Beispiel daran, daß die Beziehung Projekt-Angestellter nicht genügend gut realisiert ist.

Wir wollen in den folgenden Abschnitten diskutieren, wie diese Nachteile der konventionellen Vorgehensweise - *Redundanz, Inkonsistenz, Daten-Programm-Abhängigkeit, Inflexibilität* - durch eine geeignetere Vorgehensweise vermieden werden können.

1.3 Konzept des Datenbanksystems

Offensichtlich ergeben sich die genannten Schwierigkeiten in den skizzierten konventionellen Systemen wesentlich aus der Tatsache, daß eine sehr enge Abhängigkeit zwischen Anwendungsprogramm und Dateiorganisation besteht. Jedes Unternehmen der realen Welt lebt, die Datenverarbeitungsaufgaben verändern sich mit der Zeit, neue Aufgaben kommen laufend hinzu, Daten verändern ihre Charakteristiken. Diese Änderungen erfordern Anpassungen von Dateiorganisation und -aufbau, z.B. andere Datendarstellung, neue Speicherungsformen, andere Zugriffsmöglichkeiten auf Sätze, Änderung von Feldlängen, Aufnahme neuer Felder in Sätze, usw. Man sieht, welche enormen Kosten infolge der engen Abhängigkeit zwischen Programmen und Dateiorganisation und -aufbau bei Änderungen der beschriebenen Art auf ein Unternehmen zukommen können: Jede Änderung in Dateiorganisation und -aufbau macht eine Änderung der Programme notwendig, die diese Datei benützen. Sollen Änderungen vermieden werden, so müssen immer mehr neue Dateien angelegt werden, womit der organisatorische Aufwand zur Lösung einer Aufgabe, die Konsistenzprobleme usw. immer größer werden.

Von entscheidender Bedeutung ist es deshalb, die enge Abhängigkeit zwischen Anwendungsprogrammen und Dateiorganisation und -aufbau aufzuheben. Zum einen sollten die Anwendungsprogramme die physische Organisation der Daten nicht sehen, so daß Änderungen in der Datendarstellung und -speicherung nicht zu Änderungen der Anwendungsprogramme zwingen. Es ist nämlich sonst nicht möglich, die Organisation der Datei zu ändern - etwa in eine für hinzukommende Anwendungen günstigere Organisation -, ohne daß größere Teile des Programms neu geschrieben werden müssen. Diese Form der Unabhängigkeit zwischen Programmen und Daten wird als *physische Datenunabhängigkeit* bezeichnet.

Zum anderen sollte in gewissem Umfang auch *logische Datenunabhängigkeit* gewährleistet sein: Wie schon angedeutet, wird sich aufgrund der Entwicklung des Unternehmens auch die Sicht auf die Daten häufig ändern. Neue Anwendungen verlangen neue Felder in Sätzen, werten neue Beziehungen aus, möchten Information in neuer Sicht strukturiert sehen usw. Dieses sich verändernde Verständnis der Daten sollte nun aber nicht dazu führen, daß bestehende Programme, denen eine ältere logische Sicht der Daten zugrunde liegt, immer wieder verändert werden müssen. Die *logische Sicht* eines Programmes auf die Daten des Unternehmens sollte (weitgehend) unabhängig sein von der Veränderung der logischen Gesamtsicht, die durch neue Anwendungen bewirkt wird. - Auf das Konzept der Datenunabhängigkeit werden wir später noch einmal zurückkommen.

In Abb. 1.5 ist im Konzept dargestellt, wie die diskutierten Probleme gelöst werden können. Die Gesamtheit der für alle Anwendungen interessierenden Daten wird in einem Pool, der *Datenbank*, integriert und zentral verwaltet. Alle Anwendungsprogramme arbeiten auf diesem gemeinsamen Datenbestand; sie greifen nun aber nicht mehr direkt auf die abgespeicherten Daten zu, sondern erhalten die gewünschten Daten durch die *Datenbanksoftware*. Datenbank und Datenbanksoftware zusammen bilden das *Datenbanksystem*. Wir verlangen,

daß die Datenbanksoftware dafür sorgt, daß jedes Programm (bzw.
der Programmierer) die Daten so sieht, wie sie von ihm benötigt
werden, d.h. jedes Programm arbeitet weiterhin etwa auf seiner ge-
wohnten Datei. Die von den Programmen gesehenen Dateien sind jetzt
aber *logische Dateien*, denen in der Datenbank im allgemeinen nicht
jeweils eine physische Datei entspricht. Die tatsächliche Organisation der Daten im Speicher, die *physische Datenorganisation*,
bleibt für die Programme unsichtbar; wie die Datenbanksoftware aus
den abgespeicherten Daten die logische Datei für ein Programm erzeugt, ist für das Programm unerheblich.

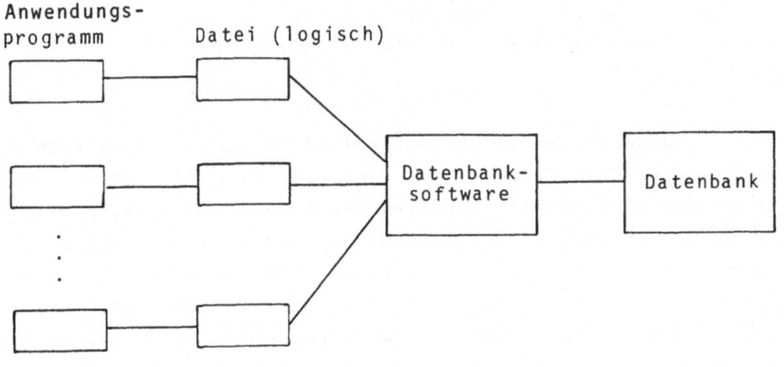

Abb. 1.5: Konzept des Datenbanksystems

Die Datenbank, die nun alle Informationen über die Entities des
Unternehmens und die Beziehungen zwischen diesen enthält, muß so
organisiert sein, daß sie die Anforderungen der gesamten Benutzergemeinschaft bestmöglich erfüllt. Da die Datenbank im allgemeinen
auf großen Massenspeichern (z.B. Plattenspeichern) gehalten werden
muß, die durch relativ hohe Zugriffszeiten charakterisiert sind,
muß die physische Datenorganisation so gewählt werden, daß häufig
benötigte Daten schnell gefunden werden können, daß bestimmte Operationen auf den Daten in effizienter Weise durchführbar sind usw.
Dazu sind, unabhängig von den logischen Beziehungen im Unterneh-
mensmodell, (physisch zu realisierende) *Zugriffspfade* notwendig,
die das schnelle Auffinden von bestimmten Entity-Mengen ermögli-

chen, insbesondere dann, wenn Entities mit bestimmten Eigenschaften und nicht über identifizierende Schlüssel gesucht werden. Werden z.B. häufig Anfragen gestellt nach Angestellten mit bestimmten Fähigkeiten, etwa: "finde alle Angestellten, die programmieren können", so könnte man die Suche dadurch beschleunigen, daß in einem sogenannten Sekundärindex für jede Fähigkeit die Angestelltennummern derjenigen Angestellten aufgelistet sind, die diese Fähigkeit besitzen. Der Zugriff auf alle Angestellten, die programmieren können, erfolgt dann so, daß zuerst im zugehörigen Index "Fähigkeiten" unter "programmieren" alle Angestelltennummern gelesen werden und dann direkt auf die Angestellten-Entities in der Datei zugegriffen wird. Ausführlich werden Realisierungsmöglichkeiten für Zugriffspfade in Kapitel 7 diskutiert.

Um auch die logischen Beziehungen zwischen Entities effizient auswerten zu können, muß die Datenorganisation u.U. weitere Zugriffspfade bereitstellen, etwa in der Form, daß nach bestimmten Eigenschaften zusammengehörige Entities durch physische Zeiger miteinander verkettet werden. Beispielsweise könnte von dem Entity "Abteilung 1" ein Zeiger zum ersten Angestellten dieser Abteilung, von da ein Zeiger zum nächsten Angestellten usw. führen, wobei die Reihenfolge der Verkettung nach dem Alphabet erfolgen könnte (vgl. wieder Kapitel 7). Damit wäre die Beziehung "ist Angehöriger von" zwischen den Entity-Typen "Angestellter" und "Abteilung" durch die physische Datenorganisation explizit unterstützt.

Man sieht, daß die physische Datenorganisation im allgemeinen eine ziemlich komplexe Struktur aufweisen wird.

Bevor wir das Konzept von Abb. 1.5 nun weiter diskutieren, betrachten wir kurz die wichtigsten Vorzüge, die sich allein schon aus der *Integration und zentralen Verwaltung* aller Unternehmensdaten in einer Datenbank ergeben:

- *Redundanz in den gespeicherten Daten kann auf ein nützliches Maß reduziert werden.*

  Information über ein Entity wird im wesentlichen nur noch einmal gespeichert, es existieren nicht mehr Duplikate etwa allein aus dem Grunde, daß zwei Anwendungen dieselbe Information jeweils anders strukturiert benötigen. Die Datenbanksoftware transformiert die abgespeicherten Daten in die Form, die das Anwendungsprogramm benötigt. Redundanzfreiheit bedeutet natürlich Einsparung an Speicherplatz, hat aber auch den wichtigen Effekt, daß zu einem Teil automatisch Inkonsistenzen in den abgespeicherten Daten verhindert werden, denn:

Existieren Duplikate der Information über ein Entity, so muß eine Änderung theoretisch an allen Duplikaten gleichzeitig vorgenommen werden. Dies ist natürlich bei der konventionellen Vorgehensweise nicht möglich, da die Duplikate in der Regel in verschiedenen Dateien liegen. Sind aber einige Duplikate verändert, andere nicht, so ist der Datenbestand inkonsistent.

Möglicherweise wird aus Effizienzgründen in gewissem Umfang Redundanz auch in der Datenbank beibehalten; da aber jetzt alle Daten zentral verwaltet werden, kann für eine quasi-simultane Veränderung von Duplikaten derselben Information gesorgt werden, d.h. für jedes beliebige Anwendungsprogramm enthält die Datenbank zu keinem Zeitpunkt widersprüchliche Aussagen über dasselbe Entity. Änderungen von Daten werden für alle Programme zum selben Zeitpunkt sichtbar.

- *Sicherung der Datenbankintegrität*

Integrität der Datenbank bedeutet ganz allgemein Korrektheit und Vollständigkeit der abgespeicherten Daten. Selbst wenn die Datenbank redundanzfrei ist, können die abgespeicherten Daten falsch sein, wofür eine ganze Reihe von Ursachen denkbar ist: absichtliche oder irrtümliche Verfälschung von Daten durch Benutzer, fehlerhafte Software und Hardware usw. Die zentrale Verwaltung ermöglicht es, bei Änderung von Daten Kontrollroutinen einzuschalten oder von Zeit zu Zeit mit Hilfe spezieller Prüfprogramme nach Integritätsverletzungen, sofern überhaupt feststellbar, zu suchen.

- *Flexibler Gebrauch der Daten*

Die Integration aller Unternehmensdaten erleichtert es, die Daten nach anderen Gesichtspunkten als bisher vorgesehen auszuwerten: Daten, die auf verschiedenen Dateien verstreut sind, erlauben praktisch keine kurzfristigen Auswertungen, die nicht bereits in programmierter Form vorliegen. Mit der Datenbank jedoch sind sämtliche verfügbaren Daten in überschaubarer Weise bekannt und können relativ einfach in beliebiger Weise ausgewertet werden.

Im folgenden ist nun zu erklären, wie die bisher aufgestellten Forderungen an ein Datenbanksystem, insbesondere physische und logische Datenunabhängigkeit, im Block "Datenbanksoftware" der Abb. 1.5 erfüllt werden können.

1.4 Architektur eines Datenbanksystems

1.4.1 Trennung der Ebenen - konzeptuell/extern/intern

Die bisherige Diskussion hat klar gezeigt, daß wir die Daten des Unternehmens in drei verschiedenen Ebenen sehen müssen:

- die logische Gesamtsicht der Unternehmensdaten (*konzeptuelle* Ebene);
- die physische Datenorganisation (*interne Ebene*);
- die Sicht einzelner Anwendungsprogramme bzw. Benutzergruppen (*externe Ebene*).

Die Trennung dieser drei Ebenen ist Voraussetzung, um die diskutierten Formen der Datenunabhängigkeit realisieren zu können.

Abb. 1.6 zeigt die in [ANS75] erstmals so vorgeschlagene prinzipielle Architektur eines Datenbanksystems, zunächst nur statisch. Entsprechend den drei genannten Ebenen der Unternehmensdaten sind die wesentlichen Komponenten der Architektur das *konzeptuelle Modell*, das *interne Modell* und die *externen Modelle*. Die *externen* Modelle beschreiben die Daten so, wie die einzelnen Benutzer bzw. Benutzergruppen sie zu sehen wünschen. In Verallgemeinerung des Begriffes der logischen Datei sprechen wir von der *Sicht* (engl.: *View*) der Benutzer auf die Daten (hierauf wird später genauer ein-

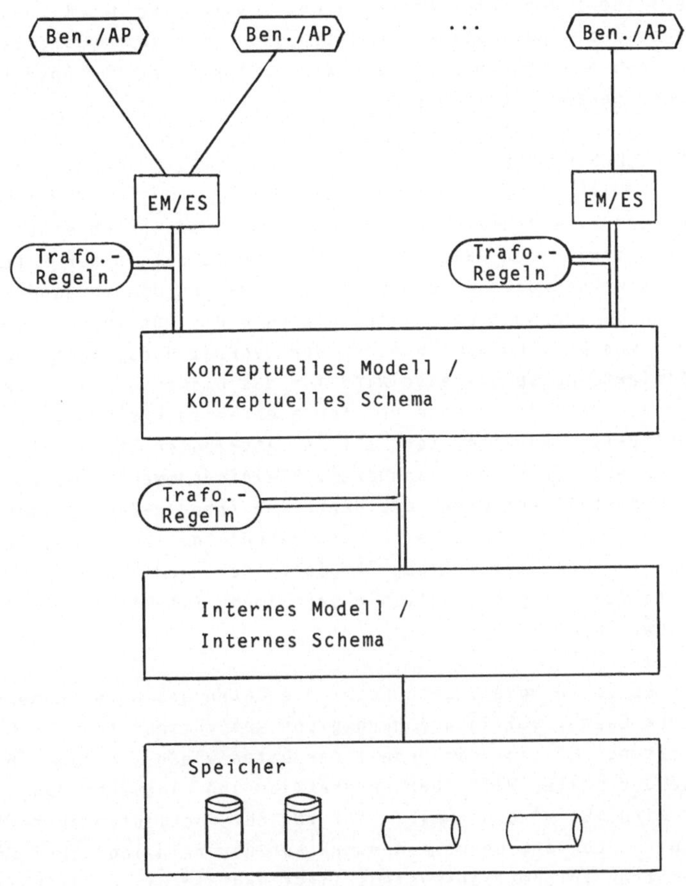

Ben./AP   Benutzer/Anwendungsprogramm

EM/ES   Externes Modell/Externes Schema

Trafo.-Regeln   Transformationsregeln

═══════════   Verbindung von Teilen des Datenbanksystems

Abb. 1.6: Architektur eines Datenbanksystems - Ebenenhierarchie

gegangen). Das *konzeptuelle* Modell beschreibt auf logischer Ebene
die Gesamtheit der Unternehmensdaten. Das *interne* Modell beschreibt
die physische Organisation der Daten und nimmt somit direkten Bezug auf den physischen Speicher. Wir wollen diese Komponenten im
folgenden genauer betrachten.

KONZEPTUELLES MODELL

Das konzeptuelle Modell (der Unternehmensdaten) beschreibt die Gesamtschau derjenigen Daten des Unternehmens, die in der Datenbank
verwaltet werden oder werden sollen. Es werden die vorhandenen En-
tity- und Beziehungstypen definiert sowie die Attribute (von Entities wie von Beziehungen) und der Wertevorrat dieser Attribute
spezifiziert. Beispielsweise wird für das bisher diskutierte Un-
ternehmensmodell in irgendeiner formalen Weise beschrieben, daß
der Entity-Typ "Angestellter" mit den Attributen "Angestelltennummer", "Name", "Vorname", "Wohnort", "Telefonnummer" usw. existiert,
wobei "Angestelltennummer" als Wert eine Integer-Zahl zwischen 1
und 100000 besitzt, "Name"eine Buchstabenfolge ist, usw.; ferner,
daß zwischen den Entity-Typen "Angestellter" und "Abteilung" eine
abstrakte Beziehung besteht, die den Namen "Ist-Mitarbeiter" erhält, usw.

Das konzeptuelle Modell beschreibt die Daten des Unternehmens auf
logischer Ebene, völlig unabhängig von Gesichtspunkten der Datenverarbeitung. Es gibt das Modell der Daten wieder, das durch die
Analyse der realen Welt über Abstraktion und Klassenbildung erhalten wird. Es wird deshalb nicht von EDV-Fachleuten erstellt,
sondern von Leuten, deren Augenmerk auf der rein logischen Ebene
des gesamten Informationssystems liegt und die die Gesamtheit der
Aufgabenstellung des Informationssystems und damit die Bedeutung
der Daten kennen, ohne sich für die Realisierung der Aufgaben im
einzelnen zu interessieren. Das konzeptuelle Modell stellt den Bezugspunkt für alle Anwendungen und die damit verbundenen speziellen Sichten auf die Daten dar und gibt die Möglichkeit, an zentraler Stelle den Gebrauch der Daten zu kontrollieren (Definition
erlaubter Operationen; Zugriffsrechte; Integritätsbedingungen; Zu-
ständigkeiten u.ä.). Im konzeptuellen Modell können durchaus Entity-Typen beschrieben sein, ohne daß Entities von diesem Typ selbst

im Datenbanksystem existieren. Dies ist z.B. der Fall, wenn Anwendungen erst geplant sind, beim Entwurf des Gesamtmodells aber schon berücksichtigt werden können.

Die Person oder die Instanz, die das konzeptuelle Modell entwikkelt und dafür zuständig ist, wird nach [ANS75] *Unternehmensadministrator (enterprise administrator)* genannt. Das konzeptuelle Modell wird mit Hilfe einer geeigneten *Datenbeschreibungssprache (data description language - DDL)* beschrieben, das Ergebnis ist das sogenannte *konzeptuelle Schema*.

Man muß sich darüber im klaren sein, daß die Entwicklung des konzeptuellen Modells eines Unternehmens eine schwierige Analyse- und Planungsarbeit darstellt und, ähnlich wie die Entwicklung größerer Softwarepakete, eine beachtliche Investition bedeuten kann. Es ist keineswegs einfach, zu erkennen, welche Modellierungsalternative günstig ist und welche nicht; bisweilen kann der Modellierungsprozeß sogar Rückwirkungen auf das Unternehmen selbst haben. Das Ergebnis, das konzeptuelle Schema, wird eine eigene große Datei von Beschreibungen sein.

Das konzeptuelle Modell ist, wie bereits erwähnt, ein relativ stabiler Bezugspunkt im System. Bei genügend sorgfältiger Analyse und Planung wird sich die Gesamtschau der Daten des Unternehmens sehr viel langsamer ändern als die Anforderungen einzelner Anwendungen, sowohl hinsichtlich der gewünschten Sicht auf die Daten als auch hinsichtlich der physischen Datenorganisation. Beispielsweise können zeitliche Restriktionen oder die Kosten für die Ausführung eines Programms die Einführung geeigneter Zugriffspfade auf der physischen Ebene erforderlich machen (die natürlich vom Programm nicht gesehen werden dürfen). Das konzeptuelle Modell erlaubt es, sowohl spezielle Sichten von Benutzergruppen auf die Daten abzuändern oder neue Sichten einzuführen, als auch auf der Ebene der physischen Datenorganisation Änderungen vorzunehmen, ohne daß bestehende Programme verändert werden müssen. Damit ist der Weg zur Realisierung logischer und physischer Datenunabhängigkeit skizziert.

EXTERNE MODELLE

Jeder Benutzer soll nur den Teil der Unternehmensdaten sehen, der
für ihn bzw. seine Anwendung von Bedeutung ist; er soll weder Dinge sehen, die er nicht sehen will, noch solche, die er nicht sehen
darf. Er hat seine eigene Sicht ("view") auf die Daten, die in
seinem speziellen externen Modell dargelegt ist.

Um Notwendigkeit und Sinn verschiedener Sichten auf ein großes Gesamtsystem (unabhängig von Datenbanken) anschaulich zu verstehen,
wollen wir uns das System "Bundesbahn" einmal etwas näher anschau-
en: Das gesamte Streckennetz der Bundesbahn ist in einzelne durch-
numerierte Linien eingeteilt, von 100er-Linien im äußersten Norden
bis zu den 900er-Linien in Südbayern (vgl. Ausschnitt des Strek-
kennetzes in Abb. 1.7). Das gesamte Kursbuch (weißer Teil) ist
nach diesen Liniennummern strukturiert. Nun werden sich nicht alle
Bundesbahnkunden immer für das ganze Kursbuch, d.h. das gesamte
Streckennetz interessieren. Den meisten Kunden wird eine jeweils
für ihren speziellen Zweck zusammengestellte Sicht auf den Gesamt-
fahrplan viel nützlicher sein. Dies kann einmal eine einfache Einschränkung sein, etwa eine Zusammenstellung nur des Streckennetzes
von Baden-Württemberg. Es kann aber auch eine gröbere Sicht auf
das Gesamtnetz sein, z. B. auf die großen Fernverbindungen des
Netzes bzw. das IC/TEE-Netz. Für diesen Kundenkreis stellt
die Bundesbahn mit dem "IC-Netz in der Brieftasche" eine ganz eigene Sicht zusammen: die Struktur des weißen Kursbuchteiles (Liniennummern 100 - 999) wird durchbrochen, diese großen Strecken
setzen sich alle aus mehreren kleinen Strecken zusammen.

Betrachten wir noch einen weiteren speziellen Kundenkreis: diejenigen Bundesbahnkunden, die von ihrem Wohnort XYZ aus irgendwohin
und von dort wieder zurückfahren wollen. Für diesen Kundenkreis
stellt die Bundesbahn eine spezielle Sicht zusammen, ein Faltblatt
"Städteverbindungen XYZ". Hier interessiert nur die Abfahrtszeit
(etwa in Karlsruhe) und die Ankunftszeit am gewünschten Zielort
(etwa Saarbrücken) bzw. umgekehrt. Bei der Zusammenstellung dieser
Verbindungen sehen wir eine typische Vorgehensweise dafür, wie man
häufig von der Gesamtsicht zur speziellen Sicht gelangt: wir müssen die möglichen Verbindungen sowie alle damit zusammenhängenden

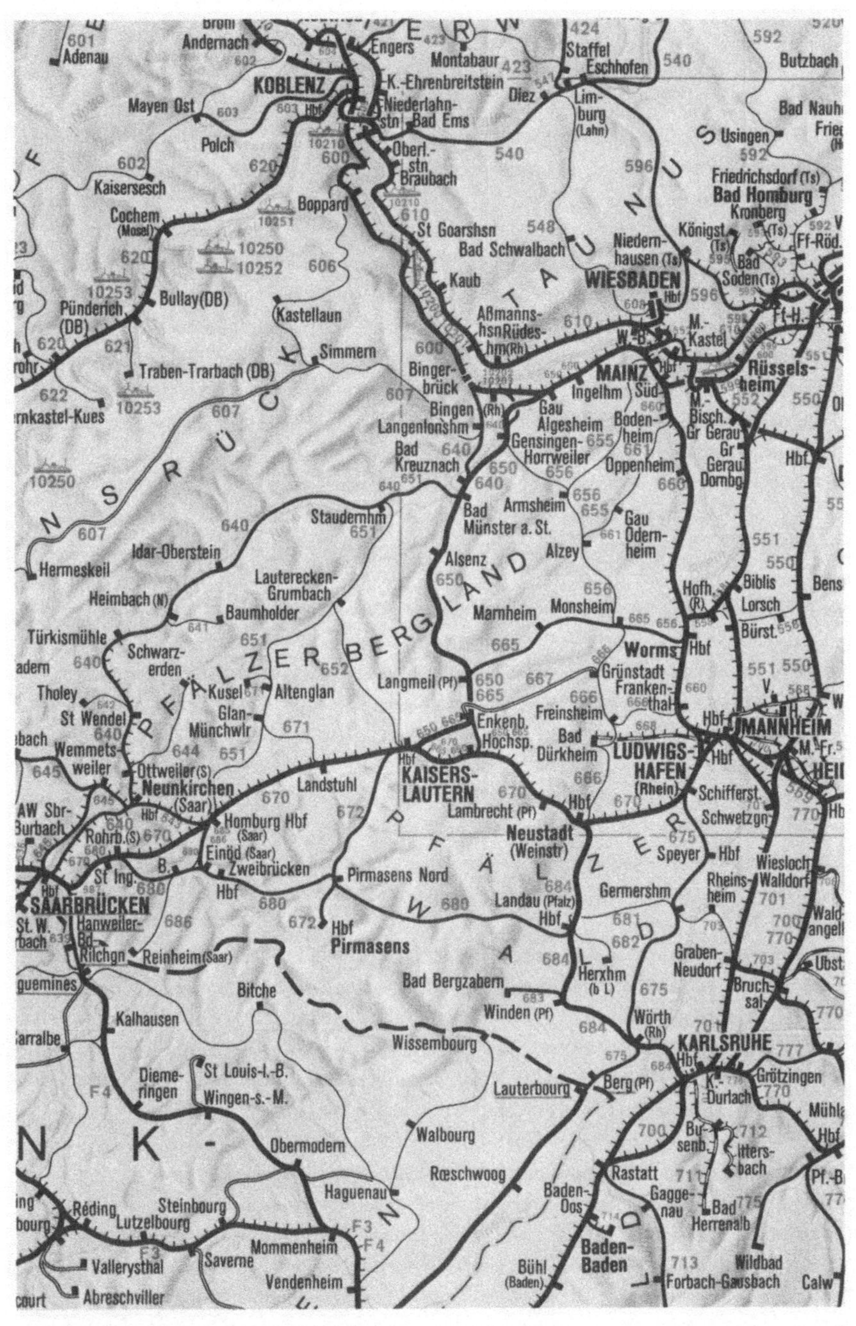

Abb. 1.7: Beispiel "Bundesbahn": Streckennetz
(Ausschnitt; im Original bunt)

(mit freundlicher Genehmigung der Bundesbahndirektion Karlsruhe)

Strecken bzw. Teilstrecken heraussuchen und in der richtigen Weise zusammensetzen, um die gewünschte Information für die spezielle Fragestellung zu erhalten.

Jeder Benutzer soll also seine eigene, seinem Problem (und auch seiner Denkweise!) angepaßte Sicht auf die in der Datenbank gespeicherten Daten des Unternehmens haben. Er hat sein *eigenes externes Modell*: seine externen Entities mit eigenen, von ihm vorgegebenen Beziehungen. Diese Beziehungen müssen sich aus dem konzeptuellen Modell herstellen lassen - der logische Inhalt des externen Modells muß vollständig aus dem konzeptuellen Modell ableitbar sein. Er kann jedoch die Art, wie er die Information sehen will, seiner Aufgabenstellung anpassen - er kann z.B. in COBOL-Dateien und -Sätzen denken, oder aber in Tabellen usw.

Der Umgang mit den Daten muß mit geeigneten Sprachmitteln geschehen, die in der Regel von der Art, wie der Programmierer die Daten sieht, abhängig sind - jeder Benutzer des Datenbanksystems kann seine eigene Benutzersprache haben. Das kann einmal so geschehen, daß eine vorhandene Programmiersprache (z.B. COBOL, FORTRAN, PASCAL) um die benötigten Hilfsmittel (Zusätze für das Arbeiten mit Datenbanken) erweitert wird, oder aber auch so, daß der Programmierer in einer speziellen Abfragesprache programmiert. Diese neuen Hilfsmittel werden häufig auch als *Datenmanipulationssprache (data manipulation language - DML)* bezeichnet.

Die Beschreibung des externen Modells erfolgt im *externen Schema*. Es wird (nach [ANS75]) vom *Anwendungsadministrator (application administrator)* erstellt. Der Anwendungsadministrator muß daher sowohl das konzeptuelle Modell wie das Anwendungsgebiet kennen, und er muß wissen, welche Daten für dieses Anwendungsgebiet von Interesse sind und wie der Benutzer sie sehen will.

Im Gegensatz zum Unternehmensadministrator kann es mehrere Anwendungsadministratoren geben. Ein Anwendungsadministrator wird zuständig sein für eine Benutzergruppe oder für ein Anwendungsgebiet, ein anderer Anwendungsadministrator für ein anderes Anwendungsgebiet und so fort. Aufgrund des geschilderten Datenbankaufbaues (vgl. Abb. 1.6) wird sich ihre Tätigkeit gegenseitig nicht

beeinflussen, vorausgesetzt, daß alle von ihnen gestellten Anforderungen bei der Aufstellung des konzeptuellen Modells berücksichtigt wurden. Damit ist im übrigen auch die in Abschnitt 1.3 gefor-
derte logische Datenunabhängigkeit gewährleistet.

INTERNES MODELL

Ist das konzeptuelle Schema erstellt, so muß geklärt werden, in
welcher Form die jetzt logisch beschriebenen Daten im Speicher abgelegt werden und welche Zugriffsmöglichkeiten auf diese Daten bestehen sollen. Neben den Angaben des konzeptuellen Schemas benötigt der *Datenbankadministrator*, der (wieder nach [ANS75]) für das
interne Modell zuständig ist, statistische Informationen über die
Häufigkeit von Anwendungen, von Zugriffen auf Entities, über Zeit-
beschränkungen für Anwendungen, usw. Der Datenbankadministrator
entwickelt nun eine physische Datenorganisation, so daß die im
konzeptuellen Schema beschriebenen Entities und die Beziehungen
zwischen diesen aus den abgespeicherten Daten ableitbar sind, und
zwar so, daß die Aufgaben der Benutzergemeinschaft insgesamt "gut"
erfüllt werden können. Die gewählte physische Datenorganisation
wird im *internen Schema* beschrieben. Das interne Schema enthält
also alle Informationen über den Aufbau der abgespeicherten Daten, deren Speicherungsorganisation, die Zugriffspfade, usw.

Beispielhaft werden einige der Informationen angegeben, die das
interne Schema enthalten muß:

- Darstellung von Attributwerten in Feldern:
  Codierung; feste Länge; variable Länge (vgl. etwa PICTURE-
  Klausel in COBOL).

- Aufbau gespeicherter Sätze:
  Folge der Felder; Längenangaben; Position von Zeigern; usw.

- Angaben zur Speicherung von Sätzen:
  Dateiorganisation mit Hash-Verfahren oder index-sequentiell
  o.ä.; Speicherung von Kopien an anderen Stellen; Speicherung
  bestimmter Sätze "nahe beieinander" (etwa im selben Block);
  usw.

- Zugriffspfade:

  Sekundärindexe; Verkettung durch Zeiger u.ä. (vgl. Kapitel 7).

Vom internen Modell hängt wesentlich die Leistungsfähigkeit des Gesamtsystems ab. Der Datenbankadministrator muß deshalb bei seinen Entscheidungen alle Aspekte berücksichtigen, die Einfluß auf Zugriffszeiten usw. haben; insbesondere heißt dies, daß er auch Geräteeigenschaften einbeziehen muß, etwa um eine günstige Verteilung der physischen Sätze über den verfügbaren Speicher zu sichern. Beim Entwurf und in der Darstellung des internen Modells sind natürlich verschiedene Schichten (von einer relativ hardware-fernen bis zur hardware-bezogenen Ebene) denkbar; aufgrund der Optimierungen, die bei der Erstellung des internen Modells durchzuführen sind, ist jedoch ein zusätzlicher Grad an Datenunabhängigkeit (Geräteunabhängigkeit) nur dadurch zu erreichen, daß u. U. auf die jeweils bestmögliche Leistungsfähigkeit des Systems verzichtet wird.

1.4.2 <u>Verbindung der Ebenen - Transformationsregeln</u>

Nun ist noch der Zusammenhang zwischen den Objekten der verschiedenen Modelle herzustellen. Dies geschieht mittels der sogenannten *Transformationsregeln* (vgl. Abb. 1.6), die besagen, auf welche Art und Weise ein bestimmtes Objekt eines Modells aus einem oder mehreren Objekten eines tieferliegenden Modelles gebildet werden soll. Ein Teil dieser Transformationsregeln ist dabei sicher *implizit* in jedem System vorhanden, etwa wenn einander entsprechende Objekte verschiedener Ebenen mit gleichen Namen angesprochen bzw. nur ein Teil ihrer Attribute verwendet werden oder wenn es sich um reine Typumwandlungen und Umcodierungen von Attributwerten handelt, wie sie ja auch in jeder Programmiersprache üblich sind. Ein anderer Teil dieser Regeln hingegen ist vom jeweils zuständigen Anwendungs- oder Datenbankadministrator *explizit* anzugeben.

Für jedes externe Modell muß der zuständige Anwendungsadministrator dafür Sorge tragen, daß durch die *Transformationsregeln externes/konzeptuelles Modell* festgelegt ist, auf welche Art die Entities und Beziehungen des externen Modells aus Entities und Beziehungen des konzeptuellen Modells zusammengesetzt werden. Etwa, um bei dem Beispiel der Bundesbahn zu bleiben: Ersetzung der Fahrstrecke "Karlsruhe-Saarbrücken" durch die vier alternativen Fahrstrecken

    "Karlsruhe-Landau-Pirmasens-Saarbrücken"
    "Karlsruhe-Landau-Kaiserslautern-Saarbrücken"
    "Karlsruhe-Mannheim-Saarbrücken"
    "Karlsruhe-Heidelberg-Mannheim-Saarbrücken"

bzw. noch weitergehende Teilstreckenauflösung; oder Auswahl verschiedener Attribute aus dem konzeptuellen Entity ANGESTELLTER (vgl. Abb. 1.8).

In den *Transformationsregeln konzeptuelles/internes Modell* muß der Datenbankadministrator die Zusammenhänge zwischen den physisch abgespeicherten Feldern, Sätzen usw. und den Entities und Beziehungen des konzeptuellen Modells festlegen. Dazu wird z.B. eine Menge von Vorschriften benötigt, die für jedes Entity des konzeptuellen Modells angibt, wie die dazugehörige Information aus den abgespeicherten Sätzen erhalten wird. Einfachste Regeln dieser Art betreffen Konversion (Typumwandlung) und Codierung/Decodierung für Attribute; diese Regeln sind meist als implizite Regeln vorhanden. Häufig entspricht aber auch ein Entity des konzeptuellen Modells nicht einem Satz des internen Modells, so daß relativ komplizierte Transformationsregeln notwendig werden können. Zwei Beispiele mögen dies verdeutlichen:

- Besitzen sehr viele Entities eines Typs X denselben Wert w eines Attributes a, so wird w möglicherweise nicht für jedes Entity abgespeichert, sondern nur einmal (man spricht in diesem Falle von "Faktorisieren"), wobei dann z.B. aus der Verkettung der abgespeicherten Sätze hervorgeht, welchen Wert das herausgezogene Attribut besitzt (vgl. Abb. 1.8 - Alternative 1).

- Werden einige Attribute eines Entity-Typs Y sehr viel seltener angesprochen als andere, so kann es günstig sein, die seltener angesprochenen Attribute zu einem eigenen Satz zusammenzufassen und die Abspeicherung der beiden Satztypen völlig getrennt zu organisieren (vgl. Abb. 1.8 - Alternative 2).

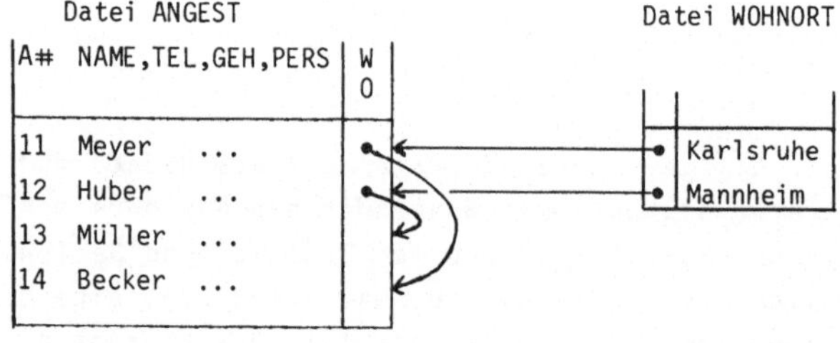

<u>a</u>. Konzeptuelles Modell   <u>b</u>. Externe Modelle

<u>c</u>. Internes Modell - Alternative 1   (Faktorisierung)

(Abspeicherung: z.B.   (Abspeicherung: z.B.

indexsequentiell)   sequentiell nach A#)

<u>d</u>. Internes Modell - Alternative 2 (Zerlegung in 2 Dateien)

<u>Abb. 1.8</u>: Beispiele: konzeptuelles/externes/internes Modell

1.4.3 Verwaltung der Ebenen - Datenbankmanagementsystem

Das *Datenbankmanagementsystem* (DBMS) ist die Software, die alle
von den Anwendungsprogrammen verlangten Zugriffe (Lesen, Ändern,
Hinzufügen, Löschen von Daten) auf die Datenbank ausführt. Es
sorgt dafür, daß Zugriffswünsche, die in den Begriffen eines externen Modelles formuliert sind, zur Ausführung der notwendigen
Operationen auf der physischen Ebene führen und daß die Daten in
der vom externen Modell definierten Form an den Benutzer abgeliefert werden. Betrachten wir die auszuführenden Schritte, wenn ein
Anwendungsprogramm ein Entity lesen will (vgl. Abb. 1.9):

1. Das DBMS empfängt den Befehl des Programmes, ein bestimmtes
   Entity eines externen Modells zu lesen (z.B. ANGEST-PERS mit
   NAME = Müller, vgl. Abb. 1.9).

2. Das DBMS besorgt die benötigten Definitionen des entsprechenden Entity-Typs aus dem externen Schema, das das Programm benützt (ANGEST-PERS: NAME, PERS, WOHNORT)

3. Das DBMS besorgt die entsprechenden Teile des konzeptuellen
   Schemas (unter Ausnützung der Transformationsregeln) und stellt
   fest, welche konzeptuellen Entities und Beziehungen benötigt
   werden (ANGESTELLTER: A#, NAME, PERS, WOHNORT; NAME = Müller)

4. Das DBMS besorgt die benötigten Teile des internen Schemas
   (unter Ausnützung der Transformationsregeln) und stellt fest,
   welche physischen Sätze zu lesen sind. Es bestimmt gegebenenfalls die auszunützenden Zugriffspfade.(Datei ANGEST-A: NAME =
   Müller, liefert A# = a; Datei ANGEST-B: A# = a; liefert PERS,
   WOHNORT)

5. Das DBMS übergibt dem Betriebssystem die Nummern der zu lesenden Speicherblöcke.

6. Das Betriebssystem liest die angeforderten Blöcke aus dem
   Speicher.

7. Das Betriebssystem übergibt die verlangten Blöcke dem DBMS
   in einem Systempuffer.

8. Aufgrund der Transformationsregeln konzeptuelles/internes Modell und externes/konzeptuelles Modell stellt das DBMS aus den
   vorhandenen physischen Sätzen das verlangte externe Entity zu-

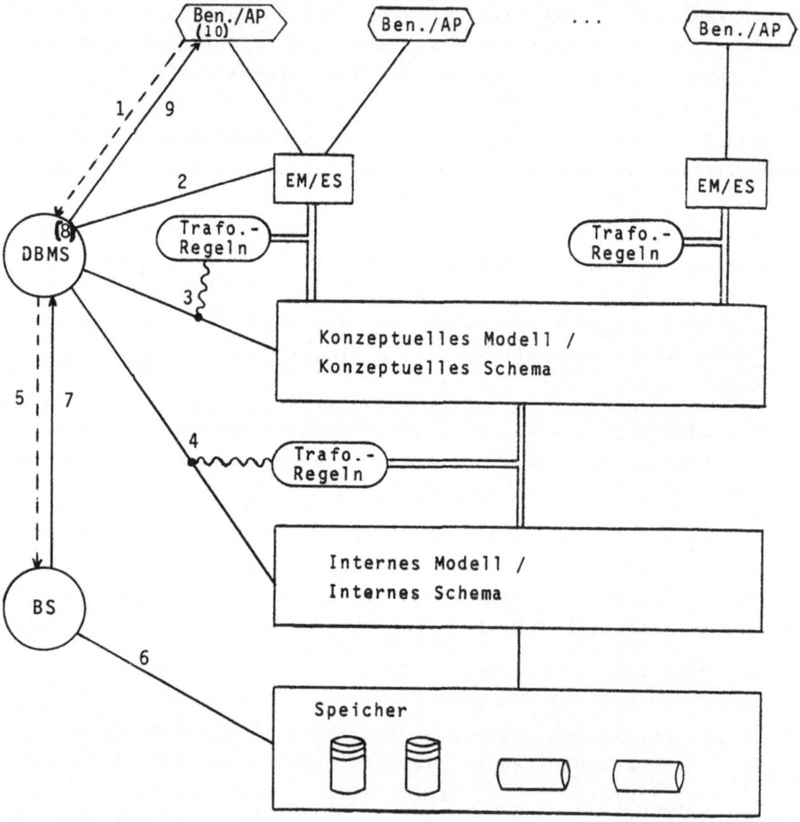

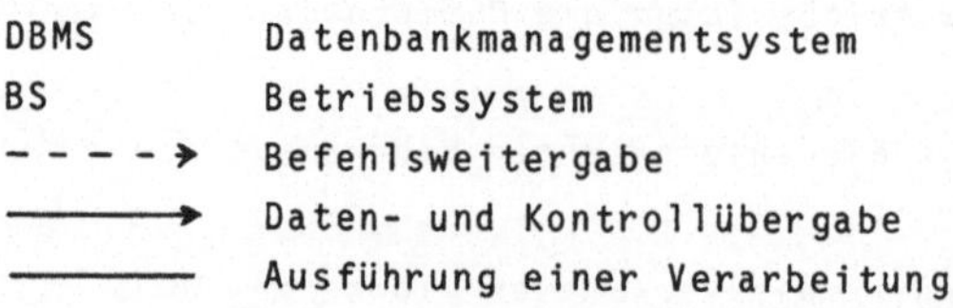

DBMS   Datenbankmanagementsystem
BS   Betriebssystem
- - - - →   Befehlsweitergabe
──────→   Daten- und Kontrollübergabe
──────   Ausführung einer Verarbeitung

<u>Abb 1.9:</u> Architektur eines Datenbanksystems - Verwaltung

sammen (Anordnung von Feldern in eine bestimmte Reihenfolge,
Konvertierungen, Formatierung, usw.).(ANGEST-PERS: Müller ...
Mannheim)

9. Das DBMS übergibt das externe Entity dem Anwendungsprogramm in
   einem Kommunikationsbereich.
10. Das Anwendungsprogramm verarbeitet die vom DBMS übergebenen
    Daten.

Die Punkte 4-7 müssen im allgemeinen, wie das obige einfache Beispiel zeigt, mehrfach durchlaufen werden, da das DBMS oft erst aufgrund eines gelesenen Satzes entscheiden kann, welcher Satz als
nächster zu lesen ist. Dieser nächste Satz wird häufig nicht im bereits gelesenen Block liegen, so daß unter Umständen eine ganze
Folge von Betriebssystemaufrufen durchzuführen ist.

Die Arbeitsweise des DBMS kann natürlich hier nur in den grundsätzlichen Zügen skizziert werden, da sehr viele unterschiedliche Realisierungsmöglichkeiten denkbar sind. Dies gilt insbesondere für
den Prozeß der Erzeugung externer Entities aus den internen, abgespeicherten Daten. Dieser Prozeß ist dadurch gekennzeichnet, daß
externe Entities zunächst ausgedrückt werden müssen durch konzeptuelle, und dann die entsprechenden konzeptuellen Entities durch
interne. Man spricht vom *Binden* der Entities eines Modelles an die
Entities des tieferliegenden Modelles. Der Befehl zum Lesen eines
externen Entity muß ersetzt werden durch eine Folge von Befehlen,
die die benötigten konzeptuellen Entities verlangt und die notwendigen Umwandlungen, Umstellungen usw. vornimmt. Diese Befehle
müssen ihrerseits ersetzt werden durch Befehle, die die richtigen
physischen Sätze lesen, entsprechend umbauen usw. Man halte sich
dazu das obige Beispiel (vgl. auch Abb. 1.8) nochmals vor Augen!

Für ein auszuführendes Programm kann Binden zu verschiedenen Zeitpunkten stattfinden:

1. zum Übersetzungszeitpunkt,
2. zum Zeitpunkt des Programmladens,
3. zum Zeitpunkt der Datenbankeröffnung für das Programm (OPEN),
4. zum Zeitpunkt des Zugriffs auf die Daten.

Findet das Binden zur Übersetzungszeit statt, so muß das Programm
neu übersetzt werden, wenn sich am konzeptuellen oder am internen
Modell etwas ändert. Größtmögliche Datenunabhängigkeit wird erreicht, wenn Binden erst zum Zeitpunkt des Zugriffs auf die Daten
stattfindet. In diesem Falle kann sowohl das konzeptuelle wie das
interne Modell zu jedem Zeitpunkt geändert werden, ohne daß das
Anwendungsprogramm davon berührt wird. Diese Form des Bindens
heißt *dynamisches Binden*. Dynamisches Binden gewährleistet *dynamische Datenunabhängigkeit*. Wird das Binden zu irgendeinem Zeitpunkt
vor dem Zugriff auf die Daten durchgeführt, so spricht man von
statischem Binden und entsprechend von *statischer Datenunabhängigkeit*.

Wir haben gesehen, daß die Gewährleistung von Datenunabhängigkeit
eine ganz zentrale Forderung an Datenbanksysteme ist. Tatsächlich
bezieht sich diese Forderung primär auf statische Datenunabhängigkeit - in der Hauptsache sollte ja erreicht werden, daß Programme
bei Änderungen in der Datenbank nicht umgeschrieben werden müssen;
Neu-Übersetzung ist im allgemeinen vertretbar. Dynamische Datenunabhängigkeit ist in vielen Fällen zu teuer, die entstehenden
Kosten können die Vorteile bei weitem überwiegen. Denn um dynamische Datenunabhängigkeit zu realisieren, müssen bei jedem Zugriff
auf Daten zusätzliche Tabellenzugriffe ausgeführt und Schemaeinträge interpretiert werden, wodurch sowohl Kosten für zusätzliche
CPU-Zeit als auch für Zugriffe auf das Schema bzw. für dessen re-
sidente Speicherung entstehen.

Sofern über Datenunabhängigkeit in einem Datenbanksystem gesprochen wird, kann also die Frage nicht sein, *ob* das System Datenunabhängigkeit garantiert, sondern nur, *wieviel* Datenunabhängigkeit
es garantiert, d.h. insbesondere, welche Änderungen im System vorgenommen werden können, ohne daß Anwendungsprogramme betroffen
sind. Im praktischen Falle ist zu prüfen, welche Formen von Datenunabhängigkeit verlangt werden sollten, um auf Dauer die Veränderungen des Unternehmens im Datenbanksystem mit möglichst geringen
Gesamtkosten nachvollziehen zu können.

WEITERE AUFGABEN DES DATENBANKMANAGEMENTSYSTEMS

Es wurde früher bereits angedeutet, daß es nicht einzige Aufgabe des DBMS ist, vom Benutzerprogramm verlangte Zugriffe auf die Datenbank auszuführen. Weitere wichtige Aufgaben sind die folgenden:

- *Gewährleistung der Integrität der Datenbank*

  Das DBMS sollte in möglichst großem Umfang in der Lage sein,

  * Integritätsverletzungen zu verhindern (Integritätsbedingungen) bzw.

  * entdeckte Integritätsverletzungen zu beseitigen.

  Integritätsverletzungen können entstehen durch falsche Eingabedaten, Systemzusammenbruch, Fehler eines Externspeichers, usw. Die Wiederherstellung eines korrekten Datenbankzustandes nach dem Auftreten eines solchen Fehlers heißt allgemein *Recovery*. Integrität und Recovery werden in den Kapiteln 7 und 9 behandelt.

- *Koordination gleichzeitig auf der Datenbank arbeitender Benutzer (Synchronisation)*

  Auf großen Datenbanken arbeiten im allgemeinen viele Benutzer gleichzeitig. Das DBMS muß dafür sorgen, daß sich die parallel arbeitenden Programme nicht gegenseitig stören oder die Integrität der Datenbank zerstören. Fragen dieser Art werden in Kapitel 8 behandelt.

- *Schutz der Daten gegen unberechtigten Zugriff*

  Hierzu gehören alle technischen Maßnahmen zum *Datenschutz*. Hierunter versteht man den Schutz der Daten gegen Mißbrauch jeglicher Art. Das DBMS muß dafür sorgen, daß nur befugte Benutzer Daten lesen, löschen und verändern können. Da in einer Datenbank sehr viele Daten integriert vorhanden sind, spielen Datenschutzmaßnahmen in Datenbanksystemen eine besondere Rolle. Ein einfaches Beispiel mag dieses verdeutlichen:

in einem Unternehmen dürfen verschiedene Personen
Information über Angestellte und deren Gehälter
sehen (Abteilungsleiter, Lohnbüro, Revision, usw.),
das Recht zu Änderungen muß aber einem sehr kleinen
Personenkreis vorbehalten bleiben. Andere Personen
dürfen lediglich die Gehälter alleine sehen, nicht
aber, welcher Angestellte welches Gehalt verdient.
Wieder andere Personen dürfen nichts über die Gehälter erfahren. Fragen des Datenschutzes werden in
Kapitel 10 behandelt.

1.4.4 Erweiterung der konzeptuellen Ebene - logisches Schema

Das konzeptuelle Schema soll ein Modell der realen Welt sein, unabhängig von DV-Gesichtspunkten. Dies bedeutet, daß die Konstrukte,
die man zur Beschreibung auf dieser Ebene braucht, auch für die
Beschreibung der realen Welt angemessen sein sollen. Andererseits
sollte das konzeptuelle Schema aber auch dazu dienen, als Bestandteil des Datenbanksystems die Grundlage für die externen Modelle
sowie für das interne Modell zu bilden - dies beinhaltet, daß die
Konstrukte des konzeptuellen Modells auch DV-mäßig bearbeitbar
sein sollten. Allerdings hat die bisherige Praxis gezeigt, daß
zwischen diesen beiden Zielvorstellungen noch eine nicht geringe
Lücke klafft, und daher ist die Diskussion um das konzeptuelle Modell auch nicht abgeschlossen. Insbesondere ist noch ungeklärt,
in welcher Form die Daten auf dieser Ebene beschrieben werden,
welche Beschreibungsverfahren (Sprachen, Datenmodelle) angewandt
werden sollen, welche Information im einzelnen im konzeptuellen
Schema enthalten sein soll, usw. Vergleiche hierzu z.B. auch
[LoN76].

Man geht zur Zeit dazu über (vgl. hierzu etwa auch [KLS82]), auf
der Ebene der logischen Gesamtsicht der Unternehmensdaten zu unterscheiden zwischen dem eigentlichen konzeptuellen Schema, welches wirklich völlig EDV-unabhängig die reale Welt mit den dazu
geeigneten Konstrukten beschreibt, und seiner Realisierung in einem bestimmten Datenbanksystem mit den in diesem zur Verfügung
stehenden Mitteln; hierbei ist vor allem das zugrundeliegende Da-

tenmodell (vgl. Kapitel 2) von Bedeutung. Dieses "implementierte" konzeptuelle Schema wird dann häufig auch als das *logische Schema* bezeichnet und ist Teil des Datenbanksystems (vgl. Abb. 1.10); es übernimmt die Rolle des konzeptuellen Schemas, wie sie in Abschnitt 1.4 beschrieben ist. Das konzeptuelle Schema ist in diesem Sinn dann nicht Teil des eigentlichen Datenbanksystems, sondern steht etwas daneben und kann im übrigen auch aufgestellt werden, wenn überhaupt kein Datenbanksystem zum Einsatz kommt!

Es sei jedoch hier darauf hingewiesen, daß das logische Schema zwar als "implementiertes konzeptuelles Schema" gesehen werden kann, daß aber "implementiert" hier noch völlig hardware-unabhängig zu sehen ist, sondern nur Bezug nimmt auf das Datenmodell des zugrundeliegenden, tatsächlich vorhandenen Datenbanksystems. Zudem ist man natürlich auch dabei, die Lücke zwischen logischem Schema und konzeptuellem Schema formal wieder zu schließen (wie es ja auch das ursprüngliche Ansinnen von [ANS75] war), d.h. man versucht, konzeptuelle Modelle zu entwickeln, die sowohl zur Beschreibung der realen Welt wie zur EDV-mäßigen Weiterbearbeitung geeignet sind.

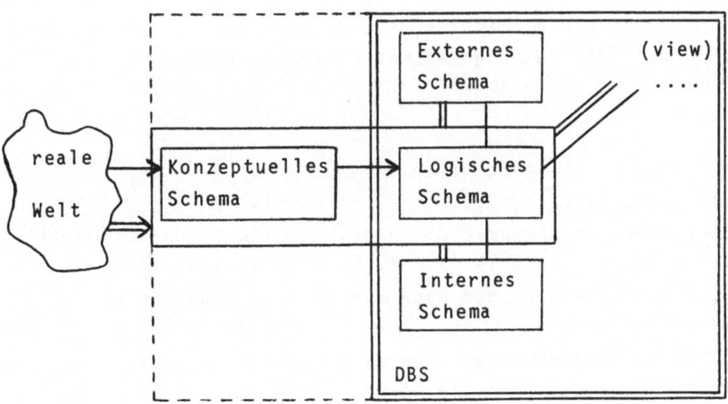

Abb. 1.10: Konzeptuelles/Logisches Schema

2 Logische Datenorganisation (konzeptuelle und externe Ebene)

2.1 Modellierung der realen Welt mit Entities und Beziehungen

2.1.1 Entity-Typen, Entities, Attribute

Unter einem Entity-Typ verstehen wir eine Klasse von Objekten, die einander nach gewissen Kriterien ähnlich sind. Einem Entity-Typ E (E können wir dabei als *Name* dieses Entity-Typs auffassen) können wir demnach zu jedem Zeitpunkt t die *Menge* E^t der zu diesem Zeitpunkt tatsächlich vorhandenen Entities von diesem Typ zuordnen; E^t muß selbstverständlich als zeitlich veränderlich angesehen werden. Beispiel: die Angestellten eines Unternehmens kommen und gehen, das Unternehmen selbst bleibt dasselbe. Aussagen über Entities eines Typs sind meist so zu verstehen, daß sie Aussagen über die Mengen E^t zu jedem Zeitpunkt t sind.
Wir schreiben:

    e vom Typ E oder auch

    $e \in E^t$ für einen bestimmten Zeitpunkt t oder auch

    $e \in E$, falls dieser Zeitpunkt nicht interessiert.

Bei der Modellbildung interessieren uns von den Entities selbst im wesentlichen die Attributwerte bezüglich der dem Entity-Typ E zugeordneten Attributmenge A; wir schreiben dann auch:

    E: <A> .

Jedes solche A besteht immer aus nur endlich vielen Elementen, etwa $A = \{a_1, a_2, \ldots, a_n\}$. Ist e ein Entity vom Typ E: <A>, so interessieren uns demgemäß die Attributwerte w_a dieses Entities bezüglich jedes Attributes $a \in A$. Um dies genauer darstellen zu können, müssen wir zunächst noch einige Bezeichnungen einführen.

Mit *dom(a)* bezeichnen wir den *Wertebereich* (englisch: *domain*) eines Attributes a, d.h. die Menge der für dieses Attribut überhaupt möglichen Werte. Entsprechend bezeichnen wir den *Wertebereich einer Attributmenge* A mit *dom*(A) und verstehen darunter folgendes: ist $w \in dom(A)$, also ein möglicher Wert für die gesamte Attributkombination A, so hat w bezüglich jedes einzelnen Attributes $a \in A$

einen Attributwerte $w_a \in dom(a)$, und wir schreiben:

$$w = (w_a \mid a \in A).$$

Man kann also $(w_a \mid a \in A)$ gewissermaßen als "ungeordnetes Tupel" verstehen[1]; $dom(A)$ ist somit die Menge aller möglichen "ungeordneten Tupel" $(w_a \mid a \in A)$ mit Werten $w_a \in dom(a)$.

Die Zugehörigkeit von w zu einem Entity e bzw. von einer Menge X solcher Werte zu einer Entity-Menge E^t kennzeichnen wir durch die Schreibweise

$$e:w \quad bzw. \quad E^t:X.$$

Außer w und den einzelnen Komponenten w_a interessieren manchmal auch die Werte ausgewählter Attribute B aus A, d.h. die Zusammenfassung der ausgewählten Komponenten $b \in B$ $(B \subseteq A)$. Wir schreiben dafür $w.B$ und erhalten somit

$$w.B = (w_a \mid a \in B) \in dom(B),$$

und insbesondere für $\{a\}$ $(a \in A)$:

$$w.\{a\} = (w_a) \text{ oder einfacher } w_a.$$

Die "."-Operation bezeichnen wir auch als *Projektion auf* B.

---

[1] Für $dom(A)$ können wir uns etwa folgende *Implementierungsmöglichkeit* denken:
- Die Attribute von A werden immer in einer fest vorgegebenen Reihenfolge angegeben, etwa:
$$a_1, a_2, \ldots, a_n.$$
Dann können wir $w \in dom(A)$ als das übliche geordnete n-Tupel darstellen:
$$w = (w_1, w_2, \ldots, w_n), \quad w_i \in dom(a_i) \quad (i = 1, \ldots, n).$$
- Wir fassen jedes $w \in dom(A)$ auf als
$$\text{Abbildung } w: A \to \bigcup_{a \in A} dom(a)$$
mit der zusätzlichen Eigenschaft
$$w(a) = w_a \in dom(a)$$
und realisieren w in der Form
$$w = \{(a, w_a) \mid a \in A\}.$$

In Datenbanksystemen werden Daten immer so "formatiert", daß für die abgespeicherten Daten eine feste Anordnung der Attribute definiert ist.

Jedes Entity vom Typ E: <A> ist durch seine Attributwertekombina-
tion $w \in \text{dom}(A)$ eindeutig bestimmt, d.h. A ist *identifizierend* für
E. Diese Eigenschaft kann aber auch bereits für eine Teilmenge von
A gelten; ist eine solche identifizierende Teilmenge $B \subseteq A$ minimal
in dem Sinne, daß man kein Attribut aus B weglassen kann, ohne
diese Eigenschaft "identifizierend" zu verlieren, so bezeichnen
wir B als einen *Schlüssel* (englisch: *key*) für E:

$$e:w, \; e':w' \; : \quad w.B = w'.B \Rightarrow e = e'$$

Im allgemeinen gibt es für einen Entity-Typ mehrere Schlüssel.
Einer dieser Schlüssel kann von vornherein als sog. *Primärschlüssel* ausgezeichnet sein: er identifiziert ein Objekt während seiner
ganzen Lebenszeit im System, sein Wert kann nicht geändert werden
- eine Änderung des Wertes würde bedeuten, daß ein anderes Objekt
entsteht. Wenn für E ein Primärschlüssel existiert, so können in
der Schreibweise E: <A> die zugehörigen Attribute durch *Unterstreichen* kenntlich gemacht werden. Häufig wird übrigens ein Primärschlüssel eigens zu dem Zweck der eindeutigen Identifizierbar-
keit eines Objektes über alle Zeitpunkte hinweg als zusätzliches
Attribut eingeführt; in diesem Fall benennt man ihn oft als E#
(# steht für "Nummer") - z.B. "Angestellten-Nummer" o.ä.

Jede Attributkombination außer dem Primärschlüssel ist in bestimm-
tem Zusammenhang als sogenannter *Sekundärschlüssel* möglich; Sekundärschlüssel finden dann Verwendung, wenn man sich für Mengen von
Entities eines Typs E mit bestimmten Eigenschaften interessiert.
Ein Sekundärschlüssel kann selbst identifizierende Attributkombination oder auch Schlüssel sein, braucht es aber nicht. (Aus diesem Grund ist das Wort eigentlich schlecht gewählt, es ist in dieser Form aber gängig.)

Beispiel 2.1:

```
    ABTEILUNG: <{ABT-NR, ABT-NAME, ABT-LEITER, ...}>
       Schlüssel: {ABT-NR}; {ABT-NAME}
       kein Schlüssel (i.a.): ABT-LEITER
```

```
ANGESTELLTER: <{ANG-NR, NAME, ANSCHRIFT, GEB-DATUM, ...}>
      Schlüssel: {ANG-NR}; evtl. {NAME, GEB-DATUM}
      i.a. kein Schlüssel, aber evtl. Sekundärschlüssel:
            {NAME}; {GEB-DATUM}                        □
```

2.1.2 Beziehungen und Beziehungstypen

ALLGEMEINE BEMERKUNGEN

Zwischen konkret vorhandenen Entities können konkrete Beziehungen bestehen, die wiederum als *abstrakte Beziehungen* zwischen den beteiligten Entity-Typen (*Beziehungstypen*) klassifiziert werden können, wie wir bereits in Abschnitt 1.1 gesehen haben. Zusätzlich zu den Ausführungen in Abschnitt 1.1 sind hier zunächst noch einige weitere Bemerkungen anzufügen:

1. Eine abstrakte Beziehung zwischen Entity-Typen kann Attribute haben, entsprechende konkrete Beziehungen zwischen Entities entsprechende Attributwerte: so kann etwa die Beziehung "ist Mitarbeiter an" (vgl. Abb. 1.1) das Attribut "Prozent der Arbeitszeit des Mitarbeiters" haben, im konkreten Fall die Beziehung "der Angestellte Hubert Meyer ist Mitarbeiter am Projekt Mondlandung" den Attributwert "mit 35 % seiner Arbeitszeit". Die Attribute werden häufig, wie in Abb. 2.1, mit Kreisen an die zugehörigen Entity- oder Beziehungstypen angehängt.

2. Die Unterscheidung von Entities und Beziehungen ist eigentlich recht willkürlich; das, was Entity und was Beziehung ist, wird ausschließlich vom Beobachter der realen Welt, vom "Modellbauer" festgelegt. So kann der eine Beobachter etwa das oben beschriebene Modell in genau dieser Form sehen. Ein anderer kann sich denselben Sachverhalt der realen Welt so modellieren, daß er zusätzlich zu den Entities "Angestellter" und "Projekt" ein Entity "Ang-Pro" hat. Der abstrakten Beziehung "ist Mitarbeiter an" zwischen "Angestellter" und "Projekt" mit Attribut "% der Arbeitszeit" im obigen Modell entspricht nun der Entity-Typ "Ang-Pro" mit der Attributkombination (Angestellter, Projekt, % Arbeitszeit), der konkreten Beziehung aus obigem Beispiel das Entity (Hubert Meyer, Mondlandung,

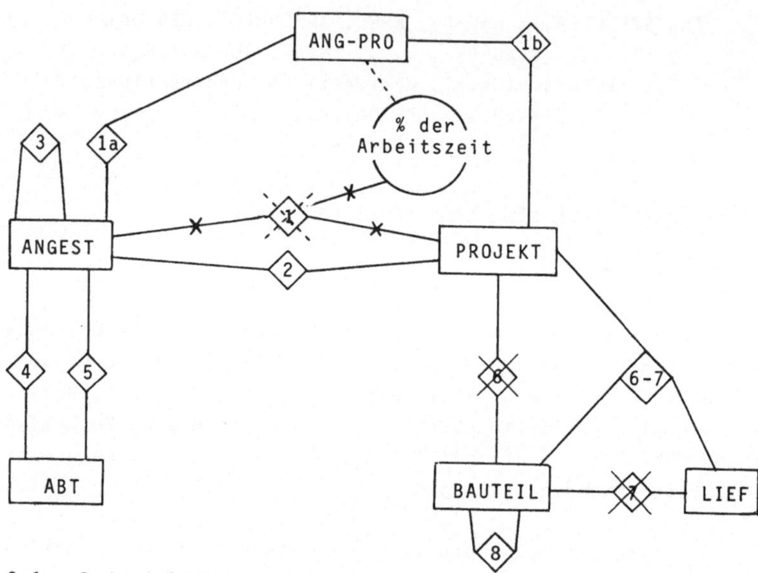

Abb. 2.1: Beispiel-Unternehmen (vgl. Abb. 1.1): andere Sicht

---

35 %). Zusätzlich bestehen Beziehungen zwischen den Entities "Angestellter" und "Ang-Pro" sowie "Projekt" und "Ang-Pro", beide aber nun ohne Attribut (vgl. Abb. 2.1).

3. Neben Beziehungen zwischen zwei Entities sind auch Beziehungen zwischen drei und mehr Entities möglich. So erhalten wir durch eine kleine Abänderung unseres Unternehmens aus Abb. 1.1 die Beziehung Projekt-Bauteil-Lieferant (vgl. Abb. 2.1): die konkrete Beziehung (p;b;l) besagt, daß der Lieferant l Bauteil b zur Verwendung für Projekt p liefert. Ein Bauteil kann zwar von mehreren Lieferanten geliefert werden, jedoch soll die Lieferung des Bauteils für ein spezielles Projekt nicht durch alle möglichen Lieferanten erfolgen. Weitere Beziehungen zwischen drei Entities sind z.B. die Beziehung Projekt-Bauteil-Bauteil beim Vorliegen mehrerer Fertigungspläne oder die Realisierung einer projektbezogenen Unterstellung durch die Beziehung Angestellter-Angestellter-Projekt.

Solche Beziehungen zwischen drei Entities können i.a. nicht durch zwei oder auch drei Paar-Beziehungen genau dargestellt werden. Be-

stehen beispielsweise zwischen den Entities p1, p2 vom Typ Projekt,
b1, b2 vom Typ Bauteil und l1, l2 vom Typ Lieferant die konkreten
Beziehungen

$$(p1,b1,l1), \quad (p2,b1,l2), \quad (p2,b2,l1),$$

so sind darin die konkreten Paar-Beziehungen

$$(p1,b1), \quad (b1,l1), \quad (p1,l1),$$
$$(p2,b1), \quad (b1,l2), \quad (p2,l1),$$
$$(p2,b2), \quad (b2,l1), \quad (p2,l2)$$

enthalten. Die Angabe dieser Paar-Beziehungen genügt jedoch nicht,
um den durch die oben genannten Dreier-Beziehungen dargestellten
tatsächlichen Sachverhalt genau wiederzugeben; so ließe sich aus
den Paar-Beziehungen z.B. die zusätzliche Beziehung (p2,b1,l1) herleiten.

4. Bisher nicht ausdrücklich gesagt, aber aus den angeführten Beispielen bereits klar ersichtlich ist die Tatsache, daß Beziehungen
zwischen Entities vom selben Typ möglich sind, z.B. Bauteil-Bau-
teil oder Angestellter-Angestellter, sowie daß ein Entity-Typ an
mehreren Beziehungen beteiligt sein kann (vgl. Abb. 1.1).

CHARAKTERISIERUNG VON BEZIEHUNGEN

Ein Beziehungstyp f ist charakterisiert durch die Menge $\mathcal{E}$ der beteiligten Entity-Typen; die Anzahl der beteiligten Entity-Typen
bezeichnen wir als den *Grad* von f. Wir schreiben:

$$f: \mathcal{E} \text{ bzw.}$$
$$f: \{E_1, E_2, \ldots, E_n\}, \text{ falls } \mathcal{E} = \{E_1, \ldots, E_n\}, \text{ bzw.}$$
$$f: (E_1, E_2, \ldots, E_n), \text{ falls die Reihenfolge der } E_i \text{ von}$$
$$\text{Bedeutung ist;}$$
$$\text{grad}(f) = n.$$

Des weiteren gehört zur Charakterisierung von f eine möglicherweise
vorhandene Attributmenge A, die wir zunächst außer acht lassen
wollen.

Falls ein Entity-Typ in der Beziehung mehrfach vorkommt, müssen
wir ihm entsprechend viele verschiedene Namen (sogenannte *Rollen-*
namen) geben, damit man sie in $\mathcal{E}$ voneinander unterscheiden kann.

Beispiel 2.2:

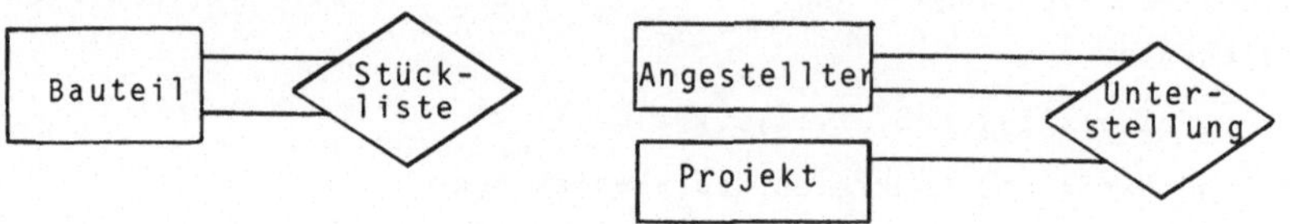

Stückliste: {Bauteil-übergeordnet, Bauteil-untergeordnet}
Unterstellung: {Projekt, Angestellter-Leiter, Angestell-
ter-Mitarbeiter}

Zu jedem Zeitpunkt t ist dem Beziehungstyp f, genauer $f:\mathcal{E}$, die
Menge f^t der zu diesem Zeitpunkt konkret vorhandenen Beziehungen
zugeordnet, und in einfacher Übertragung der in Abschnitt 2.1 eingeführten Begriffe können wir somit schreiben

- für eine konkret vorhandene Beziehung:

$x \in f^t$: $\quad x = (x_E \mid E \in \mathcal{E})$ mit $x_E \in E^t$ für alle E

- sowie für eine Auswahl von Entities eines bestimmten Typs (oder
  mehrerer Typen), die an einer konkreten Beziehung beteiligt sind:

$E \in \mathcal{E}$: $\quad x.E = x_E$,

$\mathcal{E}' \subseteq \mathcal{E}$: $\quad x.\mathcal{E}' = (x_E \mid E \in \mathcal{E}')$.

KOMPLEXITÄT VON BEZIEHUNGEN

Ein wichtiges Kriterium für eine Beziehung f, insbesondere als Instrument der Modellierung der realen Welt, ist ihre *Komplexität*;
hierunter verstehen wir Angaben darüber, mit wievielen anderen Entities ein Entity eines bestimmten Typs in einer konkreten Beziehung stehen kann, d.h. stehen darf bzw. stehen muß. Es gibt
mehrere Notationen, um diesen *Komplexitätsgrad kgrad(f)* auszu-
drücken. Wir betrachten eine Beziehung $f:\mathcal{E}$.

• Die *(min,max)-Notation*

Hierbei wird zu jedem $E \in \mathcal{E}$ angegeben, in wievielen konkret vorhandenen Beziehungen $x \in f^t$ ein Entity $e \in E^t$ mindestens (α) und

höchstens (β) vorkommt:

$$\text{kgrad } (f,E) = (\alpha,\beta).$$

Kann ein Entity $e \in E^t$ in beliebig vielen konkreten Beziehungen vorkommen, so setzen wir β = * (wobei * ein spezielles Symbol ist).

Das E-R-Diagramm kann entsprechend erweitert werden, indem an den von E zu f ausgehenden Verbindungsstrich kgrad(f,E) hinzugeschrieben wird (vgl. Abb. 2.2 $\underline{a}$).

Die (min,max)-Notation wurde in [ISO82] eingeführt, hier jedoch um "*" für "beliebig viele" erweitert.

• Die *(1,c,m)-Notation*

In vielen Fällen ist die genaue Angabe von Minimal- und Maximalzahl nicht notwendig oder auch nicht möglich. Läßt man in der (min,max)-Notation nur α = 0 oder 1 sowie β = 1 oder * zu, so erhält man die (1,c,m)-Notation nach [Thu80] bzw. [ZeT80] (dort allerdings nur für grad(f) = 2 eingeführt):

$$\text{kgrad}_0 (f,E) = \gamma \text{ mit } \gamma \in \{1,c,m,mc\}$$

γ	kgrad (f,E)	
1	(1,1)	
c	(0,1)	"$\underline{c}$hoice"
m	(1,*)	"$\underline{m}$ultiple"
mc	(0,*)	

Bei der bildlichen Darstellung im E-R-Diagramm (vgl. Abb. 2.2.$\underline{b}$) gehen wir so vor, daß wir wieder - wie oben - an den von E zu f ausgehenden Verbindungsstrich kgrad$_0$ (f,E) hinzuschreiben - im Gegensatz übrigens zu [Thu80] und [ZeT80], die bei ihrer Darstellung von Zweier-Beziehungen die Beschriftung gerade umgekehrt vornehmen. Wir halten unsere Vorgehensweise aber für geeigneter, da sie sich unmittelbar auch für Beziehungen f mit grad(f) > 2 anwenden läßt.

Ist speziell f:(E,E') eine Zweier-Beziehung mit

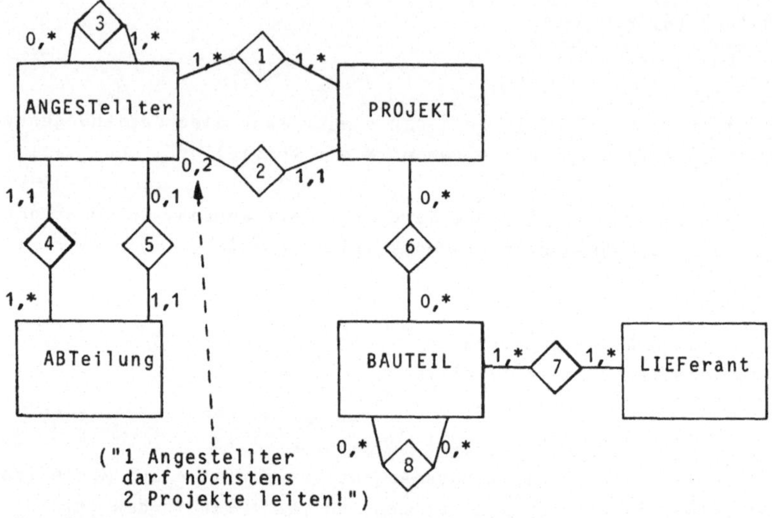

a. Komplexitätsgrade in der (min,max)-Notation
(die Klammern läßt man aus Übersichtlichkeitsgründen meist weg)

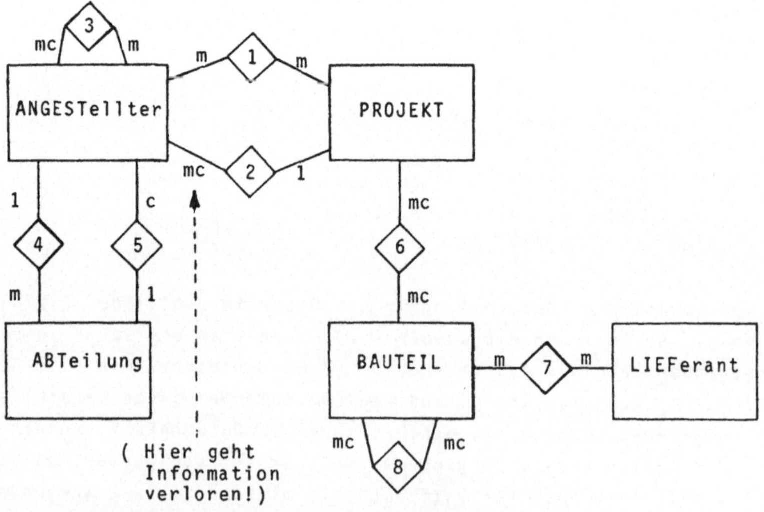

b. Komplexitätsgrade in der (1,c,m)-Notation

Abb. 2.2: Beispiel-Unternehmen (vgl. Abb. 1.1):
Erweiterung um Komplexitätsgrade von Beziehungen

$$\text{kgrad}_0\ (f,E) = \gamma,\ \text{kgrad}_0\ (f,E') = \delta,$$

so nennen wir f auch eine *γ-δ-Beziehung zwischen E und E'*.
(Reihenfolge von E und E' beachten!)

• Die *(1,n)-Notation*

Die am längsten übliche, aber etwas ungenaue Notation ist die
(1,n)-Notation; sie ist allerdings auch nur für Zweier-Beziehungen
anwendbar. Wir sagen:

f:(E,E') ist eine	genau dann, wenn	
	$\text{kgrad}_0\ (f,E)$	$\text{kgrad}_0\ (f,E')$
1:1-Beziehung zwischen E und E'	1 oder c	1 oder c
1:n-Beziehung " "	m oder mc	1 oder c
n:1-Beziehung " "	1 oder c	m oder mc
n:m-Beziehung " "	m oder mc	m oder mc

(Reihenfolge von E und E' beachten!)

Falls man E-R-Diagramme um diese Komplexitätsgrade erweitert,
schreibt man sie üblicherweise in der umgekehrten Reihenfolge zu
dem, wie wir es bisher getan haben. Um hier keine Verwirrung auf-
kommen zu lassen, wollen wir diese E-R-Diagramm-Erweiterung hier
nicht durchführen, zumal sie ja auch nur für Zweier-Beziehungen
gilt. Der Leser sei aber darauf hingewiesen, daß er sich bei allen
E-R-Diagrammen, welche um die Angabe von Komplexitätsgraden für
Beziehungen erweitert sind, genau informieren muß, welche Notation
und Anschreibregeln zugrunde liegen!

DARSTELLUNG VON BEZIEHUNGEN ALS ENTITIES

Ist $f: \{E_1, \ldots, E_n\}$ ein Beziehungstyp mit zusätzlicher Attributmenge A, und ist $E_i\#$ der Primärschlüssel des Entity-Typs E_i
($i = 1,\ldots,n$), so können wir f auch darstellen durch einen speziellen Entity-Typ E(f) in der folgenden Form:

$$E(f)\ :\ <\ E_1\# ,\ \ldots,\ E_n\# ,\ A\ >\ .$$

Dabei ist $\{E_1\# ,\ \ldots,\ E_n\# \}$ in jedem Fall identifizierend für E(f).
Je nach den einzelnen Komplexitätsgraden von f kann der Schlüssel

aber auch kleiner sein. Aus der Definition des Komplexitätsgrades läßt sich unmittelbar ablesen:

Ist kgrad_0 (f,E_i) = 1 oder c, so ist E_i# Schlüssel in $E(f)$.
Sind alle kgrad_0 (f,E_i) = m oder mc, so ist $\{E_1\#, \ldots, E_n\#\}$ Schlüssel in $E(f)$.

Da die E_i# Schlüssel (genauer: Primärschlüssel) in anderen Entity-Typen sind, bezeichnet man sie auch als *Fremdschlüssel* in $E(f)$.

Die Auffassung eines Beziehungstyps als spezieller Entity-Typ läßt es nun auch in einfacher Weise zu, ganz allgemein Beziehungen zwischen beliebigen Entity- und Beziehungstypen zu definieren! Darauf wollen wir an dieser Stelle aber nicht weiter eingehen.

SPEZIELLE BEZIEHUNGEN

Auf einige spezielle Beziehungen soll hier noch kurz hingewiesen werden.

• Die "is-a"-Beziehung

Erweitern wir unser Beispiel-Unternehmen (vgl. Abb. 1.1) um den Entity-Typ ABT-LEITER und gehen davon aus, daß ein Abteilungsleiter sowohl Entity vom Typ ABT-LEITER wie Entity vom Typ ANGEST ist, so können wir sagen:

"Jeder Abteilungsleiter ist auch ein (englisch: *is a*) Angestellter."

Zwischen den Entity-Typen ABT-LEITER und ANGEST besteht also eine sogenannte *is-a-Beziehung* (vgl. Abb. 2.3 <u>a</u>). Den Entity-Typ ABT-LEITER bezeichnet man auch als *Subtyp* des zugehörigen Entity-Typs ANGEST; die Beziehung selbst kann auch einfacher durch einen Doppelpfeil => charakterisiert werden (vgl. Abb, 2.3 <u>b</u>).

Ist E' Subtyp von E, so gilt:

(1) $E'^t \subseteq E^t$ zu jedem Zeitpunkt t.
(2) Wenn überhaupt, so hat E' denselben Primärschlüssel wie E.
(3) Ist E: <A> und E': <A'>, so gilt $A \subseteq A'$, aber nicht notwendig "=".

So kann beispielsweise der Subtyp ABT-LEITER über die allgemeinen
Attribute von ANGEST hinaus das Attribut "Anzahl der unterstellten
Mitarbeiter" haben.

• Die hierarchische Beziehung

Ein Entity-Typ E' ist einem anderen Entity-Typ E *hierarchisch untergeordnet*, wenn es eine Beziehung f: {E,E'} mit $\mathrm{kgrad}_0 (f,E') = 1$
gibt; d.h. zu jedem konkret vorhandenen Entity e' vom Typ E' muß
ein Entity e vom Typ E vorhanden sein, zu dem e' gehört (und es
gibt auch nur ein solches e); e' kann also nur existieren, wenn
ein zugehöriges e existiert - daher spricht man auch von *Existenz-
abhängigkeit*. Eine solche Beziehung f nennen wir auch eine *hierarchische Beziehung* zwischen E' und E. Ein Beispiel ist die Zugehö-
rigkeits-Beziehung zwischen Angestellter und Abteilung (vgl.
Abb. 2.3 <u>c</u>).

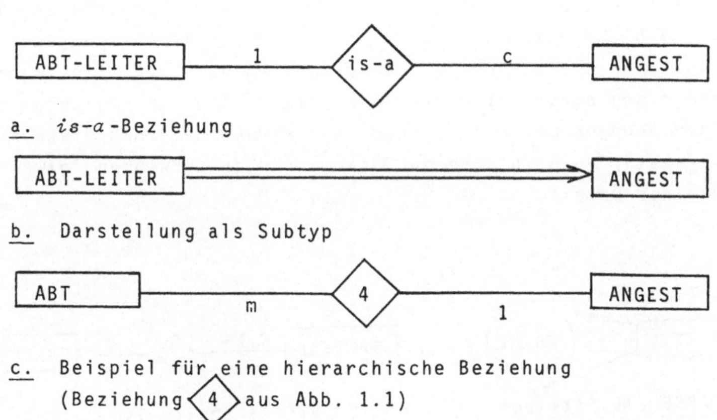

<u>a</u>. *is-a*-Beziehung

<u>b</u>. Darstellung als Subtyp

<u>c</u>. Beispiel für eine hierarchische Beziehung
    (Beziehung 4 aus Abb. 1.1)

<u>Abb. 2.3:</u> Spezielle Beziehungen (is-a, Subtyp; hierarchisch)

2.1.3 <u>Einige Bemerkungen</u>

Die erste Bemerkung bezieht sich auf die zum Teil recht große Frei-
heit, die der Unternehmensadministrator bei der Modellierung der
realen Welt hat. So kann er einerseits eine Beziehung auch als Entity sehen (vgl. Abb. 2.1); andererseits kann er aber auch ein Attribut eines Entity-Typs von diesem lösen und ebenfalls als eigen-
ständiges Entity sehen, wobei zwischen diesen beiden Entity-Typen
dann eine entsprechende Beziehung besteht - etwa die Farbe eines
Bauteiles (vgl. Abb. 2.4). Letzteres ist z.B. dann sinnvoll, wenn
für ein Entity mehrere Attributwerte in Frage kommen; so kann es
durchaus sein, daß ein Bauteil bis zu 3 verschiedene Farben aufweisen kann. Die Wahl muß der Unternehmensadministrator je nach Bedeutung und Gewichtung dieser Dinge in seinen Augen treffen. - Sind
jedoch erst einmal <u>alle</u> Entity-Typen bestimmt, dann ist dadurch
auch festgelegt, was Attribut und was Beziehungstyp ist.

Die zweite Bemerkung bezieht sich auf die Verallgemeinerbarkeit der
in den Abschnitten 2.1.1 und 2.1.2 eingeführten Begriffe und Bezeichnungen. Man kann sie nicht nur bei der Modellbildung der realen Welt anwenden, sondern bei beliebigen Objekten, die identi-
fizierbar und durch Attribute beschreibbar sind und zwischen denen
ggf. Beziehungen bestehen können. Wir werden demgemäß diese Begriffe später auch in anderen Zusammenhängen verwenden (etwa für
Sätze einer Datei).

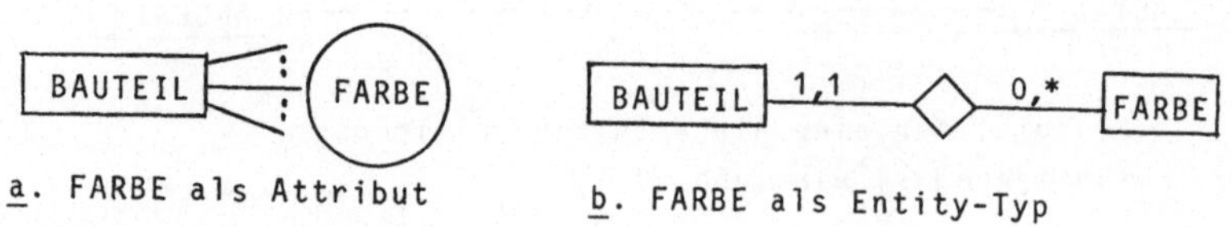

<u>a</u>. FARBE als Attribut   <u>b</u>. FARBE als Entity-Typ

<u>Abb. 2.4:</u> Attribut oder Entity-Typ ?

2.2 Beschreibung der realen Welt: Datenmodelle

2.2.1 Notwendigkeit eines Datenmodells

Unabhängig von der physischen Datenorganisation, sogar im Prinzip
unabhängig von jeglichen Gesichtspunkten der Datenverarbeitung,
müssen auf einer logischen Ebene einmal die Gesamtdaten des Unternehmens (im konzeptuellen bzw. logischen Schema) und zum anderen
die jeweiligen speziellen Sichten verschiedener Benutzer (in den
externen Schemata) beschrieben werden - man spricht daher auch von
der *logischen Datenorganisation*, da im Gegensatz zur physischen
Datenorganisation keine physische Realisierung auf einem Sekundärspeicher zugrunde liegt. Ziel ist die formale Beschreibung sowohl
der Entities, d.h. der Entity-Typen, ihrer Attribute und des Werte-
bereichs dieser Attribute, wie der Beziehungen zwischen den Entities. Da man im allgemeinen die zum Zeitpunkt t vorhandenen Entities E^t eines Typs E: $\langle A \rangle$ in der Datenbank insbesondere durch ihre
Attributwertkombination $X^t \subseteq \text{dom}(A)$ darstellen wird, kommt der
Wunsch hinzu, gewisse sogenannte *semantische Integritätsbedingungen*
mit einzubeziehen - das sind im einfachsten Fall Aussagen darüber,
daß gewisse Werte $w \in \text{dom}(A)$ kein Entity $e \in E$, gewisse Mengen
$X \subseteq \text{dom}(A)$ keine Entitymenge E^t repräsentieren können.

Damit diese Beschreibungen auch in computerverständlicher Form
niedergelegt werden können (vgl. hierzu auch die Diskussion über
das konzeptuelle und das logische Schema in Abschnitt 1.4), ist ein
bestimmter formaler Rahmen notwendig, das sogenannte *Datenmodell*.
Dieses Datenmodell gibt also an, in welcher Form man die Daten, d.h.
die Informationen über die Entities und die Beziehungen zwischen
Entities, sehen will. Von diesem Datenmodell hängt auch sehr wesentlich die Wahl der geeigneten Datenbeschreibungssprache (DDL)
ab, mit der das betreffende Schema erstellt werden soll, sowie die
Wahl der geeigneten Datenmanipulationssprachen (DML's) zum Umgang
mit den Daten. Diese Sprachen müssen natürlich die für das Datenmodell geeigneten Sprachmittel zur Verfügung stellen.

Abgesehen davon, daß es beim konzeptuellen (bzw. logischen) Schema
vor allem auf die Vollständigkeit der Daten u.ä. ankommt, sind die
auftretenden Problematiken bei den externen Schemata im wesentli-

chen dieselben wie beim konzeptuellen/logischen Schema. Daher gelten die folgenden Ausführungen im Prinzip für beide Ebenen. Es sei jedoch an dieser Stelle bereits ausdrücklich vermerkt, daß vom Konzept her die Datenmodelle der externen Ebene sich sowohl untereinander wie von dem Datenmodell der konzeptuellen Ebene unterscheiden können.

Für das Funktionieren des Datenbanksystems sind zusätzlich zu den Schemata die Transformationsregeln externes/konzeptuelles Modell und konzeptuelles/internes Modell anzugeben. Vom Konzept her (vgl. auch Abbildung 1.6) sind diese Transformationsregeln vom Schema getrennt zu sehen, jedoch ist in vielen Systemen diese Trennung noch nicht konsequent durchgeführt. Generell ist die Trennung der Datenebenen und der zugehörigen Transformationsregeln bei der Mehrzahl kommerzieller Datenbanksysteme nicht vollständig realisiert.

Die zur Zeit gebräuchlichsten, bei existierenden Datenbanksystemen tatsächlich eingesetzten Datenmodelle sind das *Netzwerk-Datenmodell*, das *hierarchische Datenmodell* und das *relationale Datenmodell*. Wir werden in den folgenden Abschnitten dieses Kapitels die grundlegenden Konzepte dieser drei Datenmodelle behandeln, eine genauere Behandlung dieser Datenmodelle bzw. darauf basierender Datenbanksysteme erfolgt in den Kapiteln 3, 4 und 5.

Wir werden aber sehen, daß diese Datenmodelle nur in beschränktem Umfang all das realisieren können, was im konzeptuellen Modell eigentlich wünschenswert ist. Aus diesem Grunde werden seit längerem eine Reihe weitergehender Datenmodelle, sogenannte *semantische Datenmodelle*, für die konzeptuelle Ebene untersucht, die es erlauben, sehr viel mehr semantische Eigenschaften der realen Welt darzustellen als die erwähnten klassischen Datenmodelle. Zu diesen Eigenschaften gehören beispielsweise

- die Komplexität von Beziehungstypen

- Auffassung von Beziehungstypen als spezielle Entity-Typen und somit die Darstellung beliebiger Beziehungen zwischen Entity- und Beziehungstypen

- Existenzaussagen über Entities, Subtypen

- Zusammenfassung von Entity-Typen zu einem neuen Entity-Typ

- Attributwertabhängigkeiten innerhalb einzelner Entities bzw.
  zwischen Mengen aus Entities

- dynamische Wertebereiche u.a.

Diese semantischen Datenmodelle sind allerdings meist noch nicht
für das logische Schema (also in existierenden Datenbanksystemen)
einsetzbar, da sie zum großen Teil für die Verwendung in der Praxis noch zu unhandlich sind. Sie sollen in diesem Buch auch nicht
weiter behandelt werden; der interessierte Leser sei auf die Ori-
ginal-Literatur verwiesen (etwa [Che76], [SmS77], [Cdd79], [ZeT80],
[HaM81], [ISO82], [KLS82] u.a.)

2.2.2 <u>Das Netzwerk-Datenmodell</u>

Grundlage für das Netzwerk-Datenmodell sind die Vorschläge der
CODASYL Data Base Task Group (DBTG) in [COD71] sowie die späteren
Modifikationen in [COD73] und [COD78].

STRUKTURELEMENTE

Beim Netzwerk-Datenmodell stehen für die Modellbildung sowohl

      Entity-Typen E: <A>

wie auch spezielle Beziehungstypen, nämlich

      1:n-Beziehungen f: (E,E')

zur Verfügung.

Entities werden als *Records*, Entity-Typen dementsprechend als *Record-Typen* bezeichnet.[1] Ein Record-Typ wird beschrieben durch

---

[1] Diese Formulierung ist eigentlich etwas ungenau, wenn wir Entities als
Elemente der realen Welt (also Dinge mit einer semantischen Bedeutung),
Records als Elemente einer Datenbank auffassen. Da der Sachverhalt offen-
sichtlich ist, bleiben wir bei dieser etwas laxen Sprechweise, auch im
Zusammenhang mit dem hierarchischen und relationalen Datenmodell.

seinen Namen (E) und seine Attribute (A). Ein Primärschlüssel kann, muß aber nicht zugeordnet sein.

Die 1:n-Beziehungen werden als *Set-Beziehungen*, der Beziehungstyp als *Set-Typ* bezeichnet. Da eine 1:n-Beziehung f: (E,E') immer als von E nach E' gerichtet [1] angesehen werden kann, wird sie auch generell bildlich mit einem Pfeil → dargestellt (vgl. Abb. 2.5 a). Dabei sind zwischen denselben zwei Record-Typen mehrere Set-Beziehungen möglich, so daß wir in f: (E,E') f als den Namen des Set-Typs auffassen. Attribute für f sind nicht zugelassen!
Wenn man in dieser Form ein ganzes Unternehmen - sofern möglich - beschreibt, erhält man einen gerichteten Graphen [2] , dessen Knoten gerade die Record-Typen und dessen Kanten die Set-Typen sind (vgl. Abb. 2.6). Wenn dabei alle möglichen Beziehungen zwischen diesen Record-Typen zugelassen sind, erhält man im allgemeinen Fall ein *Netzwerk*, woher dieses Datenmodell auch seinen Namen hat. (Der Graph in Abb. 2.6 wird auch als *Bachmann-Diagramm* bezeichnet.)
Ist f: (E,E') ein Set-Typ, so gehört zu jedem Entity $e \in E^t$ (t bel. Zeitpunkt) ein *Set* vom (Set-)Typ f, auch kurz f-*Set* genannt. Neben E^t gehören dazu alle Entities $e' \in E'^t$, die zu e in der zugehörigen konkreten Beziehung stehen (vgl. Abb. 2.5 b):

$$\{e' = x.E' \mid x \in f^t\}.$$

Das Entity e heißt *Owner*, die Entities e'_i heißen *Member* des f-Set; entsprechend ist E der Owner-Typ, E' der Member-Typ des Set-Typs f. Gibt es zu einem Owner e keine Member, d.h. keine zugehörigen Entities e' vom Typ E', so ist der zu e gehörige f-Set *leer* (vgl. Abb. 2.5 b).

Jedes Entity $a' \in E'^t$ kann natürlich nur Member höchstens eines f-Set vom selben Set-Typ sein; es braucht aber nicht unbedingt in einem f-Set als Member vorzukommen.

Jedem (gerichteten) Graphen   auf der Ebene von Entity- und Set-Typen kann in naheliegender Weise ein (eindeutig bestimmter)

---

[1] Diese Reihenfolge ist als historisch bedingt anzusehen. Tatsächlich entspricht dem Set-Typ f: (E,E') zu dem Zeitpunkt t eine partielle Abbildung $E'^t \to E^t$, so daß die umgekehrte Pfeilrichtung eigentlich naheliegender wäre.

[2] Für graphentheoretische Grundbegriffe vergleiche man Abschnitt 7.6.3.

Graph G bzw. G^t (t bel. Zeitpunkt) auf der Ebene von Entities zugeordnet werden: die Knoten sind die Entities, die gerichteten
Kanten sind die Pfeile von e nach e', sofern $(e,e') \in f$ bzw. f^t
für einen Set-Typ f; dieser Pfeil kann zusätzlich mit dem Namen f
belegt werden (vgl. Abb. 2.5 <u>b</u>).

<u>a</u>. Set-Typen

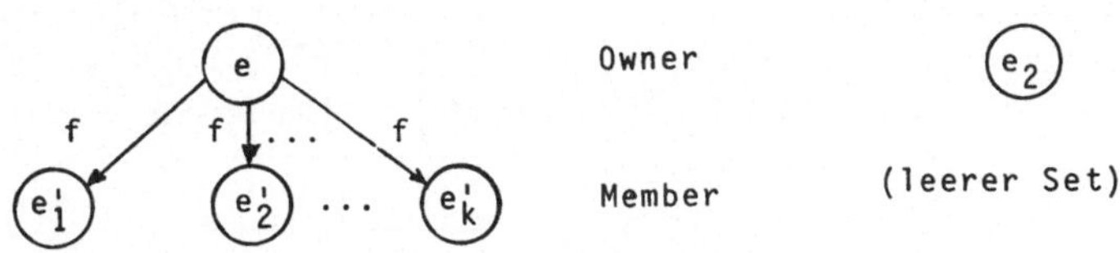

$(e_1,e_2$ vom Typ E; e'_i vom Typ E' (i = 1..k))
<u>b</u>. f-Sets (ungeordnet)

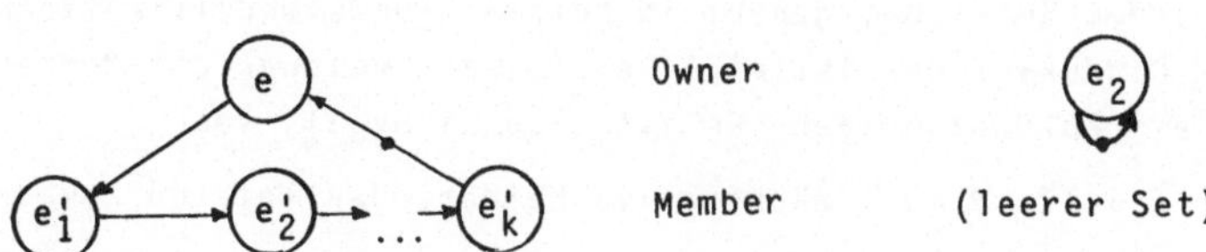

<u>c</u>. f-Sets (geordnet)

<u>Abb. 2.5:</u> Set-Typen und Sets

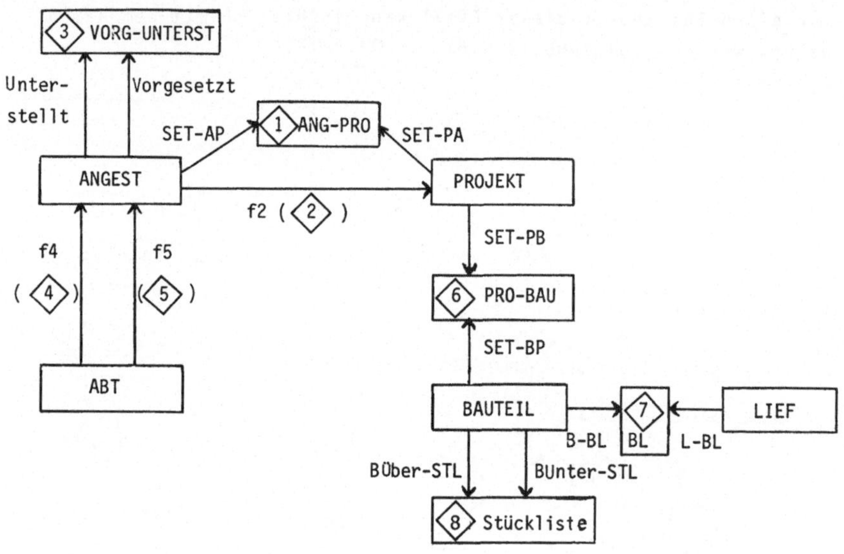

Abb. 2.6: Beispiel-Unternehmen (vgl. Abb. 1.1) im Netzwerk-Datenmodell

(Bachmann-Diagramm)

Zu jedem Set-Typ f gehört im Netzwerk-Datenmodell weiterhin eine
Set-Ordnung - das ist eine Regel, nach welcher die Member jedes
f-Set geordnet werden. Es ist also sinnvoll, vom

1.|2.|3.|...|nächsten|vorhergehenden|letzten Member

eines speziellen f-Set zu sprechen. Diese Ordnung kann z.B. eine
Sortierfolge (auf- oder absteigend) nach den Werten eines Attributes des Member-Typs sein, sie kann aber auch einfach die zeitliche
Reihenfolge des Einfügens des Records in den Set widerspiegeln.
- Man kann diese Ordnung der Member eines Set auch in naheliegender Weise bei der graphischen Darstellung eines Set benutzen, um
die Zusammengehörigkeit der Elemente und ihre Reihenfolge zu veranschaulichen (vgl. Abb. 2.5 c). Der Pfeil vom Owner zum 1. Member
symbolisiert die *Erreichbarkeit* aller Member-Records vom Owner aus;

der speziell gekennzeichnete Pfeil vom letzten Member des Set zu-
rück zum Owner ($\rightarrow$) soll die Erreichbarkeit des Owners von den
Membern aus symbolisieren. (Mit dieser Darstellung ist über die
Realisierung von Sets auf der internen Ebene allerdings noch gar
nichts ausgesagt! Zwar könnte ein Set in der skizzierten Weise als
Ring implementiert sein, er könnte aber genauso gut als Satz mit
Wiederholungsgruppe für die Member-Records oder auf andere Weise
implementiert werden.)

MODELLIERUNG DER REALWELT IM NETZWERK-DATENMODELL

Das Netzwerk-Datenmodell bedingt in der Regel die Einführung spezieller, datenmodell-abhängiger Entity- bzw. Record-Typen zur Realisierung von Beziehungen, und zwar einmal im Fall abstrakter Beziehungen, die keinen Set-Typ darstellen (d.h. keine 1:n-, sondern
n:m-Beziehungen [1]), sodann für den Fall von Beziehungen zwischen
mehr als zwei Entity-Typen, und schließlich für den Fall, daß eine
Beziehung Attribute hat.

n:m-Beziehungen

Betrachten wir als Beispiel die Beziehung f1 = "ist Mitarbeiter an"
zwischen den Entity-Typen E = ANGEST und E' = PROJEKT (vgl. Abb.
1.1). Diese Beziehung wird in aller Regel eine n:m-Beziehung darstellen, d.h. es wird vorkommen, daß sowohl ein Angestellter an
mehreren Projekten mitarbeitet, wie auch, daß ein Projekt von mehr
als einem Angestellten bearbeitet wird: Gehen wir z.B. von vier
Angestellten A1, A2, A3, A4 und drei Projekten P1, P2, P3 aus, so
mögen etwa die in Abb. 2.7 <u>a</u> angegebenen konkreten Beziehungen bestehen. Für die Realisierung im Netzwerk-Datenmodell muß man nun
einen neuen, dem abstrakten Beziehungstyp f entsprechenden Record-
Typ F (im Beispiel ANG-PRO) einführen und zu jeder konkreten Beziehung $(e,e') \in f^t$ einen Record $F_{e,e'}$ (im Beispiel Ai-Pj) vom
Typ F einen sog. *Kett-Record*, sowie zwei neue Set-Typen f_1: (E,F),

---

[1] 1:1-Beziehungen können (natürlich mit Informationsverlust) als 1:n-Beziehun-
gen realisiert werden; eine n:1-Beziehung f: (E,E') wird als 1:n-Beziehung
f': (E',E) realisiert.

f_2: (E',F) (im Beispiel SET-AP, SET-PA) zwischen den Record-Typen E, E' und dem neuen Record-Typ F (vgl.Abb. 2.7 <u>b</u>). Zu dem durch einen Record e_0 vom Typ E gebildeten f_1-Set gehören nun alle Records $F_{e_0,e'}$, zu dem durch einen Record e_0' vom Typ E' gebildeten f_2-Set die Records $F_{e,e_0'}$ (vgl. Abb. 2.7 <u>c</u>). Gerade für die Auswertung solcher Strukturen ist, wie auch das später folgende Beispiel zeigen wird, von Bedeutung, daß ein Set in beiden Richtungen - vom Owner zum Member sowie vom Member zum Owner - durchlaufen werden kann.

Beziehungen mit Attributen

Dadurch, daß man die ursprünglich gegebene abstrakte Beziehung f als neuen Record-Typ sieht, ist es nun auch möglich, Attribute einzuführen: so kann der neue Record-Typ ANG-PRO das Attribut "Prozent der Arbeitszeit" haben, ohne daß die Bedingung "Ein Set-Typ hat keine Attribute" verletzt ist. In ähnlicher Weise wird man also auch vorgehen, wenn eine abstrakte Beziehung Attribute hat, oder auch, wenn eine Beziehung mehr als zwei Entity-Typen einbezieht:

Mehrstellige Beziehungen

Eine mehrstellige Beziehung

$$f: \{E_1, E_2, \ldots, E_n\}$$

der realen Welt realisieren wir im Netzwerk-Datenmodell, indem wir (vgl. Abb. 2.8) wiederum einen Kett-Record, d.h. einen neuen

Record-Typ F

einführen und jede konkrete Beziehung $x \in f^t$ durch einen Record $F_x \in F^t$ darstellen; F^t enthält genau diese Records F_x. Die Zugehörigkeit von Records $e \in E^t$ zu einem $x \in F^t$ wird durch die zusätzlich einzuführenden

$$n \text{ Set-Typen } f_i: (E_i,F) \quad (i = 1, 2, \ldots, n)$$

dargestellt. Jedes $e \in E_i^t$ ist Owner eines f_i-Set, zu dem als Member alle $F_x \in F^t$ gehören, für welche $x.E_i = e$ (d.h. je ein Member für jede Beziehung, an der e teilnimmt). Man erhält dann jeweils die übrigen $n-1$ Records, die mit e in der Beziehung x stehen, indem man von F_x aus den zugehörigen Owner e_j im entsprechenden f_j-Set sucht.

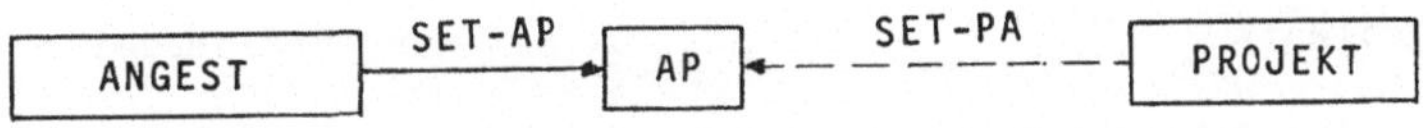

<u>a</u>. Konkrete Beziehungen zwischen Angestellten und Projekten

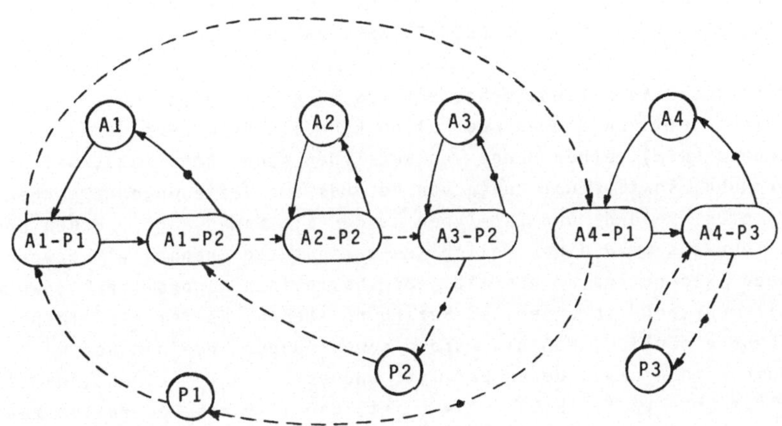

<u>b</u>. Realisierung mit zusätzlichen Entity-Typen

<u>c</u>. Zugehörige Sets (als geordnete Sets)

<u>Abb. 2.7</u>: Die n:m-Beziehung "ist Mitarbeiter an" im Netzwerk-Datenmodell

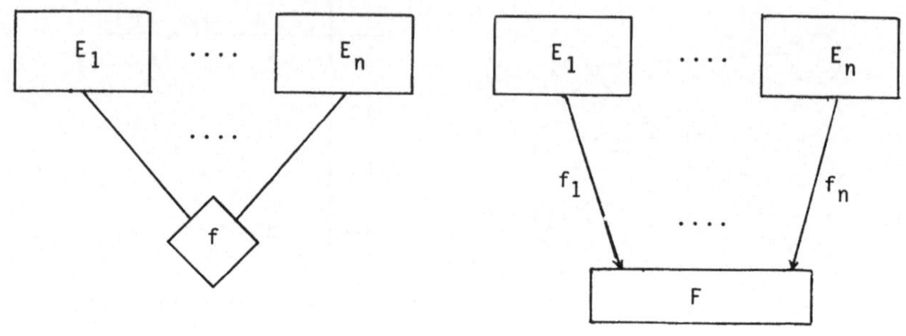

<u>a</u>. Realwelt   <u>b</u>. Netzwerk-Datenmodell

<u>Abb. 2.8:</u>   Realisierung mehrstelliger Beziehungen im
             Netzwerk-Datenmodell

DATENBANK AUF DER BASIS DES NETZWERK-DATENMODELLS

Eine *Netzwerk-Datenbank* besteht aus einer Menge von Record-Typen
(einem Teil von diesen oder allen kann ein Primärschlüssel zugeordnet sein), einer Menge von Set-Typen (ohne Attribute, mit Set-
Ordnung) sowie einer Menge von Records und Beziehungen zwischen
Records. Record- und Set-Typen werden mit Namen angesprochen und
bilden zusammen einen beliebigen gerichteten Graphen ("Netzwerk"):
jeder Record-Typ E kann mit jedem beliebigen Record-Typ E', auch
mit mehreren, in einer Set-Beziehung stehen. Es ist also insbesondere möglich, daß ein Record sowohl Owner in einem Set wie
Member in einem anderen Set ist, und es ist auch erlaubt, daß in
einem Set-Typ f: (E,E') E' = E ist, daß also ein Record-Typ zugleich Owner-Typ und Member-Typ eines Set-Typs ist [1].

---

[1] Andere Autoren (vgl. etwa [Dat81]) schließen diese Möglichkeit von vornherein
aus. Die DDL-Spezifikation der CODASYL von 1978 [COD78] läßt solche *single-
loop*-Set-Typen ausdrücklich zu; da die entsprechende DML-Spezifikation jedoch fehlt, bleibt in den CODASYL-Vorschlägen in diesem Punkt einiges unklar (vgl. etwa [Man78]).

<u>Beispiel 2.3:</u>

Man betrachte die Set-Typen f4 und f2 in Abb. 2.6:

    f4: (ABT, ANGEST),
    f2: (ANGEST, PROJEKT).

Dann ist jeder Projektleiter, der als Angestellter ja auch zu einer bestimmten Abteilung gehört, Member eines f4-Set und Owner eines f2-Set.

Einen *single loop* erhalten wir, wenn wir z.B. das Unterstellungsverhältnis zwischen den Angestellten als 1:n-Beziehung

    f3: (ANGEST, ANGEST)

sehen ("direkte" Unterstellung: jeder Angestellte ist höchstens einem anderen direkt unterstellt). Dann ist jeder Angestellte Owner eines f3-Set, der in den meisten Fällen aber ein leerer Set ist, sowie Member eines anderen f3-Set. Der Record-Typ VORG-UNTERST sowie die Set-Typen Unterstellt und Vorgesetzt entfallen dann. □

Ein Record kann demnach - sei es als Owner, sei es als Member - auch zu mehreren Sets gehören, aber nur zu einem Set eines bestimmten Typs; bei *single loops* kann ein Record zugleich einmal Owner in einem Set und einmal Member in einem anderen Set vom gleichen Typ sein. Ebenfalls ist es möglich, daß zwischen zwei Record-Typen mehrere Set-Typen bestehen; die Unterscheidung geschieht dann durch die Namen dieser Set-Typen.

Für eine Netzwerk-Datenbank müssen weiterhin noch die beiden folgenden Bedingungen gewährleistet sein:

- Jeder Record der Datenbank gehört zu genau einem Record-Typ, jede konkrete Beziehung zwischen zwei Records zu genau einem Set-Typ.
  (Dies bedeutet u.a., daß keine Subtypen definiert werden können.)

- Jeder Record der Datenbank muß *erreichbar* sein, d.h. für den entsprechenden Record-Typ muß entweder ein Schlüssel [1] defi-

---

[1] In [COD78] sind Records auch über definierte Sekundärschlüssel erreichbar.

niert sein,oder aber der Record muß von einem solchen *Einstiegs-punkt* aus über eine Folge von Sets erreichbar sein, die vom Owner zu den Membern oder von einem Member zum Owner durchlaufen werden.

Damit ist im wesentlichen auch die Form der Verarbeitung festgelegt, wie wir im folgenden genauer sehen werden.

DATENBESCHREIBUNG IN EINER NETZWERK-DATENBANK

Das Schema einer Netzwerk-Datenbank enthält die Beschreibung der vorhandenen Record-Typen und ihrer Attribute (einschließlich deren Wertebereich), etwa in einer COBOL-ähnlichen Notation, sowie die Beschreibung der vorkommenden Set-Typen (Owner-Typ, Member-Typ, Set-Ordnung). Wir werden darauf in Kapitel 3 im Zusammenhang mit den CODASYL-Vorschlägen genauer eingehen.

DATENMANIPULATION IN EINER NETZWERK-DATENBANK

Der Umgang mit den Daten, d.h. der Zugriff auf einen Record geschieht - wie bereits angedeutet - dadurch, daß man entweder, ausgehend von einem Schlüsselwert, einen Record unmittelbar liest, oder aber daß man, ausgehend von einem solchen Einstiegspunkt, einen genauen Weg in Form einer Folge von Sets angibt, über den man den gewünschten Record erreichen kann. Der Benutzer muß also den *Zugriffspfad* für jeden Record selbst angeben; man spricht in diesem Falle vom *Navigieren* durch die Datenbank. Die Verarbeitung selbst geschieht recordweise, d.h. der Benutzer denkt in Elementen (einzelnen Entities bzw. Records) der Datenbank. Die Einheit für einen Zugriff durch den Benutzer ist der Record.

Retrieval (Suchen, Lesen)

Die Grundfunktionen,die das DBMS einer Netzwerk-Datenbank für das Retrieval zur Verfügung stellen muß, lassen sich anhand einiger einfacher Beispiele herleiten; vgl. dazu auch Abb. 2.6.

"Gib Name, Gehalt und Geburtsdatum des Angestellten Hans Weber (Angest# 4711) aus."

• *Finde Record* vom Typ Angestellter mit Angest# = 4711 und lies
  diesen Record; kurz: Finde/Lies "Weber".
• Display Name, Gehalt, Geburtsdatum.

Hierbei ist Angest# Schlüssel. Gegebenenfalls kann auch mit "Name
= Hans Weber" gesucht werden, u.U. müssen - falls kein Schlüssel
vorgegeben - alle Records sequentiell durchsucht werden.

"Gib Name, Gehalt und zugehörige Abteilung des Angestellten Hans
 Weber an."

  • Finde/Lies "Weber"
    "Weber" = Member eines (eindeutig bestimmten) f4-Set s.

  • *Finde/Lies Owner von s*: zugehörige Abteilung.

  • Display Name, Gehalt, Abt# .

"Erstelle Liste aller Angestellten der Abteilung 10."

  • Finde/Lies "Abteilung 10".
    "Abteilung 10" = Owner eines (eindeutig bestimmten) f4-Set s.

  • *Finde/Lies ersten Member von s*: Angestellter x.

  • Wiederhole, solange notwendig:

    •• Display Angestellter x und

    •• *Finde/Lies nächsten Member von s*: Angestellter x.

Mit Hilfe dieser Grundfunktionen kann man nun beliebig komplexe
Anfragen an die Datenbank beantworten; vgl. das folgende Beispiel.

<u>Beispiel 2.4:</u> (vgl. Abb. 2.6 und 2.7)

"Erstelle eine Liste aller Angestellten, die an Projekt P1
 mitarbeiten."

Die Vorgehensweise ist die folgende:

(1) Finde/Lies "Projekt P1".
    "Projekt P1" = Owner eines Set s1 vom Typ SET-PA.
(2) Finde/Lies ersten bzw. nächsten Member Ai-P1 in s1,
    sofern (noch) einer vorhanden; Ergebnis: Kett-Record Ai-P1.
(3) Falls kein Ai-P1 vorhanden: weiter bei (7).

(4) Ai-P1 = Member eines Set s2 vom Typ SET-AP.
    Finde/Lies Owner Ai von s2.
(5) Drucke Angestellten Ai in der gewünschten Weise
    in die Liste.
(6) Weiter bei (2).
(7) ... (Abschlußarbeiten, dann STOP). ☐

Update (Hinzufügen, Ändern, Löschen)

Das *Hinzufügen* eines Records e von einem Typ E bietet keine Schwierigkeiten: Ist E Owner-Typ eines bestimmten Set-Typs f, so wird
durch e automatisch ein neuer, zunächst leerer f-Set eingerichtet.
Ist E Member-Typ von f, so wird e gegebenenfalls (u.U. nicht immer,
nicht automatisch) zu einem bestimmten f-Set hinzugefügt. (Es ist
dabei darauf zu achten, daß immer die Erreichbarkeit des neu ein-
gefügten Records gewährleistet bleibt.)

Beim *Löschen* eines Records e kann man e sofort aus allen Sets entfernen, in denen er Member ist. Ist e aber Owner eines Set, so ist
zu überlegen, was mit den Membern dieses Set geschieht. Sofern sie
als Member oder auch Owner noch zu einem anderen Set gehören, müssen sie im Regelfall - natürlich abhängig von der jeweiligen in-
haltlichen Bedeutung in der Datenbank - erhalten bleiben; falls
sie ausschließlich über e erreichbar sind, müssen sie zusammen mit
e gelöscht werden.

Das *Ändern* von Records ist im Prinzip unproblematisch, da die Änderung an nur einer Stelle der Datenbank durchgeführt wird. Es kann
allerdings Änderungen der Set-Struktur der Datenbank nach sich
ziehen, beispielsweise wenn die Änderung sich auf ein Attribut bezieht, nach welchem die Set-Ordnung eines Set-Typs definiert ist
(d.h. es kann sich eine Änderung der Reihenfolge der Member im Set
ergeben), oder wenn die Änderung eines Records gerade in der Änderung einer Set-Zugehörigkeit besteht (z.B. Versetzung eines Angestellten in eine andere Abteilung). Es muß also neben den Befehlen,
die sich auf Record-Typen allein beziehen, auch Befehle zum Herstellen, Ändern und Löschen von Set-Zugehörigkeiten geben.

2.2.3 Das hierarchische Datenmodell

Das hierarchische Datenmodell entstand aus konventionellen Dateisystemen zur Verwaltung von Dateien mit komplex-variabel langen
Sätzen, d.h. Sätzen, bei denen beliebig viele Wiederholungsgruppen
mit variabler Anzahl von Wiederholungen und beliebig geschachtelt
vorkommen. Die Grundidee ist die, daß man alle diese Wiederholungsgruppen vom eigentlichen Satz trennt und jeweils eine eigene neue
sequentielle Datei daraus macht; so erhält man eine Menge sequen-
tieller Dateien aus Sätzen unterschiedlichen Typs, die einander
hierarchisch untergeordnet und entsprechend untereinander verzei-
gert sind, eine sogenannte *Dateihierarchie*. Entsprechend dieser
Herkunft haben Datenbanksysteme auf der Grundlage dieses Datenmodells eine größe Nähe zur physischen Beschreibung, eine Trennung
der verschiedenen Ebenen (interne/konzeptuelle/externe) ist nur
sehr bedingt zu erkennen. - Wir werden auf diese Analogie später
noch einmal ausführlicher eingehen.

Andererseits kann man das hierarchische Datenmodell aber auch als
Spezialfall des Netzwerk-Datenmodells sehen, welches allerdings
zur Beschreibung der realen Welt nur sehr bedingt geeignet ist.
Daher würde es in seiner reinen Form in der heutigen Datenbankdiskussion kaum eine Rolle spielen, wenn es nicht Grundlage eines
auch heute noch weit verbreiteten Datenbanksystems wäre.

STRUKTURELEMENTE

Beim hierarchischen Datenmodell stehen für die Modellbildung zunächst, ähnlich wie beim Netzwerk-Datenmodell, sowohl

    Entity-Typen E: <A>

wie auch spezielle Beziehungen, nun aber nur

       hierarchische Beziehungen f: (E,E')

zur Verfügung. Wir sagen, daß der Entity-Typ E' dem Entity-Typ E
unmittelbar hierarchisch untergeordnet ist. Wir nennen E den *Vater*
von E', E' den *Sohn* von E; Söhne desselben Vaters bezeichnen wir
als *Brüder*. (Dieselben Bezeichnungen werden analog auch auf der
Ebene der Entities verwendet.)

Im Gegensatz zum Netzwerk-Datenmodell kann man nun jedoch aus En-
tity- und Beziehungstypen nicht beliebige Strukturen zusammensetzen, sondern es ist im hierarchischen Datenmodell nur die

     Bildung von *Hierarchien*,

die wir als weiteres Strukturelement auffassen, erlaubt:

Eine *Hierarchie* X besteht aus einem Entity-Typ Xo, dem beliebig
viele (o, 1 oder mehrere) Entity-Typen Xi unmittelbar hierarchisch
untergeordnet sind; jedem Entity-Typ Xi können wiederum Entity-
Typen Xij unmittelbar hierarchisch untergeordnet sein, usw. Es muß
jedoch gewährleistet sein, daß alle Entity-Typen (Xo, Xi, Xij, ...)
voneinander verschieden sind.
Wird diese hierarchische Unterordnung - als gerichtete Beziehung -
in der bildlichen Darstellung als "von oben nach unten gerichtet"
dargestellt, so entspricht eine Hierarchie X einem *Baum* mit der
Wurzel Xo (der allerdings gewissermaßen auf dem Kopf steht; vgl.
Abb. 2.9 <u>a</u>); die Pfeile werden meist weggelassen, Söhne desselben
Vaters in der in Abb. 2.9 <u>b</u> gezeigten alternativen Art dargestellt.

Innerhalb einer Hierarchie kann es zwischen E und E' höchstens
eine hierarchische Beziehung (E,E') geben. Ist E' hierarchisch E
unmittelbar untergeordnet, so ist

- E' keinem anderen Entity-Typ unmittelbar hierarchisch untergeordnet (sondern höchstens mittelbar, nämlich den über E liegenden Entity-Typen),d.h. E' hat nur einen Vater, und

- die hierarchische Beziehung (E,E') ist - von E aus - eindeutig
  beschrieben durch die Angabe des Sohnes E'; von E' aus gesehen,
  gibt es nur einen Vater, nämlich E. (Insofern braucht eine
  hierarchische Beziehung auch keinen Namen!)

Attribute sind für hierarchische Beziehungen nicht vorgesehen;
dies ist aber auch nicht notwendig, da ein solches Attribut auch
als Attribut des Sohnes aufgefaßt werden kann.

Einem Baum der Typ-Ebene entsprechen nun mehrere Bäume der Entity-
Ebene: ausgehend von einem Entity des Wurzel-Typs als Wurzel dieses Baumes, hängen daran - in derselben Weise hierarchisch untergeordnet - die tatsächlich vorhandenen Entities der untergeordneten Typen, die diesem Wurzel-Entity mittelbar oder unmittelbar un-

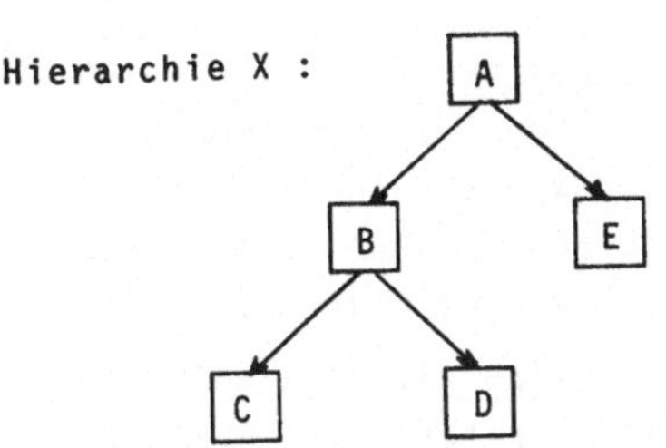

Hierarchie X :

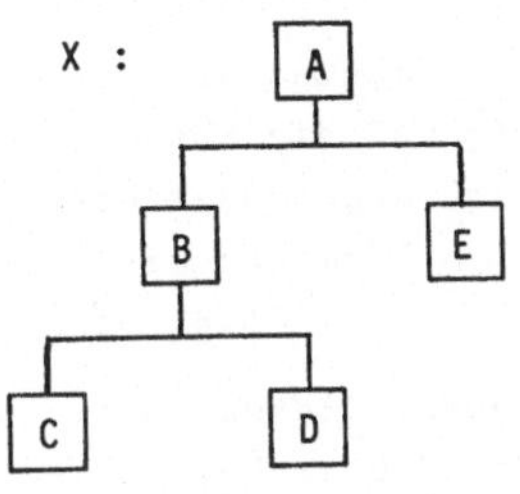

X :

<u>a</u>. Hierarchie auf der Typ-Ebene   <u>b</u>. alternative Darstellung

⟶ gerichtete Kante des Graphen

| dito, Richtung "von oben nach unten"

- - -➤ Reihenfolge der hierarchischen Ordnung

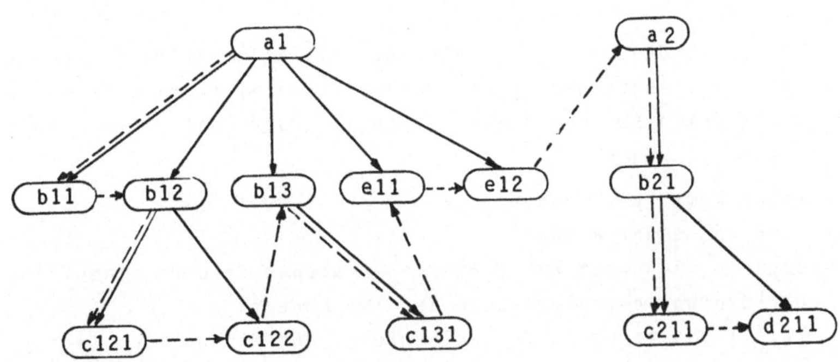

<u>c</u>. Hierarchie auf der Entity-Ebene
   (alle a vom Typ A, alle b vom Typ B, usw.)

<u>Abb. 2.9:</u> Beispiel für eine Hierarchie

---

tergeordnet sind (vgl. Abb. 2.9 <u>c</u>).

Sowohl auf der Typ-Ebene, wie auf der Entity-Ebene sind nun weiterhin gewisse Ordnungen definiert:

* Typ-Ebene: *Ordnung über den Söhnen eines Vaters*
  Das heißt, daß die Söhne eines Vaters in einer bestimmten
  Reihenfolge angeordnet werden können; wir vereinbaren, daß
  es in der bildlichen Darstellung die Reihenfolge "von links
  nach rechts" ist (vgl. Abb. 2.9 <u>b</u>: B vor E, C vor D).

* Entity-Ebene: *Ordnung für jeden Entity-Typ der Hierarchie*
  Das heißt, daß im Prinzip alle Entities eines Typs in einer
  bestimmten Reihenfolge angeordnet werden können. Wir werden
  diese Ordnung, außer beim Wurzel-Typ, aber nur innerhalb Entities vom selben Typ, die Söhne desselben Vaters sind, wirksam werden lassen. (Söhne desselben Vaters, die vom gleichen
  Typ sind, heißen auch *Zwillinge*; Zwillinge sind insbesondere
  auch Brüder.) Insofern entspricht die Ordnung eines Entity-
  Typs im hierarchischen Datenmodell der Set-Ordnung im Netzwerk-Datenmodell.

Mit diesen Ordnungen ist es nun möglich, alle Entities einer Hierarchie vollständig anzuordnen; diese *(totale) hierarchische Ordnung* ist definiert wie folgt [1] (vgl. gestrichelte Linie in
Abb. 2.9 <u>c</u>):

* • Vater kommt vor Sohn;
* • Sohn kommt vor Bruder;
* • Brüder, die nicht Zwillinge sind, stehen in der Reihenfolge
  der Ordnung der Hierarchie auf Typ-Ebene;
* • Zwillinge stehen in der Reihenfolge der Ordnung des Entity-
  Typs.

Diese Ordnung entspricht im übrigen gerade der *Hauptreihenfolge*
der Knoten geordneter Bäume - vgl. z.B. [Mau74].) Entities des
Wurzel-Typs werden dabei als Zwillinge betrachtet; sie stehen in
der durch die Entity-Typ-Ordnung gegebenen Reihenfolge.

DATENBANK AUF DER BASIS DES HIERARCHISCHEN DATENMODELLS

Eine *hierarchische Datenbank* besteht aus einer Menge von Entity-
Typen (mit Entity-Typ-Ordnung), einer Menge von Hierarchien (mit

---

[1] "vor" bedeutet hier nicht "unmittelbar vor", sondern nur "irgendwann vorher"!

Hierarchie-Ordnung) über diesen Entity-Typen sowie einer Menge von
Entities, die untereinander in hierarchischen Beziehungen stehen
können. Entity-Typen und Hierarchien werden mit Namen angesprochen
(hierarchische Beziehungen hingegen nicht). Weiterhin gilt:

* Jeder Entity-Typ gehört zu genau einer Hierarchie.
  Dies besagt also, daß die Hierarchien unabhängig voneinander
  sind, sie haben keine Entity-Typen und somit auch keine Entities gemeinsam! (Die Situation von Abb. 2.10 läßt sich also
  nur so darstellen, daß man sowohl für ANGEST wie für PROJEKT
  jeweils zwei verschiedene Typen einführt und alle Entities
  doppelt führt - Redundanz!)

* Jedem Wurzel-Typ einer Hierarchie ist ein Primärschlüssel zugeordnet.

* Jedes Entity der Datenbank gehört zu genau einem Entity-Typ.

* Jedes Entity der Datenbank muß gemäß der folgenden rekursiven
  Definition *erreichbar* sein:
  - Jedes Wurzel-Entity ist erreichbar.
    Dies kann entweder über den Primärschlüsselwert [1] oder in
    der Reihenfolge der hierarchischen Ordnung (d.h. hier der
    Wurzel-Typ-Ordnung) geschehen.
  - Ist ein Vater erreichbar, so auch der Sohn.
    (Hingegen gilt hier nicht die umgekehrte Richtung!)

Dies besagt also, daß ein Entity immer und nur erreicbar ist über
das zugehörige Wurzel-Entity als *Einstiegspunkt* in die Hierarchie
und über einen von hier ausgehenden gerichteten (!) Pfad, in dem
außerdem keine Lücke sein darf. Dies ist, neben den eingeschränkten Strukturierungsmöglichkeiten, eine weitere wesentliche Einschränkung gegenüber einer Netzwerk-Datenbank.

MODELLIERUNG DER REALWELT IN HIERARCHISCHEN DATENBANKEN

Das hierarchische Datenmodell eignet sich im allgemeinen sehr
schlecht zur Modellierung halbwegs komplexer Systeme der realen

---

[1] Eine Erweiterungsmöglichkeit ist hier, analog zum Netzwerk-Datenmodell, in
der Weise möglich, daß man neben dem Primär- auch andere, auch Sekundärschlüssel zuläßt, und zwar nicht nur für den Wurzel-Typ, sondern auch für
andere Entity-Typen.

Hierarchie ANGESTELLTEN-DATEI (vgl. Abb. 1.2, Abschnitt 1.2) :

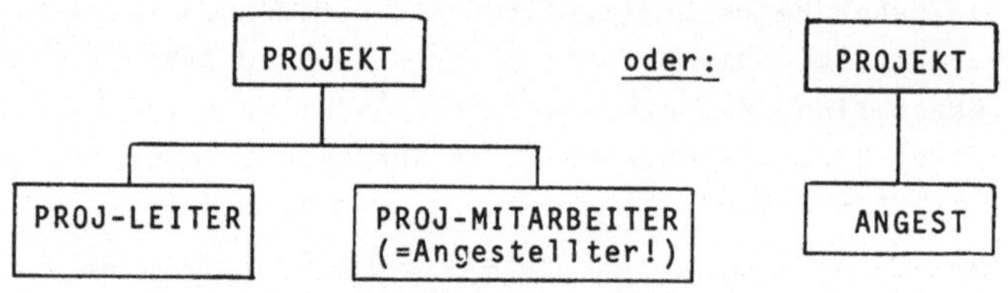

(nur Wurzel-Typ!)

Hierarchie PROJEKT-DATEI (vgl. Abb. 1.3, Abschnitt 1.2) :

(pro Projekt : nur 1 Projekt-Leiter;
         Angaben können also auch in PROJEKT
         aufgenommen werden)

Hierarchie ANGEST-PROJEKT-DATEI (vgl. Abschnitt 1.2) :

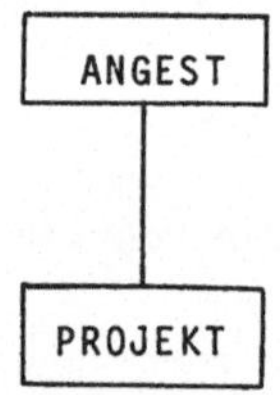

Abb. 2.10: Hierarchien bei der konventionellen Datenverarbeitung

Welt; man betrachte hierzu das Beispiel-Unternehmen in Abb. 1.1
bzw. 2.2: es gibt hier nur extrem wenige hierarchische Beziehungen!

Hingegen eignet es sich u.U. gut für lokale Probleme, wie sie etwa
in Abb. 1.2 im Rahmen der konventionellen Datenverarbeitung erläu-
tert wurden (vgl. Abb. 2.10). Dies ist auch nicht verwunderlich,
da man hier durch das Zusammenpacken aller Information in einen
Satz gerade solche hierarchischen Ordnungen aufbaut und da ja gerade von solchen Problemstellungen ausgehend das hierarchische Datenmodell entwickelt wurde. Dabei werden aber zum Teil gewisse
nicht-hierarchische Zusammenhänge durch Redundanzvermehrung zwangsweise zu Hierarchien umfunktioniert, wie etwa in der Hierarchie
ANGEST-PROJEKT-DATEI: es wird sicher mehrfach vorkommen, daß ein
Angestellter an mehreren Projekten beteiligt ist; bei der Realisierung als Hierarchie geht man aber unausgesprochen davon aus,
daß man in solchen Fällen das Projekt entsprechend oft dupliziert
und die so entstehenden Entities im Modell als voneinander verschieden betrachtet. Daß es sich dennoch um dieselben Projekte
handelt, muß der Datenbank-Benutzer wissen - und damit alle mit
der Redundanz einhergehenden Probleme wieder beachten. Ähnliche
Probleme sehen wir, wenn wir alle drei Problemstellungen aus
Abb. 2.10 als Gesamtheit (d.h. als eine Datenbank) betrachten:
sowohl der Entity-Typ ANGEST wie der Entity-Typ PROJEKT kommen in mehreren Hierarchien vor; bei Zugrundelegen des rein hierarchischen Datenmodells müssen wir diese Entity-Typen und somit
auch alle zugehörigen Entities als voneinander verschieden ansehen (d.h. auch: bei Namensgleichheit von Entity-Typen gilt der
Name nur lokal in einer Hierarchie), und wir haben volle Redundanz aller Attribute, die mehrfach vorkommen. Hingegen ist es natürlich möglich, den in einer Hierarchie enthaltenen Attributwert
(etwa Primärschlüssel) eines bestimmten Entities als Suchkriterium in einer anderen Hierarchie zu verwenden, um dort - von der
Wurzel ausgehend - das entsprechende (in der Realwelt mit dem
ersten identische) Entity aufzusuchen. - Solche Zusammenhänge können allerdings in Erweiterungen vom System unterstützt werden.

DATENBESCHREIBUNG UND DATENMANIPULATION IN HIERARCHISCHEN
DATENBANKEN

Das Schema einer hierarchischen Datenbank muß enthalten

- die Aufzählung aller Entity-Typen mit ihren Namen und Attributen,
- die Angabe der Ordnung für jeden Entity-Typ sowie
- die Beschreibung der Hierarchien; dies kann ganz einfach geschehen durch Angabe des Wurzel-Typs sowie durch Aufzählung der Söhne für jeden Entity-Typ.

Bei der Datenmanipulation ist vor allem das Retrieval von Interesse. Entsprechend der Erreichbarkeitsdefinition müssen Befehle vorhanden sein, um

- auf ein Wurzel-Entity direkt (über Primärschlüsselwert) zuzugreifen,
- vom Vater auf den ersten Sohn eines bestimmten Typs und
- sequentiell bezüglich der hierarchischen Ordnung auf das
  nächste Entity zuzugreifen.

Hierbei ist es im allgemeinen (bzw. bei IMS, vgl. Kapitel 4) dann
auch möglich, hierarchisch untergeordnete Entities auch auszulas-
sen oder "das nächste Entity mit einer bestimmten Eigenschaft" an-
zusprechen.

ANALOGIE ZUR VERWALTUNG VARIABEL LANGER SÄTZE

Ein variabel langer Satz besteht aus einem festen Bestandteil,
d.h. einem *Segment* fester Länge, welcher am Satzanfang steht, und
evtl. einer Folge paralleler Wiederholungsgruppen (d.h. in COBOL:
gleiche Stufennummer), die beliebig oft (auch o mal) vorkommen
können (in COBOL-ähnlicher Notation: "OCCURS * TIMES").Jede solche
Wiederholungsgruppe ist ihrerseits genau so aufgebaut.

Wir können aus einem solchen Satz eine Hierarchie gemäß dem hierarchischen Datenmodell machen, indem wir folgendermaßen vorgehen:
das Segment des Satzes wird die Wurzel der Hierarchie, welcher
die parallelen Wiederholungsgruppen - sofern vorhanden - unmittelbar hierarchisch untergeordnet werden, und zwar in der in dem Satz
gegebenen Reihenfolge. Das Segment der Wiederholungsgruppe ist der

jeweilige Entity-Typ. Besteht die Wiederholungsgruppe selbst wieder aus solchen Wiederholungsgruppen, so werden diese dem oben gebilde- ten Entity-Typ wiederum unmittelbar hierarchisch untergeordnet, usw. - Die so gebildete Hierarchie repräsentiert dann die Datei, die aus solchen variabel langen Sätzen besteht. Umgekehrt kann natürlich jede Hierarchie auf ersichtliche Weise in einen Satz variabler Län- ge überführt werden. Man vergleiche dazu etwa das Beispiel in Abb. 2.11.

Datei Y in COBOL-ähnlicher Notation:

```
FD Y, RECORD IS Y-REC, ... .
01 Y-REC.
  02 U.
     {Beschreibung von U}.
  02 V OCCURS * TIMES.
     {Beschreibung von V}.
  02 W-GRP OCCURS * TIMES.
    03 W.
       {Beschreibung von W}.
    03 R OCCURS * TIMES.
       {Beschreibung von R}.
    03 S OCCURS * TIMES.
       {Beschreibung von S}.
```

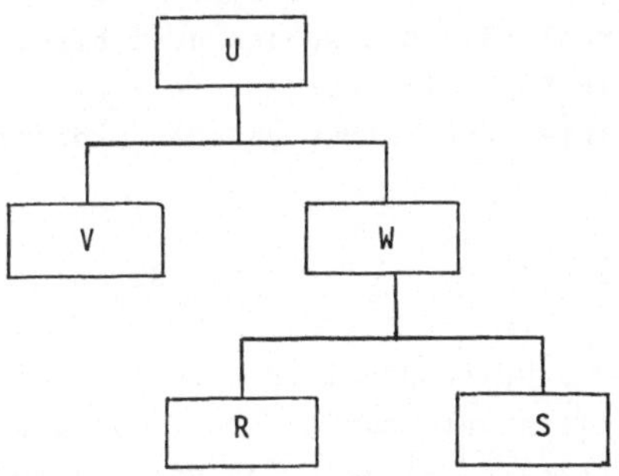

<u>a</u>. variabel langer Satz Y   <u>b</u>. Hierarchie Y

<u>Abb. 2.11:</u>   Analogie : Hierarchie/variabel langer Satz

Die Analogie einer Hierarchie zu einem variabel langen Satz erklärt auch die Einschränkungen und gewisse Eigenschaften des hierarchi- schen Datenmodells:

- Reihenfolge der Söhne eines Vaters auf Typ-Ebene
  (≙ Reihenfolge der Segmente bzw. Wiederholungsgruppen im Satz);

- Einstieg nur über die Wurzel eines Baumes der Entity-Ebene
  (≙ Satz muß immer von vorne an gelesen werden);

- totale hierarchische Ordnung auf der Entity-Ebene
  (hierarchische Reihenfolge der Entities unter einer Wurzel ≙ Reihenfolge der Segmente im Satz; Reihenfolge der Wurzel-Entities
  ≙ Reihenfolge der Sätze innerhalb der Datei);

- keine gemeinsamen Entities in unterschiedlichen Hierarchien
  (unterschiedliche Dateien enthalten keine gemeinsamen Sätze).

Wie bereits mehrfach erwähnt, ist das rein hierarchische Datenmodell nur sehr bedingt für die Modellierung der realen Welt und damit für praktische Zwecke einsetzbar, weshalb auch rein hierarchische Datenbanksysteme nicht anzutreffen sind. Einige Erweiterungs-
möglichkeiten wurden oben bereits angedeutet, weitere sind möglich;
in Kapitel 4 werden wir einige dieser Möglichkeiten an einem Beispiel noch etwas genauer erörtern.

2.2.4 Das relationale Datenmodell

Das Datenmodell, das wohl am meisten diskutiert und sehr systema-
tisch untersucht wurde, ist das relationale Datenmodell, kurz auch
Relationenmodell genannt. Es wurde erstmals von Codd formuliert
[Cdd70] und ist seitdem Gegenstand zahlreicher theoretischer Untersuchungen und praktischer Implementierungsversuche.

STRUKTURELEMENTE

Beim relationalen Datenmodell stehen für die Modellbildung ausschließlich

    Entity-Typen E: <A>

zur Verfügung. Beziehungen zwischen Entities müssen also ebenfalls
in irgendeiner Form als Entities dargestellt werden. (Vgl. hierzu
auch die allgemeinen Bemerkungen zur Darstellung von Beziehungen
als Entities in Abschnitt 2.1.2.) Dies führt - wie wir sehen werden - zu einem einfachen, für den Benutzer leicht verständlichen
Datenmodell.

Bevor wir Entity-Mengen mit sog. "Relationen" gleichsetzen, geben
wir zunächst eine Definition des mathematischen Begriffs der Relation.

<u>Definition:</u>

W_1, W_2, ..., W_n seien beliebige Mengen.

(1) Das *kartesische Produkt* $W_1 \times W_2 \times \ldots \times W_n$ der Mengen W_1,
W_2, ..., W_n ist die Menge aller *n-tupel* $(w_1, w_2, \ldots, w_n)$ mit
Komponenten $w_i \in W_i$ (i = 1,2,...,n):
$$W_1 \times W_2 \times \ldots \times W_n = \{(w_1, w_2, \ldots, w_n) \mid w_i \in W_i \text{ für}$$
$$i = 1,2,\ldots,n\}.$$

(2) Eine Teilmenge $X \subseteq W_1 \times W_2 \times \ldots \times W_n$ heißt (*n-stellige*) *Relation* über den *Bereichen* (*domains*) W_1, W_2, ..., W_n. n ist
der *Grad* der Relation.

(3) Ein n-tupel $x = (x_1, x_2, \ldots, x_n) \in X$ ($x_i \in W_i$ für i =
1, 2, ..., n) wird auch als *Tupel der Relation* X bezeichnet. □

Betrachten wir die früher erwähnten Eigenschaften eines Entity: ein
Entity-Typ ist eindeutig beschrieben durch eine Attributkombination,
ein Entity von diesem Typ durch eine entsprechende Attributwertkombination. Dies bedeutet gerade, daß man in natürlicher Weise die
Entities eines bestimmten Entity-Typs als Relation über den Werte-
bereichen der entsprechenden Attribute auffassen kann, sofern man
diese in irgendweiner Weise anordnet. Einem Entity-Typ entspricht
der *Typ* einer Relation (*Relationstyp*), der durch einen Namen und
die Aufzählung der zugehörigen Attribute in einer bestimmten Reihenfolge bestimmt ist. Da aber die Reihenfolge der Attribute nicht
von Bedeutung ist (von einigen wenigen Sonderfällen abgesehen, etwa wenn man Attribute statt mit einem Namen mit einer Nummer ansprechen will), wollen wir die obigen Begriffe gleich entsprechend
verallgemeinern; wir bleiben damit auch im Rahmen der bisherigen
Notation.

Es sei $A = \{a_1, a_2, \ldots, a_n\}$ eine Menge von Attributen. Wir gehen dabei davon aus, daß alle a_i voneinander verschieden sind, ggf. durch

Hinzufügen eines *Rollennamens* (vgl. Rollennamen bei Beziehungstypen, etwa in Beispiel 2.2).

Einem Entity-Typ E: <A> der Realwelt entspricht im relationalen Datenmodell eine

$$\text{\textit{Relation}} \ R(A) \ \text{bzw.} \ R(a_1, a_2, \ldots, a_n)$$

(letzteres bei festgelegter Reihenfolge der Attribute), wobei zu einem bestimmten Zeitpunkt t die Relation R einen

$$\text{\textit{Wert}} \ R^t \subseteq \text{dom}(A) \ \text{bzw.} \ \text{dom}(a_i) \times \ldots \times \text{dom}(a_n)$$

annimmt; dabei spiegelt R^t die tatsächlich vorhandenen Entities und ihre Eigenschaften wider, d.h. es ist $E^t : R^t$. Ein Element $x \in R^t$ ist ein *Tupel* der Relation.

Beispiel 2.5:

Ein Angestellter sei etwa beschrieben durch Angestelltennummer, Name, Anschrift, Berufsbezeichnung und Abteilungsnummer.
Dann haben wir es mit einer

$$\text{Relation ANGEST(ANG-NR, NAME, ANSCHR, BERUF, ABT-NR)}$$

zu tun. □

Eine Relation wird üblicherweise als zwei-dimensionale *Tabelle*, bestehend aus Zeilen und Spalten, geschrieben. Spaltenbezeichnungen sind die Attributnamen (bzw. Spaltennummern die Nummern der Attribute), Spaltenwerte entsprechende Attributwerte; jede Zeile entspricht einem Element (Tupel) der Relation.

Beispiel 2.6:

Darstellung der Relation ANGEST durch eine Tabelle
(zu einem bestimmten Zeitpunkt t):

ANGEST	ANG-NR	NAME	ANSCHR	BERUF	ABT-NR
Angest-1	3115	OTTO MEYER	7500 KARLSRUHE	STUDENT	35
ANGEST-2	3207	KARL MÜLLER	6800 MANNHEIM	PROGR	30
.					
.					
.					

□

Da die Tabelle lediglich die *Darstellung einer Relation* und jede
Relation eine Menge ist, gilt unmittelbar:

>   Die Zeilen der Tabelle sind paarweise verschieden.
>   Die Reihenfolge der Zeilen ist ohne Bedeutung.

Bezugnahme auf die Spalten erfolgt durch den betreffenden Attributnamen (im Falle einer fest vorgegebenen Reihenfolge u.U. auch
durch die Spaltennummer); insofern ist die Reihenfolge der Spalten
eigentlich auch nicht von Bedeutung, sie muß nur bei den Relati-
onselementen (Zeilen) dieselbe sein wie bei dem entsprechenden
Relationstyp.

Im allgemeinen soll jedes Attribut a einer Relation *elementar* sein,
d.h. es soll nicht ein oder mehrere andere Attribute A' geben, so
daß ein Wert von a sich aus evtl. mehreren Werten von A' zusammen-
setzt. Ein Beispiel für ein nicht-elementares Attribut ist das Attribut "Fähigkeiten" eines Angestellten; hier ist es möglich, daß
ein Angestellter unterschiedlich viele "Einzelfähigkeiten" besitzt: z.B. gar keine, oder: "kann COBOL" <u>und</u> "kann Steno", oder:
"kann Englisch", usw.)
Eine Relation R(A), bei der jedes Attribut a $\in$ A elementar ist,
ist *in der ersten Normalform* (oder *1NF-Relation*).

MODELLIERUNG DER REALWELT IM RELATIONALEN DATENMODELL

Da es nur Relationen gibt, müssen sowohl Entities wie Beziehungen
der realen Welt durch Relationen dargestellt werden.
Ist beispielsweise f: {E,E'} ein Beziehungstyp zwischen den Enti-
ty-Typen E, E' (mit Primärschlüsseln E#, E'#) mit zusätzlicher
Attributmenge A, so können wir f zunächst als Entity-Typ in der
Form

$$E(f): \langle E\#, E'\#, A\rangle$$

und dann diesen Entity-Typ als Relation R_f darstellen (vgl. auch
die Bemerkungen zur Darstellung von Beziehungen als Entities in
Abschnitt 2.1.2). Diese Darstellungsform ist für alle Beziehungstypen - gleichgültig welchen Komplexitätsgrad sie haben - möglich.
Daß die Relation R_f über die Attribute E#, E'# in Beziehung steht
zu den Relationen R_E bzw. $R_{E'}$ für E und E', muß der Anwendungsprogrammierer bzw. der Benutzer der Datenbank natürlich wissen,

da im relationalen Datenmodell - im Gegensatz zu manchen neueren
semantischen Datenmodellen - kein Unterschied zwischen Relationen
für Entities und Relationen für Beziehungen gemacht wird.

Bei entsprechendem Komplexitätsgrad von f muß u.U. jedoch kein ei-
gener Relationstyp für f geschaffen werden, sondern es genügt, die
Hinzunahme etwa von E'# zu den Attributen von R_E (ohne zusätzliche
Redundanz zu erhalten).

Die Übertragung der für Entity-Typen definierten Begriffe *identifizierend* (für eine Menge von Attributen), *Schlüssel*, *Primär-*,
Sekundärschlüssel (sowie auch *Projektion*) auf Relationen ist nahe-
liegend; ein Primärschlüssel wird wiederum durch Unterstreichen
kenntlich gemacht.

Wir betrachten ein Beispiel.

<u>Beispiel 2.7</u>:

Die Entity-Typen "Angestellter" und "Projekt" und die abstrakte
Beziehung "ist Mitarbeiter an" mit dem Attribut "Prozent der Arbeitszeit" können mit den drei Relationstypen

     ANGEST, PROJEKT und ANG-PRO-1

etwa in der folgenden Form dargestellt werden:

     ANGEST (<u>ANG-NR</u>, NAME, ANSCHR, BERUF, ABT-NR)
     PROJEKT (P-NAME, <u>P-NR</u>, P-BESCHR, P-LEITER)
     ANG-PRO-1 (<u>P-NR</u>, <u>ANG-NR</u>, PROZ-ARBZEIT)

Spezielle Relationen dieses Typs sind in Abb. 2.12 angegeben.

Nimmt man hier die Attribute P-NR und PROZ-ARBZEIT zur Relation
ANGEST hinzu, so kann zwar die Relation ANG-PRO-1 entfallen, aber
dafür enthält die Relation ANGEST sehr viel Redundanz, da die
angestelltenspezifischen Attributwerte so oft wiederholt werden
müssen, wie der Angestellte an Projekten mitarbeitet. Außerdem ist
dann ANG-NR selbst kein Schlüssel mehr, sondern nur noch Teil des
Primärschlüssels. Auf weitere Anomalien, die zusätzlich entstehen
können, werden wir in Kapitel 5 noch eingehen. ☐

ANGEST	ANG-NR	NAME	ANSCHRIFT	BERUF	ABT-NR
	3115	OTTO MEYER	7500 KARLSRUHE,...	STUD	35
	3207	KARL MÜLLER	6800 MANNHEIM, ...	PROGR	30
	2814	HANS KLEIN	6800 MANNHEIM, ...	STUD	32
	3190	UWE SEELER	7500 KARLSRUHE,...	SYST-A	30
	2314	ROBERT SCHMIDT	7500 KARLSRUHE,...	ORG	35

PROJEKT	P-NAME	P-NR	P-BESCHR	P-LEITER
	P-1	761235	...	3115
	P-2	770008	...	3190
	P-3	770114	...	3190
	P-4	770231	...	3190

ANG-PRO-1	P-NR	ANG-NR	PROZ-ARBZEIT
	761235	3115	100
	761235	3207	50
	770008	3207	50
	770008	3190	20
	770114	3190	40
	770231	2314	40
	761235	3190	10
	770231	3190	30
	761235	2314	60

<u>Abb. 2.12:</u> Relationen der Typen ANGEST, PROJEKT und ANG-PRO-1, dargestellt als 2-dimensionale Tabellen

Wir können an diesem Beispiel bereits zwei entscheidende Dinge feststellen: Einmal hat die Behandlung von Beziehungen als Entities unmittelbar zur Folge, daß einer Beziehung in einfacher Weise Attribute zugeordnet werden können. Zum zweiten wird eine n:m-Beziehung, wie sie ja in obigem Beispiel vorliegt, in völlig symmetrischer Weise bezüglich der einbezogenen Entity-Typen dargestellt; dies äußert sich, wie wir später sehen werden, darin, daß Abfragen der Beziehung in beiden Richtungen sehr einfach werden. - Dasselbe gilt natürlich analog für abstrakte Beziehungen, die mehr als zwei

Entity-Typen umfassen.

DATENBANK AUF DER BASIS DES RELATIONALEN DATENMODELLS

(Eine exaktere Definition wird in Kapitel 5 gegeben.)

Eine *relationale Datenbank* besteht aus einer Menge von 1NF-Relationen beliebigen Grades. Relationen und Attribute der Relationen werden mit Namen angesprochen. Jeder Relation ist ein Primärschlüssel zugeordnet.

Gemäß dieser Definition ist keine Relation vor anderen ausgezeichnet, d.h. die Relationen sind alle gleichberechtigt; Operationen - z.B. für die Datenmanipulation - sind auf jede Relation anwendbar. Dies bedeutet, daß es - entgegen den früher behandelten Datenmodellen - keine "Einstiegspunkte" o.ä. gibt.

DATENBESCHREIBUNG IN EINER RELATIONALEN DATENBANK

Im konzeptuellen Schema müssen beim relationalen Datenmodell die Relationen beschrieben werden, und zwar Name der Relation, Attribute mit Wertebereich sowie Angabe des Primärschlüssels, etwa in der folgenden Art:

```
    RELATION ANG-PRO-1 (P-NR, ANG-NR, PROZ-ARBZEIT)
            KEY (P-NR, ANG-NR)
            P-NR     CHARACTER-NUMERIC (6)
            ANG-NR   CHARACTER-NUMERIC (5)
            PROZ-ARBZEIT NUMERIC (3)
```

Auf die Erstellung der externen Schemata wollen wir zunächst nicht eingehen, wir kommen später im Zusammenhang mit den DML's darauf zurück.

DATENMANIPULATION IN EINER RELATIONALEN DATENBANK

Der Umgang mit den Daten und ihre Verarbeitung erfolgt nun, im Gegensatz zu den bisher behandelten Datenmodellen, nicht "satzweise". Vielmehr werden für die DML's relationaler Datenmodelle Operationen zugrundegelegt, die ganze Relationen ansprechen, d.h. man muß in

Mengen denken. Eine typische Anfrage ist etwa die folgende (vgl. Abb. 2.12):

"Finde alle Angestellten, die an Projekt P-4 (P-NR = 770231) mitarbeiten; erstelle eine Liste mit Namen und jeweiliger prozentualer Arbeitszeit dieser Angestellten."

Diese Anfrage wird im relationalen Datenmodell nicht in Einzelschritte zerlegt, sondern mit Hilfe von relationen- und mengenorientierten Operationen aufgelöst. Diese Operationen sind im wesentlichen die folgenden (eine genaue Behandlung der DML's für das Relationsmodell erfolgt in Kapitel 5):

Relationenorientierte Operationen

1. *Projektion*: Streiche nicht benötigte Spalten einer Tabelle. Es ist möglich, daß danach gleiche Zeilen vorkommen; in diesem Fall werden die überflüssigen Zeilen gestrichen (Mengeneigenschaft!).

   <u>Beispiel</u>: Projektion von ANGEST auf ANG-NR, NAME;
   Ergebnis-Relation: ANGEST-KURZ (ANG-NR, NAME)
   (vgl. Abb. 2.13 <u>a</u>)

2. *Join*: Zusammensetzung von zwei Tabellen bezüglich solcher Spalten, die sich auf dasselbe Attribut beziehen; zusammengesetzt werden die Zeilen, bei denen in den ausgewählten Spalten Wertgleichheit vorliegt.

   <u>Beispiel</u>: Join von ANGEST-KURZ und ANG-PRO-1 (bezüglich ANG-NR);
   Ergebnis-Relation:
   ANG-PRO-2 (<u>ANG-NR</u>, NAME, <u>P-NR</u>, PROZ-ARBZEIT)
   (vgl. Abb. 2.13 <u>b</u>)

3. *Auswahl (Selektion)*: Auswahl von Zeilen, für die eine bestimmte Bedingung erfüllt ist.

   <u>Beispiel</u>: Auswahl aller Zeilen von ANG-PRO-2 mit P-NR = 770231;
   Ergebnis-Relation:
   ANG-P4 (<u>ANG-NR</u>, NAME, P-NR, PROZ-ARBZEIT)
   (vgl. Abb. 2.13 <u>c</u>)

ANGEST-KURZ	ANG-NR	NAME
	3115	OTTO MEYER
	3207	KARL MÜLLER
	2814	HANS KLEIN
	3190	UWE SEELER
	2314	ROBERT SCHMIDT

a. Wert nach Projektion von ANGEST auf ANG-NR, NAME

ANG-PRO-2	ANG-NR	NAME	P-NR	PROZ-ARBZEIT
	3115	OTTO MEYER	761235	100
	3207	KARL MÜLLER	761235	50
	3207	KARL MÜLLER	770008	50
	3190	UWE SEELER	770008	20
	3190	UWE SEELER	770114	40
	3190	UWE SEELER	761235	10
	3190	UWE SEELER	770231	30
	2314	ROBERT SCHMIDT	770231	40
	2314	ROBERT SCHMIDT	761235	20

b. Wert nach Join von ANGEST-KURZ und ANG-PRO-1

ANG-P4	ANG-NR	NAME	P-NR	PROZ-ARBZEIT
	3190	UWE SEELER	770231	30
	2314	ROBERT SCHMIDT	770231	40

c. Wert nach Auswahl aus ANG-PRO-2 (P-NR = 770231)

ANG-P4-NAMPROZ	NAME	PROZ-ARBZEIT
	UWE SEELER	30
	ROBERT SCHMIDT	40

d. Wert nach Projektion von ANG-P4 auf NAME, PROZ-ARBZEIT

Abb. 2.13: Ergebnis von Relationen-Operationen (auf Relationen
aus Abb. 2.12)

Als Ergebnis erhalten wir nach nochmaliger Projektion (ANG-P4
auf NAME und PROZ-ARBZEIT) eine Ergebnis-Relation ANG-P4-NAMPROZ,
die - wie bereits gesagt - die Namen aller Angestellten, die am
angegebenen Projekt mitarbeiten, sowie die jeweilige prozentuale Arbeitszeit beinhaltet (vgl. Abb. 2.13 $\underline{d}$).

Mengenorientierte Operationen

Die obigen drei Operationen sind relationenorientierte Operationen.
Hat man aufgrund verschiedener Anfragen zwei (oder mehr) Relationen X, Y vom selben Typ erhalten, so benötigt man zur Zusammenfassung evtl. noch die folgenden drei mengenorientierten Operationen:

4. Vereinigung $X \cup Y$;
5. Durchschnitt $X \cap Y$;
6. Differenz $X \setminus Y$ ($X \setminus Y := \{x \in X \mid x \notin Y\}$).

(Hinzu kommen ggf. noch Operationen, die sich auf eine Menge X und
ein Element y beziehen - z.B. X+y, X-y - sowie evtl. verschiedene
Testoperationen wie $\in$, $\notin$, $=$, $\neq$, $\subseteq$, $\nsubseteq$.)

Mit diesen Operationen kann man sich dann aus vorhandenen Relationen alle möglichen neuen Relationen zusammensetzen. Gibt man diesen neuen Relationen bzw. Relationstypen, wie in den Beispielen
bereits angedeutet, einen neuen Namen, so hat man also die Möglichkeit, sich aus einem vorhandenen konzeptuellen Modell Teil-
modelle herauszugreifen und "neue" Modelle zu definieren; dies ist
gerade auch der Weg, wie man externe Modelle bilden kann.

Da wir es beim relationalen Datenmodell nur mit Entities zu tun
haben und keine Beziehungen als solche berücksichtigen müssen,
sind auch die Datenbankoperationen Hinzufügen/Ändern/Löschen relativ einfach zu handhaben. Auf Schwierigkeiten besonderer Art (sogenannte Anomalien) werden wir in Kapitel 6 eingehen.

Die Datenmanipulationssprachen relationaler Datenmodelle sind im
allgemeinen sehr mächtig: es erfolgt kein Navigieren durch das
System, sondern es werden unter Verwendung beliebiger Attribute
oder sogar Attributkombinationen als Suchkriterium mit einer An-

weisung ganze Relationen zusammengestellt und dem Benutzer zur weiteren Verarbeitung übergeben.

IMPLEMENTIERUNGSGESICHTSPUNKTE

Relationen selbst lassen sich - ähnlich wie Records des Netzwerk-Datenmodells oder Segmente des hierarchischen Datenmodells - einfach implementieren, wenn man sich etwa folgende Analogie zur konventionellen Datenverarbeitung vor Augen hält:

        Relationstyp - Satztyp
        Relation   - Datei (aber Relation i.a. nicht geordnet)
        Tupel   - Satz der Datei
                        (Satz fester Länge bei 1NF-Relation)
        Attribut   - Feld des Satzes

Schwierigkeiten bereitet aber die Tatsache, daß in einer relationalen Datenbank alle Relationen gleichberechtigt sind, d.h. daß es keine speziellen Einstiegspunkte gibt, und daß jedes Attribut, jede Kombination von Attributen als Suchkriterium verwendet werden kann, wohingegen ja sowohl beim Netzwerk- wie beim hierarchischen Datenmodell die Zugriffspfade durch Sets bzw. Hierarchien vorgegeben sind. Daher sind hier auch durchaus völlig andere Implementierungsstrategien möglich. - Wenn beim relationalen Datenmodell ein bestimmtes Suchkriterium durch einen speziellen Zugriffspfad (beispielseise einen Sekundärindex; vgl. Kapitel 7) unterstützt wird, so ist ein schneller Zugriff möglich. Wird es allerdings nicht unterstützt, so muß bei einer entsprechenden Anfrage entweder die betreffende Datei jedes Mal sequentiell durchsucht werden, oder es muß temporär ein Sekundärindex aufgebaut werden, o.ä. - in jedem Fall wird dann die Beantwortung der Anfrage recht aufwendig. Dem stehen aber, natürlich evtl. auf Kosten der Effizienz, als große Vorteile gegenüber

- ein sehr einfaches Datenmodell (man hat es mit nur einem Konzept
  zu tun),
- die Mengenorientierung und dadurch bedingt die
- Eignung für "hohe" Abfragesprachen, sowie schließlich eine
- sehr viel weitergehende Datenunabhängigkeit (Unabhängigkeit der
  Anwendungsprogramme von den Zugriffspfaden!), als es beim Netz-
  werk- und hierarchischen Datenmodell der Fall ist.

2.2.5 Kommerzielle Systeme

Auf dem Markt ist eine große Zahl von Datenbanksystemen verfügbar.
IMS als ursprünglicher Vertreter hierarchischer Datenbanksysteme
wurde schon mehrfach erwähnt. CODASYL-Systeme werden von nahezu
allen größeren Herstellern (außer IBM) angeboten, bekannte Systeme sind etwa IDMS (Cullinane Corporation), IDS-II (Honeywell),
UDS (Siemens), DMS 1100 (Univac), DMS (DEC). Auch auf einigen Mi-
crocomputern sind CODASYL-orientierte Systeme verfügbar. Seit kur-
zer Zeit werden auch verschiedene relationale Systeme angeboten,
beispielsweise: INGRES (Relational Technology Inc.), SQL/DS (IBM),
das auf System R [ABC76] zurückgeht; IBM (Britton-Lee); MRDS (Honeywell); NOMAD2 (NOMAD Development National CSS Inc.); ORACLE
(Relational Systems Inc.); QBE (IBM); siehe auch [ScB83].

Neben diesen Systemen gibt es eine Reihe von Datenbanksystemen,
die keiner der obigen Kategorien zugeordnet werden können. Sehr
erfolgreiche Systeme sind beispielsweise ADABAS (Software AG),
System 2000 (MRI System Corporation) und TOTAL (Cincom Systems).
Im Rahmen dieses Buches können wir auf solche Systeme aber nicht
näher eingehen.

3 Die CODASYL-Vorschläge

3.1 Vorbemerkung

Wie bereits in Kapitel 2.2.2 erwähnt, wurden detaillierte Vorschläge für Netzwerk-Datenbanken von der CODASYL-DBTG erarbeitet und in
speziellen Gruppen weiterentwickelt. CODASYL steht für *Conference
on Data Systems Languages;* das *COBOL Committee* von CODASYL
richtete eine *Data Base Task Group (DBTG)* ein, die eine Spezifikation der Datenmanipulationssprache (DML) und der Datenbeschreibungssprache (DDL) von Netzwerkdatenbanken zur Standardisierung vor-
schlug [COD71]. Die Vorschläge von 1971 wurden in verschiedenen Ko-
mitees modifiziert und weiterentwickelt [COD73, COD78, COC78]. In
[COD78] wurde, im Unterschied zu den früheren Vorschlägen, versucht, die konzeptuelle und die interne Ebene voneinander zu tren-
nen; für die Beschreibung des internen Schemas wurde eine *Data Storage Description Language (DSDL)* zur Diskussion gestellt.

Obwohl ein erster Vorschlag der DBTG schon 1969 veröffentlicht wurde, sind viele Punkte bis heute nicht endgültig festgelegt. Dies
betrifft sowohl syntaktische Aspekte der DDL und DML, vor allem
aber auch inhaltliche Fragen. Wir stützen uns im folgenden im wesentlichen auf [COD78] und [COC78], versuchen dabei aber, die Grundkonzepte herauszuarbeiten. Auf einige strittige Punkte in den bisherigen CODASYL-Vorschlägen werden wir hinweisen.

Für das Folgende werden die in Abschnitt 2.2.2 eingeführten Grundbegriffe (insbesondere der Set-Begriff) vorausgesetzt.

3.2 Das Currency-Konzept

Eines der grundlegenden Konzepte für das Verständnis des Arbeitens
mit einer CODASYL-Datenbank ist das der *Currency*, des Bezuges von
DML-Befehlen auf aktuelle Positionen im Netzwerk. Da das Currency-
Konzept auch zum Verständnis einiger Möglichkeiten der DDL hilf-
reich ist, stellen wir es an den Anfang der Diskussion der CODASYL-
Vorschläge.

Während ein Anwendungsprogramm abläuft, muß es im allgemeinen auf
verschiedene Sätze zugreifen - wir navigieren ja durch die Datenbank. Es ist deshalb notwendig festzuhalten, auf welche Sätze zuletzt zugegriffen wurde, d.h. welche Sätze und Sets "aktuell" sind.
Diese Information wird vom DBMS in den *Aktualitäts-Indikatoren*
(*currency indicators*) automatisch für jedes Anwendungsprogramm geführt. Wir können uns die Werte der Aktualitäts-Indikatoren als
interne Schlüssel vorstellen, die die Sätze eindeutig identifizieren. In den CODASYL-Vorschlägen heißt dieser intern vergebene
Schlüssel *Datenbank-Schlüssel* (*data base key*). [1]

Aktualitäts-Indikatoren werden gehalten für:

1. *Current of run-unit* (aktueller Satz des Programmes).
   Dies ist der Satz, auf den das Anwendungsprogramm zuletzt
   zugegriffen hat.

2. *Current of record type* (aktueller Satz eines Satztyps).
   Für jeden Satztyp wird festgehalten, auf welchen Satz dieses
   Typs das Anwendungsprogramm zuletzt zugegriffen hat.

3. *Current of set type* (aktueller Set eines Set-Typs).
   Der *current of set type* eines bestimmten Set-Typs S ist der
   vom Anwendungsprogramm zuletzt angesprochene Satz (Owner oder
   Member!) eines Set dieses Typs. Je nach Ablauf des Anwendungsprogrammes kann der *current of set type* von S also nacheinander
   mal ein Satz vom Ownertyp, mal ein Satz vom Membertyp sein.
   Da Sets vom gleichen Typ disjunkt sind, identifiziert der Satz
   "*current of set type* S" einen Set des Typs S.

Die Aktualitäts-Indikatoren legen fest, auf welche Punkte im Netzwerk sich die Befehle des Anwendungsprogrammes jeweils beziehen.
Beispielsweise geht ein Befehl FINDE DEN NÄCHSTEN SATZ IM SET S vom
current of set type für den Set-Typ S aus. Es wird auf den nächsten
Satz in der Memberkette zugegriffen.

---

[1] Datenbankschlüssel sind dem Anwendungsprogramm nicht direkt zugänglich,
wohl aber ist ein indirekter Bezug auf Datenbankschlüssel über sogenannte KEEP-Listen möglich.

3.3 Schnittstelle Anwendungsprogramm - Datenbanksystem

Anwendungsprogramme werden in einer Wirtssprache (*host language*)
geschrieben, in welche die Kommandos der DML eingebettet sind. Die
Wirtssprache in den CODASYL-Vorschlägen war ursprünglich COBOL.

Für jedes Anwendungsprogramm wird ein *Kommunikationsbereich* (*user
working area*, UWA) eingerichtet, der vor allem enthält:

1. Die Aktualitäts-Indikatoren (diese sind dem Anwendungsprogramm
   nicht direkt zugänglich, sie müssen jedoch für jedes Anwendungsprogramm angelegt werden).

2. Einen Speicherbereich für jeden Satztyp, den das Anwendungsprogramm anspricht.

3. *Status-Code-Wort:* im Status-Code-Wort wird vom DBMS Information
   über den Ausgang einer auszuführenden Operation abgelegt, z.B.
   Fehleranzeigen, Anzeige für das Erreichen des Ende eines Set,
   usw.

Jeder Satz, den ein Anwendungsprogramm aus der Datenbank liest,
wird vom DBMS im zugehörigen Speicherbereich der UWA abgeliefert.
Von dort aus kann der Satz dann mit COBOL-Anweisungen weiterverar-
beitet werden, d.h. das COBOL-Anwendungsprogramm benutzt die Felder
der UWA mit den im Schema bzw. Subschema angegebenen Namen. Jeder
in der Datenbank zu speichernde Satz wird vom Anwendungsprogramm
in der UWA abgeliefert, das DBMS übernimmt ihn von dort, wenn es
den entsprechenden Speicherbefehl erhält.

3.4 Datenmodell und DDL

3.4.1 Das Datenmodell

Ein logischer Satztyp wird in den CODASYL-Vorschlägen als RECORD
bezeichnet. Die kleinste Einheit des Record ist das benannte Datenelement (*data item*). Datenelemente können zu benannten Gruppen zusammengefaßt werden, wobei - wie beim hierarchischen Satzaufbau in
COBOL - auch Gruppen selbst wieder in die Zusammenfassung mitein-

bezogen werden können. Gruppen können in ihrer Gesamtheit wiederholt vorkommen (Wiederholungsgruppen, *repeating groups*), ebenfalls Datenelemente (Vektoren). Ob Wiederholungsgruppen wünschenswert sind, ist nach wie vor Diskussionsgegenstand: man kann ja über Sets dasselbe erreichen wie mit Wiederholungsgruppen, hat dann aber ein Konzept weniger in der DDL.

Identische Sätze vom gleichen Typ sind grundsätzlich erlaubt, ja, es sind sogar Satztypen ohne Felder möglich. Solche Satztypen erhält man bei Kettsätzen, die auf der internen Ebene aus Zeigerfeldern bestehen, auf der Ebene der Anwendungsprogramme aber keine Felder besitzen.

Set-Typen werden als SET bezeichnet. Ein Set eines Typs wird als *Set Occurrence* bezeichnet. Um DDL und DML in konsistenter Weise behandeln zu können, gehen wir im folgenden davon aus, daß der Member-Typ eines Set-Typs nicht gleich dem Owner-Typ des Set-Typs sein kann (vgl. auch Fußnote auf S. 66).

Die Forderung "Owner-Typ ≠ Member-Typ" wurde von den DBTG-Interessierten sehr kontrovers diskutiert. "Owner-Typ = Member-Typ" tritt in praktischen Fällen häufig auf, beispielsweise bei den Beziehungen "Verheiratet-mit", "Vater-von" usw. Außerdem würde "Owner-Typ = Member-Typ" den Aufbau rekursiver Strukturen erlauben, so daß beispielsweise die Personalhierarchie eines Unternehmens direkt nachgebildet werden könnte. Wir hatten schon früher gesehen, wie man eine solche Restriktion im Prinzip umgehen kann, nämlich durch Einführung eines weiteren Satztyps zur Darstellung der Beziehung (vgl. Abb. 2.6, Bauteil -- Stückliste).

In den CODASYL-Vorschlägen gibt es einen speziellen Set-Typ, den *singulären Set*. Singuläre Sets sind Set-Typen, zu denen es nur einen Set geben kann. In diesem Falle braucht der Anwender nicht selbst geeignete Owner-Typen zu definieren und zu verwalten, die Verwaltung eines geeigneten Owners kann dem System selbst überlassen werden: OWNER IS SYSTEM. Mit singulären Set-Typen kann z.B. das Problem gelöst werden, Sätze eines Typs nach unterschiedlichen Kriterien sortiert zu halten. Beispielsweise werden die Angestelltensätze in einer Anwendung nach ihrem Namen, in einer anderen Anwen-

dung nach ihrer Abteilungsnummer sortiert benötigt. Man kann diese
zweifache Sortierung dadurch erreichen, daß man alle Sätze vom Typ
Angestellter in zwei Sets verschiedenen Typs, z.B. SET1 und SET2,
hält. In SET1 sind die Member nach dem Namen, in SET2 nach der Abteilungsnummer geordnet. Offensichtlich gibt es nur einen Set vom
Typ SET1 und nur einen Set vom Typ SET2. Entsprechend der Definition von Set-Typen als partielle Funktion müssen auch bei singulären Sets nicht alle Sätze des Member-Typs zu dem Set gehören.

3.4.2 Die DDL

3.4.2.1 Vorbemerkungen

In der folgenden Diskussion der DDL werden an einigen Stellen auch
DML-Befehle auftauchen. Eine genauere Behandlung der DML erfolgt in
Abschnitt 3.5. Für den Augenblick genügt die folgende grobe Vor-
stellung der DML-Befehle:

    FIND: Auffinden eines Satzes, direkt über
                 Schlüssel oder über Set-Beziehungen

    GET: Übergabe eines Satzes an das Anwendungs-
                 programm

    STORE: Abspeichern eines Satzes in der Datenbank

    ERASE: Entfernen eines Satzes aus der Datenbank

    CONNECT: Einfügen eines Satzes in einen Set

    DISCONNECT: Entfernen eines Satzes aus einem Set

    RECONNECT: Umhängen eines Satzes von einem Set in einen
                 anderen

    MODIFY: Verändern eines Satzes

ANMERKUNGEN ZUR SYNTAX

Die CODASYL-Syntax ist COBOL-orientiert. Wir verwenden die folgenden Elemente:

<u>WORT</u>   Schlüsselwort, muß stehen

WORT   Schlüsselwort, optional (nur der Lesbarkeit halber)

variable   muß durch entsprechenden Ausdruck ersetzt werden

$\begin{Bmatrix} a \\ b \\ c \end{Bmatrix}$ eine der Zeilen ist auszuwählen ("choice");

            auch: {a|b|c}

[a]   Ausdruck a (Zeile a) ist optional

$\begin{bmatrix} a \\ b \\ c \end{bmatrix}$ Abkürzung für $[\begin{Bmatrix} a \\ b \\ c \end{Bmatrix}]$

            auch: [a|b|c]

...   Wiederholung der vorangehenden syntaktischen Einheit
            (variable oder { } oder [ ]) ist erlaubt

$\begin{vmatrix} a \\ b \\ c \end{vmatrix}$ mindestens 1, höchstens alle der enthaltenen Zeilen
            in bel. Reihenfolge

Um eine Beschränkung auf die wesentlichen Konzepte zu erreichen,
wird die Syntax der DDL im folgenden durch Weglassung spezieller
Möglichkeiten teilweise vereinfacht wiedergegeben.

3.4.2.2 <u>Struktur des Schemas</u>

Entsprechend der Modellierung der Daten durch Satztypen und Set-
Typen enthält das Schema Beschreibungen für RECORDS und für SET's;
das Schema selbst erhält einen Namen. Wir erhalten das folgende
Schemagerüst:

        schema-identification .
        {record-description} ...
        [set-description] ...

Die grundsätzliche Form der RECORD- und SET-Beschreibung erläutern
wir anhand eines ausführlichen Beispiels.

<u>Beispiel 3.1:</u>

Betrachten wir wie bisher Angestellte, Abteilungen und Projekte,
wobei Angestellte zusätzlich nach Namen und Abteilung sortiert
sein sollen. Das entsprechende Netzwerk ist in Abb. 3.1 gezeichnet.

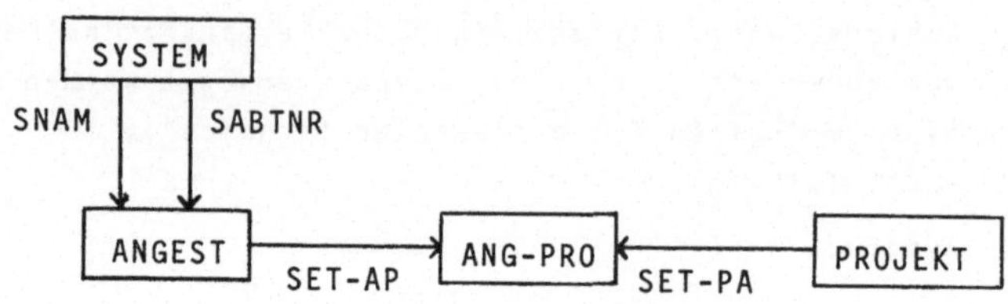

Abb. 3.1: Beispiel-Netzwerk (zu Beispiel 3.1)

Die Struktur der Abb. 3.1 beschreiben wir in der DDL der CODASYL-
Vorschläge.

SCHEMA NAME IS BEISPIEL-DB.

RECORD ANGEST.
02   ANG-NR PIC 9(5).
02   NAME PIC X(20).
02   ANSCHRIFT PIC X(20).
02   ABT-NR PIC 99.

RECORD PROJEKT.
02   P-NAME PIC X(40).
02   P-NR PIC 9(6).
02   P-LEITER PIC 9(5).

RECORD ANG-PRO.
02   PROZ-ARBZEIT PIC 999.

SET SNAM
OWNER IS SYSTEM
ORDER IS SORTED BY DEFINED KEYS.
MEMBER IS ANGEST
INSERTION IS ...
KEY ASCENDING NAME
SET SELECTION IS ...

SET SABTNR
OWNER IS SYSTEM
ORDER IS SORTED BY DEFINED KEYS.
MEMBER IS ANGEST
INSERTION IS ...
KEY ASCENDING ABT-NR
SET SELECTION ...

```
SET SET-AP
OWNER IS ANGEST
ORDER IS SYSTEM-DEFAULT.
MEMBER IS ANG-PRO
INSERTION IS ...
SET SELECTION ...

SET SET-PA
OWNER IS PROJEKT
ORDER IS SYSTEM-DEFAULT.
MEMBER IS ANG-PRO
INSERTION IS ...
SET SELECTION ...
```

Das Schema selbst erhält mit SCHEMA NAME IS BEISPIEL-DB den Namen
BEISPIEL-DB. Dieser Name bezeichnet zugleich die durch das Schema
beschriebene konkrete Datenbank.

Jeder Satztyp erhält einen Namen. Die Felder werden zusammen mit
ihrer Typ-Deklaration aufgelistet. Die Zahl 02 gibt, wie in COBOL
oder PL/I, die Stufennummer des Feldes an. Mit Hilfe der Stufennummer können Felder weiterstrukturiert werden, z.B. kann ANSCHRIFT
auf Stufennummer 03 oder höher in STRASSE, POSTLEITZAHL und WOHNORT
zerlegt werden.

Jeder Set-Typ erhält einen Namen. Sodann wird der Owner-Typ angegeben. Mit ORDER IS wird angegeben, wie die Member der Sets dieses
Typs geordnet sind. ORDER IS SYSTEM-DEFAULT besagt, daß die Sortierfolge auf der konzeptuellen Ebene keine Rolle spielt. ORDER IS SOR-
TED BY DEFINED KEYS besagt, daß die Member nach Feldern sortiert gehalten werden, die zusammen mit dem Member-Satztyp definiert werden.
Es wird dann gesagt, welcher Satztyp Member-Typ des Set-Typs ist,
und gegebenenfalls, welches die Felder sind, nach denen die Member
sortiert werden. Im Set-Typ SNAM ist der Owner-Typ also SYSTEM (SNAM
ist somit ein singulärer Set), der Member-Typ ist ANGEST, und der
Ausdruck KEY ASCENDING NAME legt fest, daß die Member nach dem Namen
aufsteigend sortiert werden. Auf die angedeuteten Klauseln INSERTION
IS ... und SET SELECTION ... gehen wir später ein.

3.4.2.3 Die Satzbeschreibung

Abb. 3.2 gibt eine Zusammenfassung der Syntax der CODASYL-Satzbeschreibung in vereinfachter Form.

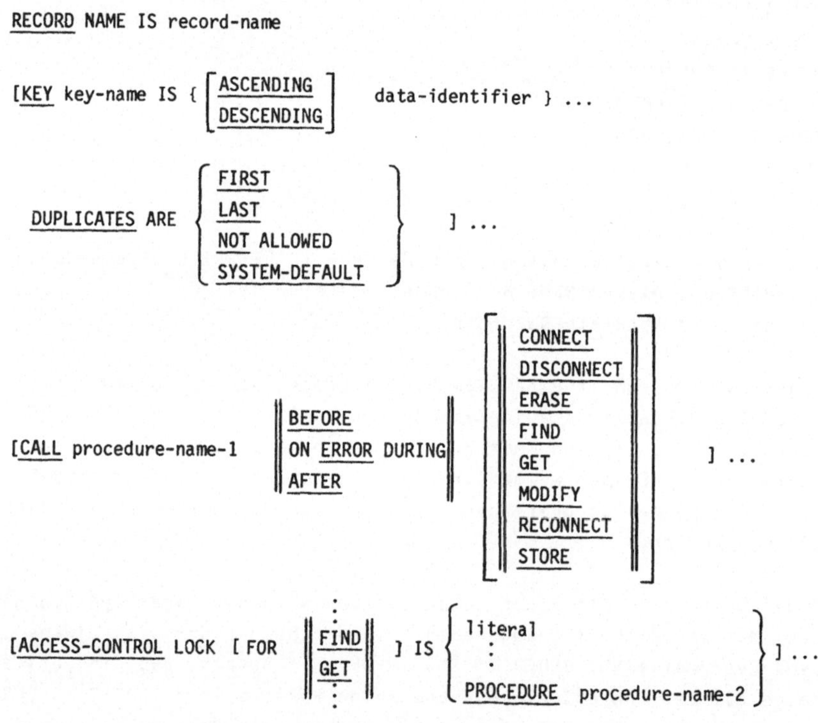

Abb. 3.2: Vereinfachte Syntax für die CODASYL-Satzbeschreibung

Keys

Mittels der *Key-Klausel* werden für einen Satztyp sogenannte *Keys* erklärt, die den direkten Zugriff auf Sätze erlauben (also ohne über Sets gehen zu müssen). *data-identifier* bezeichnet ein Datenelement des Satztyps. Mit der Angabe ASCENDING (DESCENDING) stehen die Sätze dem Anwendungsprogramm aufsteigend (absteigend) nach dem betreffenden Datenelement sortiert zur Verfügung.

Keys können sowohl Schlüssel als auch Sekundärschlüssel sein. Ein Primärschlüssel muß nicht ausgezeichnet werden. Soll ein Key ein Schlüssel sein, so ist die Spezifikation

<u>DUPLICATES</u> ARE <u>NOT</u> ALLOWED

hinzuzufügen (Sätze mit gleichen Werten für diesen Key sind nicht erlaubt).

Datenbank-Prozeduren

Beim Zugriff auf Daten sind häufig Prozeduren auszuführen, die typisch für die spezielle Datenbank sind. Die CODASYL-Vorschläge erlauben es, solche Prozeduren in das Datenbanksystem einzubetten, so daß sie unter Kontrolle des DBMS automatisch bei festzulegenden Operationen ausgeführt werden. Zur Spezifikation einer solchen Datenbank-Prozedur für bestimmte Operationen steht die *CALL-Klausel* zur Verfügung, die bei der Beschreibung eines Satztyps R angegeben werden kann.

Man kann also angeben, daß die Prozedur *procedure-name* bei bestimmten Operationen (CONNECT, ...) auf einem Satz vom Typ R aufgerufen werden soll; mit BEFORE gibt man an, daß die Prozedur unmittelbar *vor* der Ausführung der Operation aufzurufen ist, mit AFTER, daß die Prozedur unmittelbar *nach* der Operation aufzurufen ist. Ist ON ERROR DURING angegeben, so ist die Prozedur dann aufzurufen, wenn während der Ausführung der Operation ein Fehler auftritt. Ist keine Operation angegeben, so wird die Prozedur bei jedem Zugriff auf einen Satz vom Typ R aufgerufen.

Datenbank-Prozeduren werden beispielsweise benutzt für Prüfzwecke wie Plausibilitätskontrollen u.ä., für die Berechnung von Werten aus anderen Werten, zur Einrichtung von Meßpunkten, etwa um zu zählen, wie oft eine Operation auf einem bestimmten Satztyp ausgeführt wird, usw.

Datenbank-Prozeduren kann man auch für einzelne Datenelemente definieren, sowie für alle Objekte, die durch DML-Befehle angesprochen werden können, also auch für Set-Typen (Einfügen, Entfernen von Sätzen aus Sets) und für das Schema selbst, auf das man natürlich auch mit geeigneten Befehlen zugreifen kann.

Weitere Klauseln der Satzbeschreibung

Die CODASYL-Vorschläge sehen eine Reihe weiterer Klauseln für Satztypen vor, die insbesondere zur Spezifikation von *Integritätsbedingungen* herangezogen werden können. Beispielsweise können mit der *CHECK-Klausel* Plausibilitätsprüfungen für Datenelemente definiert werden (z.B. Wertevorrat), oder es kann mit der *SOURCE-Klausel* festgelegt werden, daß ein Datenelement immer denselben Wert hat wie ein bestimmtes anderes Datenelement:

SOURCE IS data-identifier OF OWNER OF set-name.

Auf diese Möglichkeiten der CODASYL-Vorschläge können wir nicht im einzelnen eingehen. Wir werden allerdings in Kapitel 11 die CODASYL-Vorstellungen zum Datenschutz (ACCESS-CONTROL) diskutieren.

3.4.2.4 Die Setbeschreibung

Die Setbeschreibung besteht aus den Teilen

> *Set Subentry* und
> *Member Subentry*.

In [COD78] sind Set-Typen mit mehreren Member-Typen vorgesehen; wir gehen hierauf nicht ein.

Abb. 3.3 gibt eine vereinfachte Syntax der Setbeschreibung wieder. Der *Set Subentry* umfaßt dabei die Klauseln SET-NAME, OWNER und OR-

DER, der *Member Subentry* umfaßt die Klauseln MEMBEP, INSERTION, KEY und SET_SELECTION.

In der *SET_NAME-Klausel* erhält der Set-Typ einen Namen. Die *OWNER-Klausel* definiert den Owner-Typ des Set-Typs (einen Satztyp oder SYSTEM). In der *MEMBER-Klausel* wird der Member-Satztyp definiert. Die weiteren Klauseln werden nachfolgend besprochen.

```
SET NAME IS set-name

OWNER IS  { record-name-1 }
          { SYSTEM        }

          ( FIRST                                             )
          | LAST                                             |
ORDER IS  { NEXT                                             }
          | PRIOR                                            |
          | SYSTEM-DEFAULT                                   |
          ( SORTED BY DEFINED KEYS [DUPLICATES ARE NOT ALLOWED] )

MEMBER IS record-name-2

                  { AUTOMATIC }                   ( FIXED     )
INSERTION IS      { MANUAL    }   RETENTION IS    { MANDATORY }
                                                  ( OPTIONAL  )

[KEY IS  { ASCENDING  }  data-identifier-1
         { DESCENDING }

         { ASCENDING  }  data-identifier-2 ] ... ]
    [    { DESCENDING }

   SET SELECTION IS THRU set-name-1

                                ( SYSTEM         )
   OWNER IDENTIFIED BY          { APPLICATION    }
                                ( KEY key-name   )

   [THEN THRU set-name-2 WHERE
     OWNER IDENTIFIED BY data-identifier ...] ...
```

<u>Abb. 3.3</u>: vereinfachte Syntax für die CODASYL-Set-Deklaration

ORDER

Mit der *ORDER-Klausel* wird die Ordnung der Member für die Sets dieses Typs festgelegt. Sieht man den Set als Kette, die vom Owner
ausgeht und zu diesem wieder zurückführt, so wird mit ORDER die
Stelle festgelegt, an der ein neu in den Set aufzunehmender Member
eingefügt werden soll. Dies kann *immer die erste* Stelle in der Kette, d.h. unmittelbar hinter dem Owner, sein (ORDER IS FIRST) oder
auch die *letzte* (ORDER IS LAST); mit ORDER IS LAST erreicht man also die chronologische Reihenfolge. Ausgehend vom *current of set type*
kann der Member auch *unmittelbar vor* (ORDER IS PRIOR) oder *nach* (OR-
DER IS NEXT) diesem aktuellen Satz in die Kette eingefügt werden.
Die letzte Möglichkeit, ORDER IS SORTED hatten wir bereits kennen-
gelernt; in diesem Falle muß in der KEY-Klausel des *Member Subentry*
spezifiziert werden, nach welchen Datenelementen, jeweils auf- oder
absteigend die Membersätze sortiert sein sollen.

Die verschiedenen Möglichkeiten sind in Abb. 3.4 zusammengefaßt.
Die Zahlen in den Membersätzen sollen dabei die Werte des Key sein,
nach dem im Falle ORDER IS SORTED sortiert werden soll.

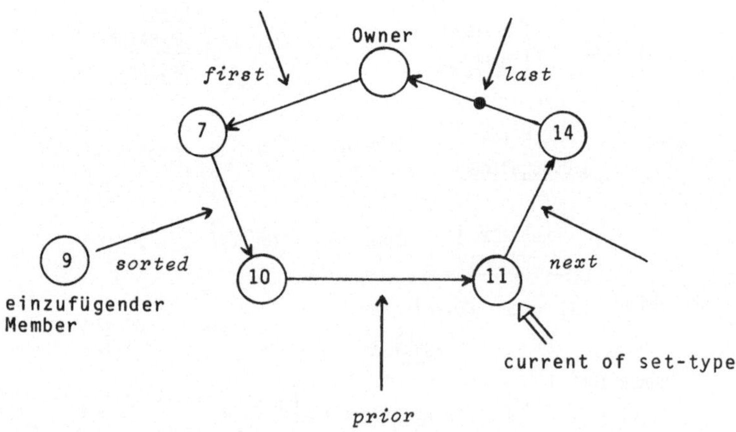

<u>Abb. 3.4:</u> Einfügemöglichkeiten nach der ORDER-Klausel
(Satz mit Key = 9 soll in den Set eingefügt werden)

SET-MITGLIEDSCHAFT

Die Art der Mitgliedschaft des Member-Satztyps im Set-Typ wird in der *INSERTION-Klausel* definiert:

INSERTION IS {<u>AUTOMATIC</u> ı <u>MANUAL</u>}
   RETENTION IS {<u>FIXED</u> ı <u>MANDATORY</u> ı <u>OPTIONAL</u>}

AUTOMATIC oder MANUAL machen Aussagen über das Einfügen (INSERTION) eines Satzes in einen Set, während FIXED, MANDATORY oder OPTIONAL das Entfernen von Sätzen (RETENTION = Zurückhalten) betreffen. Diese Mitgliedschaftsklassen bedeuten im einzelnen:

- AUTOMATIC: wird ein Satz dieses Typs neu in die Datenbank aufgenommen, so wird er vom DBMS automatisch in denjenigen Set dieses Typs als Member aufgenommen, der durch die Set-Auswahl-Klausel spezifiziert ist (s.u.); die dazu notwendigen Parameter müssen vom Anwendungsprogrammierer zuvor richtig gesetzt sein.

- MANUAL: die Aufnahme eines Satzes in den gewünschten Set dieses Typs muß vom Anwendungsprogrammierer explizit durchgeführt werden.

- FIXED: ist ein Satz einmal Mitglied eines Set dieses Typs geworden, so bleibt dieser Satz während seiner ganzen Verweilzeit in der Datenbank Mitglied genau dieses Set; der Satz kann ohne diesen Set nicht mehr existieren: wird der Owner gelöscht (d.h. der Set hört auf zu existieren), so wird auch der Member gelöscht.

- MANDATORY: ist ein Satz einmal Member eines Set von diesem Typ geworden, so bleibt er während seiner ganzen Verweilzeit in der Datenbank Member eines Set dieses Typs. Der Satz kann von einem Set zu einem anderen Set dieses Typs wechseln (RECONNECT!).

- OPTIONAL: ein Satz kann, auch wenn er in der Datenbank bleibt, aus einem Set entfernt werden, ohne in einen anderen Set dieses Typs aufgenommen werden zu müssen.

SET-AUSWAHL (Set Selection)

Im Falle der *AUTOMATIC-Mitgliedschaft* eines Satztyps in einem Set-

Typ muß das DBMS beim Speichern eines Satzes in der Lage sein zu
entscheiden, in welchen Set dieser Satz eingefügt werden soll. Diese Angabe, wie die Auswahl des Set erfolgen soll, geschieht in der
Set-Auswahl-Klausel für den Member-Typ des Set-Typs. [1]

Die Set-Auswahl-Klausel erlaubt es, sehr komplexe Auswahlmechanis-
men anzugeben. In der Praxis werden meist nur einfache Formen angewandt; wir betrachten zunächst die beiden wichtigsten:

ERSTE GRUNDFORM DER SET-AUSWAHL

    SET <u>SELECTION</u> IS <u>THRU</u> set-name
       OWNER IDENTIFIED BY <u>APPLICATION</u>

Der Membertyp von *set-name* sei R. Diese Vorschrift besagt dann folgendes: Wird ein Satz r vom Typ R gespeichert, so muß er vom DBMS
in denjenigen Set vom Typ *set-name* eingefügt werden, der durch das
Anwendungsprogramm aktuell gemacht wurde. Nach dem Abspeichern von
r liest also das DBMS den *currency-indicator* für *set-name* und hängt
r entsprechend der ORDER-Klausel in den so gefundenen Set ein.

<u>Beispiel 3.2</u>:

    SET NAME IS ABT-ANG
    OWNER IS ABT
      ORDER IS FIRST.
    MEMBER IS ANGEST
      INSERTION IS AUTOMATIC
      RETENTION IS MANDATORY
    SET SELECTION IS THRU ABT-ANG
      OWNER IDENTIFIED BY APPLICATION.

Wird ein Satz vom Typ ANGEST gespeichert, so wird er automatisch in

---

1) Die Set-Auswahl-Klausel wird nicht nur beim Einfügen eines Satzes verwendet,
sondern auch bei bestimmten FIND-Befehlen. Hierauf gehen wir nicht ein. Entsprechend geben wir bei Set-Typen mit Einfügeregel MANUAL auch keine Set-Auswahl-Klausel an, obwohl diese Klausel nach den CODASYL-Vorschlägen in jedem
Falle angegeben werden muß.

den gerade aktuellen Set vom Typ ABT-ANG eingefügt. Der Anwendungsprogrammierer muß dafür sorgen, daß vor dem Speichern eines Satzes
vom Typ ANGEST der richtige Set vom Typ ABT-ANG aktuell ist. Er
kann dies immer mit Hilfe von FIND-Befehlen machen.

Um den Satz des Angestellten Müller, der in Abteilung 12 arbeiten
soll, abzuspeichern, geht der Anwendungsprogrammierer z.B. folgendermaßen vor:

(1) Lies die Daten des Angestellten, stelle den Satz vom Typ ANGEST
    in der UWA zusammen.

(2) FIND ABT mit ABT-NR = 12.

(3) STORE ANGEST.

Mit Befehl (2) sorgt der Anwendungsprogrammierer dafür, daß der
richtige Set aktuell ist. Mit Befehl (3) wird der Satz vom Typ
ANGEST vom DBMS aus der UWA gelesen und in die Datenbank gespeichert. Wegen INSERTION IS AUTOMATIC und der angegebenen Setauswahl
wird der Satz zugleich in den aktuellen ABT-ANG-Set eingefügt - der
Programmierer braucht sich hierum nicht zu kümmern. □

ZWEITE GRUNDFORM DER SETAUSWAHL

    SET <u>SELECTION</u> IS <u>THRU</u> set-name
        OWNER IDENTIFIED BY <u>KEY</u> key-name

Key-name ist ein Schlüssel für den Owner-Typ O, über den ein direkter Zugriff auf Sätze dieses Typs O möglich ist, d.h. für *key-name*
muß bei der Satzbeschreibung des Owner-Typs DUPLICATES ARE NOT AL-
LOWED spezifiziert sein.

In diesem Falle wird derjenige Set ausgesucht, dessen Owner durch
den Wert des Schlüssels *key-name* definiert ist. Zur Ermittlung des
Set liest das DBMS aus der UWA zunächst den Wert von *key-name* und
greift dann auf den Satz mit diesem Wert zu. Damit ist der Owner
des gesuchten Set verfügbar, und der Member kann eingefügt werden.

<u>Beispiel 3.3:</u>

Betrachten wir das Beispiel von oben, schreiben aber:

    SET SELECTION IS THRU ABT-ANG
       OWNER IDENTIFIED BY KEY ABT-NR

In diesem Falle würde der Anwendungsprogrammierer wie folgt vorgehen:

(1) Lies die Daten des Angestellten, stelle den Satz vom Typ ANGEST
    in der UWA zusammen.

(2) ABT.ABT-NR := 12 /Wirtssprache/

(3) STORE ANGEST.   ☐

Die Verallgemeinerung der obigen Setauswahl-Strategien besteht darin, daß ganze Folgen von Sets durchlaufen werden, um den gesuchten
Set zu finden. Die Folge der Set-Typen beschreibt einen zusammenhängenden Weg im Netzwerk. Wir erläutern die Vorgehensweise wieder
an einem Beispiel.

ALLGEMEINE FORM DER SET-AUSWAHL

<u>Beispiel 3.4:</u>

Wir betrachten die Satztypen ANGEST, ABT, BEREICH. Jeder Angestellte gehört zu einer Abteilung, jede Abteilung gehört zu einem Bereich des Unternehmens. Wir stellen diese Beziehungen im Schema dar
wie in Abb. 3.5. Die Abteilungsnamen sind nur eindeutig innerhalb
eines Bereiches, zwei Bereiche können durchaus Abteilungen mit
gleichen Namen haben.

Ein neuer Angestellter soll künftig in Abteilung a im Bereich b
arbeiten. Beim Speichern des Angestelltensatzes müssen wir dafür
sorgen, daß er in den richtigen A-A-Set eingefügt wird. Die Set-
Auswahl geht wie folgt vor sich:

(1) Zugriff über Schlüssel auf den Bereichssatz b.

(2) Durchlaufen des B-A-Set mit Owner b, bis die gesuchte Abteilung
    a gefunden ist.

(3) Einfügen des Angestelltensatzes in den A-A-Set mit Owner a.

```
RECORD  BEREICH
  02 BER-NAM
  ...
RECORD  ABT
  02 ABT-NAM
  ...
RECORD  ANGEST
  02 ANG-NR
  ...

SET  B-A
   OWNER IS BEREICH
   ...
   MEMBER IS ABT
   ...
SET  A-A
   OWNER IS ABT
   ...
   MEMBER IS ANGEST
   ...
```

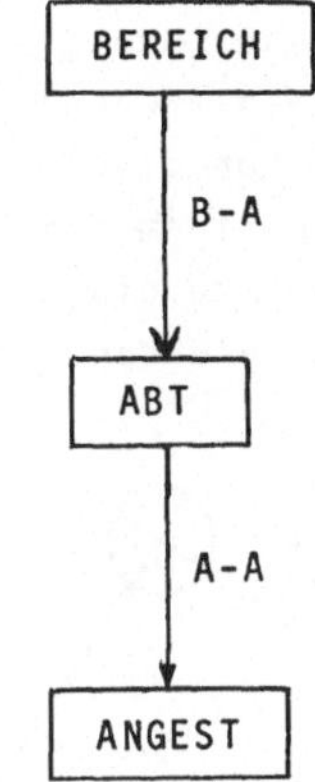

<u>Abb. 3.5:</u> Schema zu Beispiel 3.4

Statt diesen Algorithmus in den Anwendungsprogrammen zu programmieren, können wir ihn im Schema verankern, so daß das DBMS die Aus-
wahlstrategie selbst kennt:

```
SET A-A
    OWNER IS ABT
    ORDER IS FIRST.
    MEMBER IS ANGEST
    INSERTION IN AUTOMATIC
    RETENTION IS MANDATORY
    SET SELECTION IS THRU B-A
    OWNER IDENTIFIED BY KEY BER-NAM
    THEN THRU A-A
    WHERE OWNER IDENTIFIED BY ABT-NAM.
```

Das Anwendungsprogramm muß jetzt vor dem Speichern eines Angestelltensatzes die Werte für BER-NAM und ABT-NAM liefern. Das DBMS findet dann nach dem skizzierten Algorithmus den benötigten Set aufgrund dieser Werte und kann dann den ANGEST-Satz selbständig einfügen. □

Diese Art der Setauswahl kann über beliebig lange Wege im Netzwerk
gehen. Es wird immer ein Einstiegspunkt (Anfangsknoten des Weges)
angegeben; für diesen muß die Setauswahl-Klausel einen Schlüssel
angeben, für den das Anwendungsprogramm dann den entsprechenden
Wert liefern muß. Von diesem Einstiegspunkt gelangt man über den
angegebenen Set zu einem bestimmten Member, von diesem über einen
weiteren Set wieder zu einem Member usw., bis schließlich der Owner
des gesuchten Set gefunden ist. Dieses Vorgehen ist in Abb. 3.6
veranschaulicht.

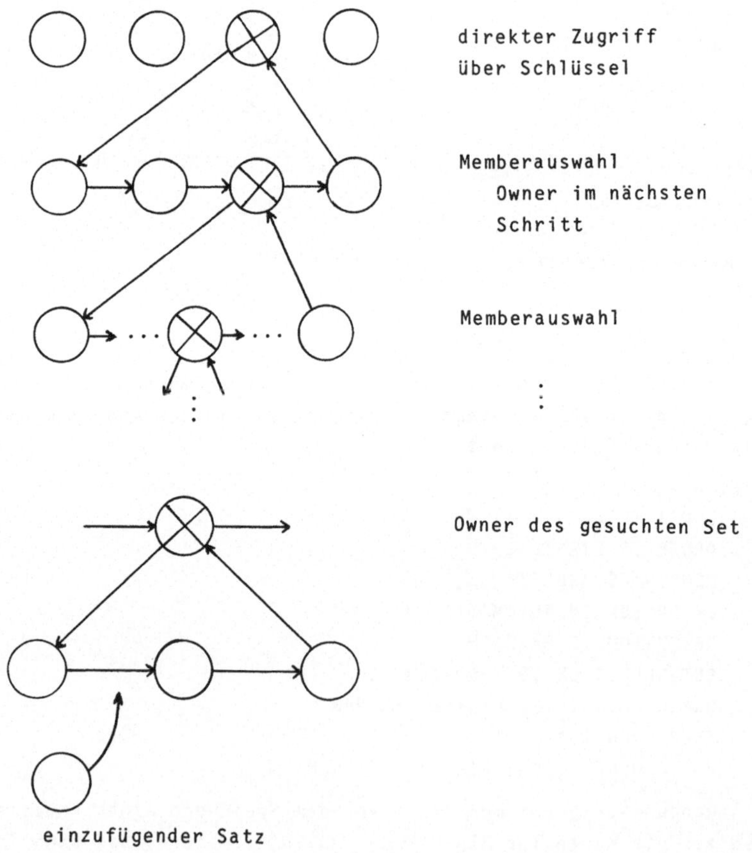

Abb. 3.6: Set-Auswahl über Folge von Sets

3.4.3 Externe Schemata

Nach den CODASYL-Vorschlägen sieht jeder Benutzer seine externe
Sicht auf die Datenbank, die in einem sogenannten *Subschema* beschrieben ist. Das Subschemakonzept der CODASYL erlaubt es, Teile
aus dem Schema herauszugreifen und in beschränktem Umfang umzu-
strukturieren. Die Definition des Subschemas muß an die später
verwendete Programmiersprache angepaßt sein. Das Subschema, auf
das sich ein Anwendungsprogramm bezieht, sowie das zugrundeliegende Schema müssen im Anwendungsprogramm genannt werden. In COBOL etwa geschieht dies in der SCHEMA SECTION der DATA DIVISION. Mit dem
"Aufruf" (*invoke*) des Subschemas wird die UWA für das Anwendungsprogramm eingerichtet.
Im Subschema können für Datenelemente, Gruppen, Satztypen und Set-
Typen neue Namen eingeführt werden. Datenelemente in einem Satztyp
können weggelassen werden, ihre Charakteristika können geändert
werden und es können neue hierarchische Strukturen (Gruppierung)
auf den Datenelementen definiert werden. Satztypen und Set-Typen
können im Subschema weggelassen werden. Schließlich können neue
Setauswahl-Klauseln definiert werden, so daß für Programme, die
dieses Subschema aufrufen, eine spezielle Setauswahl gilt. Man sieht
also, daß das Sichten-Konzept von CODASYL nicht sehr mächtig ist: im
wesentlichen handelt es sich bei der Definition einer Sicht um eine
Einschränkung des Schemas (worauf das Wort *Subschema* ja bereits
hindeutet).

3.5 Die DML

Navigieren

In den CODASYL-Vorschlägen wird unterschieden zwischen dem Suchen
eines Satzes (Navigieren) und dem Übertragen dieses Satzes in die
UWA. Der gesuchte Satz wird zunächst über eine Folge von FIND-Kom-
mandos gesucht, d.h. der gesuchte Satz wird zum *current of run-unit*.
Bis zu diesem Zeitpunkt ist nichts in die UWA-Speicherbereiche für
die Satztypen übertragen worden. Um den Satz tatsächlich lesen zu
können, muß das Anwendungsprogramm den GET-Befehl absetzen, der
bewirkt, daß der *current of run-unit* in die UWA übertragen wird
und damit dem Anwendungsprogramm zugänglich ist.

Data Base Conditions

Die sog. *Data Base Conditions* erlauben es, den Ablauf eines Anwendungsprogrammes von Bedingungen abhängig zu machen, die die Datenbank betreffen. Wir betrachten exemplarisch zwei solche Bedingungen:

- Mittels der *TENANCY CONDITION* kann man (u.a.) prüfen, ob der *current of run-unit* Member in einem Set des Typs *set-name* ist:

  <u>IF</u> set-name [<u>NOT</u>] <u>MEMBER</u> ...

- Mittels der *MEMBER CONDITION* kann man prüfen, ob der aktuelle Set vom Typ *set-name* leer ist (oder nicht):

  <u>IF</u> set-name [<u>NOT</u>] <u>EMPTY</u> ... .

Die DML-Befehle

Wir betrachten nur die wichtigsten DML-Befehle.

<u>Der FIND-Befehl</u>

Der FIND-Befehl dient dazu, einen Satz eines bestimmten Typs in der Datenbank zu suchen. Ist der Satz gefunden, so wird er zum *current of record-type* sowie zum *current of set-type* aller Set-Typen, in denen er als Owner oder Member zu einem Set gehört. Der FIND-Befehl ist sehr vielseitig, wir werden hier nur die wichtigsten Formen diskutieren.

Es gibt FIND-Befehle für die folgenden Funktionen:

1. Finden eines Satzes mit gegebenem Schlüssel

2. Durchlaufen der Sätze eines Satztyps (englisch: *scan*)

3. Finden der Member eines Set vom Owner ausgehend

4. Durchlaufen der Member eines Set

5. Finden des Owner eines Set von einem Member aus

6. Finden des aktuellen Satzes eines beliebigen Satztyps oder Set-Typs. (Dieser Befehl ist notwendig, um einen Satz, der *current of record-type* oder *set-type*, nicht aber *current of run-unit* ist, zum *current of run-unit* zu machen. Dies ist von

Bedeutung, da einige wichtige CODASYL-Anweisungen - wie das
oben erwähnte GET - sich auf den *current of run-unit* beziehen.)

Direkter Zugriff auf einen Satz ist möglich mit der Anweisung

   FIND ANY record-name USING key

Den Wert von *key* muß das Anwendungsprogramm in der UWA zur Verfügung stellen. Sind für den *key* Duplikate erlaubt, so wird ein Satz
mit diesem Schlüsselwert gefunden, die weiteren können dann, Satz
für Satz, mit

   FIND DUPLICATE record-name USING key

gefunden werden. Sobald kein weiterer Satz mit der angegebenen Bedingung (*key*-Wert) gefunden werden kann, muß das DBMS dies anzeigen. Dies geschieht über das Status-Code-Wort: das DBMS legt dort
einen bestimmten Code ab, der gerade die obige Situation signali-
siert. Das Anwendungsprogramm kann den Status-Code abfragen. Die
Programmstruktur zum Durchsuchen der Sätze eines Typs, die einen
bestimmten Wert für *key* besitzen, ist damit die folgende:

```
MOVE wert TO key;
FIND ANY record-name USING key;
while status-code ≠ 'kein Satz mehr' do
begin
    GET record-name; verarbeite-record;
    FIND DUPLICATE record-name USING key
end
```

In diesem Programmaufbau ist berücksichtigt, daß schon der erste
FIND-Befehl zeigen kann, daß ein Satz mit dem gegebenen Wert für
key nicht existiert. Der Status-Code ist nach den CODASYL-Vorschlägen eine ganze Zahl; wir haben hier zur leichteren Lesbarkeit einen
Text eingesetzt.

Für das sequentielle Durchlaufen (*scan*) der Sätze eines Satztyps
ist in [COC78] ein Befehl

   FIND {FIRST | NEXT} record-name

vorgesehen. Leider bleibt unklar, wie die Tatsache berücksichtigt
wird, daß für einen Satztyp nach [COD78] mehrere Sortierkriterien
(*keys*) angegeben werden können.

Betrachten wir nun die Befehle, die das Verfolgen von Set-Beziehungen erlauben. Die erste Möglichkeit ist durch

<u>FIND</u> <u>OWNER</u> <u>WITHIN</u> set-name

gegeben: ausgehend vom *current of set-type* dieses Set-Typs wird der zugehörige Owner gesucht.

Für die praktische Arbeit ist es wichtig, sich diesen Bezug auf den *current of set-type* vor Augen zu halten (wie insgesamt beim Programmieren ein außerordentlich sorgfältiges Beachten der Currency-Situation unabdingbar ist). Wir wollen an dieser Stelle ein kleines Beispiel für einen "Currency-Fehler" des Programmierers geben:

<u>Beispiel 3.5</u>:

Der Programmierer möchte einen bestimmten Satz (r) und danach dessen Owner in einem Set vom Typ S lesen. Er programmiert:

    FIND ANY R USING key
    FIND OWNER WITHIN S

Solange r in einem Set vom Typ S hängt, funktioniert das Programm. Nehmen wir nun aber an, r gehöre zu keinem Set vom Typ S. In diesem Falle liefert das Programm den Satz r und den Owner desjenigen Set, der gerade aktuell ist, also einen Owner, der mit r nichts zu tun hat! Daß das Programm völligen Unsinn produziert, merkt bestenfalls der Endbenutzer beim Betrachten der Ergebnisse. Um den skizzierten Fehler zu vermeiden, muß vor FIND OWNER ein Test daraufhin durchgeführt werden, ob r überhaupt Member in einem Set vom Typ S ist. [1] Hier findet die früher behandelte TENANCY CONDITION Anwendung. □

Die Verarbeitung der Member des aktuellen Set eines bestimmten Set-Typs gemäß der Set-Ordnung geschieht durch den FIND-Befehl in der folgenden Form:

<u>FIND</u> {<u>FIRST</u> | <u>LAST</u> | <u>NEXT</u> | <u>PRIOR</u>} [record-name] <u>WITHIN</u> set-name

---

[1] In [COD71] und [COD73] gab es Befehle, die einen Zugriff auf den Owner vom *current of record-type* (statt vom *current of set-type*) aus erlaubten.

Die Bedeutung ist offensichtlich.

Mit dem Befehl

FIND CURRENT [record-name] [WITHIN set-name]

wird der aktuelle Record vom Typ *record-name* oder der Record, der
den aktuellen Set vom Typ *set-name* identifiziert, zum *current of*
run-unit gemacht. Ist *record-name* und WITHIN angegeben, so muß der
current of set-type vom Typ *record-name* sein.[1]

Bei der Anwendung der FIND-Befehle, aber auch beim STORE-Befehl,
sind nicht immer alle "Nebenwirkungen" auf die *currents* erwünscht.
Die DML sieht deshalb die Möglichkeit vor, die Veränderung von
currency indicators mittels der RETAINING-*Klausel* zu unterdrücken:

$$\langle\text{FIND} \ldots\rangle \quad \underline{\text{RETAINING}} \quad \left\{ \begin{array}{l} \underline{\text{RECORD}} \\ \text{set-name} \ldots \end{array} \right\} \quad \text{CURRENCY}$$

Ist RECORD angegeben, so werden keine *current of record-type* verändert; ist ein Setname angegeben, so wird der Wert des entsprechenden *current of set-type* beibehalten. Die Veränderung des *cur-*
rent of run-unit kann nicht unterdrückt werden.

Beispiel 3.6:

Wir betrachten die Beziehung zwischen Angestellten und Projekten,
die über den Kettsatz ANG-PRO realisiert ist (Ausschnitt des Sche-
mas von Beispiel 3.1, s. Abb. 3.1).
Satztypen: ANGEST, ANG-PRO, PROJEKT;
SET-Typen: SET-PA(PROJEKT, ANG-PRO), SET-AP (ANGEST, ANG-PRO).
Folgende Aufgabe sei zu lösen:

"Drucke Name und Nummer derjenigen Projekte aus, an denen
der Angestellte mit der Nummer N mitarbeitet; N ist einzu-
lesen."

Diese Aufgabe kann mit dem folgenden (skizzierten) Programm gelöst
werden:

---

[1] Das allgemeine Format in [COC78] für diesen Befehl ist FIND *database-key-*
identifier, wobei eine Form für *database-key-identifier* CURRENT
[record-name] [WITHIN setname] ist.

```
   Read(N)
   ANG-NR := N {ANG-NR in UWA}
   FIND ANY ANGEST USING ANG-NR
   FIND FIRST ANG-PRO WITHIN SET-AP
   if status-code = 'no-member' then goto LEERE-LISTE
   WDH: FIND OWNER WITHIN SET-PA
        GET PROJEKT
        ausdrucken (P-NAME, P-NR)
        FIND NEXT ANG-PRO WITHIN SET-AP
        if status-code = 'no-next-member' then goto ENDE
        goto WDH
   LEERE-LISTE: ...
   ENDE: ...      □
```

Der STORE-Befehl

Das erstmalige Einspeichern eines Satzes in die Datenbank geschieht
mit der STORE-Anweisung:

STORE record-name

Das Anwendungsprogramm muß vor dieser Anweisung dafür gesorgt haben, daß alle Werte des zu speichernden Satzes in der UWA richtig
gesetzt sind. Der gespeicherte Satz vom Typ R wird zum *current of
run-unit*, zum *current of record-type* von R und zum *current of set-
type* für jeden Set-Typ, in dem R Owner-Typ ist.

Mit STORE werden zugleich auch alle Einfügungen in diejenigen Sets
vorgenommen, für die dies im Schema deklariert ist (INSERTION IS
AUTOMATIC). Der Set, in den der Satz eingefügt wird, wird entsprechend den Angaben der SET SELECTION augewählt. Das Anwendungsprogramm muß also vor dem Absetzen von STORE alle Kontrollwerte
(Parameter) und alle *currency indicators* richtig gesetzt haben,
die zum Einfügen des Satzes in die Sets benötigt werden, in denen
der Satz im Schema als AUTOMATIC-Member erklärt ist.

Der abgespeicherte Satz wird zum *current of set-type* für jeden Set-
Typ, in dem er als AUTOMATIC-Member deklariert ist.

Der ERASE-Befehl

Der Befehl

    ERASE [ALL] [record-name]

dient dazu, den aktuellen Satz der *run-unit* aus der Datenbank zu
entfernen. Die Typangabe dient lediglich der Kontrolle: der *current
of run-unit* muß vom Typ *record-name* sein.

Sei der *current of run-unit* der Satz r. Der ERASE-Befehl mit dem
Zusatz ALL löscht r zusammen mit den Membersätzen derjenigen Sets,
in denen r Owner ist, d.h. es wird ERASE ALL auch für alle Member-
sätze der Sets gemacht, in denen r Owner ist. Ist ein zu löschender
Membersatz wiederum Owner, so werden die zugehörigen Member in gleicher Weise behandelt, usw. Der ERASE-Befehl wirkt also rekursiv,
er kann sich über beliebig viele Stufen über Sets fortpflanzen!

Die Wirkung von ERASE ohne den Zusatz ALL hängt von der RETENTION-
Klasse der Sets ab, in denen der zu löschende Satz Owner ist. Der
Satz r wird nur dann gelöscht, wenn die von ihm ausgehenden Sets
der Klasse RETENTION MANDATORY leer sind, andernfalls wird der
ERASE-Befehl nicht ausgeführt und das DBMS meldet sich mit einer
Fehleranzeige im Status-Code-Wort. Ist r Owner eines Set der Klasse RETENTION OPTIONAL, so werden die Member dieses Set aus dem Set
herausgenommen und bleiben in der Datenbank erhalten. Die Member
aus Sets der Klasse RETENTION FIXED werden zusammen mit r gelöscht.
Im Falle von ERASE ohne ALL gilt die erwähnte rekursive Eigenschaft in analoger Weise, d.h. jeder Member der FIXED-Klasse darf
wiederum nicht Owner eines Member der Klasse MANDATORY sein, usw.

Nach der Ausführung von ERASE gibt es keinen *current of run-unit*
mehr. Der *current of record-type* zeigt auf das durch die Entfernung
von r entstandene "Loch", so daß also beispielsweise der Befehl
FIND DUPLICATES den nächsten Satz nach r liefern und den *currency
indicator* entsprechend setzen würde. War r der Owner eines Set vom
Typ S, so wird der *currency indicator* für S auf Null ("kein aktueller Wert") gesetzt. War r Member in einem Set vom Typ S, so zeigt
der *currency indicator* für diesen Set-Typ jetzt ebenfalls - wie
beim Satztyp - auf das entstandene "Loch".

Der CONNECT-Befehl

Das Einfügen eines Satzes vom Typ R in einen Set vom Typ S erfolgt
automatisch beim Speichern, wenn für R in S *INSERTION IS AUTOMATIC*
deklariert ist. Ist die Set-Einfügeregel für R in S MANUAL, so muß
zum Einfügen von r in einen Set s der CONNECT-Befehl verwendet werden:

$$\text{CONNECT} \quad [\text{record-name}] \quad \underline{\text{TO}} \quad \left\{ \begin{array}{l} \text{set-name} \ \dots \\ \underline{\text{ALL}} \end{array} \right\}$$

Der Befehl bewirkt, daß der *current of run-unit* in den aktuellen
Set vom Typ *set-name* eingefügt wird. Beim Einfügen beachtet das
DBMS natürlich die ORDER-Klausel für *set-name*. Falls *record-name*
angegeben ist, muß der *current of run-unit* vom Typ *record-name*
sein. Ist ALL angegeben, so wird der Satz in alle aktuellen Sets
eingehängt, in denen er als MANUAL- oder OPTIONAL-AUTOMATIC-Member
auftreten kann; es werden dabei allerdings nur diejenigen Set-Typen
berücksichtigt, die im Subschema des ausführenden Programmes enthalten sind.

Der DISCONNECT-Befehl

Um den *current of run-unit* aus einem Set zu entfernen, verwendet
man den Befehl

$$\underline{\text{DISCONNECT}} \quad [\text{record-name}] \quad \underline{\text{FROM}} \quad \text{set-name} \ \dots$$

Das Entfernen aus S ist nur möglich, wenn im Schema die Mitgliedschaft als OPTIONAL erklärt ist. Ist MANDATORY vereinbart, so kann
r nur in einem Zuge von einem Set des Typs S zu einem anderen Set
dieses Typs wechseln (s.unten).

Der RECONNECT-Befehl

Ist die Set-Mitgliedschaft mit MANDATORY erklärt, so muß für den
Wechsel eines Membersatzes in einen anderen Set vom gleichen Typ
der Befehl

$$\underline{\text{RECONNECT}} \quad [\text{record-name}] \quad \underline{\text{WITHIN}} \quad \text{set-name} \ \dots$$

verwendet werden. Es wird der *current of run-unit* aus seinem Set
entfernt und in denjenigen Set gleichen Typs eingehängt, der durch
die Setauswahl definiert ist. Ist die Setauswahl BY APPLICATION,

so muß man im allgemeinen mit RETAINING CURRENCY arbeiten, da ja mit dem Einrichten des *current of run-unit* zugleich der *current of set-type* verändert wird. (Diese Schwierigkeit wird in manchen bekannten Lehrbüchern, z.B. [Dat81], nicht erkannt!) Die Programmstruktur für diesen Fall muß sein:

```
FIND ... X              (current of set-type S: in diesen Set
                         soll r eingehängt werden)

FIND ... R    RETAINING S CURRENCY
                         (Satz, der umgehängt werden soll, wird
                         zum currency of run-unit; current of set-
                         type für S bleibt aber erhalten)

RECONNECT R WITHIN S
```

Der MODIFY-Befehl

Zum Ändern der Datenelemente eines Satzes dient der MODIFY-Befehl:

<u>MODIFY</u> [identifier] ...

Der Befehl bezieht sich auf den *current of run-unit*. Die Werte der bezeichneten Datenelemente *(identifier)* werden ersetzt durch die entsprechenden Werte in der UWA. Die Änderung eines Datenelementes kann andere Änderungen in der Datenbank nach sich ziehen, beispielsweise die Änderung der Position gemäß einer definierten Sortierfolge oder die Änderung der Position in einem Set.

3.6 Einige Anmerkungen

Abfragesprachen

Im Kapitel über relationale Systeme werden Abfragesprachen eine besondere Rolle spielen. CODASYL-Systeme sind eher auf die Welt des Programmierers gerichtet, der auf die Datenbank aus seinem Programm heraus mittels elementarer DML-Befehle zugreift. Die hohen Kosten und die hohe Inflexibilität konventioneller Programmierung führen jedoch mehr und mehr zu dem Wunsch nach benutzerfreundlichen,

einfach zu erlernenden, aber dennoch mächtigen Abfragesprachen auch
für CODASYL-orientierte Systeme. Zwar scheint es - wegen der komplexeren Semantik des Datenmodells - schwieriger als in relationalen Systemen, derartige Abfragesprachen zu definieren, dennoch
wurden in den letzten Jahren einige Vorschläge publiziert und auch
Implementierungen bekannt (z. B. [IQL82], [SPR82] und dort aufge-
führte Literatur).

Data Storage Description Language

Die CODASYL-Vorschläge [COD71] und [COD73] enthalten eine Reihe
von Klauseln, die sich auf die interne Ebene beziehen. In den Vorschlägen [COD78] werden konzeptuelle Ebene (Schema-Ebene) und interne Ebene (Speicher-Ebene) getrennt; für die Speicher-Ebene wird
ein erster Vorschlag in Form einer *Data Storage Description Language*
(DSDL) zur Diskussion vorgelegt.

Wegen des vorläufigen Charakters dieser Studie gehen wir hierauf
nicht im Detail ein. Da jedoch noch eine Reihe von kommerziellen
Systemen den älteren CODASYL-Vorschlägen entsprechen, wollen wir
kurz einige Klauseln erwähnen, die aus der DDL in die DSDL verla-
gert wurden:

LOCATION MODE: Angaben über die Abspeicherung eines Satzes (Direkt,
Hash-Verfahren, Clusterbildung nach einem Set-Typ u.a.).

PRIOR PROCESSABLE: Angabe, daß die Member eines Set häufig in um-
gekehrter Reihenfolge verarbeitet werden sollen, als die Ordnung
im Set vorsieht (Rückwärtsverkettung der Member).

LINKED TO OWNER: Von jedem Member aus soll der Owner direkt erreichbar sein (z.B. Zeiger vom Member zum Owner).

SEARCH KEY: Spezifikation von Indexen (Sekundärindexe).

4 IMS - ein Beispiel für ein hierarchisches Datenbanksystem

4.1 Vorbemerkung

Datenbanksysteme, die auf dem hierarchischen Datenmodell basieren,
sind trotz gravierender Nachteile noch sehr verbreitet - u.E. einfach deshalb, weil sie sich aus Dateiverwaltungssystemen für die
konventionelle Datenverarbeitung heraus entwickelt haben und von
einer bestimmten Dauer des Einsatzes eines solchen Systems ab eine
Umstellung auf andere Systeme nur sehr schwer möglich ist. Daher
wollen wir uns in diesem Kapitel, wenn auch nur relativ kurz, mit
dem wohl am meisten verbreiteten derartigen Datenbanksystem beschäftigen: mit IMS (Abkürzung für Information Management System)
von IBM. Grundlage sind die Schriften [IMS-G] und [IMS-U], auf die
der interessierte Leser für weiteres Studium verwiesen sei. Wir
wollen hier nur die wesentlichen Grundzüge von IMS darstellen, und
zwar insbesondere, soweit sie die konzeptuelle und die externe Ebene betreffen. Stellenweise läßt sich das etwas schwierig an, da
- verständlich aufgrund der historischen Entwicklung - eine Trennung der konzeptuellen von der internen Ebene kaum vorhanden ist;
hingegen ist eine Trennung dieser beiden Ebenen von der externen
Ebene sehr deutlich zu sehen.

4.2 Grundlegende IMS-Begriffe und IMS-Datenbankarchitektur

IMS verwendet eigene Begriffe, die erst verständlich sind, wenn
man sich die Analogie zur Verwaltung variabel langer Sätze vor
Augen hält (vgl. Abschnitt 2.2.3). Wir werden in diesem Kapitel
diese IMS-eigenen Begriffe verwenden, obwohl sie den bisher in
diesem Buch verwendeten Begriffen zum Teil widersprechen. Wir werden jedoch bei jedem IMS-Begriff dazu sagen, was er in unserer
Terminologie zu bedeuten hat,und wir werden, soweit dies möglich
ist, die IMS-gängigen Abkürzungen verwenden, um klarer zwischen
IMS- und üblicher Terminologie zu unterscheiden.

Grundlage einer IMS-Datenbank sind die *physical databases* (PDB's);
jede PDB ist eine Menge von *physical database records* (PDBR's) eines bestimmten Typs. Ein PDBR-Typ entspricht in unserer Notation

einer Hierarchie, d.h. einem Baum X der Typ-Ebene, eine PDB einer Realisierung des Baumes X, also einer Ansammlung von Bäumen (PDBR's) der Entity-Ebene, und ein zugehöriger PDBR einem durch ein Wurzel-Entity e_0 erzeugten einzelnen Baum der Entity-Ebene, d.h. ein Wurzel-Entity zusammen mit allen hierarchisch untergeordneten Entities (vgl. auch Abb. 4.2). Jeder PDBR besteht aus *segments* (= Entity-Typ, *segment occurence* = Entity = Einheit bei 1 Zugriff auf die Datenbank); jedes *segment* entspricht einem Satz fester Länge in der üblichen DV-Sprache. Die *root segments* sind gerade die Einstiegspunkte, d.h. die Wurzeln der Bäume der Entity-Ebene. Jedes *segment* besteht aus *fields*, zu einer *segment occurence* gehören die entsprechenden *field occurences* (d.h. Datenelemente) - vergleichbar mit Attribut bzw. Attributwert in unserer Notation.

Jede PDB, d.h. also ein Baum X der Typ-Ebene, wird durch eine *database description (DBD)* beschrieben. Diese DBD ist ein Teil des Schemas, die Menge aller DBD's ist das Schema selbst und beinhaltet zusätzlich einen Teil der Transformationsregeln konzeptuelle/interne Ebene bzw. auch konzeptuelle/externe Ebene; so werden beispielsweise Angaben gemacht, auf welche Weise die totale Ordnung aller Entities eines Teilgraphen X_i, die sog. *hierarchical sequence*, auf der internen Ebene realisiert werden soll (z.B. mit welchen Zeigern).

Der ursprüngliche Ausgangspunkt für IMS war wohl der, daß jeder Benutzer voneinander unabhängige, getrennte Dateien (mit variabel langen Sätzen) -d.h. PDB's - bearbeitet, wobei aber diese Art der Bearbeitung den Bedürfnissen nicht gerecht wurde. Neben den PDB's gibt es daher die *logical databases* (LDB's), wobei dieser Begriff aber inkonsistent, nämlich für zwei verschiedene Dinge verwendet wird.

Die *LDB's der ersten Art* sind logische Konstruktionen der *konzeptuellen Ebene*, wir werden daher im folgenden von konzeptuellen LDB's (LDB_K) sprechen: sie dienen dazu, mehrere PDB's mit Hilfe sogenannter *logischer Zeiger* in Beziehung zueinander zu setzen, so daß man einen logischen Baum erhält, der mehrere PDB's beinhaltet (Redundanzverringerung!). Jede solche LDB_K wird ebenfalls in einer entsprechenden DBD beschrieben.

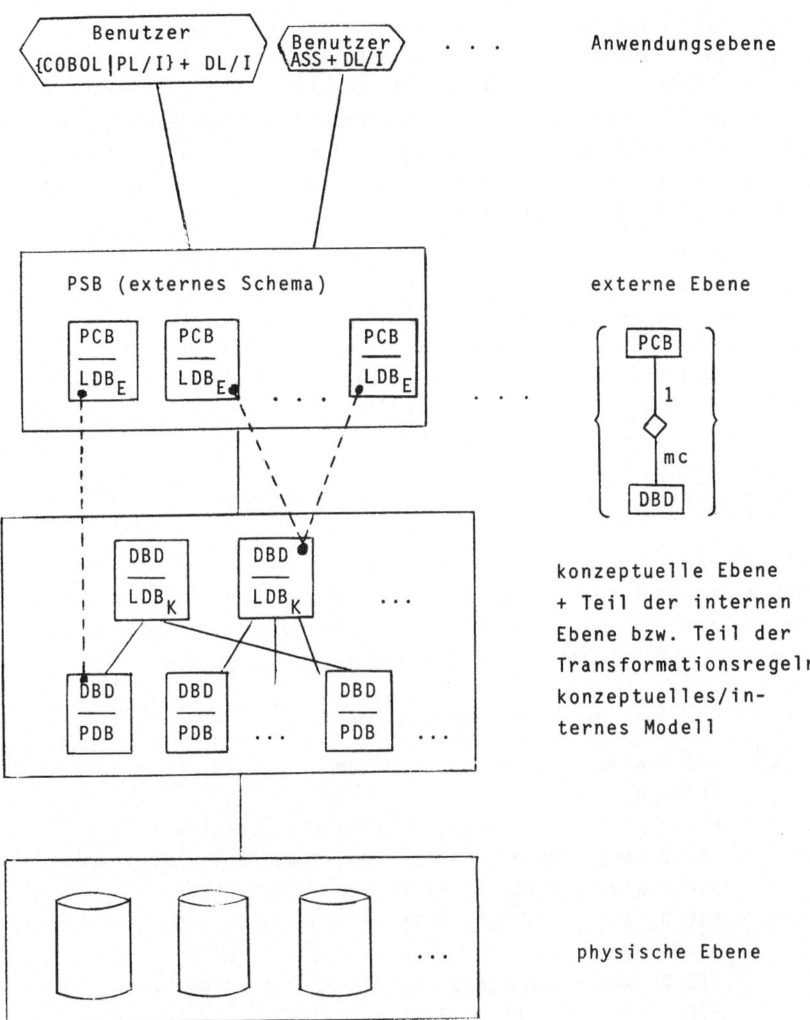

Abb. 4.1: IMS-Datenbankarchitektur

Die *LDB's der zweiten Art*, auch als *externe LDB's* (LDB_E) bezeichnet,
dienen dazu, die Sicht des Benutzers auf die vorhandenen PDB's und
LDB_K's darzustellen; ein Benutzer braucht nicht die gesamte hierarchische Struktur zu sehen (d.h. den ganzen Baum), er kann sich u.U.
auf einen Teil der Struktur beschränken. Die Beschreibung dieser
LDB_E's für den Benutzer erfolgt durch den Anwendungsadministrator,
und zwar in einem sogenannten *program communication block* (PCB) für
jede Struktur, die er benötigt.

Die Menge aller für den Benutzer relevanten externen LDB's sind
sein externes Modell, die Menge aller zugehörigen PCB's werden in
einem *program specification block* (PSB) zusammengefaßt und bilden
das externe Schema des Benutzers;dieses ist in einem Katalog abgelegt. - Diese IMS-Datenbankarchitektur ist in Abb. 4.1 grob dargestellt.

4.3 Datenbeschreibung in IMS

Den prinzipiellen Aufbau der DBD's wollen wir uns an einem einfachen Beispiel ansehen, und zwar betrachten wir eine PDB mit Namen XA, die lediglich eine hierarchische Beziehung zwischen den
Segmenten PROJEKT und ANGEST darstellt (vgl. Abb. 4.2).

Die DBD XA sieht dann etwa folgendermaßen aus [1]:

```
 XA   DBD    NAME = XA, ACCESS = HIDAM
      SEGM   NAME = PROJEKT, BYTES = 182
      FIELD NAME = (PNR,SEQ,U), BYTES = 6, START = 1
      FIELD NAME = PNAME, BYTES = 20, START = 7
      FIELD NAME = PLEITER, BYTES = 6, START = 27
      FIELD NAME = PBESCHR, BYTES = 150, START = 33
      SEGM   NAME = ANGEST, PARENT = PROJEKT, BYTES = 30
      FIELD NAME = (NAME,SEQ,M), BYTES = 20, START = 6
      FIELD NAME = ANGNR, BYTES = 5, START = 1
      FIELD NAME = ABTNR, BYTES = 2, START = 26
      FIELD NAME = PROZARBZ,BYTES = 3, START = 28
```

---

[1] Der Aufbau der DBD's ist, wie bereits erwähnt, nur im Prinzipiellen angegeben. In den Beispielen können durchaus einige für IMS wichtige Elemente feh-
len; dies wird teilweise auch durch ... angedeutet.

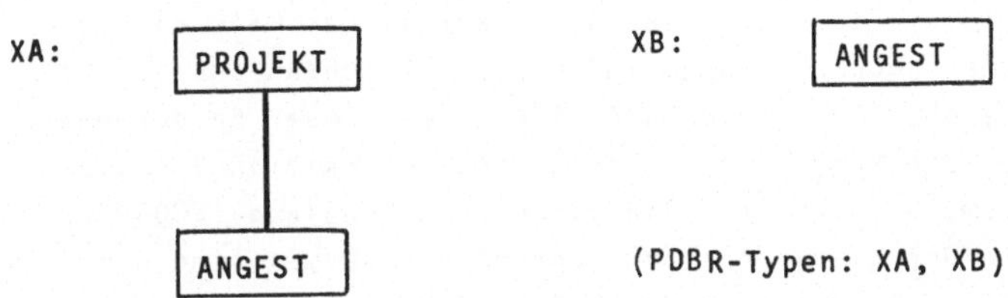

<u>a</u>. Typ-Ebene (vgl. auch Abb. 2.10 in Abschnitt 2.2.3)

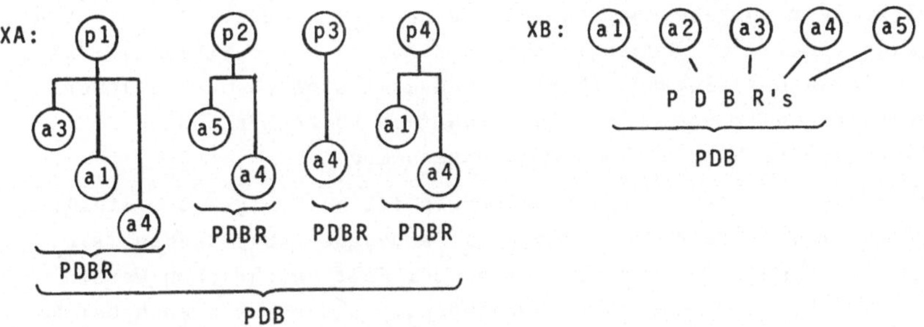

<u>b</u>. Entity-Ebene (für die Einzelwerte vgl. auch Abb. 2.12)

Abb. 4.2: Spezielle hierarchische Strukturen

In der DBD-Zeile wird zunächst gesagt, daß diese PDB den Namen XA
hat und daß für die Speicherorganisation eine bestimmte Zugriffsmethode (ACCESS = ...) zugrunde liegt. Auf diese Zugriffsmethoden
gehen wir nicht weiter ein; erwähnt sei lediglich, daß IMS unter
4 wesentlich verschiedenen physischen Zugriffsmethoden laufen kann:

    HSAM ı HISAM ı HDAM ı HIDAM

    ("hierarchical [indexed] {sequential ıdirect} access method")

Hinzu kommt noch als evtl. weitere Grundlage OSAM *("overflow sequen-
tial access method")*, die aber für den Benutzer nicht sichtbar ist.
Die Zugriffsmethode hat Auswirkungen sowohl auf die Datenbeschreibung (DBD, DATASET, POINTER u.a.) wie auch auf die Datenmanipulation (teilweise sind die erlaubten Operationen davon abhängig!),
sowie auf physische Verzeigerungen und auf die Performance (abhängig von der Anwendungsstruktur). Sie hat demnach eine überaus große
Bedeutung, ist aber in ihrer Verwendung sehr kompliziert und gehört
eigentlich nicht zur konzeptuellen, sondern zur Speicherebene.

Als nächstes erfolgt die Beschreibung der Wurzel des Baumes: Segment mit dem Namen PROJEKT, Länge 182 Bytes, bestehend aus den Feldern PNR, PNAME, PLEITER und PBESCHR; für jedes dieser Felder werden Angaben über die Länge (in Bytes) sowie die Position im Satz (START = ...) gemacht. Das Feld PNR ist ein *Sequenzfeld* (SEQ) für PROJEKT, d.h. in der hierarchischen Ordnung des Baumes sind die PROJEKT-Segmente nach aufsteigenden PNR-Werten geordnet. Die zusätzliche Angabe U ("*unique*") besagt, daß die Werte dieses Sequenzfeldes eindeutig sind, genauer: eindeutig nur *innerhalb von Zwillingen*! Beim Root-Segment bedeutet U natürlich generell die Schlüsseleigenschaft des Sequenzfeldes. Ein Zusatz M ("*multiple*") - wie bei Feld NAME in Segment ANGEST - bedeutet dagegen, daß Feldwerte (sogar innerhalb von Zwillingen) mehrfach vorkommen können. Ist kein Zusatz vorhanden, so wird U angenommen.

Die Reihenfolge der Feldbeschreibungen ist beliebig - die Stellung im Segment wird ja durch START = ... angegeben. Das Sequenzfeld, sofern vorhanden, muß jedoch als erstes Feld beschrieben werden. Ist kein solches Sequenzfeld vorhanden, so kann - wie auch bei M-Feldern - die Reihenfolge der Segmente untereinander in der hierarchischen Ordnung vom System festgelegt werden, etwa Reihenfolge des Einfügens in die Datenbank. Die Felder selbst können sich auch überlappen.

Nach der Beschreibung des Root-Segmentes erfolgt die Beschreibung der weiteren Segmente, wobei jeweils gesagt werden muß, welchem anderen Segment das gerade definierte im Baum unmittelbar untergeordnet ist (PARENT = PROJEKT). Die Segmente müssen dabei in ihrer hierarchischen Reihenfolge beschrieben werden.

Man beachte, daß ein Großteil dieser sowie anderer, hier nicht aufgeführter Angaben nach unserer Notation nicht zum konzeptuellen Schema, sondern zum internen Schema bzw. zu den Transformationsregeln konzeptuelles/internes Schema gehört! (So z.B. Angaben über die Zugriffsmethode sowie explizite Angaben über die Verzeigerung von Segmenten durch eine zusätzliche Klausel POINTER = ... bei jedem Segment: etwa vom PARENT zum 1./letzten CHILD, Verzeigerung der Zwillinge, Verzeigerung gemäß der hierarchischen Ordnung, usw.)

Entities vom Typ ANGEST sind nun, wie oben bereits gesagt, nur über das jeweils zugehörige Entity vom Typ PROJEKT, d.h. über die Wurzel

des Baumes zu erreichen. Im allgemeinen wird man hingegen die Angestellten auch für sich alleine verarbeiten wollen. Dies bedeutet,
daß man alle ANGEST-Entities duplizieren und in einer zweiten PDB,
etwa mit dem Namen XB, noch einmal abspeichern muß; die DBD dieser
PDB sieht dann etwa folgendermaßen aus:

```
XB   DBD   NAME = XB, ACCESS = HIDAM
     SEGM  NAME = ANGEST, BYTES = 67
     FIELD NAME = (ANGNR, SEQ), BYTES = 5, START = 1
     FIELD NAME = NAME, BYTES = 20, START = 6
     FIELD NAME = ANSCHRIFT, BYTES = 40, START = 26
     FIELD NAME = ABTNR, BYTES = 2, START = 66
```

Es gibt dabei einige Unterschiede zu Segment ANGEST in XA: es fehlt
das Feld PROZARBZ, da hier nicht sinnvoll, dafür ist zusätzlich das
Feld ANSCHRIFT vorhanden; als Sequenzfeld wurde der Schlüssel ANGNR
gewählt.

Entities vom Typ ANGEST sind nun also doppelt vorhanden: in XA und
in XB. Sie werden formal als unterschiedliche Entities angesehen
und haben in der Datenbank nichts miteinander zu tun; der Zusammenhang ist nur dem Programmierer auf der logischen Ebene bekannt! (Der
Leser mache sich die möglichen Auswirkungen auf die Konsistenz der
Datenbank klar!)

LOGISCHE DATENBANKEN DER KONZEPTUELLEN EBENE

Um diesem Mißstand abzuhelfen, ist in IMS die Konstruktion von
LDB_K's möglich. Statt der PDB XA wird zunächst eine PDB XC definiert, welche anstelle des Entity-Typs ANGEST - ähnlich wie bei der
Realisierung von n:m-Beziehungen im Netzwerk-Datenmodell - einen
neuen Entity-Typ PA enthält: jedem ANGEST-Entity a, welches in XA
einem PROJEKT-Entity p hierarchisch untergeordnet ist, entspricht
ein PA-Entity p-a (Kett-Entity!), welches in der PDB XC demselben
a untergeordnet ist. Das Entity p-a enthält im wesentlichen einen
Zeiger auf das Entity a in der PDB XD; XD entspricht der früheren
PDB XB. Zusätzlich kann p-a noch Information enthalten, die genau
das Paar (p,a) betrifft (Attribut der Beziehung; in unserem Fall
das Attribut PROZARBZ); vgl. dazu Abb. 4.3 a.

Man sagt, daß PROJEKT (bzw. p) der physische Vater von PA (p-a),
ANGEST (a) der logische Vater von PA (p-a) ist, bzw. PA (p-a) der
physische resp. logische Sohn von PROJEKT (p) resp. ANGEST (a).
Die logische Vater-Sohn-Beziehung von ANGEST zu PA ist als physischer Zeiger von PA zu ANGEST realisiert.

Hat man nun diese beiden PDB's XC und XD, so kann man darüber eine
konzeptuelle LDB XE definieren, die eine Beziehung zwischen PROJEKT
und ANGEST realisiert: jedem Entity p werden die entsprechenden Entities a, zusammen mit der vorhandenen Zusatzinformation für jedes
p-a (hier: PROZARBZ), zugeordnet. Dieser Baum kann vom Benutzer in
der in Abb. 4.3 b angegebenen Form gesehen werden; er ist jedoch
physisch nicht in dieser Form realisiert, sondern genauso, wie oben
(Abb. 4.3 a) dargestellt. (Der Zeiger in PA ist für den Benutzer
nicht sichtbar!)

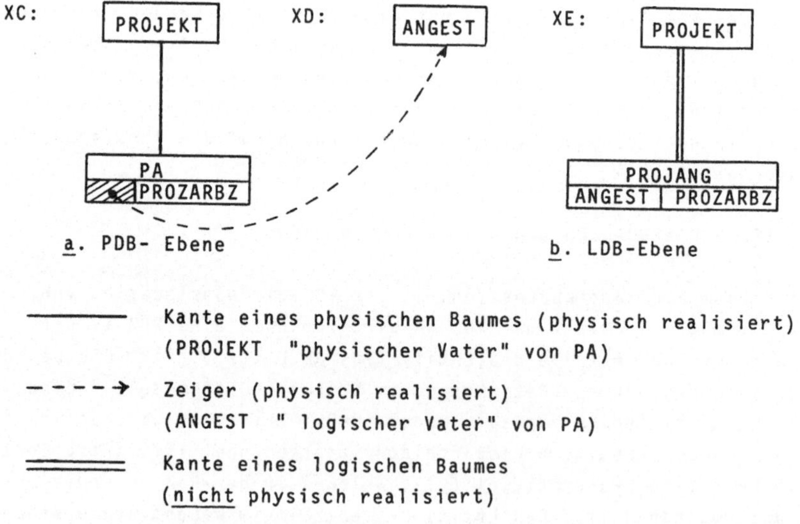

Abb. 4.3: Redundanzfreie Speicherung mittels einer
konzeptuellen LDB

Die Beschreibung der PDB's XC und XD in den zugehörigen DBD's sieht
im Prinzip aus wie folgt (BYTES- und START-Angaben sind weggelassen):

    |XC| DBD   NAME = XC, ACCESS = HIDAM
          SEGM NAME = PROJEKT, ...
          SEGM NAME = PA, POINTER = (LPARNT, ...),
                PARENT = (PROJEKT, (ANGEST, XD)), ...
          FIELD NAME = (NAME, SEQ, M), ...
          FIELD NAME = PROZARBZ, ...

    |XD| DBD   NAME = XD, ACCESS = HIDAM
          SEGM NAME = ANGEST, ...
          LCHILD NAME = (PA, XC)

In beiden DBD's müssen zusätzlich zu dem, was bereits bei XA gesagt war, Angaben über das logische Vater-Sohn-Verhältnis von ANGEST
zu PA gemacht werden. In XC geschieht dies durch

        PARENT = (PROJEKT, (ANGEST, XD)):

Segment PROJEKT (aus derselben PDB) ist physischer Vater, Segment
ANGEST aus der PDB XD ist logischer Vater von PA. Außerdem wird in
PA, neben den Angaben über die Kett-Information PROZARBZ, als
Sequenzfeld das Feld NAME des Segmentes ANGEST deklariert. In XD
wird durch die LCHILD-Anweisung

        LCHILD NAME = (PA, XC)

(*logical child*, logischer Sohn) ebenfalls gesagt, daß Segment ANGEST
logischer Vater von Segment PA der PDB XC ist. Beide Angaben werden
in IMS verlangt, ebenso die explizite Angabe zur Errichtung eines
entsprechenden Zeigers in XC (POINTER = LPARNT).

Die Beschreibung der konzeptuellen LDB XE (vgl. Abb. 4.3 <u>b</u>) erfolgt
ebenfalls mit einer DBD, nun einer *logischen DBD*, auf derselben
Ebene wie die bisherigen; sie hat die folgende Form:

```
XE   DBD  NAME = XE, ACCESS = LOGICAL
     DATASET LOGICAL
     SEGM NAME = PROJEKT, SOURCE = (PROJEKT, XC)
     SEGM NAME = PROJANG, PARENT = PROJEKT,
          SOURCE = ((PA, XC), (ANGEST, XD))
```

Für XE muß gesagt werden, daß es sich um eine LDB handelt:

     ACCESS = LOGICAL und DATASET LOGICAL,

d.h. die nun folgende Struktur ist *nicht physisch realisiert,* sondern wird nur einem Benutzer im Bedarfsfall zur Verfügung gestellt.
Es folgt die Aufzählung der Segmente mit Angabe des jeweiligen Vaters im Baum (PARENT = PROJEKT). Die weitere Beschreibung eines Segments gibt an, aus welchen Segmenten welcher PDB es sich zusammen-
setzt

     SOURCE = (PROJEKT, XC) für PROJEKT,
     SOURCE = ((PA, XC), (ANGEST, XD)) für PROJANG;

diese Angaben stellen gerade die Transformationsregeln zwischen den
verschiedenen Ebenen dar. Im Fall des Segmentes PROJANG erfolgt die
Zusammensetzung so, daß für den Benutzer das Zeigerfeld in PA ersetzt wird durch das dem Zeiger zugeordnete Segment ANGEST.

Die eben angeführte Konstruktion einer konzeptuellen LDB kann im
übrigen zwischen beliebigen Stellen von zwei Bäumen gemacht werden,
sofern es logisch sinnvoll ist - vgl. z.B. Abb. 4.4.

Wir wollen nun noch den Fall betrachten, daß eine n:m-Beziehung realisiert werden soll, die in beiden Richtungen verarbeitet werden
kann. Eine erste Möglichkeit besteht darin, analog zu XC, XD zwei
PDB's XF und XG zu konstruieren, wie in Abb. 4.5 a angezeigt, die
nun aber beide zur Bildung konzeptueller LDB's benutzt werden: vgl.
die LDB's XH und XJ in Abb. 4.5 b. Die DBD's für XF und XG haben
die folgende Gestalt (man beachte, daß die beiden DBD's symmetrisch
zueinander sind, wenn man die Bedeutung von PROJEKT und ANGEST entsprechend vertauscht):

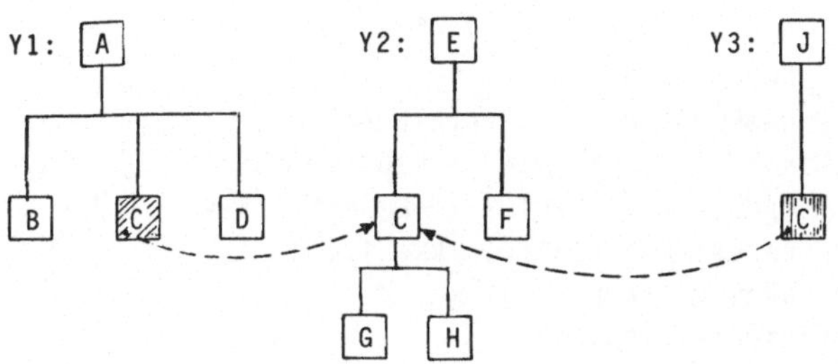

<u>a</u>. PDB-Ebene

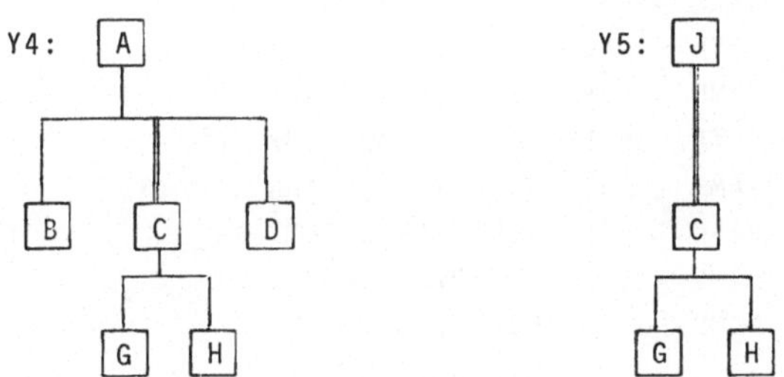

<u>b</u>. LDB-Ebene

<u>Abb.4.4:</u>   Physische und logische Ebene (Beispiele)

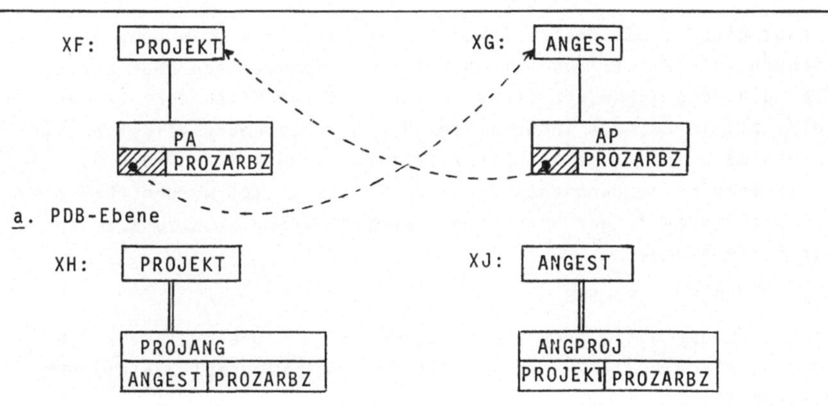

<u>a</u>. PDB-Ebene

<u>b</u>. LDB-Ebene

<u>Abb. 4.5:</u>   Realisierung der n:m-Beziehung
f_1: {PROJEKT, ANGEST} in IMS

```
 XF   DBD    NAME = XF, ACCESS = HIDAM
      SEGM   NAME = PROJEKT, ...
      LCHILD NAME = (AP, XG), PAIR = PA
      <FIELD's für PROJEKT wie in DBD für XA>
      SEGM   NAME = PA, POINTER = (LPARNT, PAIRED, ...),
             PARENT = (PROJEKT, (ANGEST, XG)), ...
      FIELD  NAME = (NAME, SEQ, M), ...
      FIELD  NAME = PROZARBZ, ...


 XG   DBD    NAME = XG, ACCESS = HIDAM
      SEGM   NAME = ANGEST, ...
      LCHILD NAME = (PA, XF), PAIR = AP
      <FIELD's für ANGEST wie in DBD für XB>
      SEGM   NAME = AP, POINTER = (LPARNT, PAIRED, ...),
             PARENT = (ANGEST, (PROJEKT, XF)), ...
      FIELD  NAME = (PNR, SEQ), ...
      FIELD  NAME = PROZARBZ, ...
```

Gegenüber der DBD von XC kommt nun auch bei Segment PROJEKT ein
Hinweis auf den logischen Sohn AP in der PDB XG hinzu. Die Klausel

        PAIR = PA

besagt gerade, daß die Beziehung in XG genau die Umkehrung der Beziehung von XF ist: d.h. steht Entity p hierarchisch über Entity
p-a (d.h. a!) in XF, so steht Entity a hierarchisch über Entity a-p
(d.h. p!) in XG; die Information, die die Beziehung selbst betrifft
(PROZARBZ), ist dieselbe. Diese Tatsache kann bei Änderung auf der
physischen Ebene dann entsprechend berücksichtigt werden. Daß die
entsprechenden Zeiger paarweise zusammengehören, muß zusätzlich
durch die Angabe

        POINTER = PAIRED

in den beiden DBD's nochmals gesagt werden. - Die DBD's für die
konzeptuellen LDB's XH und XJ sind genauso aufgebaut wie die DBD
der LDB XE.

Da man bei dieser Art der Realisierung immer noch redundante Speicherung hat (PROZARBZ), gibt es in IMS eine weitere Variante, die
im Prinzip auf der Definition *virtueller* Felder und der Einführung
zusätzlicher Zeiger beruht(vgl. Abb. 4.6): ANGEST hat in XL als phy-

sischen Sohn nur das Zeigerfeld selbst - PROZARBZ wird als virtuelles Feld deklariert. Damit ANGEST logischer Vater auch von PROJEKT sein kann, wird in XK von PA aus zusätzlich ein Zeiger zum physischen Vater PROJEKT eingerichtet. Die logische Sicht ist dann dieselbe wie in Abb. 4.5 <u>b</u>. Auf die zugehörigen DBD's soll hier nun nicht mehr eingegangen werden. - Wir sehen aber, daß es somit nun doch möglich ist, in gewissem Umfang auch netzwerkartige Strukturen einzuführen.

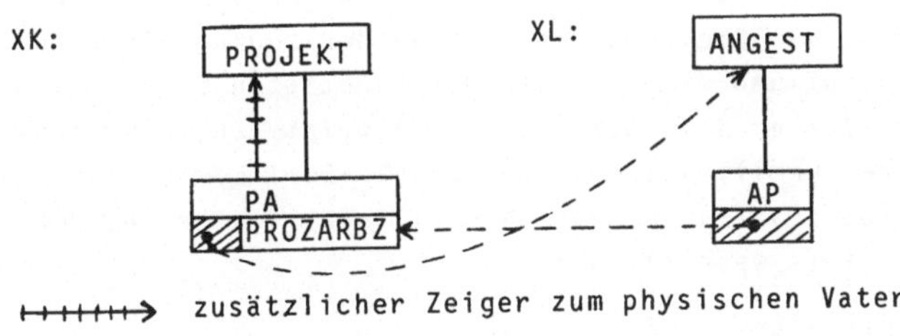

<u>Abb. 4.6:</u> PDB's für nicht-redundante Realisierung einer n:m - Beziehung

Bevor wir nun diese im wesentlichen konzeptuelle Ebene von IMS verlassen, sei noch auf eine wichtige Eigenschaft hingewiesen: Alle konzeptuellen LDB's müssen bei der Erstellung des Gesamtmodells berücksichtigt werden, da jeder mögliche logische Baum Auswirkungen auf die DBD's aller zugehörigen physischen Bäume hat; jede konzeptuelle LDB ist in der Form realisiert, daß in den zugehörigen PDB's an wohldefinierten Stellen Zeiger gesetzt werden, die bereits zum Zeitpunkt der Beschreibung dieser PDB vorhanden sein müssen. Dies beeinflußt ganz erheblich die Möglichkeit, logische Bäume im nachhinein zu konstruieren!

4.4 Die externe Ebene von IMS

Eine IMS-Datenbank (Datenbank im Sinne dieses Buches) besteht nun
auf der konzeptuellen Ebene aus einer Menge solcher PDB's und
LDB_K's, im folgenden kurz DB's genannt. Ein Benutzer der externen
Ebene kann sich die für ihn geeigneten DB's oder auch Teile dieser
DB's auswählen: er hat es mit LDB's der zweiten Art, d.h. mit *externen LDB's* (LDB_E) zu tun. Jede LDB_E ist *eine DB* (PDB oder LDB_K!)
oder ein *Teil einer DB*; sie kann beschrieben werden als Teilbaum
eines Baumes der Typ-Ebene, und zwar der Art, daß die Wurzel der DB
in jedem Fall auch die Wurzel der LDB_E ist. Jede LDB_E eines Benutzers wird in der IMS-DDL formal beschrieben durch einen *PCB (program communication block)*, der den Namen der zugrundeliegenden DB,
das Wurzelsegment und die für die LDB_E benötigten Segmente, die sogenannten *sensitiven Segmente* (SENSEG), angibt. Zu jedem sensitiven
Segment muß der unmittelbare Vorgänger (PARENT) sowie eine *Verar-
beitungsart (processing option,* PROCOPT) spezifiziert werden; möglich sind dabei im wesentlichen

     G für "get" (nur Lesen erlaubt)
     R für "replace" (Lesen und Schreiben erlaubt)
     I für "insert"
     D für "delete",

sowie jede Kombination dieser Verarbeitungsarten. Betrachten wir
als Beispiel den Fall, daß wir aus der LDB_K Y4 (vgl. Abb. 4.4 <u>b</u>)
die LDB_E Y6 (vgl. Abb. 4.7) herausgreifen:

```
Y6    PCB     TYPE = DB, DBDNAME = Y4, ...
      SENSEG NAME = A, PROCOPT = G
      SENSEG NAME = B, PARENT = A, ...
      SENSEG NAME = C, PARENT = A, ...
      SENSEG NAME = G, PARENT = C, ...
```

(Die Klausel TYPE = DB dient dabei zur Abgrenzung dieses PCB von
einem Terminal-PCB als Teil der Datenkommunikation.)

Der Benutzer sieht in diesem Fall den in Abb. 4.7 dargestellten
Baum der Typ-Ebene bzw. alle Entities der Typen A, B, C und G, und
zwar in der Weise, wie sie durch die PDB's Y1 und Y2 (vgl. Abb.
4.4 <u>a</u>) zusammengebunden sind; die Entities vom Typ D und H sieht
dieser Benutzer nicht.

Y6:

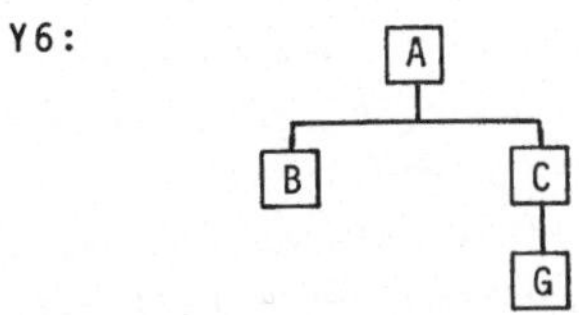

<u>Abb. 4.7</u>: Externe LDB Y6 als Teilbaum der konzeptuellen LDB Y4

Wichtig ist außerdem, daß immer ein vollständiger Weg angegeben
wird, d.h. alle Segmente, die auf dem Weg von der Wurzel (einschließlich) zum angesprochenen Entity liegen, müssen sensitiv
sein. Da es aber u.U. vorkommen kann, daß ein Benutzer nicht alle
dazwischen liegenden Entities sehen soll, gibt es als weitere Ver-
arbeitungsart die sogenannte *key sensitivity*, angegeben durch

    PROCOPT = K;

von einem solchen Segment wird jeweils nur der Schlüssel zur Verfügung gestellt, und zwar ausschließlich zu dem Zweck, die Vollständigkeit des Weges zu gewährleisten.

Die Menge aller LDB_E's eines Benutzers ist - wie bereits oben gesagt - sein externes Modell, die zu einem *PSB (program specification block)* zusammengefaßten zugehörigen PCB's das zugehörige externe Schema. Die Transformationsregeln externes/konzeptuelles Modell sind im wesentlichen bereits Bestandteil des konzeptuellen
Schemas (Beschreibung der LDB_K's durch DBD's).

Der Benutzer sieht also seine Daten in einem hierarchischen Datenmodell, wie es in Kapitel 2 (Abschnitt 2.2.3)definiert wurde: eine
Menge von Bäumen auf der Typ- wie auf der Entity-Ebene. Jedes Entity ist nur über einen Einstiegspunkt (= Wurzel eines Baumes) zu
erreichen, und es kommt in nur einem Baum vor - falls es tatsächlich in mehreren Bäumen eines externen Schemas vorkommt, so sind
diese Entities formal als unterschiedlich anzusehen; d.h. hat man
über einen Baum ein Entity erreicht und will man dasselbe Entity
im anderen Baum erreichen, so muß man das Entity ganz neu lokali-
sieren. (Falls auf PDB-Ebene nicht-redundant gespeichert ist, sind
Wertänderungen eines Entity natürlich in allen betreffenden LDB's
zu sehen!)

Als zusätzliche Möglichkeit gegenüber früheren IMS-Versionen ist
in IMS/VS unter Ausnutzung der OS-Zugriffsmethode VSAM über jedem
Segment der Aufbau von und Zugriff über Sekundärindexe erlaubt, so
daß ein Einstieg nicht nur über die Wurzel-Entities möglich ist.
Auf diese, über das rein hierarchische Datenmodell hinausgehenden
- für die Praxis allerdings sehr notwendigen - Features soll hier
jedoch nicht eingegangen werden.

4.5 Datenmanipulation in IMS

Als IMS-DML steht die sogenannte *DL/I (Data Language/I)* zur Verfügung, die von den höheren Programmiersprachen PL/I und COBOL sowie vom IBM-Assembler aus aufgerufen werden kann. Wir beschreiben die Wirkungsweise in einer *sehr vereinfachten Syntax*:

Mit einer *GU-Anweisung* ("*get unique*") kann man in einer vorgegebenen externen LDB ein ganz bestimmtes Entity erreichen: man muß über Bedingungen (d.h. Werte von Attributen, sogenannten *segment search arguments - SSA's*) zunächst den Einstiegspunkt und dann jeden Sohn (Typ, Wert) - d.h. den ganzen Zugriffspfad in der LDB - bis hinunter zum gewünschen Entity spezifizieren; z.B. liefert, wenn wir die LDB Y6 (Abb. 4.7) zugrundelegen, die Anweisung

```
GU A (ANR = '317')
   C (CNAME = 'KARL')
```

ein Entity c, das hierarchisch dem Entity a mit ANR 317 untergeordnet ist und das bezüglich des Attributes CNAME den Wert KARL hat.
(Falls es mehrere gibt, wird das erste geliefert; falls es keines
gibt, erfolgt eine Fehlermeldung.) Mit der *GN-Anweisung* ("*get next*")
erhält man das in der totalen hierarchischen Ordnung nächste Entity
der zugrundeliegenden LDB, unabhängig vom Typ - d.h. man erhält etwa die Entities in der in Abb. 2.9 <u>b</u> angegebenen Reihenfolge. Mit
der *GNP-Anweisung* ("*get next within parent*") erhält man den nächsten Sohn desselben Vaters, d.h. den nächsten Bruder in der hierarchischen Ordnung. (Falls ein nächstes Entity nicht mehr existiert,
erfolgt Feldermeldung.) Beide Anweisungen - GN und GNP - können
auch mit einer näheren Spezifikation stehen, z.B.

```
GN
GN   C
GN   C (CNAME = 'KARL')
GNP
GNP  C
```

Der Zusatz "C" bedeutet dabei, daß das nächste Entity bzw. der nächste Bruder *vom Typ C* verlangt wird.

Sind Entities einzufügen, so geschieht dies mit der *ISRT-Anweisung* ("*insert*").

Sind Entities zu ändern (*REPL* - "*replace*") oder zu entfernen (*DLET* - "*delete*"), so ist die vorhergehende GET-Anweisung mit dem Buchstaben H zu modifizieren ("*get hold*" - GHU, GHN, GHNP). Beim Entfernen von Entities ist zu beachten, daß mit einem Entity auch alle in der entsprechenden PDB hierarchisch darunter liegenden Entities entfernt werden - dies ist aber häufig für den Benutzer auf der externen Ebene nicht zu erkennen.

Leider können die Anweisungen nicht in der Form, wie eben angegeben, im Anwendungsprogramm stehen: der Aufrufmechanismus ist wesentlich komplizierter. Es muß einmal für jeden PCB im Anwendungsprogramm ein entsprechender PCB-Kommunikationsblock definiert werden; sodann muß bei jeder DB-Anweisung anstelle dieser Anweisung der Aufruf eines geeigneten Unterprogramms erfolgen, welchem die geeigneten Parameter in der geeigneten Form mitgegeben werden müssen:

    Name der LDB (d.h. der geeignete PCB),
    Adresse dieses PCB,
    Adresse des I/O-Bereiches,
    Art der Anweisung sowie
    alle ggf. vorhandenen SSA's,

und zwar die letzteren in der Form von String-Ausdrücken, die man sich selbst (inklusive Blanks usw.) im Anwendungsprogramm zurechtbasteln muß; u.E. wahrlich nicht benutzerfreundlich.

Soviel sei hier über IMS als typische Realisierung eines hierarchischen Datenmodells (mit notwendigen Erweiterungen) gesagt. Es sei aber ausdrücklich beton, daß man, um mit IMS umgehen zu können, noch sehr viel mehr vor allem über die Transformationsregeln konzeptuelle/interne Ebene lernen muß.

5 SPRACHEN FÜR DAS RELATIONENMODELL

5.1 Vorbemerkung

Für das Arbeiten mit relationalen Datenbanken ist das Verständnis
des relationalen Datenmodells in der in Abschnitt 2.2.4 eingeführten Form ausreichend. Eine Präzisierung und theoretische
Fundierung erfolgt in Kapitel 6.

Da wir im Relationenmodell in Tabellen oder Mengen denken, müssen
Datenmanipulationssprachen für dieses Modell die Spezifizierung
gewünschter Tabellen oder Mengen, die aus den vorhandenen Relationen abzuleiten sind, erlauben sowie Möglichkeiten zur Veränderung
vorhandener und zur Einführung neuer Relationen zur Verfügung
stellen. Dabei soll der Benutzer jede sinnvolle, aus den vorhandenen Relationen ableitbare Relation als gewünschte Relation
definieren können, soweit nicht Datenschutzaspekte verletzt werden.

Zur Spezifizierung einer gewünschten Relation gibt es zwei grundsätzliche Wege:

- Spezifizierung deskriptiv, d.h. ohne Angabe, welche Operationen
  zum Aufbau der Relation notwendig sind (*nicht-prozedurale* Sprachen);
- Spezifizierung durch Angabe der Operationenfolge, mit der die
  Relation konstruiert werden soll (*prozedurale* Sprachen).

Zu jedem dieser Ansätze gibt es verschiedene Sprachvarianten; der
Übergang zwischen den beiden Sprachtypen ist fließend. Als Vertreter der mehr prozeduralen Sprachen werden wir kurz die
Relationenalgebra betrachten (die in Abschnitt 2.2.4 schon skizziert wurde), als Vertreter der nicht-prozeduralen Sprachen eine
relationenkalkülorientierte Sprache; und schließlich werden wir
kurz auf sogenannte *abbildungsorientierte* Sprachen und auf
graphikorientierte Sprachen eingehen.

5.2 <u>Relationenalgebra</u>

Man geht davon aus, daß Benutzer ihre Daten grundsätzlich in Form
von Relationen sehen und manipulieren, wobei die notwendigen Operationen vom Benutzer anzugeben sind. Ein System, das aus einer
nichtleeren Menge und einer Familie von Operationen in dieser Menge besteht, heißt üblicherweise eine *Algebra*, wir sprechen deshalb
hier von einer *Relationenalgebra*. Eine Sprache, die auf einer
Relationenalgebra basiert, umfaßt also eine Menge von Operationen
auf Relationen, mit deren Hilfe Datenauswahl und Datenmanipulation
möglich ist. Die Operationen auf Relationen arbeiten auf einer
oder mehreren Relationen als Input und erzeugen eine Relation als
Output. Wir betrachten im folgenden eine mögliche relationenalgebraorientierte Sprache, die im wesentlichen von Codd [Cdd72<u>b</u>]
definiert wurde.

Die Operationen in der Relationenalgebra umfassen klassische Men-
genoperationen (Vereinigung, Durchschnitt, Differenz) und Re-
lationenoperationen (Projektion, Verbund, Selektion). Die Mengen-
operationen brauchen nicht weiter diskutiert zu werden; sie behalten ihre übliche Bedeutung. Zu beachten ist, daß Vereinigung $\cup$,
Durchschnitt $\cap$ und Differenz $\setminus$ nur auf "vereinigungskompatible"
Relationen anwendbar sind. Vereinigung und Differenz können z.B.
verwendet werden zum Einfügen neuer Tupel in eine Relation bzw.
zum Entfernen von Tupeln aus einer Relation.

PROJEKTION

Die Projektion dient dazu, Spalten aus Tabellen zu entfernen. Die
Operation wurde bereits in Abschnitt 2.2.4 erklärt; wir verwenden
hier nur eine andere Notation.

Wir betrachten eine Relation $R(A)$ bzw. $R(a_1,\ldots,a_n)$. Ist $L \subseteq A$,
so ist für $r \in R$

$\quad r[L] = r.L$ (in den früheren Notationen).

Die *Projektion* von R auf L ist dann definiert als

$\quad R[L] = \{ r[L] \mid r \in R \}.$

In offensichtlicher Weise können statt Attributnamen auch Spaltennummern verwendet werden, wenn eine feste Reihenfolge der Attribute vorgegeben ist.

VERBUND (JOIN)

Ein Verbund dient dazu, zwei Relationen $R(A)$ und $S(B)$, die bezüglich je eines Attributes einen gemeinsamen Wertebereich besitzen, zu einer Relation größeren Grades zu verbinden. Die Attribute, nach denen verknüpft werden soll, seien a in der Relation R
und b in der Relation S, und es gelte $dom(a) = dom(b)$; dann ist
der *Verbund* $R[a,b]S$ folgendermaßen definiert:

$$R[a,b]S = \{r \cdot s \mid r \in R, s \in S, r[a] = s[b]\};$$

dabei ist $r \cdot s$ die Konkatenation von r und s, d.h.

$$r \cdot s = (a_1, \ldots, a_n) \cdot (b_1, \ldots, b_m) = (a_1, \ldots, a_n, b_1, \ldots, b_m).$$

Wird a oder b nachträglich durch Projektion entfernt (eines von
beiden ist ja redundant), so spricht man von *natürlichem Verbund*
(*natural join*). Oft wird der Verbund von vornherein als natürlicher Verbund definiert, wie auch hier in Abschnitt 2.2.4. Gelegentlich wird der natürliche Verbund auch so definiert, daß zwei
Relationen bezüglich aller gleich benannten Attribute verbunden
werden, vgl. z.B. [Ul180]. Eine Verallgemeinerung des Verbundbe-
griffes ergibt sich, wenn statt des Vergleichsoperators "=" auch
andere Vergleichsoperatoren zugelassen werden. Man spricht dann
von θ-*Verbund*, wobei θ für den betreffenden Vergleichsoperator
steht, und schreibt $R[a\theta b]S$; $\theta \in \{<,=,>,\neq,\leq,\geq\}$.

SELEKTION

Die *Selektionsoperation* wählt aus einer Relation alle Tupel aus,
ist eine gegebene Bedingung erfüllen:

$$R[\text{Bedingung}] = \{r \in R \mid r \text{ erfüllt Bedingung}\}.$$

Für "Bedingung" sind in verschiedenen Sprachen verschiedene Ausdrücke möglich, z.B.:

    B1: $R[\text{Wohnort} \neq \text{Arbeitsort}]$,
    B2: $R[\text{Geburtsjahr} > 1945]$.

Mit Hilfe der genannten Operationen können nun beliebig komplizierte Ausdrücke gebildet werden. Die Abarbeitung erfolgt jeweils
von links nach rechts; andere Reihenfolgen können wie üblich
durch Klammerung erzwungen werden; z.B.

$$R[]S[]=(R[]S)[] \neq R[](S[]).$$

Beispiel 5.1:

Wir geben eine relationenalgebraorientierte Formulierung des Beispiels 2.7 von Abschnitt 2.2.4 (vgl. Abb. 2.12):

"Namen und prozentuale Arbeitszeit aller Angestellten, die an
Projekt 770231 mitarbeiten."

Das Vorgehen ist etwas anders gewählt als in Abschnitt 2.2.4:

(ANGEST[ANG-NR, ANG-NR]ANG-PRO-1)[P-NR = 770231] [NAME,PROZ-ARBZEIT]

Diese Anweisung ist zu lesen als:

- zuerst Verbund der Relationen ANGEST und ANG-PRO-1 bezüglich
  ANG-NR in beiden Relationen,

- dann Selektion der Tupel mit P-NR = 770231

- und schließlich Projektion auf NAME und PROZ-ARBZEIT.   ☐

5.3 Relationenkalkül

Bei Sprachen auf der Basis eines Relationenkalküls gibt der Benutzer die Definition einer Relation an, die aus den Relationen
des konzeptuellen Modells abgeleitet werden soll. Er gibt nicht
die Folge der dazu notwendigen Operationen an. Zur Beschreibung
der gewünschten Relation wird auf die Prädikatenlogik 1. Stufe
über Attributen zurückgegriffen [Cdd71], d.h. zur Definition der
gewünschten Relation werden (u.a.) Prädikate beliebiger Komplexität verwendet, die nach den üblichen Regeln mit Hilfe von Vergleichsoperatoren, Booleschen Operatoren ($\wedge,\vee,\neg$), sowie den

Quantoren ∃ (es existiert) und ∀ (für alle) formuliert werden.
Als Beispiel für eine Relationenkalkül-Sprache skizzieren wir
einige Grundzüge von *ALPHA* [Cdd71].

In *ALPHA* wird die vom Benutzer gewünschte Relation durch eine Anweisung definiert, die im wesentlichen aus zwei Teilen besteht:

- dem *Ausgabeteil* t (*target list*), der die Attribute der gewünschten Relation spezifiziert (Liste von Attributnamen), und

- dem *Qualifikationsteil* q, welcher die gewünschten Tupel des
  durch t spezifizierten Relationstyps spezifiziert; q ist ein
  Prädikat.

Aus Gründen der Eindeutigkeit müssen dabei die Attributnamen generell durch die Relationennamen qualifiziert werden.

<u>Beispiel 5.2:</u>

Gewünscht wird die Tabelle "Name, prozentuale Arbeitszeit" derjenigen Angestellten, die an Projekt 770231 mitarbeiten:

    (ANGEST.NAME, ANG-PRO-1.PROZ-ARBZEIT):
    ANGEST.ANG-NR = ANG-PRO-1.ANG-NR ∧ ANG-PRO-1.P-NR = 770231.

Eine vollständige *ALPHA*-Anweisung, die dem Benutzer die so spezi-
fizierte Tabelle ausgibt, lautet nun z.B.:

    GET W (ANGEST.NAME, ANG-PRO-1.PROZ-ARBZEIT):
    ANGEST.ANG-NR = ANG-PRO-1.ANG-NR ∧ ANG-PRO-1.P-NR = 770231. □

GET ist eine der möglichen Operationen von *ALPHA* (Retrieval),
W bezeichnet den *Arbeitsbereich* (*workspace*), in dem die in der
Anweisung definierte Relation abzulegen ist. Der Benutzer kann
über eine beliebige Menge solcher Arbeitsbereiche verfügen. Sie
dienen der Kommunikation zwischen Benutzer und DBMS: Daten, die
aus der Datenbank gelesen werden sollen, liefert das DBMS im
Arbeitsbereich ab; Daten, die in die Datenbank gebracht werden

sollen, werden vom Benutzer im Arbeitsbereich abgeliefert. Ein
Arbeitsbereich enthält immer eine Relation. Nach Ausführung der
GET-Operation können die Daten im Arbeitsbereich W durch Befehle
der Gastsprache in beliebiger Weise verarbeitet werden, sie
können aber auch durch nachfolgende ALPHA-Anweisungen wieder angesprochen werden. Zu diesem Zweck müssen Daten im Arbeitsbereich
W auch direkt angesprochen werden können; in ALPHA erhält deshalb
die Relation in W auch den Namen W, so daß wir z.B. mit W.NAME
auf Daten in W Bezug nehmen können. Gegebenenfalls müssen die
Namen weiter qualifiziert werden: etwa W.ANGEST.NAME, wenn zwei
gleichnamige Attribute aus verschiedenen Relationen in W auftreten, wie ANGEST(NAME,...) und MANAGER(NAME,...).

Die wichtigsten Operationen von ALPHA werden in den nachfolgenden
Beispielen vorgestellt, in denen zugleich weitere Grundzüge einer
relationenkalkülorientierten Sprache sowie das Arbeiten mit einer
solchen Sprache beleuchtet werden. Die Beispiele beziehen sich
wieder auf die in Abschnitt 2.2.4 definierten Relationen.

RETRIEVAL

Beispiel 5.3:   (Einfaches Retrieval)

"Finde Name und Anschrift aller Angestellten der Abteilung 30
mit dem Beruf PROGR."

```
    GET W (ANGEST.NAME, ANGEST.ANSCHRIFT):
        ANGEST.ABT-NR = 30 ∧ ANGEST.BERUF = 'PROGR'.   ☐
```

Beispiel 5.4:   (Retrieval mit Existenz-Quantor)

"Finde die Namen der Angestellten, die an einem Projekt mitarbeiten."

```
    RANGE ANG-PRO-1 X
    GET W (ANGEST.NAME):∃X(X.ANG-NR = ANGEST.ANG-NR)   ☐
```

X ist eine sogenannte *Bereichsvariable*, das ist eine Variable,
die nacheinander alle Tupel der Relation ANG-PRO-1 annimmt bzw.

annehmen kann. Sie entspricht einer Laufvariablen, "∃X" entspricht
einer Schleife, die mit <u>true</u> abgebrochen wird, sobald die Bedingung erfüllt ist.

Sobald Quantoren Verwendung finden, sind grundsätzlich Bereichsvariable anzuwenden. Generell gilt: für jeden Relationennamen, der
im q-Teil, aber nicht im t-Teil auftritt, muß eine Bereichsvariable definiert sein, die im q-Teil durch einen Quantor gebunden
wird.

<u>Beispiel 5.5:</u>   (Retrieval mit mehreren Existenzquantoren)

"Finde die Namen der Angestellten, die an einem Projekt mitarbeiten, an dem auch der Angestellte mit Angestelltennummer 3115 mitarbeitet."

```
    RANGE ANG-PRO-1       X
    RANGE ANG-PRO-1       Y
    GET W (ANGEST.NAME):  ∃X(ANGEST.ANG-NR = X.ANG-NR ∧
                            ∃Y(X.P-NR = Y.P-NR
                               ∧ Y.ANG-NR = 3115))
```

Die Formulierung dieser Anfrage ist nicht einfach zu verstehen;
man mache sich den Aufbau schrittweise klar: zunächst muß jeder
der gesuchten Angestellten ja in ANG-PRO-1 auftreten (ANGEST.ANG-NR
= X.ANG-NR); dann muß für dieses Tupel in ANG-PRO-1 ein anderes Tupel (Y) aus ANG-PRO-1 existieren, das dieselbe Projektnummer aufweist (X.P-NR = Y.P-NR) <u>und</u> dessen Angestelltennummer 3115 ist.
"∃X...∃Y..." entspricht der Schachtelung von zwei Schleifen. □

<u>Beispiel 5.6:</u> (Retrieval mit mehreren Existenzquantoren)

"Finde die Namen der Angestellten, die an einem Projekt der Ge-
heimstufe A mitarbeiten."

Wir nehmen dabei an, daß die Relation PROJEKT zusätzlich ein
Attribut "GEHEIMST" enthält.

```
RANGE PROJEKT X
RANGE ANG-PRO-1 Y
GET W (ANGEST.NAME): ∃Y(ANGEST.ANG-NR = Y.ANG-NR∧
                       ∃X(X.P-NR = Y.P-NR ∧ X.GEHEIMST = 'A'))
```

Natürlich kann man komplexe Anfragen dieser Art auch in einfacher überschaubare Teilschritte zerlegen:

```
GET W (PROJEKT.P-NR): PROJEKT.GEHEIMST = 'A'
RANGE W WX
GET W1 (ANG-PRO-1.ANG-NR) : ∃WX(ANG-PRO-1.P-NR = WX.P-NR)
RANGE W1 X
GET W2 (ANGEST.NAME) : ∃X(X.ANG-NR = ANGEST.ANG-NR)
```

Hier wird die bereits erwähnte Möglichkeit angewendet, Relationen im Arbeitsbereich in gleicher Weise zu verwenden wie Relationen in der Datenbank. □

Beispiel 5.7: (Retrieval mit Allquantor)

"Finde die Namen der Angestellten, die an keinem Projekt mit mehr als 20% ihrer Arbeitszeit mitarbeiten."

```
RANGE ANG-PRO-1 X
GET W (ANGEST.NAME) : ∀X(X.ANG-NR ≠ ANGEST.ANG-NR ∨
                     X.PROZ-ARBZEIT ≤ 20)
```

Das Prädikat können wir folgendermaßen interpretieren: wir durchsuchen für einen Angestellten alle Tupel von ANG-PRO-1; erfüllt der Angestellte die Bedingung der Anfrage, so muß für jedes Tupel gelten: entweder ist ANG-PRO-1.ANG-NR ungleich der gerade interessierenden Angestelltennummer, oder, bei Übereinstimmung der Angestelltennummer, die prozentuale Arbeitszeit ist kleiner oder gleich 20%.

Man überlegt sich leicht, daß die Anfrage auch über einen Existenzquantor und eine Negation formuliert werden kann:

```
GET W (ANGEST.NAME): ¬∃X(X.ANG-NR = ANGEST.ANG-NR ∧
                        X.PROZ-ARBZEIT > 20).   ☐
```

UPDATE

Um Werte in einer Relation zu verändern, muß der Benutzer geeignete Tupel mittels HOLD in den Arbeitsbereich holen, die Wertänderungen (durch die Gastsprache) vornehmen und die geänderten
Tupel mittels der UPDATE-Operation zurückschreiben.

Beispiel 5.8:

"Verändere den Beruf des Angestellten 2814 zu 'Programmierer'
(PROGR)."

```
    HOLD W (ANGEST.ANG-NR, ANGEST.BERUF): ANGEST.ANG-NR = 2814
    W.BERUF := 'PROGR' (Gastsprache)
    UPDATE W                                            ☐
```

Die HOLD-Operation wirkt wie GET, teilt aber dem DBMS mit, daß
eine Änderung der Daten beabsichtigt ist. Ein wesentlicher Unterschied zu GET besteht darin, daß der Ausgabeteil t bei HOLD nur
Attribute derselben Relation umfassen darf. Der Grund ist der,
daß Veränderungen beliebiger benutzerdefinierter Relationen nicht
ohne weiteres, u.U. gar nicht, in eindeutiger und sinnvoller Weise auf Veränderungen der im Datenmodell definierten Relationen
zurückgeführt werden können. Beispielsweise sind Relationen, die
man durch implizite Verbund-Operationen erhalten hat, nicht ohne
weiteres in dritter Normalform, so daß Anomalien auftreten können
(vgl. Kapitel 6).
Wir betrachten dazu das folgende Beispiel.

Beispiel 5.9:

R	P-NR	ANG-NR
	1	5
	2	5
	3	6

S	ANG-NR	WOHNORT
	5	KA
	6	MA
	7	B

Der Benutzer definiert:

    HOLD W (R.P-NR, S.ANG-NR, S.WOHNORT): R.ANG-NR = S.ANG-NR

und erhält:

W	P-NR	ANG-NR	WOHNORT
	1	5	KA
	2	5	KA
	3	6	MA

Ändert der Benutzer jetzt nur das Tupel (1,5,KA) in W zu (1,5,B),
dann wohnt (in W) der Angestellte Nr. 5 offensichtlich sowohl in
KA als auch in B ("Update-Anomalie"). □

Weitere *ALPHA*-Befehle werden benötigt für das Einfügen (PUT) und
Löschen (DELETE) von Tupeln. Auf diese Operationen brauchen wir
hier nicht einzugehen.

ALPHA verfügt über eine Reihe weiterer Möglichkeiten, etwa zur
sortierten Ausgabe und zur Beschränkung der Anzahl auszugebender
Tupel. Ferner werden verschiedene *Standardfunktionen* (*library
functions*) definiert, die es ermöglichen, in *ALPHA*-Anweisungen Berechnungen mit einzubeziehen, z.B. "Zahl der Tupel in einer Relation", "Summenbildung", "Maximal/Minimalwerte", usw. Diese Standardfunktionen können sowohl im Ausgabeteil als auch im Qualifikationsteil verwendet werden.

<u>Beispiel 5.10:</u> (Standardfunktionen)

"Finde die Gesamtzahl der Angestellten."

    GET W (COUNT(ANGEST.ANG-NR))   □

Diese einfache Erweiterbarkeit der Sprache durch Standardfunktionen ist ein Vorteil gegenüber den relationenalgebraischen Sprachen,
bei denen sich eine entsprechende Erweiterung nicht in ähnlich einfacher Weise anbietet. Auf weitere Details zu *ALPHA* gehen wir hier
nicht ein; nicht zuletzt auch deshalb, weil *ALPHA* ein bisher nicht
implementierter Sprachvorschlag ist und es somit nur auf das Verständnis der grundlegenden Eigenschaften einer solchen Sprache

ankommt. Außerdem halten wir derartige Sprachen - trotz anders-
lautender Meinungen vieler Verfechter - für den "Sachbearbeiter"
nicht für geeignet, da man schon ein tieferes Verständnis für die
Prädikatenlogik haben muß.

5.4 Abbildungsorientierte Sprachen

Mit *abbildungsorientierten Sprachen* (*mapping-oriented languages*)
wurde versucht, Abfragesprachen für den Nicht-Programmierer zu entwickeln, die ohne mathematische Notation (z.B. Quantoren) aus-
kommen. Wir besprechen hier kurz die bekannteste Sprache dieser
Art, *SQL* (*Structured Query Language*, ursprünglich SEQUEL) [CAE76],
die wir wieder anhand von Beispielen vorstellen wollen.

RETRIEVAL

Das Grundkonzept, auf dem abbildungsorientierte Sprachen aufbauen,
ist das der "Abbildung" (mapping). Eine "Abbildung" $f: X \rightarrow Y$ ist
im strengen mathematischen Sinne ein Tupel (f,X,Y), bestehend aus
einem Definitionsbereich $Def(f) = X$, einem Wertebereich $W(f) = Y$ und
einer Zuordnungsvorschrift f, die jedem $x \in Def(f)$ eindeutig einen
Bildwert $f(x) \in W(f)$ zuordnet. Auf abbildungsorientierte Sprachen[1]
übertragen bedeutet dies folgendes: Der Definitionsbereich der Abbildung ist im einfachsten Fall eine Relation (spezifiziert durch
FROM relationenname), die durch Angabe von Bedingungen (spezifiziert durch *WHERE bedingungen*) noch weiter eingeschränkt sein
kann. Die Zuordnungsvorschrift besteht aus einer Auswahl
(*SELECT ...*) eines oder mehrerer Attribute aus jedem Tupel des
Definitionsbereiches, und damit ist auch der Wertebereich einer
solchen Abbildung definiert. Die ganze Anweisung *SELECT ...*
FROM ...WHERE ... liefert als Ergebnis gerade den Bildbereich
der Abbildung. Jede Anfrage wird über solche Abbildungen, die ver-
schachtelt sein können, zusammengebaut.

---

[1] Dies ist der Versuch einer Deutung dieser Wortschöpfung; er befriedigt uns
aber nicht ganz.

Ein Beispiel für eine Abbildung:

<u>Beispiel 5.11:</u>

"Finde die Namen der Angestellten in Abteilung 10."

```
    SELECT NAME          ←── Wertebereich
    FROM ANGEST        ⎤
    WHERE ABT-NR = 30  ⎦  Definitionsbereich
(Ergebnis = Menge von Werten)
```

Hier wird aus dem bekannten Attributwert ABT-NR = 30 der Relation ANGEST die zugehörige Menge von Werten des Attributes NAME in ANGEST abgeleitet. ◻

Die WHERE-Klausel enthält gerade Prädikate, die Attributwerte mit Konstanten (z.B. ABT-NR = 10) oder zwei Attributwerte eines Tupels miteinander (z.B. GEHALT < DURCHSCHNITTSGEHALT-ABTEILUNG) vergleichen; Prädikate dieser Art können durch die Booleschen Operatoren ∧ und ∨ (AND,OR) miteinander verbunden werden. Es ist interessant, daß Duplikate, wie sie etwa bei der Projektion möglich sind, nicht automatisch eliminiert werden, sondern nur auf ausdrücklichen Wunsch des Benutzers (*SELECT UNIQUE*). Der wesentliche Grund hierfür sind die u.U. hohen Kosten für das Eliminieren von Duplikaten.

<u>Beispiel 5.12:</u> (Mengen in Prädikaten)

"Finde die Namen der Angestellten in den Abteilungen 30,31 und 32."

```
    SELECT NAME
    FROM ANGEST
    WHERE ABT-NR IN (30,31,32)
```

Alternativ hierzu könnte man natürlich auch schreiben

```
    WHERE ABT-NR = 30 OR ABT-NR = 31 OR ABT-NR = 32.
```
◻

Um komplexere Anfragen konstruieren zu können, müssen - wie oben
bereits gesagt - Abbildungen geschachtelt werden können. Dies geschieht in einer gut überschaubaren, strukturierten Form. Betrachten wir dazu das folgende Beispiel:

Beispiel 5.13:   (Schachtelung von Abbildungen)

"Finde Name und Anschrift aller Angestellten, die an Projekt P-4
(d.h. P-NR = 770231) arbeiten."

```
    SELECT NAME, ANSCHRIFT
    FROM ANGEST
    WHERE ANG-NR IN
        SELECT ANG-NR        ]  = Wertebereich für
        FROM ANG-PRO-1       ]    ANGEST.ANG-NR
        WHERE P-NR = 770231  ]
```

Die WHERE-Klausel des äußeren Abbildungsblockes verwendet die Er-
gebnisdaten des inneren Abbildungsblockes. Man spezifiziert also
einen übergeordneten Block so, als seien die in der WHERE-Klausel
benötigten Werte vorhanden; statt der Werte in der WHERE-Klausel
wird dann einfach eine Abbildung eingesetzt, die die benötigten
Werte liefert.

Beispiel 5.14:   (Schachtelung)

"Finde die Namen aller Angestellten, die denselben Beruf haben und
in derselben Abteilung arbeiten wie der Angestellte 3190."

```
    SELECT NAME
    FROM ANGEST
    WHERE <BERUF, ABT-NR> IN
        SELECT BERUF, ABT-NR
        FROM ANGEST
        WHERE ANG-NR = 3190
```

Mit der Bezeichnung <BERUF, ABT-NR> wird der Vergleich von Tupeln
mit anderen Tupeln möglich. In gleicher Weise wird eine Tupelkon-
stante angeschrieben, z.B. <'Müller', 10>. Ebenso wie Wertmengen

können auch Mengen von Tupelkonstanten verwendet werden.

Beispiel 5.15: (mehrere Relationen)

"Finde für jedes Projekt den Namen des Projektleiters."

```
SELECT PROJEKT.P-NR, ANGEST.NAME
FROM PROJEKT, ANGEST
WHERE PROJEKT.P-LEITER = ANGEST.ANG-NR.
```

In diesem Beispiel werden Werte aus verschiedenen Relationen verlangt. Die angegebene Lösung kann interpretiert werden als:

- erst Verbund der Relationen PROJEKT und ANGEST bezüglich der Attribute ANGEST.ANG-NR und PROJEKT.P-LEITER,

- dann Projektion auf die in der SELECT-Klausel angegebenen Attribute. □

In komplizierteren Abfragen wird es in *SQL* u.U. notwendig, *Tupelvariable* - ähnlich den Bereichsvariablen in ALPHA - einzuführen. Einen solchen Fall demonstriert das folgende Beispiel:

Beispiel 5.16: (Tupelvariable)

"Finde die Namen der Angestellten, die mehr verdienen als ihr Manager."

Wir nehmen dazu an, daß die Relation ANGEST erweitert ist um die Attribute MGR-NR (Angestelltennummer des Managers) und GEHALT des Angestellten.

```
SELECT NAME
FROM ANGEST AX
WHERE GEHALT >
        SELECT GEHALT
        FROM ANGEST               ⎤
        WHERE ANG-NR = AX.MGR-NR  ⎦   (X)
```

Die Variable AX repräsentiert ein Tupel in der Relation ANGEST und
wird dazu benützt, um vom inneren Block auf dieses Tupel zurück-
verweisen zu können. Außerdem gilt auch in gewissem Sinne eine
Blockstruktur: GEHALT im inneren Block (X) ist dort eine lokale
Größe!

Die Anfrage 5.16 könnte auch über einen *Join der Relation* ANGEST
mit sich selbst formuliert werden:

```
SELECT X.NAME
FROM ANGEST X, ANGEST Y
WHERE X.ANG-NR = Y.MGR-NR
  AND X.GEHALT > Y.GEHALT
```

Man kann sich diese Lösung so vorstellen, daß zwei Kopien der
Relation ANGEST, nämlich X und Y, miteinander verknüpft werden, so
daß in der entstehenden Relation in jedem Tupel die Daten des Angestellten *und* die seines Managers enthalten sind.   □

Beispiel 5.17:   (Gruppierung)

"Finde die Nummern der Angestellten, die an mehr als drei Projekten mitarbeiten."

```
SELECT ANG-NR
FROM ANG-PRO-1
GROUP BY ANG-NR
HAVING COUNT (P-NR) > 3     □
```

Die GROUP-Klausel ermöglicht es, Relationen entsprechend den Werten eines Attributes A zu zerlegen, wobei die Tupel jeder entstehenden "Gruppe" denselben Wert für A besitzen. Diese Klausel
kann sehr vielfältig verwendet werden, da sie es gestattet, unmittelbar mit Mengen (den Gruppen) als Einheiten zu arbeiten. Im
Beispiel werden die Tupel der Relation ANG-PRO-1 zunächst grup-
piert nach den Werten des Attributes ANG-NR, d.h. für den Benutzer stellt sich die Relation ANG-PRO-1 von Abb. 2.12 nach der
Gruppierung folgendermaßen dar (die Gruppierung wird natürlich
nicht physisch durchgeführt):

P-NR	ANG-NR	PROZ-ARBZEIT
770231	2314	40
761235	2314	60
761235	3115	100
770008	3190	20
770114	3190	40
761235	3190	10
770231	3190	30
761235	3207	50
770008	3207	50

Die Gruppen können nun jeweils als Ganzes angesprochen werden, in
dem Sinne, daß zum Beispiel Gruppen gestrichen werden, die bestimmte Bedingungen nicht erfüllen. Prädikate, die sich auf Gruppen beziehen, sind immer auf Standardfunktionen aufgebaut; sie werden in
einer speziellen *HAVING-Klausel* formuliert. In der HAVING-Klausel
können Gruppeneigenschaften (Durchschnitt, Summe, Zahl der Elemente u.ä.) mit Konstanten oder mit anderen Eigenschaften derselben Gruppe verglichen werden; nur die Gruppen, für die der Vergleich positiv ausfällt, werden in die Ergebnisrelation übernommen.
Im Beispiel werden also nur die Gruppen übernommen, die mehr als
drei Elemente enthalten (COUNT(P-NR) > 3). Man sieht hier zugleich
die Verwendung von Standardfunktionen.

Wir haben damit einige der wichtigsten Eigenschaften von *SQL* bezüglich des Retrieval skizziert. Nicht behandelt wurden z.B.
mengentheoretische Operationen (*INTERSECT, UNION, MINUS*), mit
denen die Ergebnisse zweier Abbildungen verknüpft werden können,
und spezielle Vergleichsoperatoren für Mengen (*CONTAINS, DOES NOT
CONTAIN*, u.a.). Auf diese Sprachelemente wollen wir hier nicht eingehen.

UPDATE

SQL unterstützt Update durch Operationen für Einfügen, Löschen,
Verändern. *INSERT* dient dem Einfügen; beispielsweise wird mit

```
INSERT INTO ANGEST (ANG-NR, NAME, ABT-NR):
      <120, 'OTTO STUMPF', 32>
```

ein neuer Angestellter in die ANGEST-Relation eingebracht; die
nicht spezifizierten Attribute erhalten *NULL-Werte*, d.h. die Werte
werden als unbekannt gekennzeichnet.

Mit *DELETE* können Tupel aus einer Relation entfernt werden, z.B.

```
DELETE ANGEST
WHERE ANG-NR = 115
```

Das Verändern von Daten geschieht mittels der *UPDATE* -Anweisung,
z.B.:

```
UPDATE ANGEST
SET GEHALT = GEHALT x 1.1
WHERE ABT-NR = 30
```

Es erhalten alle Angestellten der Abteilung 30 10% mehr Gehalt.

SQL muß natürlich weitere Möglichkeiten umfassen, insbesondere
zur Datendefinition, zur Erzeugung und zum Löschen von Relationen,
zur Definition und zum Löschen von externen Modellen (Views), zur
Veränderung von existierenden Relationen (z.B. Hinzufügen neuer
Attribute). Zugriffskontrolle (Schutz) und Integritätsprüfung werden in *SQL* ebenfalls unterstützt. Hierauf gehen wir später, im
Laufe der allgemeinen Behandlung dieser Fragen, ein.

Es sei schließlich noch erwähnt, daß im Zusammenhang mit *SQL* verschiedene Untersuchungen experimenteller Art zur Problematik von
Query Languages, zum Verhalten des Benutzers bei der Konstruktion
von Anfragen, zu den wünschenswerten Eigenschaften einer Abfragesprache aus Benutzersicht usw. durchgeführt wurden (vgl. [Rei77]
und dort angegebene Literatur).

5.5 Graphikorientierte Sprachen

Bei *graphikorientierten Sprachen* formuliert der Benutzer seine Anfrage nicht, wie bei Programmiersprachen üblich, in einer linearen
Notation, sondern dadurch, daß auf einem graphischen Bildschirm an
entsprechenden Stellen Eintragungen gemacht werden. Wir stellen
die Grundzüge von "*Query by Example*" [Zlo75] vor.

In *Query by Example* (QBE) benennt der Benutzer zunächst die Relation oder Relationen, mit welchen er arbeiten will. Das System
stellt ihm auf dem Bildschirm eine leere Tabelle mit allen Attri-
butbezeichnungen zur Verfügung, etwa wie folgt:

ANGEST	ANG-NR	NAME	ANSCHRIFT	BERUF	ABT-NR

Die Anfrage wird nun dadurch spezifiziert, daß ein Beispieltupel
für eine mögliche Antwort in diese Tabelle (bzw. Tabellen) eingesetzt wird. Man betrachte etwa die folgende Anfrage:

Beispiel 5.18:

"Finde die Namen aller Angestellten mit Beruf = PROGR in der Abteilung 30."

ANGEST	ANG-NR	NAME	ANSCHRIFT	BERUF	ABT-NR
		P.MEYER		PROGR	30

MEYER stellt in dieser Tabelle ein Beispiel-Element (Variable)
dar; Beispiel-Elemente müssen unterstrichen werden. Der Name
MEYER muß nicht wirklich in der Datenbank vorhanden sein. 'P.' bedeutet 'Print' (Drucke), d.h. die mit P qualifizierten Daten werden auf dem Bildschirm ausgegeben. 'PROGR' und '30' sind konstante Elemente der Anfrage; sie werden nicht unterstrichen. ☐

In gleicher Weise geht man vor, wenn mehrere Relationen angesprochen sind, z.B.

Beispiel 5.19:

"Finde die Namen aller Mitarbeiter an Projekt 10."

ANGEST	ANG-NR	NAME	...
	300	P.MEYER	

ANG-PRO-1	P-NR	ANG-NR
	10	300

Die Variable 300 heißt aus offensichtlichen Gründen "linking variable" (Verbindungsvariable); sie gibt die Attribute an, bezüglich derer die beiden Relationen verbunden werden sollen (join). □

Die auszugebenden Größen stammen in diesem Beispiel nur aus einer Relation. Stammen die auszugebenden Werte aus mehreren Relationen, so muß der Benutzer eine geeignete Ergebnistabelle generieren. Betrachten wir folgendes Beispiel:

Beispiel 5.20:

"Finde für alle Angestellten, die an Projekt 770008 mitarbeiten: Name, Anschrift und Prozent-Arbeitszeit."

ANGEST	ANG-NR	NAME	ANSCHRIFT	...
	300	MEYER	KA	

ANG-PRO-1	P-NR	ANG-NR	PROZ-ARBZEIT
	770008	300	10

Der Benutzer läßt sich eine leere Tabelle anzeigen, die er be-
nennen und in die er Spaltennamen eintragen kann. In dieser Tabelle trägt er ein Beispieltupel ein, das mit den obigen Eintragungen
in ANGEST und ANG-PRO-1 korrespondiert:

ERGEBNIS	NAME	ANSCHRIFT	PROZ-ARBZEIT	...
	P.MEYER	P.KA	P.10	

□

Ein Join innerhalb einer Tabelle ist auf dieselbe Weise ausdrück-
bar wie ein Join zwischen verschiedenen Tabellen. Betrachten wir
das bereits im Zusammenhang mit SQL diskutierte Beispiel:

Beispiel 5.21:

"Finde alle Angestellten, die mehr verdienen als ihr Manager."

ANGEST	ANG-NR	GEHALT	MGR-NR	...
	P.	> G	1000	
	1000	G		

Auszugeben sind die Angestelltennummern (angezeigt durch P.) jener
Angestellten, die mehr verdienen als $\underline{G}$; $\underline{G}$ ist das Gehalt des Angestellten mit der (Beispiel-)Nummer 1000, wie im zweiten Beispiel-
tupel spezifiziert; dies ist gerade der Manager des Angestellten
im ersten Tupel. □

Query by Example verfügt weiterhin über numerische Vergleichsoperatoren, Negationsoperator, die Operatoren *ALL.* und *UN.ALL.*, sowie
verschiedene Funktionen zur Summenbildung, Durchschnittsbildung,
usw.

Beispiel 5.22:

"Finde die Summe der Gehälter aller Angestellten der Abteilung 10."

ANGEST	ANG-NR	GEHALT	...	ABT-NR
		P.SUM.ALL.<u>S</u>		10

SUM addiert die Gehälter in allen Tupeln, in denen die Abteilungsnummer 10 ist. Wichtig hierbei ist, daß ALL.<u>S</u> einen sogenannten
multiset definiert, also eine "Menge", die Duplikate enthalten
kann. Duplikate werden aus multisets durch UN. entfernt. ☐

Wie in SQL ist natürlich *Gruppierung* möglich:

<u>Beispiel 5.23:</u>

"Finde für jede Abteilung die Summe der Gehälter ihrer Angestellten."

ANGEST	ANG-NR	GEHALT	...	ABT-NR
		P.SUM.ALL.<u>S</u>		P.<u><u>10</u></u>

Durch die doppelte Unterstreichung der Beispielnummer <u><u>10</u></u> wird angezeigt, daß nach der Abteilungsnummer zu gruppieren ist (d.h. die
Summe in GEHALT jeweils über Tupeln mit gleichen Werten für ABT-NR
zu bilden ist).   ☐

Mit diesen Beispielen wird die Vorstellung graphikorientierter
Sprachen abgeschlossen. Hervorstechende Eigenschaft dieser Sprachen ist ihre große Benutzernähe durch die unmittelbare Verwendung
von Tabellen, in denen auf anschauliche Weise ("durch Beispiel")
Anfragen konstruiert werden können.

5.6   Datendefinition

Neben den in den vorigen Abschnitten beschriebenen Sprachen zur
Datenmanipulation werden Sprachmittel zur Definition von Relationen auf der konzeptuellen und externen Ebene benötigt.

KONZEPTUELLE EBENE

Auf der konzeptuellen Ebene sind die sogenannten *Basisrelationen*, d.h. die im System realisierten Relationen zu definieren. Zur Definition einer Relation gehört mindestens der Name der Relation, die Liste der Attribute, die Angabe des Primärschlüssels sowie die Definition der Wertebereiche der Attribute. Am Beispiel der Relation ANG-PRO-1 wurde die Definition von Basisrelationen schon in Abschnitt 2.2.4 vorgeführt.

In SQL wird eine Tabelle mit *CREATE* erzeugt:

```
CREATE TABLE ANGEST
   (ANG-NR (CHAR(5),
    NAME (CHAR(25)),
    ...)
```

Der *EXPAND-Befehl* erlaubt das Hinzufügen neuer Spalten zu einer bestehenden Tabelle. Mittels des *DROP-Befehls* können Tabellen entfernt werden.

Zusätzlich zu Tabellen können über SQL Zugriffspfade eingerichtet und entfernt werden: *IMAGES* (Indexe) und *LINKS* (Verbindungen zwischen Tupeln verschiedener Tabellen). Wir gehen hierauf nicht genauer ein.

Über die genannten Angaben hinaus können Angaben über Integritätsbedingungen sowie Zugriffsberechtigungen gemacht werden. Hierauf gehen wir in Kapitel 8 und 11 ein.

EXTERNE EBENE

Externe Modelle, sogenannte *Sichten* (*Views*), können auf den Basisrelationen definiert werden. Wir betrachten hier nur externe Modelle, die wiederum relational sind. Eine Relation des externen Modells kann dann jede Relation sein, die aus den Basisrelationen - z.B. durch ALPHA-Ausdrücke oder eine Folge von relationenalgebraischen Operationen - ableitbar ist.

Im Prinzip wird eine Relation einer Sicht genauso spezifiziert wie

eine Query. Ein Beispiel: bestimmte Benutzer brauchen immer nur
Name und Anschrift der Angestellten in der Abteilung 30 zu sehen
(oder dürfen nur diese sehen; vgl. Kapitel 11: Datenschutz).
Dann kann die entsprechende Sicht etwa folgendermaßen definiert
werden:

```
DEFINE VIEW ABT-30 (ANG-NR,NAME,ANSCHRIFT) AS
   (SELECT ANG-NR,NAME,ANSCHRIFT
   FROM ANGEST
   WHERE ABT-NR = 30)
```

Ein Benutzer kann auf diese Relation in der gleichen Weise zugreifen, wie er auf Basisrelationen zugreift. Auch Änderungen, Einfügungen und Löschungen sind über diese Sicht möglich, da die auf
der Basisrelation auszuführenden Operationen unmittelbar klar
sind; nicht bekannte Werte beim Einfügen werden in der Basisrelation als *UNKNOWN* gekennzeichnet.

Eine kompliziertere Sicht wäre die folgende:

```
DEFINE VIEW PROJ-SPEZIAL (ANG-NR,NAME,ANSCHRIFT,BERUF) AS
   (SELECT ANG-NR,NAME,ANSCHRIFT,BERUF
   FROM ANGEST
   WHERE ANG-NR IN
        SELECT ANG-NR
        FROM ANG-PRO-1
        WHERE P-NR = 770114)
```

Über diese Sicht erhält ein Benutzer Angestelltennummer, Name, Anschrift und Beruf der Angestellten, die an Projekt 770114 mitarbeiten (z.B. Sicht des Leiters von Projekt 770114). Man sieht bei
dieser Relation nun aber, daß ändernde Operationen über Sichten
nicht immer erlaubt sein dürfen: scheidet ein Angestellter aus
Projekt 770114 aus, so möchte ihn der Benutzer der Sicht PROJ-
SPEZIAL auch löschen. Die Lösch-Operation darf aber auf der zugrundeliegenden Basisrelation ANGEST nicht ausgeführt werden: tatsächlich soll nämlich der Angestellte nur aus Projekt 770114,
nicht aus anderen Projekten und nicht aus der Datenbank insgesamt
entfernt werden. Obwohl die Tupel der abgeleiteten Relation

PROJ-SPEZIAL unmittelbar Tupeln der Relation ANGEST entsprechen,
ist Löschen über diese Sicht nicht erlaubt.

Andere, ganz offensichtliche Beispiele, wo Update durch Sichten
nicht unterstützt werden kann, ergeben sich bei Definition einer
abgeleiteten Relation über Joins; vgl. hierzu die Oberlegungen zum
Update abgeleiteter Relationen in ALPHA (Abschnitt 5.3). Im
Unterschied zu obigem Beispiel, wo Löschen über die Sicht technisch möglich ist, aber entsprechend der Bedeutung der Sicht verboten sein muß, ist bei Sichten, die aus mehreren Relationen abgeleitet sind, unter Umständen schon allein technisch eine Änderung
nicht möglich. Technisch ist eine Änderung über eine Sicht immer
dann möglich, wenn die Sicht-Relation nur Attribute einer Basisrelation enthält und dabei, aus Gründen der Eindeutigkeit, ein
Schlüssel der Basisrelation erfaßt ist.

6 RELATIONENTHEORIE:
ABHÄNGIGKEITEN, NORMALFORMEN, DATA DESIGN

6.1 Vorbemerkung und Motivation

Für das relationale Datenmodell hat sich eine eigenständige Theorie entwickelt, die man auch als *Relationentheorie* bezeichnet. Dies hat seine Ursache darin, daß man mit dem Begriff *Relation* in den Bereich *algebraischer Strukturen* der Mathematik kommt und somit eine etwas formalere Behandlung des gesamten Bereiches naheliegt. Dementsprechend wird dieses Kapitel 6 etwas stärker formalisiert sein als die anderen. Dennoch wollen wir versuchen, die Ergebnisse dieser *Theorie relationaler Datenbanken* - denn als solche kann man sie sicher bezeichnen - auch dem nicht-mathematischen Leser nahezubringen. Sie haben insbesondere deshalb so großes Gewicht, weil sie für den praktischen Entwurf relationaler Datenbanksysteme von großer Bedeutung sind. Allerdings sind die Ergebnisse nicht auf den Bereich relationaler Datenbanksysteme beschränkt, sondern sie lassen sich generell - unter dem Stichwort *Data Design* - beim Aufbau betrieblicher Informationssysteme gleich welcher Art verwenden.

Wir legen im folgenden generell 1NF-Relationen zugrunde und betrachten zur Motivation für die folgenden Abschnitte zunächst einige Beispiele, an denen wir gewisse (gute bzw. schlechte) Eigenschaften von Relationen feststellen werden.

Beispiel 6.1: "Angestellter-Projekt"

Es seien ANGEST, PROJEKT und ANG-PRO die bereits in Abschnitt 2.2.4 (vgl. Beispiel 2.7 bzw. Abb. 2.12) eingeführten Relationen, wobei die letztere noch um die Telefon-Nummer des Angestellten ergänzt ist (sowie einige Namen abgeändert):

    ANGEST   (ANR, NAME, ANSCHRIFT, BERUF, ABTNR)
    PROJEKT (PNR, P-NAME, P-BESCHR, P-LEITER)
    ANG-PRO (PNR, ANR, TELNR, PROZ-ARBZEIT)

Die Aufnahme der Telefonnummer in diese Relation kann durchaus sinnvoll sein, etwa wenn man häufig einen Angestellten im Zusammen-

hang mit einem bestimmten Projekt anrufen will; aus Gründen der
Redundanzfreiheit soll sie nirgends sonst gespeichert sein. ☐

Beispiel 6.2: "Abteilung"

Der Entity-Typ Abteilung habe die Attribute Abteilungsnummer, Abteilungsleiter und Nummer des Gebäudes, in dem die Abteilung ihre
Räume hat. Für das Gebäude ist ein Hausmeister zuständig. Oftmals
ist es aber auch notwendig und von Interesse, diesen Hausmeister
im Zusammenhang mit der Abteilung zu sehen - zum Beispiel für die
Postverteilung u.ä. Der Zusammenhang Hausmeister/Gebäude ist dann
in jedem Fall ja zusätzlich gewährleistet. Wir erhalten somit die
folgende Relation:

$$\text{ABTEILUNG}\ (\text{ABTNR},\ \text{ABT-LEITER},\ \text{GEB-NR},\ \text{HAUSMEISTER}).\ ☐$$

Beispiel 6.3: "Lieferbeziehung"

Als drittes Beispiel kommen wir auf die bereits in Abschnitt 2.1.2
diskutierte Beziehung zwischen Projekten, Bauteilen und Lieferanten zurück. Die in dem Unternehmen laufenden Projekte(P) benötigen
bestimmte Bauteile(B), die von Lieferanten(L) geliefert werden;
eine genauere Systemanalyse ergibt gerade die folgenden Zusammenhänge:

(a) jeder Lieferant liefert nur ein einziges Bauteil;

(b) ein Bauteil kann von mehreren Lieferanten geliefert werden;

(c) ein für ein bestimmtes Projekt benötigtes Bauteil wird nur von
    einem Lieferanten geliefert;

(d) ein Projekt kann insgesamt jedoch von mehreren Lieferanten be-
    liefert werden.

Diesen Sachverhalt können wir durch eine Relation

    LIEF (P, B, L)

mit den (möglichen) Schlüsseln {P,B} und {P,L} darstellen. ☐

Wir werden in diesem Kapitel 6 noch mehrfach auf diese Beispiele
zurückkommen.

INSERTION-, DELETION-, UPDATE-ANOMALIEN

Betrachten wir nun zunächst Beispiel 6.1 ("Angestellter-Projekt").
Soll ein neuer Angestellter in die Datenbank aufgenommen werden,
der sich zunächst einarbeiten muß und daher noch an keinem Projekt
mitarbeitet, so erhalten wir einen Eintrag in der Relation ANGEST,
aber keinen in der Relation ANG-PRO. Dies bedeutet, daß man die Telefonnummer des neuen Angestellten nicht in der Datenbank abspeichern kann - es liegt eine sog. *insertion anomaly* vor. Wird andererseits ein bestimmtes Projekt abgeschlossen (z.B. P-1, vgl.
Abb. 2.12), so werden auch die betreffenden Elemente aus der Relation ANG-PRO entfernt; für Angestellte, die nur an diesem Projekt
arbeiten (Angestellter mit ANR 3115), verschwindet somit auch die
Information über seine Telefonnummer - es liegt eine sog. *deletion
anomaly* vor. Ändert sich die Telefonnummer eines Angestellten, so
ist die gesamte Relation ANG-PRO zu durchsuchen und alle entsprechenden Einträge sind abzuändern; obwohl nur ein einziger Tatbe-
stand verändert wird, müssen in der Datenbank mehrere Änderungen
vorgenommen werden; in diesem Fall sprechen wir von einer *update
anomaly*. - Der Grund für diese Anomalien liegt hier darin, daß TEL-
NR in Wirklichkeit nicht ein Attribut des Entity ANG-PRO ist, welches die Beziehung zwischen Projekt und Mitarbeiter realisiert,
sondern ein Attribut des Entity ANGEST. Wir können also diese
Schwierigkeiten vermeiden, wenn wir TEL-NR nicht zu ANG-PRO, sondern zu ANGEST (wo es eigentlich auch hingehört) hinzunehmen.

In Beispiel 6.2 ("Abteilung") gibt es ähnliche Schwierigkeiten:
entsteht ein neues Gebäude, für welches zwar der Hausmeister fest-
steht, aber noch nicht die Abteilungen, die das Gebäude beziehen
werden, so kann der Hausmeister dieses Gebäudes nicht in die Datenbank aufgenommen werden (*insertion anomaly*); zieht andererseits
die letzte Abteilung aus einem Gebäude aus, so sind zwar Gebäude
und Hausmeister noch da, aber der Hausmeister ist in der Datenbank
nicht mehr gespeichert (*deletion anomaly*); Änderungen des Haus-
meisters eines Gebäudes müssen bei allen Abteilungen, die in dem
Gebäude residieren, berücksichtigt werden (*update anomaly*). - Auch
hier liegt der Grund wieder darin, daß verschiedene Konzepte der
realen Welt (nämlich Abteilung und Gebäude) miteinander vermengt
sind. Abhilfe kann dadurch geschaffen werden, daß HAUSMEISTER nicht

als Attribut von ABTEILUNG geführt wird, sondern als Attribut einer zusätzlichen Relation GEBÄUDE.

Auch in Beispiel 6.3 ("Lieferbeziehung") sind die Probleme im Grunde dieselben, wie sie eben im Zusammenhang mit Abteilung, Gebäude und Hausmeister diskutiert wurden: wird beispielsweise für ein bestimmtes Projekt ein bestimmtes Bauteil nicht mehr benötigt, so entfällt bei Entfernen der betreffenden Tripel aus der Relation LIEF unter Umständen auch die Information, daß ein bestimmter Lieferant dieses Bauteil auch liefern kann - nämlich dann, wenn er es bisher nur für dieses Projekt geliefert hat (*deletion anomaly*), usw.

Die in diesem Fall vielleicht naheliegende Möglichkeit, die eine Relation LIEF zu zerlegen in drei neue Relationen

(6.1) LIEF-P (<u>P,L</u>), LIEF-B (B,<u>L</u>), BAU (P,B),

hat den offensichtlichen Nachteil, daß man bei der Eigenschaft (c) aus Beispiel 6.3 (Zusammenhang p-b-l) Information verliert. Wir kommen hierauf in Beispiel 6.7 noch einmal zurück.

Man kann die eben aufgezählten Probleme weitgehend vermeiden, wenn man die Relationen entsprechend aufbaut. Um dies formal darstellen zu können, benötigen wir die Begriffe der funktionalen, vollen funktionalen und transitiven Abhängigkeit von Attributen einer Relation. Mit diesen Konzepten versucht man dann, schrittweise eine weitergehende Normalisierung durchzuführen, um durch Zerlegung einer Relation in mehrere kleine Relationen möglichst ohne Verlust von Information die Strukturen in der Datenbank übersichtlicher und einfacher zu machen. Die Ziele dieser weiteren Normalisierung sind (nach Codd, vgl. [Cdd72]):

- Vermeidung unerwünschter Abhängigkeiten bei den Operationen Löschen/Ändern/Hinzufügen;

- Verringerung der Notwendigkeit der Umstrukturierung von Relationen bei Einführung neuer Typen von Daten (und dadurch Verlängerung der Lebensdauer von Anwendungsprogrammen);

- Erhöhung der Aussagekraft des Modells für den Benutzer;

⊤ Verringerung der Abhängigkeit der Relationen von Anfragehäufig-
keiten und -strukturen u.ä., die sich ja mit der Zeit verändern
können.

6.2 Relationen mit semantischen Integritätsbedingungen

RELATION: TYP, VARIABLE, WERT

Wenn wir wie in Abschnitt 2.2.4 von einer

$$\text{Relation } R(A) \text{ bzw. } R(a_1, a_2, \ldots, a_n)$$

reden, so verstehen wir darunter eigentlich mehrere Dinge:

- einen Typ, im wesentlichen angegeben durch (A) bzw. $(a_1, \ldots, a_n)$,
- eine Variable R von diesem Typ und
- Relationen (im eigentlichen Sinn) $R^t \subseteq \text{dom}(A)$ als Werte dieser
  Variablen R zu jedem Zeitpunkt t.

Dabei kann aber i.a. nicht jeder Wert $X \subseteq \text{dom}(A)$ als Wert R^t der
Relation R auftreten, da R ja einen bestimmten Entity-Typ E: <A>
darstellen soll; beispielsweise erfolgen Einschränkungen der möglichen Werte durch die Angabe von Schlüsseln für E.

Eigenschaften der realen Welt über Entities E: <A>, die wir in das
Modell übernehmen, um dort den möglichen Wertebereich der Relation
R(A) einzuschränken, bezeichnen wir als *semantische Integritätsbedingungen* für R. Wir können eine semantische Integritätsbedingung
σ einfach auffassen als[1]

(6.2) Abbildung σ: $\mathbb{P}\text{dom}(A) \to \{\text{true, false}\}$

- oder auch als Prädikat über den Attributen A: σ gibt zu jedem
$X \subseteq \text{dom}(A)$ an, ob es als Wert einer Entity-Menge E^t möglich ist
("σ(X) = true" oder einfach "σ(X)") oder nicht.

Die Menge aller (formal) möglichen semantischen Integritätsbedingungen über einer Attributmenge A bezeichnen wir mit *sem(A)*,

---

[1] Dabei bedeutet $\mathbb{P}X$ die *Potenzmenge* einer Menge X, d.h. es ist
$\mathbb{P}X = \{X' \mid X' \subseteq X\}$;
insbesondere gilt: leere Menge $\emptyset \in \mathbb{P}X$ und $X \in \mathbb{P}X$.

also etwa:

(6.3) $sem(A) = \{Abb. \ \sigma: \mathbb{P}dom(A) \rightarrow \{true,false\}\}$.

Ist $X \subseteq dom(A)$ und $\Sigma \subseteq sem(A)$, so schreiben wir auch abkürzend:

(6.4) $\Sigma(X) <=> \forall\sigma \in \Sigma: \sigma(X)$.

Wir erweitern den Begriff der Relation nun um solche semantischen Integritätsbedingungen; gleichzeitig ändern wir (gegenüber Abschnitt 2.2.4 und Kapitel 5) etwas die formale Notation, um jeweils klar darstellen zu können, in welchem Rahmen wir uns bewegen. - Ein

(6.5) *Relationstyp* $\rho = rel \ (A|\Sigma)$

besteht aus einer Attributmenge A und einer Menge $\Sigma \subseteq sem(A)$ von semantischen Integritätsbedingungen über A. Eine

(6.6) *Relationsvariable*[1] R: rel $(A|\Sigma)$ (bzw. $R:\rho$)

ist eine Variable, die als Werte Relationen (im eigentlichen Sinn, von einer Reihenfolge der Attribute abgesehen) annehmen kann, die den angegebenen semantischen Integritätsbedingungen genügen. Die möglichen Werte von R sind also gegeben durch

(6.7) *Wertebereich* (engl.: *value set*) $VS(R) = \{X \subseteq dom(A)|\Sigma(X)\}$,

zu jedem Zeitpunkt t hat die Variable R einen

(6.8) *Wert* $R^t \in VS(R)$.

---

[1] Wir verwenden hier - wie übrigens im Prinzip bereits seit Kapitel 2 - bewußt die Pascal-Notation "variable:typ".

<u>Beispiel 6.4[1])</u>:

Die Angabe eines Schlüssels für R ist bereits eine spezielle semantische Integritätsbedingung; z.B.

    ANGEST: rel(ANR, NAME, ... ı ANR ist Schlüssel), oder kürzer:
    ANGEST: rel(<u>ANR</u>, NAME, ...) (falls ANR Primärschlüssel);
    LIEF: rel(PBLıσ_1: PB ist Schlüssel;
                 σ_2: zu jedem L-Wert gehört nur 1 B-Wert), bzw.
    LIEF: rel(<u>PBL</u>ıσ_2) (falls PB Primärschlüssel). $\Box$

Nach Hinzunahme der semantischen Integritätsbedingungen zum Typ
einer Relation betrachten wir nun nur noch Relationen und ihre auf
diese Weise definierten möglichen Werte; wir gehen also davon aus,
daß jeder solche Wert *sinnvoll*, d.h. ein Abbild einer tatsächlich
möglichen Realweltsituation ist. Wir beschränken uns somit auf
"statische" Integritätsbedingungen, lassen also die Vorgeschichte
außer acht. Auf eventuelle Zusammenhänge eines Relationswertes mit
dem Wert einer anderen Relation (zum selben Zeitpunkt) gehen wir
unter dem Begriff "Datenbank" weiter unten ein.

SEMANTISCHE INTEGRITÄTSBEDINGUNGEN

Es sei im folgenden A eine Attributmenge, $\Sigma \subseteq$ sem(A) und R:rel(AıΣ).
Um später in manchen Fällen nicht immer einen Umweg über benannte
Relationen machen zu müssen, schreiben wir Wertebereiche auch in
Abhängigkeit nur von A und Σ:

(6.9) VS(AıΣ) := VS(R).

Da jede zusätzliche semantische Integritätsbedingung den Wertebereich weiter einschränkt (wenn sie ihn nicht gleich beläßt),gilt
offensichtlich:

[1) SPEZIELLE NOTATION

    Wir lassen aus Gründen der Übersichtlichkeit hier und im folgenden, wie es
    in der Literatur in diesem Bereich üblich ist, bei der Aufzählung von Attri-
    buten etc. häufig die Mengenklammern und, sofern eindeutig, sogar die tren-
    nenden Kommata weg. Bei größeren Mengenausdrücken lassen wir in der Regel
    auch das Vereinigungssymbol weg, sodaß also etwa ABC für A $\cup$ B $\cup$ C,
    ABcd für A $\cup$ B $\cup$ {c,d} usw. steht.

(6.10) $\Sigma' \subseteq \Sigma \Rightarrow VS(A|\Sigma) \subseteq VS(A|\Sigma')$.

Es sei wieder R: rel(A|Σ); dann führen wir die folgenden Bezeichnungen ein:

(6.11) R: rel(A), falls $\Sigma = \emptyset$ - d.h. VS(R) = $\mathbb{P}dom(A)$;

   R: rel(A|$\sim$), falls es nicht auf das genaue Σ ankommt;

   R :$\subset$ rel(A|Σ'), falls nur $\Sigma' \subseteq \Sigma$ bekannt -

        d.h. VS(R) $\subseteq$ VS(A|Σ').

Zwei Mengen Σ, $\Sigma' \subseteq$ sem(A) nennen wir *äquivalent* zueinander (in Zeichen: $\Sigma \sim \Sigma'$) wenn sie denselben Wertebereich definieren:

(6.12) $\Sigma \sim \Sigma' \iff VS(A|\Sigma) = VS(A|\Sigma')$.

Ist B eine Attributmenge, die A umfaßt (A $\subseteq$ B), so können wir jedes $\sigma \in$ sem(A) auch auffassen als $\sigma \in$ sem(B), wobei σ für X $\subseteq$ dom(B) definiert ist durch

(6.13) $\sigma(X) := \sigma(X.A)$;

dies ist unmittelbar einsichtig, wenn wir σ als Prädikat über A - und somit auch als Prädikat über B! - auffassen. Somit gilt nun weiter:

(6.14) A $\subseteq$ B $\Rightarrow$ sem(A) $\subseteq$ sem(B).

Ist $\Sigma \subseteq$ sem(B) und A $\subseteq$ B, so verstehen wir unter Σ.A die Einschränkung von Σ auf die $\sigma \in$ sem(A):

(6.15) $\Sigma.A = \Sigma \cap$ sem(A).

RELATIONSSCHEMA

Wählt man zur Angabe von Σ eine spezielle formale Darstellung S, so bezeichnet man den "Relationstyp" auch als *Relationsschema*; der "Wert" einer Relationsvariablen wird dann im englischen Sprachgebrauch auch als *extension* des Schemas bezeichnet.
Solche Schemata werden einerseits verwendet, um Relationen konkret in einer Datenbank zu beschreiben, andererseits um gewisse formale Eigenschaften für Relationen bzw. Datenbanken abzuleiten. Man wird sich dabei in der Regel auf gewisse $\Sigma \subseteq$ sem(A) beschränken und für diese eine geeignete Darstellungsform festlegen - beispielsweise,

wie wir noch sehen werden:

- S = Menge von *designated keys* für R, oder
- S = Menge von *funktionalen Abhängigkeiten* für R.

Die *Gleichheit von Schemata* wird im Sinne einer *formalen Gleich-heit* verstanden (nicht im Sinne der Äquivalenz, wie wir sie für die Mengen Σ bei Relationstypen allgemein definiert haben). - Es sei an dieser Stelle aber auch darauf hingewiesen, daß die Verwendung des Begriffs "Schema" in der Literatur nicht einheitlich ist: viele Autoren verstehen unter einem Schema auch einfach die Aufzählung der Attribute einer Relation in der Form $R(a_1, a_2, \ldots, a_n)$ o.ä., ohne S.

RELATIONALE DATENBANK: TYP, VARIABLE, WERT; SCHEMA

Eine relationale Datenbank ist eine Zusammenfassung mehrerer Relationen, die in gewissen Beziehungen zueinander stehen können; zusätzlich zu den semantischen Integritätsbedingungen der einzelnen Relationen gibt es weitere solche Bedingungen, die Aussagen über mehrere Relationen machen. So kann beispielsweise (vgl. auch Beispiel 6.1) ein

 Tupel (770114, 3190, ...) in der Relation ANG-PRO

nur existieren, wenn es sowohl ein entsprechendes

 Tupel (3190, ...) in der Relation ANGEST

wie auch ein entsprechendes

 Tupel (770114, ...) in der Relation PROJEKT

gibt; oder es kann angegeben sein, daß ein Attribut NAME in der Relation ANGEST etwas anders ist als das Attribut NAME etwa in der Relation KUNDE; usw.

In Analogie zu den entsprechenden Begriffen auf der Ebene einer Relation führen wir nun zunächst den Begriff "Datenbank-Typ" ein:

(6.16) *Datenbank-Typ* δ = db(U;$\mathfrak{R}$|Σ), wobei

  (a) $\mathfrak{R}$ = {R_i: rel(A_i|Σ_i) | i=1..n}
     Menge von Relationen;
  (b) U = zugrundeliegende (universelle) Attributmenge,
     $\supseteq A_1 \cup A_2 \cup \ldots \cup A_n$;

(c) Σ eine Menge von semantischen Integritätsbedingungen
über U und/oder $\mathcal{R}$.

Häufig wird U gerade $= A_1 \cup \ldots \cup A_n$ sein; in diesem Fall kann man
U auch weglassen:

(6.17) $\delta = db\ (\mathcal{R}|\Sigma)$.

U kann aber auch weitere Attribute enthalten, etwa wenn die Attribute auf Datenbank-Ebene globale Namen erhalten; Σ enthält dann
u.a. Angaben darüber, welche Attribute sich jeweils entsprechen.
- Werden die Σ_i und Σ in einer speziellen formalen Darstellung S_i
bzw. S angegeben, so bezeichnet man δ als *(relationales) Datenbank-
Schema*.

Genau analog verwenden wir den Begriff

(6.18) *Datenbank-Variable* D: $db(U; \mathcal{R}|\Sigma)$ (bzw. D:δ);

der Wertebereich von D besteht aus Relationenmengen:

(6.19) $VS(D) = \{\mathcal{R}^t = \{R_1^t, \ldots, R_n^t\} | R_i^t \in VS(R_i),\ i = 1..n;\ \Sigma(\mathcal{R}^t)\}$.

Mit D^t wird der *Wert* der Datenbank-Variablen D zum Zeitpunkt t bezeichnet; D bzw. D^t ist eine *relationale Datenbank*; D^t wird auch
als *Datenbankzustand* bezeichnet.

Beispiel 6.5:

Wir fassen die Relationen ANGEST, PROJEKT und ANG-PRO aus Beispiel
6.1 zu einer relationalen Datenbank ANG-PRO-DB zusammen:

        ANG-PRO-DB:
          db(ANGEST: rel(<u>ANR</u>, ...);
             PROJEKT: rel(<u>PNR</u>, ...);
             ANG-PRO: rel(<u>PNR, ANR</u>, ...|...)|
             S: (p#, a#,...) $\in$ ANG-PRO^t
                 $\Rightarrow \exists$ (p#, ...) $\in$ PROJEKT^t und (a#, ...) $\in$ ANGEST^t
                    (mit denselben Werten p#, a#);
                    (p#,..., p-leiter) $\in$ PROJEKT^t $\Rightarrow$ (p-leiter,...) $\in$ ANGEST^t).

□

OPERATIONEN MIT RELATIONEN

Über Operationen mit Relationen, insbesondere in Tabellendarstellung, wurde bereits in Abschnitt 2.2.4 (DATENMANIPULATION) und Kapitel 5 ausreichend gesprochen. Wir wollen im folgenden nur noch einmal kurz auf die relationenspezifischen Operationen *Projektion* (".") und *Join* ("*") unter Zugrundelegung der jetzigen Notation zu sprechen kommen, da diese Operationen im weiteren Verlauf dieses Kapitels noch von großer Bedeutung sein werden.

Die Operationen können sowohl auf Variable wie auf Werte der Variablen sowie relationale "Konstanten" eines bestimmten Typs angewendet werden. Die Anwendung einer Operation auf Variablen R,S,... (zu einem bestimmten Zeitpunkt t) bedeutet, daß die Operation auf die aktuellen Werte R^t, S^t, ... angewendet wird; dabei ist bei allen beteiligten Variablen der <u>Wert zum selben Zeitpunkt</u> einzusetzen.

Projektion: Es sei R: rel(A|Σ), B $\subseteq$ A. Die Projektion von R auf B ergibt dann die folgende neue Relation:

(6.20) R.B = {w.B|w $\in$ R} (Wert-Ebene);

R.B: rel(B|$\sim$) (Typ/Variablen-Ebene).

<u>Beispiel 6.6</u>:

Die semantischen Integritätsbedingungen S in Beispiel 6.4 lassen sich auch schreiben in der Form:

ANG-PRO.PNR $\subseteq$ PROJEKT.PNR;

ANG-PRO.ANR $\subseteq$ ANGEST.ANR;

PROJEKT.P-LEITER $\subseteq$ ANGEST.ANR. □

Join: Es seien R:rel(A|Σ), S:rel(B|Σ') zwei Relationen. Durch den Join von R und S erhält man folgende neue Relation:

(6.21) R * S = {w $\in$ dom(A$\cup$B) | w.A $\in$ R, w.B $\in$ S} (Werte);

R * S: rel(A$\cup$B|$\Sigma \cup \Sigma'$) (Variable/Typ).

<u>Beispiel 6.7:</u> (Join mit 2 gemeinsamen Attributen)

```
R │ a    b    c    d
  │ x    1    y    1
  │ y    1    z    4
  │ x    3    z    4
  │ y    3    z    4


S │ b    d    e    f
  │ 3    4    u    v
  │ 1    1    v    t
  │ 2    3    u    w
  │ 3    4    v    w
```

```
R * S │ a    b    c    d    e    f
      │ x    1    y    1    v    t
      │ x    3    z    4    u    v
      │ x    3    z    4    v    w
      │ y    3    z    4    u    v
      │ y    3    z    4    v    w
```

☐

Diese Form des Join wird auch als *natural join* bezeichnet. Er
entspricht dem Zusammensetzen von Tabellen bezüglich derselben
Spalten (gleicher Attributname). In der Praxis ist es aber auch
häufig so, daß ein Attribut a in R einem Attribut a' in S entspricht; dann notiert man den Join auch in der Form R[a,a']S o.ä.

Mögliche Zusammenhänge zwischen den Operationen "." und "*" ("erst
Projektion, dann Join") zeigt das folgende Beispiel.

<u>Beispiel 6.8:</u> (Zusammenhänge "." und "*")

Betrachten wir die Relation LIEF aus Beispiel 6.3:

     LIEF: rel (<u>P,B</u>,L|σ: zu jedem L-Wert gehört nur 1 B-Wert)

sowie eine mögliche Zerlegung in zwei oder drei der Relationen
aus (6.1):

     LIEF-P: rel(<u>P</u>,L); LIEF-B: rel(B,<u>L</u>); BAU: rel(<u>P,B</u>).

Auch wenn wir alle 3 Relationen in unsere Datenbank aufnehmen, haben wir nicht die Information, <u>welcher</u> Lieferant nun ein bestimmtes
Bauteil für ein bestimmtes Projekt liefert (und daß es auch nur
<u>einen</u> solchen Lieferanten gibt). Es bleibt im Endeffekt nichts
übrig, als dennoch die Relation LIEF aufzunehmen, aber - um die
erwähnten Anomalien zu beseitigen - <u>zusätzlich</u> die Relationen
LIEF-B und BAU (LIEF-P läßt sich dann daraus rekonstruieren). Wir

erhalten die folgende Datenbank:

$$\text{LIEF-DB: } db(\text{LIEF: } rel(\underline{P,B},L \mid \sigma_2),$$
$$\text{LIEF-B: } rel(B,\underline{L}),$$
$$\text{BAU: } rel(\underline{P,B})|$$
$$S: \text{LIEF.PB} \subseteq \text{BAU (evtl. sogar "="!)},$$
$$\text{LIEF.BL} \subseteq \text{LIEF-B}).$$

Ein möglicher Datenbank-Zustand für LIEF-DB ist der folgende:

LIEF	P	B	L		BAU	P	B		LIEF-B	B	L
	p	1	x			p	1			1	x
	p	2	y			p	2			1	x'
	q	1	z			q	1			2	y
	r	2	y			q	3			1	z
						r	2				

Für Join-Operationen erhalten wir z.B.

$$\text{LIEF} * \text{BAU} = \text{LIEF} * \text{LIEF-B} = \text{LIEF},$$
$$\text{BAU} * \text{LIEF-B} \supseteq \text{LIEF, aber i.a. "}\neq\text{" (z.B. für obige Werte).} \quad \square$$

Für "*" lassen sich sofort einige einfache Eigenschaften ableiten, die wir im folgenden Lemma formulieren wollen.

<u>Lemma 6.1:</u>

Es seien R: rel(A|~), S: rel(B|~), T: rel (C|~) Relationen. Dann gilt:

(1) $R * S = S * R$ (* ist *kommutativ*)
(2) $(R * S) * T = R * (S * T) = R * S * T$ (* ist *transitiv*)
(3) $(R * S).A \subseteq R$, aber i.a. "$\neq$"
(4) $A = B \implies R * S = R \cap S$
(5) $R * R = R$ (Sonderfall von (4)!)
(6) $R = \emptyset \Rightarrow R * S = \emptyset$ (zu einem bestimmten Zeitpunkt t)
(7) $A \cap B = \emptyset \implies R * S = R \times S$, und somit auch
$$(R * S).A = R, \quad (R * S).B = S. \quad \square$$

Dabei ist "$\times$" die reihenfolge-unabhängige Verallgemeinerung des normalen kartesischen Produktes: bezeichnet "A ⊎ B" die *disjunkte Ver-einigung* der Mengen A und B, d.h. A ∪ B, <u>nachdem</u> eventuelle gemein-same Elemente durch Umbenennung verschieden gemacht wurden, so ist also

(6.22) R × S = {w ∈ dom(A⊎B)|w.A ∈ R, w.B ∈ S}.

6.3 Funktionale Abhängigkeiten und Normalformen

6.3.1 Funktionale Abhängigkeiten

Es seien im folgenden

$\quad$ U eine Attributmenge; A,B ⊆ U;
$\quad$ R: rel(U|Σ) eine Relation.

Wir wollen in diesem Abschnitt eine spezielle Klasse von seman-tischen Integritätsbedingungen betrachten, die für die praktische Anwendung des relationalen Datenmodells eine große Rolle spielt:

Eine semantische Integritätsbedingung f ∈ sem(U) ist eine *funktio-nale Abhängigkeit* (englisch: *functional dependency*) der Attribut-menge B von der Attributmenge A, geschrieben

(6.23) f = A → B,

wenn f folgendermaßen definiert ist:

(6.24) X ⊆ dom(U): f(X) ⟺ ∀x, y ∈ X: (x.A = y.A ⟹ x.B = y.B);

gilt also f für die Relation R, so bedeutet dies

$\quad$ "A-Wert impliziert B-Wert",

und zwar zu jedem Zeitpunkt t. "A → B" sagt aber nur aus, <u>daß</u> der B-Wert vom A-Wert abhängt, jedoch nicht, <u>wie</u> er von diesem ab-hängt - d.h. zu verschiedenen Zeitpunkten können die zu <u>ein- und demselben</u> A-Wert gehörigen B-Werte voneinander verschieden sein. Dies besagt übrigens auch, daß es in <u>einer</u> Relation nur <u>eine</u> funk-tionale Abhängigkeit A → B geben kann, sodaß ein "Name" f eigent-lich überflüssig ist.

Anmerkung:

Wir schreiben in (6.23) bewußt nicht "f: A $\rightarrow$ B", wie manchmal in
der Literatur üblich, da f keine Abbildung von A nach B ist. Hin-
gegegen gilt zu jedem Zeitpunkt t: f entspricht eine Abbildung
f^t: $R^t.A \rightarrow R^t.B$; die Abbildungen f^t können mit der Zeit variieren.

Gilt A $\rightarrow$ B in R, so sagen wir auch, daß B von A (in R) *funktional*
abhängig ist, und schreiben

(6.25) "A $\rightarrow$ B (in R)" oder "A $\rightarrow_R$ B".

Beispiel 6.9:

Die Relation LIEF (vgl. Beispiele 6.3 und 6.8) läßt sich nun insgesamt folgendermaßen darstellen:

    LIEF: rel(PBL|PB $\rightarrow$ L, L $\rightarrow$ B). $\square$

Gilt A $\rightarrow$ B in R, so nennen wir A auch *Determinante* von B (in R),
oder allgemein eine Determinante. Gibt es einen möglichen Wert X
für R, für den die rechte Seite von (6.24) nicht erfüllt ist, so
gilt A $\rightarrow$ B in R nicht, wir schreiben

(6.26) "A $\nrightarrow_R$ B".

Mit *attr*(f) bezeichnen wir die an f = A $\rightarrow$ B insgesamt beteiligten
Attribute:

(6.27) attr(f) = A $\cup$ B.

Im Sinne von (6.14) können wir nunmehr auch sagen:

(6.28)   A $\rightarrow$ B $\in$ sem(U), sofern A $\cup$ B $\subseteq$ U.

Die Menge aller funktionalen Abhängigkeiten von sem(U) bezeichnen
wir mit *fdep*(U):

(6.29) fdep(U) = {A $\rightarrow$ B | A,B $\subseteq$ U}.

Im Sinne von (6.14) und (6.15) gilt somit für A $\subseteq$ U

(6.30) fdep(A) $\subseteq$ fdep(U), und
      F.A = {f $\in$ F | attr(f) $\subseteq$ A} für F $\subseteq$ fdep(U).

<u>Beispiel 6.10:</u>

Betrachte $F = \{PB \to L, L \to B\} \subseteq \text{fdep}(PBL)$ (vgl. Beispiel 6.9).
Für F gilt:

$$F.PB = F.PL = \emptyset, \quad F.BL = \{L \to B\}. \quad \square$$

Analog zu attr(f) führen wir auch für $F \subseteq \text{fdep}(U)$ die zugehörige
Attributmenge ein:

$(6.31)\ \text{attr}(F) = \bigcup_{f \in F} \text{attr}(f).$

EIGENSCHAFTEN FUNKTIONALER ABHÄNGIGKEITEN

Es ergeben sich unmittelbar einige Eigenschaften für Mengen funktionaler Abhängigkeiten, die wir im folgenden Lemma formulieren
wollen.

<u>Lemma 6.2:</u>

(1) $U \subseteq V$: $\text{fdep}(U) = \text{fdep}(V).U$
(2) $F \subseteq \text{fdep}(U)$; $A,B \subseteq U$: $F.A \cup F.B \subseteq F.AB$ (aber i.a. "$\neq$")
(3) $F \subseteq \text{fdep}(U)$, $A \subseteq U$:
    $R: \text{rel}(U|F) \Rightarrow R.A :\subset \text{rel}(A|F.A). \quad \square$

<u>Beweis:</u> erübrigt sicht im wesentlichen.

Daß in (3) i.a. "$\neq$" gilt, zeigt folgendes kleine Beispiel für
$U = abc$:

$$F = \{a \to b, a \to c, b \to c\}; A = ac, B = b; \text{somit:}$$
$$F.A = \{a \to c\}, F.B = \emptyset, F.AB = F.abc = F.$$

Daß in (3) nur "$:\subset$", i.a. nicht "$:$" gilt, zeigt folgendes Beispiel,
ebenfalls für $U = abc$:

$$F = \{a \to b, b \to c\}; A = ac;$$
$$\text{somit: } F.A = \emptyset, \text{ aber } a \to c \text{ gilt in } R.A! \quad \square$$

Das folgende Lemma zeigt einige Regeln über "$\to$" selbst.

<u>Lemma 6.3:</u> (Regeln für "$\to_R$")

Sei R: rel(U$\mid$F), F $\subseteq$ fdep(U); A,B,C,D $\subseteq$ U.

(1) B $\subseteq$ A $\Rightarrow$ A $\to_R$ B (*Reflexivität*, auch: *Projektivität*)
    (insbesondere gilt immer: A $\to_R$ A)
(2) A $\to_R$ B $\Rightarrow$ AC $\to_R$ BC (*augmentation rule*)

(3) A $\to_R$ B, B $\to_R$ C $\Rightarrow$ A $\to_R$ C (*Transitivität*)
(4) A $\to_R$ B, A $\to_R$ C $\Rightarrow$ A $\to_R$ BC (*Vereinigungsregel, union rule*)
(5) A $\to_R$ B, BC $\to_R$ D $\Rightarrow$ AC $\to_R$ D (*Pseudotransitivität*)
(6) A $\to_R$ B, C $\subseteq$ B $\Rightarrow$ A $\to_R$ C (*Zerlegungsregel, decomposition rule*) $\Box$

Wenn auch einige dieser Aussagen sehr einfach und unmittelbar einleuchtend sind, wollen wir doch für einen kleinen Teil einen formalen Beweis erbringen, um dem Leser auch ein Gefühl für diese
funktionalen Abhängigkeiten zu vermitteln.

<u>Beweis von Lemma 6.3:</u> (exemplarisch)

Es seien x, y beliebige Elemente $\in$ R.

<u>Zu (1):</u> Es gelte B $\subseteq$ A, und es sei x.A = y.A; zu zeigen: x.B = y.B.
Dies gilt aber wegen x.B = (x.A).(A$\cap$B) = (x.A).B.

<u>zu (3):</u>
$$x.A = y.A \Rightarrow \quad \{\text{mit } A \to_R B\} \quad x.B = y.B$$
$$\Rightarrow \quad \{\text{mit } B \to_R C\} \quad x.C = y.C.$$

<u>zu (4)-(6):</u>
    <u>entweder</u> direkt, d.h. über Elemente x,y $\in$ R, wie oben;
    <u>oder</u> mit Hilfe der schon bewiesenen Regeln (1)-(3):

<u>zu (5):</u>
$$\left.\begin{array}{l} A \to_R B \Rightarrow \{\text{mit (2)}\} \quad AC \to_R BC \\ BC \to_R D \end{array}\right\} \Rightarrow \{\text{mit (3)}\} \ AC \to_R D. \qquad \Box$$

Unter Ausnutzung der Zerlegungs- und der Vereinigungsregel läßt
sich auch unmittelbar die folgende Eigenschaft herleiten.

<u>Lemma 6.4:</u>

Sei R: rel(U₁F), F ⊆ fdep(U); A,B ⊆ U. Dann gilt:

$$A \to_R B \iff \forall b \in B: A \to_R b. \qquad \square$$

Als Ergebnis der vorausgehenden Lemmata können wir u.a. feststellen,
daß in R: rel(U₁F) durch F zwar einige funktionale Abhängigkeiten
explizit angegeben sind, aber durchaus nicht alle; andererseits
kann es eine andere Menge F' funktionaler Abhängigkeiten geben,
die insgesamt dieselben funktionalen Abhängigkeiten erzeugt wie F.
Wir nehmen dies zum Anlaß zu einigen weiteren Definitionen und Bezeichnungen.

Sei U eine Attributmenge, F ⊆ fdep(U), R: rel(U₁F). Unter der *abgeschlossenen Hülle* F^+ von F verstehen wir alle funktionalen Abhängigkeiten, die *von F erzeugt* werden, d.h. die in R gelten:

(6.32) F^+ = {f = A → B ∈ fdep(U) ∣ ∀X ⊆ dom(U): F(X) ⟹ f(x)};
       = {A → B ∣ $A \to_R B$}.

Man sieht sofort ein, daß F^+ nicht direkt von U abhängt; es muß
lediglich gewährleistet sein, daß attr(F) ⊆ U gilt.

Gewisse funktionale Abhängigkeiten gelten in jeder Relation, daher
bezeichnet man sie auch als die *trivialen* funktionalen Abhängigkeiten über der Attributmenge U. Sie werden praktisch von der leeren Menge ∅ ⊆ fdep(U) erzeugt und haben folgende Gestalt:

(6.33) $\emptyset^+$ = {A → B ∣ B ⊆ A ⊆ U}.

Erzeugt G ⊆ fdep(U) dieselbe Menge funktionaler Abhängigkeiten wie
F, so nennen wir F und G zueinander *äquivalent* (in Zeichen: "∼"):

(6.34) G ∼ F $\iff$ $G^+ = F^+$

(diese Definition stimmt im übrigen mit der in (6.12) angegebenen
überein).

Wir sagen dann auch

    G *überdeckt* (englisch: *covers*) F, oder
    G ist eine *überdeckung* (englisch: *covering*) von F.

Eine funktionale Abhängigkeit $A \to b$, bei der b ein einzelnes Attribut $\in U$ ist, nennen wir *einfach*; eine Überdeckung, die nur aus solchen einfachen funktionalen Abhängigkeiten besteht, bezeichnen wir daher auch als *einfache überdeckung*.

G ist eine *minimale überdeckung* von F, wenn G eine einfache Überdeckung von F __und__ zusätzlich G *minimal* ist in folgendem Sinn:

(6.35) $G' \subseteq G,\ G' \neq G \Rightarrow G'^+ \neq F^+$.

In gewissem Sinn analog zu F und F^+, definieren wir zu einer Teilmenge $A \subseteq U$ eine maximale, von A funktional abhängige Menge A_F^+ (bzw. einfach A^+, wenn F als vorgegeben vorausgesetzt ist):

(6.36) $A_F^+ = \{b \in U \mid A \to_R b\}\quad (\subseteq U)$.

Eine Teilmenge $A \subseteq U$ ist *identifizierend* für R (oder auch: *superkey*), wenn gilt:

(6.37) $A \to_R U$ (d.h. $A^+ = U$);

dann gilt also auch $A \to_R B$ für jede Teilmenge $B \subseteq U$. Eine minimale identifizierende Teilmenge $K \subseteq U$ ist ein *Schlüssel* (*key*) für R:

(6.38) $K \to_R U$, __und__
$\qquad A \subseteq K,\ A \neq K \Rightarrow A \not\to_R U$.

Damit gilt also u.a.: jeder *superkey* enthält einen *key*.

Mit diesen Bezeichnungen und Begriffen können wir nun einige weitere Eigenschaften funktionaler Abhängigkeiten feststellen, die aber größtenteils sofort einleuchtend sind, sodaß wir auf einen Beweis verzichten können; ihre Bedeutung ist unmittelbar einleuchtend.

__Lemma 6.5:__

Sei U eine Attributmenge; $F, G \subseteq \mathrm{fdep}(U)$, $R: \mathrm{rel}(U \mid F)$; $A, B \subseteq U$. Dann gilt:

(1) $A \to B \in F^+ \iff B \subseteq A_F^+$; d.h.
$\qquad F^+ = \{A \to B \mid A \subseteq U,\ B \subseteq A_F^+\}$

(2) $G \sim F \Leftrightarrow R$: rel(U$\mid$G), und somit auch:
$F \sim F^+$, $(F^+)^+ = F^+$

(3) $R.A :\subset$ rel(A$\mid$F$^+$.A), d.h.
$VS(R.A) \subseteq VS(A\mid F^+.A)$

(4) Es gibt eine minimale Überdeckung F_0 von F. $\Box$

Anmerkung zu (3): Dies ist eine genauere Fassung von Lemma 6.2(3).
Außer F^+.A können in R.A weitere semantische Integritätsbedingungen gelten, die gerade durch die Eigenschaft "Projektion von R"
impliziert werden. Vgl. etwa Beispiel 6.7: ist dort dom(L) eingeschränkt auf {x,y}, so ist BAU i.a. nicht als LIEF.PB darstellbar.

Anmerkung zu (4): Insbesondere ist F_0 eine einfache Überdeckung
von F; i.a. gibt es mehrere verschiedene.

ARMSTRONG-REGELN, ARMSTRONG-AXIOME

Die Regeln (1), (2), (3) aus Lemma 6.3 werden auch als *Armstrong-
Regeln* bezeichnet; diese 3 Regeln reichen aus, um alle anderen
Eigenschaften funktionaler Abhängigkeiten abzuleiten. Dieselbe
Eigenschaft haben auch andere Auswahlen von 3 Regeln, etwa (1),
(3), (4) oder auch (1), (2), (5); jede solche Kombination ist als
"Armstrong-Regeln" denkbar.

Die Bedeutung solcher Regeln ist die folgende: Wir gehen aus von
einer Menge U (von Attributen) und deren Potenzmenge $\mathbb{P}$U. Funktionale Abhängigkeiten A $\rightarrow$ B fassen wir ganz formal als Elemente
einer 2-stelligen Relation über $\mathbb{P}$U auf, ohne die durch (6.24) gegebene semantische Bedeutung zu berücksichtigen. Nun setzen wir
voraus, daß für 2-stellige Relationen vom Typ "$\rightarrow$" die Armstrong-
Regeln $\mathcal{A}$ (d.h. etwa (1)-(3) aus Lemma 6.3) gelten. Da wir keine
weitere Semantik zugrundelegen, müssen wir diese Regeln als vorgegeben ansehen, d.h. als *Axiome* - die sog. *Armstrong-Axiome*. Wenden
wir nun auf eine Menge F solcher funktionaler Abhängigkeiten A $\rightarrow$ B
iterativ diese Armstrong-Axiome $\mathcal{A}$ an, d.h. bilden wir den *Abschluß*
(englisch: *closure*) *clos* (F,$\mathcal{A}$) von F bezüglich dieser Axiome $\mathcal{A}$,
so erhalten wir gerade die aufgrund der zugrundeliegenden Semantik

bereits bekannte Menge F^+:

(6.39) $\text{clos}(F,\mathcal{O}) = F^+$.

Man sagt auch: die Armstrong-Regeln sind *complete and sound*. Dabei bedeutet *sound* soviel wie "sinnvoll", d.h. "$\subseteq$" in (6.39); *complete* bedeutet "vollständig", also "$\supseteq$" in (6.39); vgl. dazu auch [Arm74].

Man nutzt diese rein formalen Eigenschaften aus, um gute Algorithmen zur Lösung der sich stellenden Probleme herzuleiten.

ZUR BERECHNUNG VON F^+

Es sei $F \subseteq \text{fdep}(U)$. Um F^+ zu berechnen, genügt es nach Lemma 6.5(1), zu jedem $A \subseteq U$ die Menge A_F^+ anzugeben.

Algorithmus APLUS *zur Berechnung von* A^+:

(6.40) $A^+ := A; F' := F;$
      repeat $A' := A^+;$
           $\forall f = X \to Y \in F'$ <u>do if</u> $X \subseteq A^+$ <u>then</u>
              <u>begin</u> $A^+ := A^+ \cup Y; F' := F'-f$ <u>end</u>
      until $A^+ = A'$.

Falls man - wie etwa bei der Berechnung von F^+ - alle A^+ berechnen will, so braucht man allerdings APLUS nicht auf alle A anzuwenden, sondern nur auf die linken Seiten X von funktionalen Abhängigkeiten $X \to Y \in F$. Denn wie man aus (6.43) unmittelbar sieht, gilt für $A \subseteq U$:

(6.41) $(\forall f = X \to Y \in F: X \nsubseteq A) \Rightarrow A^+ = A,$
und somit gilt generell:

(6.42) $A^+ = A \cup \bigcup_{\substack{X \to Y \in F \\ X \subseteq A}} X^+,$

(6.43) $F^+ = \{X \to X^+ \mid X \to Y \in F\} \cup \text{Rest},$

wobei "Rest" nur aus trivialen funktionalen Abhängigkeiten besteht sowie solchen, die sich aus den $X \to X^+$ des Teil 1 mit nur "trivialen" Regeln - d.h. im wesentlichen: ohne die Transitivität auszunutzen - herleiten lassen.

Beispiel 6.11:

Sei U = abcd, F = {a→b, ac→d, b→c}.

Somit ist F einfach und minimal.

Bestimmung von F^+

- erst Bestimmung aller X^+, wo $X \to Y \in F$:
  a^+ = abcd = U;
  $(ac)^+$ = U: kann in "Rest" aufgenommen werden, da bereits a^+ = U;
  b^+ = bc

- F^+ = {a → abcd, b → bc} ∪ "Rest".   □

6.3.2 Normalformen (2NF, 3NF, BCNF)

Wir legen in diesem Abschnitt eine feste

$$\text{Relation } R: \text{rel}(U|F), \quad F \subseteq \text{fdep}(U)$$

zugrunde; falls nicht mißverständlich, schreiben wir insbesondere
bei den Beispielen für "$\to_R$" auch einfach "$\to$".

VOLLE FUNKTIONALE ABHÄNGIGKEITEN, ZWEITE NORMALFORM

Betrachten wir die in Abschnitt 6.1 aufgezeigten Anomalien für die
Relation ANG-PRO (Beispiel 6.1), so können wir folgendes feststellen:

- zwar gilt natürlich: {PNR, ANR} → TELNR,
  d.h. TELNR ist funktional abhängig vom (Primär-)Schlüssel der
  Relation ANG-PRO,

- aber TELNR ist bereits funktional abhängig von einem Teil dieses
  Schlüssels: ANR → TELNR.

Wenn wir solche nicht-trivialen *partiellen* funktionalen Abhängigkeiten von Schlüsselteilen nicht zulassen, kommen wir gerade zur
zweiten Normalform.

Es seien A,B Teilmengen $\subseteq U$. Ist B funktional von A abhängig, aber
von keiner echten Teilmenge A' von A, so heißt B *voll funktional
abhängig* von A, in Zeichen "$A \twoheadrightarrow_R B$" bzw. "$A \twoheadrightarrow B(\text{in}R)$":

- 184 -

(6.44) $A \to_R B$ **und** $\forall A' \subseteq A, A' \neq A: A' \not\to_R B$.

Für ein einzelnes Attribut $a \in U$ gilt übrigens immer:

(6.45) $a \to_R B \implies a \xrightarrow{\cdot}_R B$.

<u>Beispiel 6.12:</u>

In der Relation ANG-PRO (Beispiel 6.1) gilt:

    PNR ANR $\xrightarrow{\cdot}$ PROZ-ARBZEIT

    PNR ANR $\to$ TELNR, aber auch:

        ANR $\xrightarrow{\cdot}$ TELNR, also:

    PNR ANR $\not\xrightarrow{\cdot}$ TELNR. □

Der Begriff der vollen funktionalen Abhängigkeit spielt eine große
Rolle für die weitere Normalisierung. Sind z.B. in einer Relation
alle Attribute vom Primärschlüssel voll funktional abhängig, so
ist die Relation in (einer speziellen Form) der zweiten Normalform.
Um diese allgemein zu definieren, benötigen wir zuvor noch die Begriffe "Schlüsselattribut" und "Nichtschlüsselattribut" [1].

Ein Attribut $a \in U$ heißt *Schlüsselattribut* (englisch: *key attribute*, auch: *prime attribute*) in R, wenn es in einem Schlüssel von R
vorkommt:

(6.46) $\exists K \subseteq U: K$ Schlüssel, $a \in K$.

Gibt es <u>keinen</u> Schlüssel, der a enthält, so wird a als *Nichtschlüsselattribut* (englisch: *nonkey attribute*) bezeichnet.

<u>Beispiel 6.13:</u>

In der Relation ANG-PRO (Beispiel 6.1) gilt:

  •• Schlüssel: {PNR, ANR}

  •• Schlüsselattribute: PNR, ANR

  •• Nichtschlüsselattribute   TELNR, PROZ-ARBZEIT.   □

---

[1] Im Unterschied zur 1. Auflage dieses Buches (S. 147) werden diese Begriffe
nur für einzelne Attribute (nicht Attributmengen) definiert.

Ein Schlüsselattribut ist also Teil (irgend) eines Schlüssels;
ändert man den Wert eines solchen Schlüsselattributes, so ändert
man den Wert des betreffenden Schlüssels insgesamt, eventuell erhält man ein ganz anderes Entity. Ändert man hingegen den Wert
eines Nichtschlüsselattributes, so bleiben die Werte sämtlicher
Schlüssel unverändert.

Nun kommen wir zur grundlegenden Definition der zweiten Normalform:
Eine 1NF-Relation R: rel(U⏐F), F ⊂ fdep(U), ist *in zweiter Normalform* (oder: *2NF-Relation*), wenn jedes Nichtschlüsselattribut von
jedem Schlüssel voll funktional abhängig ist:

(6.47) $\forall A \subset U, b \in U$:

      A Schlüssel, b Nichtschlüsselattribut $\Rightarrow$ $A \overset{\cdot}{\to}_R b$.

Die Bedingung (6.47) ist beispielsweise immer dann erfüllt, wenn
jeder Schlüssel aus einem einzigen (elementaren) Attribut besteht.-
Die Definition ist beschränkt auf "b ist Nichtschlüsselattribut";
ein Schlüsselattribut muß von einem Schlüssel, in dem es nicht enthalten ist, jedoch nicht voll funktional abhängig sein.

Beispiel 6.14:

Die Relation ANG-PRO (Beispiel 6.1) ist keine 2NF-Relation, da

    $\{PNR, ANR\} \not\to TELNR$.

Man kann etwa TELNR aus ANG-PRO entfernen und in ANGEST aufnehmen
oder aber, wenn man ANGEST nicht vergrößern will, ANG-PRO ersetzen
durch die beiden neuen Relationen

    AP = ANG-PRO. {PNR, ANR, PROZ-ARBZEIT};
    AT = ANG-PRO. {ANR, TELNR}.

Beide sind 2NF-Relationen, und das Ersetzen von ANG-PRO durch die
beiden Projektionen ist "ohne Informationsverlust" möglich - d.h.
setzen wir beide mit "*" wieder zusammen, so erhalten wir die Ausgangsrelation! Auf solche Eigenschaften werden wir in Abschnitt 6.5.2
noch genauer eingehen. □

Mit der 2NF werden, wie das Beispiel zeigt, gewisse Insert- und
Delete-Anomalien sowie die Schwierigkeiten beim Update umgangen.

Es zeigt sich jedoch, daß die zweite Normalform noch nicht aus-
reicht, um Anomalien der skizzierten Art grundsätzlich auszu-
schließen; dies zeigt das folgende Beispiel.

<u>Beispiel 6.15:</u>

Wir betrachten die Relation ABTEILUNG (Beispiel 6.2).

Einziger Schlüssel ist ABTNR, d.h. ein einzelnes Attribut, und von
diesem sind alle anderen <u>voll</u> funktional abhängig; daher ist AB-
TEILUNG eine 2NF-Relation. Wir haben jedoch in Abschnitt 6.1
bereits gesehen, daß für ABTEILUNG alle Anomalien ebenfalls zutreffen! Der Grund dafür liegt darin, daß in der Relation ABTEILUNG
verschiedene Konzepte vermengt sind: die (volle) funktionale Abhängigkeit

    ABTNR ⇸ HAUSMEISTER

läßt sich nämlich zerlegen in die einzelnen (vollen) funktionalen
Abhängigkeiten

    ABTNR ⇸ GEBNR ⇸ HAUSMEISTER.

Wir umgehen obige Schwierigkeiten, wenn wir das Attribut HAUS-
MEISTER aus der Relation ABTEILUNG wieder entfernen und etwa zu
einer Relation GEBÄUDE hinzunehmen:

    ABTEILUNG-1 = ABTEILUNG. {ABTNR, ABT-LEITER, GEBNR}
    GEBÄUDE   = ABTEILUNG. {GEBNR, HAUSMEISTER}. □

Beschreibt jede Relation lediglich <u>ein</u> "Konzept", d.h. sind keine
solchen "transitiven" Abhängigkeiten von einem Schlüssel vorhanden, so ist die Relation in "dritter Normalform" (nach der ursprünglichen Definition von Codd [Cdd72]).

Wir wollen diese Begriffe nun etwas exakter formulieren.

TRANSITIVE FUNKTIONALE ABHÄNGIGKEITEN, DRITTE NORMALFORM

Es seien wieder $A, B \subseteq U$. B heißt von A *transitiv (funktional)* ab-
hängig, in Zeichen "$A \mapsto_R B$" bzw. "$A \mapsto B$ (in R)", wenn man zwischen
A und B zwei nicht-triviale funktionale Abhängigkeiten dazwischen-
schieben kann, die zusammen gerade $A \rightarrow B$ ergeben:

(6.48) $\exists\, A' \subseteq U,\ B \notin A': A \overset{\rightarrow}{\twoheadrightarrow} A' \rightarrow B$ (in R).

Die Eigenschaft "B ∉ A'" in (6.48) ist notwendig, um gewisse Trivialitäten zu vermeiden; sind etwa zwei elementare Nichtschlüsselattribute b und c vorhanden und ist A ein Schlüssel, so gilt immer:

$$A \overset{\rightarrow}{\twoheadrightarrow} bc \rightarrow b.$$

(Diese Eigenschaft kommt in der Literatur nicht immer deutlich zum Ausdruck.)

Aus (6.48) kann man übrigens sofort ableiten:

(6.49) $A \mapsto B \Rightarrow A \overset{\rightarrow}{\twoheadrightarrow} B$ (in R);

denn aus "B→A" würde mit (6.48) "A'→B→A", also "A'→A" folgen, was aber (6.48) widerspricht.

<u>Beispiel 6.16:</u>

In der Relation LIEF (Beispiel 6.3) gilt:

$\qquad PL \overset{\rightarrow}{\twoheadrightarrow} L \rightarrow B$, also $PL \mapsto B$;

$\qquad PB \rightarrow A \rightarrow L \Rightarrow A = PB$ oder $L \in A \Rightarrow PB \not\mapsto L$.

In der Relation ABTEILUNG (Beispiel 6.2) gilt:

$\qquad ABTNR \overset{\rightarrow}{\twoheadrightarrow} GEBNR \rightarrow HAUSMEISTER$,

$\qquad$ also $ABTNR \mapsto HAUSMEISTER$. $\qquad \square$

Damit können wir nun die dritte Normalform definieren: Eine 1NF-Relation R: rel(U⏐F), $F \subseteq$ fdep(U), ist *in dritter Normalform* (oder: *3NF-Relation*), wenn kein Nichtschlüsselattribut von einem Schlüssel transitiv abhängig ist:

(6.50) $\forall\, A \subseteq U,\ b \in U:$

$\qquad A$ Schlüssel, b Nichtschlüsselattribut $\Rightarrow A \not\mapsto_R b$.

<u>Beispiel 6.17:</u>

Die Relation ABTEILUNG ist noch nicht in dritter Normalform - man beachte die in Beispiel 6.16 angegebene transitive Abhängigkeit

ABTNR ↦ HAUSMEISTER.

Die Relationen AP und AT (Beispiel 6.14) sind 3NF-Relationen. Die Relation LIEF - obwohl mit transitiven Abhängigkeiten versehen (vgl. Beispiel 6.16) - ist ebenfalls 3NF-Relation, da sie keine Nichtschlüsselattribute besitzt. $\square$

In einer 3NF-Relation ist also kein Nichtschlüsselattribut transitiv von einem Schlüssel abhängig, d.h. jedes Nichtschlüsselattribut beinhaltet eine Eigenschaft, die dem zugrundeliegenden Entity als Ganzes zukommt. Trotzdem treten in gewissen Fällen noch die besprochenen Anomalien auf, wie die Relation LIEF zeigt. Wir werden daher später noch auf eine Modifikation der dritten Normalform eingehen. Zunächst soll ein Zusammenhang zwischen "voller" und "transitiver" funktionaler Abhängigkeit und somit auch zwischen 2NF- und 3NF-Relationen hergestellt werden.

Satz 6.6:

Es sei R: rel (U∣F), F ⊆ fdep(U). Dann gilt:

(1) A,B ⊆ U, A Schlüssel, B ⊄ A:
$A' \not\twoheadrightarrow_R B \Rightarrow A \twoheadrightarrow_R B$.
(2) R 3NF-Relation $\Rightarrow$ R 2NF-Relation.

(Die Eigenschaft (1) besagt, daß jedes Attribut, welches nicht zum vorgegebenen Schlüssel gehört, von diesem entweder transitiv oder voll funktional abhängig ist.) $\square$

Beweis von Satz 6.6:

(2) folgt unmittelbar aus (1).

Zu (1): (Beweis indirekt).

Es seien A, B ⊆ U, A Schlüssel, B ⊄ A; dann gilt in R:
$A \not\twoheadrightarrow B \Rightarrow \exists A' \subseteq A, A' \neq A: A' \to B$;
somit: $A \xrightarrow{\;\;} A' \to B, B \not\subseteq A'$
$\Rightarrow A \twoheadrightarrow B. \quad \square$

Eine andere zu (6.50) *äquivalente Formulierung für die 3NF-Bedingung* ist die folgende:

(6.51) $\forall\ A \subseteq U,\ b \in U \setminus A:$

$\qquad A \rightarrow_R b,\ b$ Nichtschlüsselattribut $\Rightarrow A \rightarrow_R U$

(d.h. jede Determinante eines Nichtschlüsselattributes ist ein *superkey*).

<u>Beweis</u>: Es sei $A \subseteq U,\ b \in U \setminus A,\ b$ Nichtschlüsselattribut.

"(6.50) $\Rightarrow$ (6.51)": C sei bel. Schlüssel; in R gilt:

$\qquad A \rightarrow b \Rightarrow C \rightarrow A \rightarrow b,\ b \notin A \Rightarrow\ A \rightarrow C$ (da sonst $C \not\rightarrow b$),

$\qquad\qquad$ somit auch $A \rightarrow U$.

"(6.51) $\Rightarrow$ (6.50)": A sei Schlüssel; in R gilt:

$\qquad A \rightarrow A' \rightarrow b,\ b \notin A' \Rightarrow A' \rightarrow U$ nach (6.51),

$\qquad\qquad$ somit $A' \rightarrow A$, d.h. $A \not\rightarrow b$. $\square$

Die Eigenschaft (6.51) sagt mit anderen Worten aus: jede minimale Determinante eines Nichtschlüsselattributes ist ein Schlüssel, und die einzelnen Nichtschlüsselattribute sind, sofern sie kein Attribut gemeinsam haben, wechselseitig funktional unabhängig.

Zur Definition der dritten Normalform können wir noch folgendes feststellen:

- Die Aussagen betreffen einerseits <u>alle Schlüssel</u>; eine schwächere Form der Normalisierung würde man erhalten, wenn man sie nur auf den Primärschlüssel beschränken würde: geht man davon aus, daß Nichtschlüsselattribute solche Attribute sind, die nicht im Primärschlüssel vorkommen, so beeinflußt diese Einschränkung sowohl die zweite wie die dritte Normalform; je nach Wahl des Primärschlüssels könnte z.B. dann eine Relation in 2NF sein oder nicht.

- Die Aussagen betreffen andererseits <u>nur Nichtschlüsselattribute</u>. Es zeigt sich jedoch, daß - wie etwa in der Relation LIEF (Beispiele 6.3, 6.14, 6.15) - ähnliche Abhängigkeiten zwischen Schlüsselattributen ebenfalls zu Insert/Delete/Update-Anomalien führen können, so daß unter Umständen eine weitere Normalisierung nützlich sein könnte; dies führt dann zur 3. Normalform nach Boyce-Codd, auch "Boyce-Codd-Normalform" (BCNF) genannt [Cdd74], auf die wir nun eingehen wollen.

Eine 1NF-Relation R: rel(U|F), F ⊆ fdep(U), ist *in dritter Normalform nach Boyce-Codd* (oder: *BCNF-Relation*), wenn <u>jede</u> Determinante einen Schlüssel enthält:

$$(6.52) \quad \forall\, A \subset U,\ b \in U \setminus A:$$
$$A \to_R b \Rightarrow A \to_R U.$$

Eine andere, dazu *äquivalente Formulierung* ist - wie man unmittelbar sieht - die folgende:

$$(6.53) \quad \forall\, A \subseteq U,\ b \in U \setminus A:$$
$$A \to_R b \Rightarrow A \text{ ist Schlüssel.}$$

Vergleicht man die BCNF mit der 3NF (etwa in der Form (6.51)), so besteht der Unterschied lediglich darin, daß man bei der BCNF die Forderung "b Nichtschlüsselattribut" fallen läßt. Dies bedeutet aber, daß (6.51) eine Einschränkung von (6.52) darstellt, und somit gilt offensichtlich das folgende Lemma.

<u>Lemma 6.7:</u>

Es sei R: rel(U|F), F ⊆ fdep(U). Dann gilt:

$$R \text{ BCNF-Relation} \Rightarrow R \text{ 3NF-Relation.} \quad \square$$

6.4 <u>Mehrwertige Abhängigkeiten, 4. Normalformen</u>

Neben den funktionalen Abhängigkeiten, die unbestritten die wichtigsten semantischen Integritätsbedingungen darstellen, gibt es noch eine Reihe weiterer spezieller semantischer Integritätsbedingungen, die man ebenfalls als Abhängigkeiten bezeichnet. Wir betrachten hier nur noch - allerdings recht kursorisch - die sogenannten "mehrwertigen Abhängigkeiten" und die "eingebetteten mehrwertigen Abhängigkeiten".

MEHRWERTIGE ABHÄNGIGKEITEN

Solche Abhängigkeiten entstehen in einer Relation aufgrund einer simplen Auflösung von Wiederholungsgruppen: Nehmen wir an, wir haben in der realen Welt einen Satztyp E: <U>, bei dem U aus einem *superkey* A sowie 2 voneinander unabhängigen Wiederholungs-

gruppen B und C besteht. Wir können diesen Sachverhalt in verschiedenen Formen darstellen, beispielsweise als COBOL-ähnlichen Satz
oder als Hierarchie (vgl. Abb. 6.1 a̲,b̲), aber auch als Relation R:
rel (U|∿) bzw. als entsprechende Tabelle so, wie in Abb. 6.1 c̲
dargestellt. Dann gilt zwar in R weder A → B noch A → C, aber sowohl eine Gruppe von B-Werten als Ganzes wie eine Gruppe von C-Wer-
ten als Ganzes ist von A funktional abhängig. Wir sagen, daß eine
"mehrwertige Abhängigkeit" der Attributmengen B und C von A besteht.
Wir wollen dies nun genauer definieren.

Es seien im folgenden wieder

    U eine Attributmenge,

    R: rel (U|Σ) eine Relation,

    A,B ⊆ U Teilmengen von U.

Eine semantische Integritätsbedingung $g \in$ sem(U) stellt eine *mehr-wertige Abhängigkeit* (englisch: *multivalued dependency*) der Attributmenge B von der Attributmenge A dar, geschrieben

(6.54) g = A ⟶ B,

wenn für X ⊆ dom(U) gilt:

(6.55) g(X) ⟺ ∀ x, y ∈ X:

        (x.A = y.A ⟹ ∃ u, v ∈ X mit

        u.AB = x.AB, u.(U\AB) = y.(U\AB),

        v.AB = y.AB, v.(U\AB) = x.(U\AB)).

Das heißt mit anderen Worten (für U = ABC): sind x = abc und
y = ab'c' beide ∈ X, so sind auch u = abc' und v = ab'c beide ∈ X;
dies ist aber gerade die Eigenschaft eines Join zwischen B und C.
Unter Ausnutzung dieses Sachverhaltes läßt sich die ziemlich formale und etwas unübersichtliche Definition in (6.55) - wie sie aber
häufig in der Literatur erscheint - wesentlich einleuchtender darstellen. Wir übertragen dabei sinngemäß Begriffe (und Eigenschaften)
für funktionale Abhärgigkeiten auch auf mehrwertige Abhängigkeiten;
so etwa:

(6.56) mvdep(U) = {A ⟶ B | A,B ⊆ U},

      fmvdep(U) = fdep(U) ∪ mvdep(U).

```
01 U.
   02 A.
      {Beschreibung von A}.
   02 B OCCURS * TIMES.
      {Beschreibung von B}.
   02 C OCCURS * TIMES.
      {Beschreibung von C}.
```

<u>a</u>. COBOL-ähnlicher Satz U   <u>b</u>. Hierarchie U

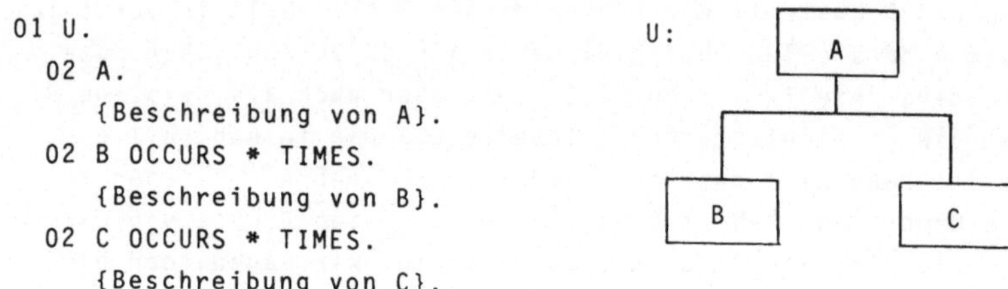

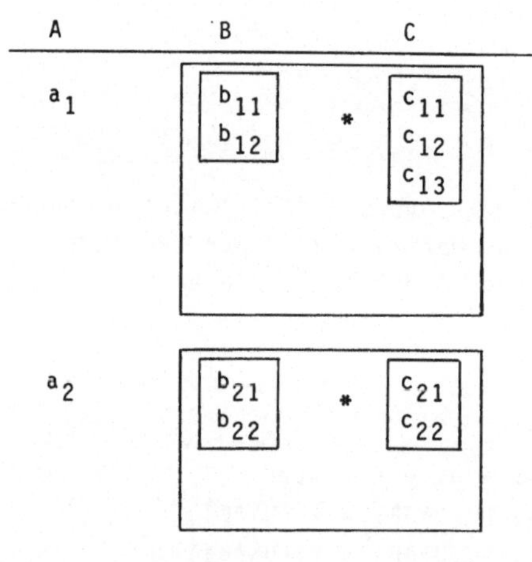

<u>c</u>. Darstellung als Tabelle

<u>Abb. 6.1:</u> Darstellungen einer mehrwertigen Abhängigkeit
           A $\twoheadrightarrow$ B $\in$ mvdep (U)

Des weiteren setzen wir

(6.57) $R|(A=a) = \{x \in R \mid x.A = a\}\ (\subseteq R)$.

Damit können wir nun die oben angekündigte andere Formulierung für mehrwertige Abhängigkeiten angeben.

<u>Satz 6.8:</u>

Es sei R: rel(U|M), M $\subseteq$ mvdep(U), A,B $\subseteq$ U, C: = U\AB.
Dann gilt:

$$A \twoheadrightarrow_R B \iff \forall\ a \in \text{dom}(A),\ R_a := R|(A=a):$$
$$R_a\ .\ BC = R_a\ .\ B * R_a\ .\ C\ . \qquad \Box$$

Ein Beweis erübrigt sich aufgrund obiger Bemerkungen; er ließe sich aber mit wenig Aufwand auch formal führen.

Die Formulierung der mehrwertigen Abhängigkeit in Satz 6.8 entspricht genau ihrer Darstellung als Tabelle in Abb. 6.1 <u>c</u> und erscheint uns dementsprechend als sehr anschaulich. Wir können aber auch die Aussage über alle a $\in$ A zusammenfassen und erhalten so eine weitere äquivalente Formulierung, die sich insbesondere für Beweise bzw. zum Nachweis der Existenz mehrwertiger Abhängigkeiten gut eignet.

<u>Lemma 6.9:</u> (ohne Beweis)

Mit den Bezeichnungen aus Satz 6.8 gilt:

$$A \twoheadrightarrow_R B \iff R = R.AB * R.AC\ . \quad \Box$$

Für "$\twoheadrightarrow$" gelten ähnliche Regeln, wie sie in Lemma 6.3 für "$\rightarrow$" formuliert wurden.

<u>Lemma 6.10:</u> (Regeln für "$\twoheadrightarrow_R$"; ohne Beweis)

Sei R: rel(U|M), M $\subseteq$ mvdep(U); A, B, C, D $\subseteq$ U. Dann gilt:

(1) $A \twoheadrightarrow_R B \Rightarrow A \twoheadrightarrow_R U \setminus AB$ *(complementation rule)*

(2) $A \twoheadrightarrow_R B$, $C \subseteq D \Rightarrow AD \twoheadrightarrow_R BC$ (*augmentation rule*)

(3) $A \twoheadrightarrow_R B$, $B \twoheadrightarrow_R C \Rightarrow A \twoheadrightarrow_R C \setminus B$ (*Transitivität*)

(4) $A \twoheadrightarrow_R B$, $A \twoheadrightarrow_R C \Rightarrow A \twoheadrightarrow_R BC$ (*union rule*)

(5) $A \twoheadrightarrow_R B$, $BC \twoheadrightarrow_R D \Rightarrow AC \twoheadrightarrow_R D \setminus BC$ (*Pseudotransitivität*)

(6) $A \twoheadrightarrow_R B$, $AB \twoheadrightarrow_R C \Rightarrow A \twoheadrightarrow_R C \setminus B$ (*mixed pseudotransitivity*)

(7) $A \twoheadrightarrow_R B$, $A \twoheadrightarrow_R C \Rightarrow A \twoheadrightarrow_R B \cap C$, $A \twoheadrightarrow_R B \setminus C$, $A \twoheadrightarrow_R C \setminus B$

$\qquad\qquad\qquad\qquad\qquad$ (*decomposition rule*). $\qquad \Box$

Einige dieser Regeln - z.B. (1), (2), (3), (4) - können dabei formal als Axiome für "$\twoheadrightarrow$" angesehen werden; zusammen mit den Armstrong-Axiomen für "$\rightarrow$" sowie geeigneten Aussagen über den Zusammenhang von "$\twoheadrightarrow$" mit "$\rightarrow$" - Lemma 6.11 (1) und (2) - wird dieses Axiomensystem *complete and sound*.

ZUSAMMENHANG ZWISCHEN FUNKTIONALEN UND MEHRWERTIGEN ABHÄNGIGKEITEN

Hierzu gilt das folgende Lemma:

Lemma 6.11: ("$\rightarrow$" und "$\twoheadrightarrow$"; ohne Beweis)

Sei R: rel($U \cup G$), $G \subseteq$ fmvdep(U); $A,B,C,D \subseteq U$. Dann gilt:

(1) $A \rightarrow_R B \Rightarrow A \twoheadrightarrow_R B$

(2) $A \twoheadrightarrow_R B$, $D \rightarrow_R C \subseteq B$, $D \cap B = \emptyset \Rightarrow A \rightarrow_R C$

(3) $A \twoheadrightarrow_R B$, $AB \rightarrow_R C \Rightarrow A \rightarrow_R C \setminus B$. $\quad \Box$

DIE VIERTEN NORMALFORMEN

Das Vorhandensein "echter" mehrwertiger Abhängigkeiten entspricht also dem Vorhandensein von Wiederholungsgruppen, die auf simple Weise in 1NF-Relationen aufgelöst wurden - nämlich durch Vervielfältigung der entsprechenden Zeilen. Man kann sie aber ggf. auch eliminieren, indem man die Relation in geeigneter Weise in andere Relationen zerlegt; wir gelangen so zu den sog. "vierten" Normalformen, in denen keine "echten" mehrwertigen Abhängigkeiten mehr existieren. Allerdings gibt es gewisse *triviale* mehrwertige Abhängigkeiten, die in R: rel ($U \cup \sim$) immer vorhanden sind:

(6.58) $\forall$ A $\subseteq$ U: A $\twoheadrightarrow_R$ $\emptyset$, A $\twoheadrightarrow_R$ U $\smallsetminus$ A, A $\twoheadrightarrow_R$ B für B $\subseteq$ A.

Es sei nun R: rel(U,G) eine (1NF-)Relation,
        G $\subseteq$ fmvdep(U).

R ist *in schwacher* (englisch: *weak*) *vierter Normalform* (oder: *W4NF-Relation*), wenn R eine 3NF-Relation ist und keine echten mehrwertigen Abhängigkeiten enthält:

(6.59) $\forall$ A, B $\subseteq$ U:
        A $\twoheadrightarrow_R$ B (nicht-trivial) $\Rightarrow$ A $\rightarrow_R$ B.

R ist *in vierter Normalform* (oder: *4NF-Relation*), wenn nicht-triviale mehrwertige Abhängigkeiten nur von Schlüsseln bzw. *superkeys* ausgehen können:

(6.60) $\forall$ A, B $\subseteq$ U:
        A $\twoheadrightarrow_R$ B (nicht-trivial) $\Rightarrow$ A $\rightarrow_R$ U.

Aus (6.60) folgt sofort, daß R eine BCNF- und somit auch eine 3NF-Relation ist und daß (6.59) ebenfalls gilt, also R auch eine W4NF-Relation ist; diese Zusammenhänge sind im folgenden Lemma zusammengefaßt.

<u>Lemma 6.12:</u>

Für R: rel(U,G), G $\subseteq$ fmvdep(U), gilt:

    R 4NF-Relation $\Rightarrow$ R W4NF-Relation
       $\Downarrow$ $\Downarrow$
    R BCNF-Relation $\Rightarrow$ R 3NF-Relation. $\square$

EINGEBETTETE MEHRWERTIGE ABHÄNGIGKEITEN

Wir betrachten eine spezielle Situation des Vorkommens von Wiederholungsgruppen an einem Beispiel.

<u>Beispiel 6.17:</u>

Relation R: rel(ABCD$\mid$ABC $\rightarrow$ D, σ), und $\sigma \in$ sem(U) laute:
  "Alle Tabellen haben die folgende Gestalt:"

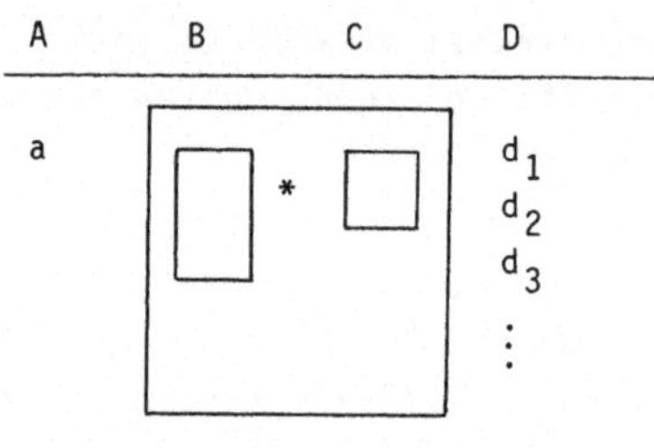

Es gilt hier <u>zwar</u> A $\twoheadrightarrow$ B in R.ABC,
             <u>aber</u> A $\not\twoheadrightarrow$ B in R! $\square$

In einem solchen Fall spricht man von *eingebetteten* (englisch:
embedded) mehrwertigen Abhängigkeiten; wir schreiben dafür:

(6.61) A $\twoheadrightarrow$ B$\mid$C.

Die Angabe von C ist notwendig, denn wir müssen - entsprechend
unserem Beispiel 6.17 - dann folgendermaßen definieren:

(6.62) R: rel(U$\mid\Sigma$); A,B,C $\subseteq$ U, B $\cap$ C = $\emptyset$:
       A $\twoheadrightarrow_R$ B$\mid$C (d.h. A $\twoheadrightarrow$ B$\mid$C gilt in R)
       <=>A $\twoheadrightarrow$ B in R.ABC.

Offensichtlich ist die Reihenfolge von B und C dabei ohne Bedeutung, d.h.

(6.63) A $\twoheadrightarrow_R$ B$\mid$C $\Longleftrightarrow$ A $\twoheadrightarrow_R$ C$\mid$B,

und jede "normale" mehrwertige Abhängigkeit kann auch als "eingebettete" angesehen werden:

(6.64) A $\twoheadrightarrow_R$ B $\Rightarrow$ A $\twoheadrightarrow_R$ B$\mid$(U $\setminus$ AB).

Weiterhin gilt folgende wichtige Eigenschaft (ohne Beweis):

(6.65) A $\twoheadrightarrow_R$ B $\mid$ C, B' $\subseteq$ B, C' $\subseteq$ C $\Rightarrow$ A $\twoheadrightarrow_R$ B'$\mid$C',

und vermöge dieserEigenschaft kann man auch die eingebetteten
mehrwertigen Abhängigkeiten in die allgemeine Theorie einbeziehen:
für die formale Behandlung ist (6.65) als weiteres Axiom zu den
bisherigen Axiomen für "↠" noch hinzuzunehmen. Allerdings ist diese Einbeziehung zum Teil recht schwierig und enthält eine Reihe
offener Probleme; der interessierte Leser sei z.B. auf [SaW80] verwiesen.

6.5 Data Design (Datenbankentwurf)

6.5.1 Zum Entwurf von Relationen

Das Konzept der Normalformen, insbesondere der dritten Normalformen (sowohl 3NF wie BCNF), ist von großer praktischer Bedeutung
sowohl für den Unternehmensadministrator wie für das Datenbankmanagementsystem (bzw. den Datenbankadministrator) und auch den Benutzer. Der Unternehmensadministrator, der ja verantwortlich ist
für das gesamte konzeptuelle Modell und somit den Inhalt der Datenbank, muß alle Entity-Typen, die zugehörige Information und
die Beziehungen zwischen Entity-Typen festlegen. Hierbei sind ihm
diese Normalformen eine große Hilfe, da sie ihn zur klaren Trennung der einzelnen Konzepte in seinem Modell zwingen. Das Datenbankmanagementsystem (bzw. der Datenbankadministrator) kann die
Kenntnis, ob alle bzw. welche Relationen 3NF- bzw. BCNF-Relationen sind, insofern ausnutzen, als die Prüfung von Integritätsbedingungen wesentlich vereinfacht wird: so darf u.U. ein Tupel beliebig entfernt werden oder es können die Werte von Nichtschlüssel-
attributen eines Tupels geändert werden, ohne daß sich das System
oder der Benutzer um die anderen Entities kümmern muß (bis auf semantische Zusammenhänge, die in der Datenbank als solche nicht er-
kennbar sind; vgl. auch Kapitel 8: Integrität der Datenbank).

Das Problem des Data Design, d.h. der Aufstellung von Relationen
(oder auch von Dateien im konventionellen Sinn!), insbesondere in
der Form von 3NF- bzw. BCNF-Relationen, ist ein größeres Entwurfs-
problem. Die vorhandenen funktionalen Abhängigkeiten müssen vom
Unternehmensadministrator voll erkannt und erfaßt werden, eine au-
tomatische Unterstützung ist höchstens in Form von Plausibilitätsprüfungen sowie Entdecken von Widersprüchen möglich. Der Unter-

nehmensadministrator muß daher in der Lage sein, die Semantik der Daten zu verstehen. - Hinzu kommt, daß die Normalformen nicht eindeutig sind, sondern daß aus mehreren Alternativen eine möglichst optimale auszuwählen ist. Kriterien für Optimalität sollten allerdings nicht einfach "Anzahlen von Relationen" sein, sondern die Optimalität muß sich auf die Effizienz des Gesamtsystems unter Berücksichtigung des Benutzerverhaltens beziehen.

Das Konzept der funktionalen Abhängigkeit spielt eine entscheidende Rolle bei der Überlegung, wie Attribute zu Relationen zusammengefaßt bzw. wie eine Relation in mehrere kleine Relationen (in 3NF oder BCNF) zerlegt werden sollen. Auf Algorithmen zur Herleitung eines relationalen Schemas in dritter Normalform aus einer gegebenen Menge von Attributen und funktionalen Abhängigkeiten werden wir in Abschnitt 6.5.4 eingehen, allerdings nur kurz.

Obwohl funktionale Abhängigkeiten unbestritten grundlegend sind, werden ähnliche Verfahren auch für andere (etwa mehrwertige) Abhängigkeiten betrachtet; darauf wollen wir in diesem Buch aber nicht weiter eingehen.

Das für den Datenbank-Entwurf zentrale Problem ist somit vor allem die Entscheidung, ob eine gegebene Relation R eine 3NF- bzw. BCNF-Relation ist, und ggf. die "Zerlegung" der Relation in mehrere andere (d.h. eine Relationenmenge $\mathcal{R}$), die nun ihrerseits 3NF- bzw. BCNF-Relationen sind ("3NF-Schema", "BCNF-Schema"). Dabei sollen einfache semantische Integritätsbedingungen wie funktionale Abhängigkeiten möglichst erhalten bleiben, und es soll mit der Zerlegung auch kein "Informationsverlust" verbunden sein; mit anderen Worten: R und $\mathcal{R}$ sollen möglichst zueinander "äquivalent" sein. - Die nächsten beiden Abschnitte dienen der Klärung dieser Sachverhalte.

6.5.2   Zerlegungen und Zusammensetzungen von Relationen

Wir beschränken uns im folgenden auf funktionale Abhängigkeiten
und betrachten zunächst ein Beispiel[1], in welchem wir formal identische Informationen aus der Realwelt in verschiedenen Datenbanken
darstellen.

Beispiel 6.18(1):

Wir gehen aus von der Attributmenge U und einer Menge $F \subseteq fdep(U)$:

$$U = vpaf;$$
$$F = \{v \to paf, \ p \to f, \ a \to f\}.$$

Ggf. möge man sich folgende Bedeutung der Attribute vorstellen:
v Vorlesung, p Professor, a Assistent, f Fachbereich; entsprechend
haben die funktionalen Abhängigkeiten eine gewisse semantische Bedeutung.

Darstellung in einer Relation R

R: rel(U|F), d.h. R: rel(vpaf|v → paf, p→f, a→f).

Darstellung in mehreren Relationen $\mathcal{R}$:   (Datenbank ohne zusätzliches Σ)

$\mathcal{R}$ = $\{R_i: rel(A_i|F_i) \mid i=1,2,3\}$ mit
R_1: rel(vpa|v→pa); R_2: rel(vpf|v→pf, p→f); R_3: rel(af|a→f).

Darstellung in mehreren Relationen $\mathcal{R}'$:

$\mathcal{R}'$ = $\{R_i': rel(A_i'|F_i') \mid i=1,2,3\}$ mit
$R_1' = R_1$; $R_3' = R_3$; R_2': rel(vpf|v→f, p→f).

Mögliche Werte für diese Relationen zu einem Zeitpunkt t sind in
Abb. 6.2 angegeben; die Werte sind gerade so gewählt, daß der
erste Teil der Tabellen R_1, R_2, R_3, R_2' gerade der jeweiligen Projektion von R entspricht.

□

---

[1] modifizierte Version eines Beispiels aus [BeG80].

R^t {v→paf, p→f, a→f}

v	p	a	f
1	1	1	1
2	1	2	1
3	2	1	1
4	3	3	2

R_1^t {v→pa}

v	p	a
1	1	1
2	1	2
3	2	1
4	3	3
5	3	3
6	4	4

R_2^t {v→pf, p→f}

v	p	f
1	1	1
2	1	1
3	2	1
4	3	2
5	4	3
6	3	2

R_3^t {a→f}

a	f
1	1
2	1
3	2
4	3

$R_2'^t$ {v→f, p→f}

v	p	f
1	1	1
2	1	1
3	2	1
4	3	2
5	3	3
5	4	3
6	2	1

__Abb. 6.2:__ Beispiel-Werte für die Relationen aus Beispiel 6.18

MENGEN VON RELATIONEN

Wir gehen aus von einer Relationenmenge

$$\mathcal{R} = \{R_i : rel(A_i | F_i) \mid i = 1..n\}, \quad F_i \subseteq fdep(A_i) \; (i = 1..n).$$

Verbinden wir alle diese Relationen durch den Join-Operator $*$, so
erhalten wir eine neue Relation

(6.66) $*\mathcal{R} = R_1 * R_2 * \ldots * R_n$,

für welche die folgenden beiden Eigenschaften gelten:

(6.67) $*\mathcal{R}$: rel($\cup A_i | \cup F_i$), d.h.

   $VS(*\mathcal{R}) = VS(\cup A_i | \cup F_i)$ ("$\cup$" über alle i),

(6.68) $*\mathcal{R}.A_i \subseteq R_i$, aber "$\neq$" möglich

(Verallgemeinerungen von (6.21) bzw. Lemma 6.1(3) für mehrere Relationen).

Anmerkung zu (6.68): Ein Tupel $x \in R_i \setminus *\mathcal{R}.A_i$ wird auch als "hängendes Tupel" (englisch: *dangling tuple*) bezeichnet. Die Zerlegung einer Relation in eine Menge kleinerer Relationen geschieht ja zum großen Teil gerade aus dem Grund, solche Tupel ohne das Auftreten von Insert- und Delete-Anomalien in der Datenbank zu halten. – Als Beispiel für ein *dangling tuple* betrachte man etwa Beispiel 6.8: dort ist $(q,3) \in$ BAU, aber $\notin$ (BAU*LIEF-B).PB.

Beispiel 6.18(2):

Der $*$-Operator liefert hier:

   $*\mathcal{R}$: rel(U|F), $*\mathcal{R}'$: rel(U|F),

sodaß wir zusammen mit R drei Relationen vom selben Typ haben; dennoch stellen R, $\mathcal{R}$ und $\mathcal{R}'$ unterschiedliche "Weltbilder" dar, wie aus den Beispiel-Werten in Abb. 6.2 bereits ersichtlich ist: so gilt etwa v→p sowohl in R_1 wie in R_2, jedoch mit unterschiedlichen Zugehörigkeiten von a-Werten zu p-Werten, wohingegen v→p in R_2' überhaupt nicht gilt, obwohl beide Attribute dort vorkommen. – Durch die Bildung von $*$ werden derartige nicht-zusammenpassende Tupel ignoriert. □

Dieses Beispiel wirft einige Fragen und Probleme auf: Betrachten wir eine Relationenmenge $\mathcal{R}$ für sich alleine, so werden alle Relationen als voneinander unabhängig angesehen; sollen Attribute bzw. funktionale Abhängigkeiten überall dort, wo sie vorkommen, etwa dieselbe Bedeutung haben, so muß man zusätzlich *inter-relationale* semantische Integritätsbedingungen hinzunehmen, in diesem Falle eine sog. "universal relation assumption" (URA) - darauf wollen wir in Abschnitt 6.5.3 kurz eingehen. Eng damit zusammen hängt

das Problem der "Äquivalenz" einer Datenbank mit einer Relation.
Dazu müssen wir zunächst Zerlegungen einer Relation betrachten.

ZERLEGUNGEN

Es sei im folgenden generell:

   U Attributmenge, $F \subseteq fdep(U)$, R: rel(U|F).

Unter einer *Zerlegung* (englisch: *decomposition*) $\mathcal{Z}$ von U verstehen
wir eine Menge nicht-leerer Teilmengen von U, die zusammen wieder
ganz U ergeben.

(6.69) $\mathcal{Z} = \{A_1, A_2, \ldots, A_k\}$, $k \geq 1$;
   $A_i \neq \emptyset$ (i=1..k), $\bigcup A_i = U$.

(Es wird nicht verlangt, daß die A_i paarweise verschieden sind,
wie es für "Zerlegungen" in der Mathematik normalerweise üblich
ist.)

Eine semantische Bedeutung erlangt eine solche Zerlegung $\mathcal{Z}$ auf
zweifache Art; zunächst dadurch, daß wir sie "auf R anwenden",
indem wir die entsprechenden Projektionen als Relationen einer
Zerlegung $\mathcal{Z}R$ *von* R auffassen:

(6.70) $\mathcal{Z}R = \{R.A \mid A \in \mathcal{Z}\} = \{R.A_1, R.A_2, \ldots, R.A_k\}$.

$\mathcal{Z}R$ ist eine Menge von Relationen, und somit läßt sich der $*$-Opera-
tor anwenden:

(6.71) $*\mathcal{Z}R = *\{R.A \mid A \in \mathcal{Z}\} = R.A_1 * R.A_2 * \ldots * R.A_k$.

Beispiel 6.18(3):

$\mathcal{Z}_1 = \{vpa, vpf, af\}$ ist Zerlegung von vpaf,
   $\mathcal{Z}_1 R = \{R.vpa, R.vpf, R.af\}$,
   $*\mathcal{Z}_1 R = R$ (wegen v→paf in R).

$\mathcal{Z}_2 = \{vaf, pa\}$ ist Zerlegung von vpaf,
   $\mathcal{Z}_2 R = \{R.vaf, R.pa\}$,
   $R \subseteq *\mathcal{Z}_2 R$, aber "$\neq$" möglich:
   z.B. für Werte in Abb. 6.1:
   $(1,1,1) \in R^t.vaf$, $(2,1) \in R^t.pa$, aber $(1,2,1,1) \notin R^t$.   □

Um den Informationsgehalt der in $\mathcal{Z}R$ enthaltenen Relationen mit der Ausgangsrelation R in Beziehung zu setzen, vergleichen wir $*\mathcal{Z}R$ mit R. Dazu formulieren wir nun einige Eigenschaften.

Lemma 6.13[1]:

Sei R: rel(U|F), F $\subseteq$ fdep(U), $\mathcal{Z}$ Zerlegung von U. Dann gilt:

(1) R $\subseteq$ $*\mathcal{Z}R$, aber i.a. "$\neq$".

(2) $(*\mathcal{Z}R).A = R.A$ für $A \in \mathcal{Z}$.

(3) $(*\mathcal{Z})(*\mathcal{Z}R) = *\mathcal{Z}R$.

(4) $*\mathcal{Z}R :\subseteq rel(U|\bigcup\mathcal{Z}F^+)$. $\square$

Dabei ist für G $\subseteq$ fdep(U) $\mathcal{Z}G$ völlig analog definiert zu $\mathcal{Z}R$:

(6.72) $\mathcal{Z}G = \{G.A \mid A \in \mathcal{Z}\}$,

und "$\bigcup$" beinhaltet die Vereinigung über alle $A \in \mathcal{Z}$.

Anmerkung: Ist in (1) "$\neq$" möglich, so hat man in $\mathcal{Z}R$ gegenüber R semantische Information verloren - nämlich gerade die Information darüber, welche Tupel nun in der Realwelt tatsächlich zusammenpassen. -

Beweis von Lemma 6.13:

Es ist $*\mathcal{Z}R = \{w \in dom(U) \mid w.A \in R.A$ für alle $A \in \mathcal{Z}\}$.

<u>zu (1):</u> $w \in R \Rightarrow w.A \in R.A$ für alle $A \in \mathcal{Z} \Rightarrow w \in *\mathcal{Z}R \Rightarrow$ "$\subseteq$".
"i.a. $\neq$": vgl. etwa Beispiel 6.18(3), $\mathcal{Z}_2$.

<u>zu (2):</u> "$\supseteq$": folgt aus Anwendung der Operation ".A" auf (1).
"$\subseteq$": für $\mathcal{R} = \mathcal{Z}R$ folgt aus (6.68): $(*\mathcal{Z}R).A \subseteq R.A$.

<u>zu (3):</u> $*\mathcal{Z}(*\mathcal{Z}R) = *\{(*\mathcal{Z}R).A \mid A \in \mathcal{Z}\}$; mit (2):
$= *\{R.A \mid A \in \mathcal{Z}\} = *\mathcal{Z}R$.

<u>zu (4):</u> folgt unmittelbar aus Lemma 6.5(3) zusammen mit (6.67) ($*$-Bildung). $\square$

---

[1] Aufgrund des Beweises ergibt sich im übrigen, daß (1), (2), (3) unabhängig von F, d.h. für beliebige Σ gelten!

Eine zweite Art, die Zerlegung $\mathfrak{Z}$ von U semantisch wirksam werden zu lassen, ist die, daß man sie "auf U und F (genauer F^+) anwendet", ohne eine spezielle Relation R zugrundezulegen:

(6.73) $\mathfrak{Z}$(U,F) = {R_A: rel(A|F^+.A) | A $\in \mathfrak{Z}$ }.

Für $\mathfrak{Z}$(U,F) gilt aufgrund auch der bisherigen Ergebnisse

(6.74) $*\mathfrak{Z}$(U,F): rel(U|$\mathfrak{Z}F^+$),

(6.75) VS($*\mathfrak{Z}$R) $\subseteq$ VS($*\mathfrak{Z}$(U,F)).

Nunmehr stellt sich die Frage, wann und ob zu gegebenem R: rel(U|F) die durch eine Zerlegung $\mathfrak{Z}$ von U gebildeten Relationenmengen $\mathfrak{Z}$R bzw. $\mathfrak{Z}$(U,F) ein in irgendeinem Sinne zu R äquivalentes Schema bilden.

VERLUSTFREIE UND FA-ERHALTENDE ZERLEGUNGEN

Ausgehend von U, F $\subseteq$ fdep(U) und einer Zerlegung $\mathfrak{Z}$ von U können wir nun die folgenden Relationen und Relationenmengen bilden:

- R: rel(U|F).

- $\mathfrak{Z}$R = {R.A | A $\in \mathfrak{Z}$ },
  $*\mathfrak{Z}$R: rel(U|$\mathfrak{Z}F^+ \cup \Sigma$), Σ = ?

- $\mathfrak{Z}$(U,F) = {R_A: rel(A|F^+.A) | A $\in \mathfrak{Z}$ },
  $*\mathfrak{Z}$(U,F): rel(U|$\mathfrak{Z}F^+$).

Die Zusammenhänge sind in dem folgenden Diagramm veranschaulicht.

(6.76)

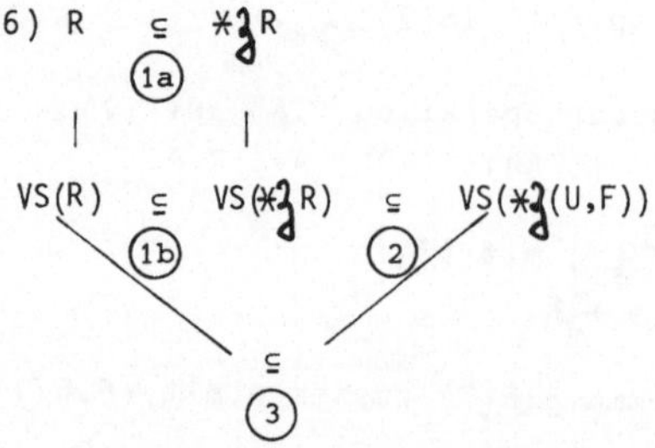

$$R \quad \subseteq \quad *\mathfrak{Z}R$$
$$\text{(1a)}$$
$$| \qquad\qquad |$$
$$VS(R) \;\subseteq\; VS(*\mathfrak{Z}R) \;\subseteq\; VS(*\mathfrak{Z}(U,F))$$
$$\text{(1b)} \qquad\qquad \text{(2)}$$
$$\subseteq$$
$$\text{(3)}$$

Gilt in 1a das Gleichheitszeichen, so ist $\mathfrak{Z}$ eine *verlustfreie* Zerlegung von U (englisch: *lossless join decomposition*; d.h. $\mathfrak{Z}$R ist eine Zerlegung von R mit "verlustfreiem Join"):

(6.77) $\mathfrak{Z}$ verlustfrei $\Leftrightarrow$ R = $*\mathfrak{Z}$R;

gilt in ③ das Gleichheitszeichen, so ist $\mathfrak{Z}$ eine *fA-erhaltende* Zerlegung von U (bezüglich F!), d.h. alle durch F gegebenen semantischen Integritätsbedingungen spiegeln sich in den Relationen R_A wider:

(6.78) $\mathfrak{Z}$ fA-erhaltend $\Leftrightarrow$ $\cup\mathfrak{Z}F^+ \sim$ F.

Aus (6.76) - (6.78) folgt nun unmittelbar (mit den obigen Bezeichnungen):

Lemma 6.14:

(1) $\mathfrak{Z}$ verlustfrei $\implies$ VS(R) = VS($*\mathfrak{Z}$R)
(2) $\mathfrak{Z}$ fA-erhaltend $\Leftrightarrow$ VS(R) = VS($*\mathfrak{Z}$R) = VS($*\mathfrak{Z}$(U,F)). $\square$

Anmerkung: In (1) gilt die Umkehrung i.a. nicht - vgl. etwa Beispiel 6.20.

Die Eigenschaften "verlustfrei" und "fA-erhaltend" bedingen sich nicht gegenseitig, es sind - wie die folgenden Beispiele zeigen - alle Kombinationen möglich.

Beispiel 6.19:

    LIEF: rel(PBL|PB→L, L→B);
    $\mathfrak{Z}$ = {PB, BL} ist weder verlustfrei noch fA-erhaltend.

"nicht verlustfrei":

    (p, 1, x), (q, 1, y) $\in$ LIEF^t
    $\implies$ (p, 1, y) $\in *\mathfrak{Z}$LIEF^t, aber $\notin$ LIEF^t.

"nicht fA-erhaltend":

    in LIEF: (PB)$^+$ = PBL, L$^+$ = BL
    somit: F$^+$.PB $\sim$ ∅, F$^+$.BL $\sim$ {L→B},
             PB→L $\notin$ (F$^+$.PB $\cup$ F$^+$.BL)$^+$. $\square$

<u>Beispiel 6.20</u>:

    LIEF: rel(PBL|PB→L, L→B);
    $\mathfrak{z}$ = {PL, BL} ist verlustfrei, aber nicht fA-erhaltend.

"verlustfrei":

$(p, b, 1) \in *_{\mathfrak{z}} LIEF^t$ (zu zeigen: $(p,b,1) \in LIEF^t$!)
$\Rightarrow$ $(p, 1) \in LIEF^t.PL$, also $(p,b',1) \in LIEF^t$ für ein b'
und $(b, 1) \in LIEF^t.BL$, also $(p',b,1) \in LIEF^t$ für ein p'
$\Rightarrow$ (wegen L→B in $LIEF^t$) b' = b, also $(p,b,1) \in LIEF^t$.

"nicht fA-erhaltend":

in LIEF: $(PB)^+ = PBL$, $L^+ = BL$
somit: $F^+.PL \sim \emptyset$, $F^+.BL \sim \{L→B\}$,
          $PB→L \notin (F^+.PL \cup F^+.BL)^+$. $\square$

<u>Beispiel 6.21</u>:

    R: rel(abcd | a→b, c→d);
    $\mathfrak{z}$ = {ab, cd} ist nicht verlustfrei, aber fA-erhaltend.

"nicht verlustfrei":

$R^t = \{(\alpha,\beta,\gamma,\delta), (\alpha',\beta',\gamma',\delta')\}$ (Zeitpunkt t)
$\Rightarrow (\alpha,\beta,\gamma',\delta') \in *_{\mathfrak{z}} R^t$, aber $\notin R^t$.
Es gilt hier aber: $VS(*_{\mathfrak{z}} R) = VS(R)$!

"fA-erhaltend":

    $F.ab \cup F.cd = F$. $\square$

<u>Beispiel 6.22:</u>

$\quad$ R: rel(vpaf | v$\to$paf, p$\to$f, a$\to$f);
$\quad \mathfrak{Z}$ = {vpa, vpf, af} ist verlustfrei und fA-erhaltend.

"verlustfrei":

$\quad (\alpha,\beta,\gamma,\delta) \in *\mathfrak{Z}R^t \quad$ (zu zeigen: $(\alpha,\beta,\gamma,\delta) \in R^t$!)
$\quad \Longrightarrow (\alpha,\beta,\gamma) \in R^t.vpa$, also $(\alpha,\beta,\gamma,\delta') \in R^t$
$\qquad (\alpha,\beta,\delta) \in R^t.vpf$, also $(\alpha,\beta,\gamma',\delta) \in R^t$
$\quad \Longrightarrow$ (wegen v$\to$f in R) $\delta' = \delta \implies (\alpha,\beta,\gamma,\delta) \in R^t.$

"fA-erhaltend":

$\quad$ F.vpa $\cup$ F.vpf $\cup$ F.af
$\quad$ = {v$\to$pa} $\cup$ {v$\to$pf, p$\to$f} $\cup$ {a$\to$f} = F. $\qquad\qquad\qquad$ $\Box$

DARSTELLUNG EINER RELATION DURCH EIN NF-SCHEMA

Wir können nun das am Ende von Abschnitt 6.5.1 grob dargestellte
Problem etwas genauer formulieren:

<u>Gegeben</u> sei eine Relation R: rel(U|F), F $\subseteq$ fdep(U).

<u>Gesucht</u> ist eine verlustfreie, fA-erhaltende Zerlegung $\mathfrak{Z}$ von U
$\qquad$ derart, daß das durch $\mathfrak{Z}$ definierte Schema ($\mathfrak{Z}$R oder auch
$\qquad \mathfrak{Z}$(U,F)) ein 3NF- oder ein BCNF-Schema (o.ä.) ist.

Eine Aussage darüber, in welchem Umfang dies möglich ist, macht
der folgende Satz.

<u>Satz 6.15:</u>

(1) Zu jeder Relation R: rel(U|F), F $\subseteq$ fdep(U), gibt es eine
$\qquad$ verlustfreie, fA-erhaltende Zerlegung $\mathfrak{Z}$ in ein 3NF-Schema.

(2) Die Aussage (1) gilt nicht für BCNF! $\qquad\qquad$ $\Box$

<u>Beweis:</u>

<u>zu (1):</u> durch Angabe eines Algorithmus (s. Abschnitt 6.5.4).

<u>zu (2)</u>:

Wir betrachten die bereits mehrfach erwähnte Relation

   LIEF: rel(PBL|PB → L, L → B),

von der wir wissen, daß sie keine BCNF-Relation ist. Eine BCNF-
Zerlegung kann also in jeder Teilmenge höchstens 2 Attribute von
PBL enthalten, also PB oder PL oder BL, und somit ist PB → L nicht
erfaßbar. □

Bevor wir auf entsprechende Zerlegungsalgorithmen eingehen, wollen
wir zunächst den Zusammenhang zwischen einem Datenbank-<u>Schema</u> und
<u>einer</u> Relation erörtern.

6.5.3 <u>Datenbank-Schemata, universelle Relation und Äquivalenz</u>

Betrachten wir die im vorangegangenen Abschnitt diskutierte Fragestellung etwas genauer, so gelangen wir zu folgenden Problemstellungen:

- <u>Gegeben</u> ist eine Attributmenge U und eine Menge funktionaler
  Abhängigkeiten $F \subseteq fdep(U)$, bzw. eine Relation $R: rel(U|F)$.

  <u>Fragen</u>: Wie kann man die Attribute aus U zu Relationen zusammenfassen ($\mathfrak{Z}(U,F)$; $\mathfrak{Z}$ Zerlegung von U)? Gibt es Beziehungen
  zwischen diesen Relationen, die sich durch eine übergeordnete,
  sogen. "universelle" Relation ausdrücken lassen? - In Abschnitt 6.5.2 bereits behandelt: in welcher Form läßt sich R
  in Teilrelationen zerlegen?

- <u>Gegeben</u> sind mehrere Relationen

  $$\mathcal{R} = \{R_i : rel(A_i | F_i) \mid i=1..k\},$$
  $$F_i \subseteq fdep(A_i) \quad (i=1..k).$$

  <u>Frage</u>: Gibt es eine "universelle" Relation $R: rel(U|F)$,
  bzw. Mengen U und $F \subseteq fdep(U)$, sodaß $\mathcal{R} = \mathfrak{Z}R$ bzw. $\mathcal{R} = \mathfrak{Z}(U|F)$?

Diese "Annahme einer universellen Relation" (englisch: *universal
relation assumption* - URA) ist ein in der Literatur sehr stark
und häufig auch kontrovers behandeltes Problem, das an dieser
Stelle nur kurz behandelt werden kann. Wir werden versuchen, dieses Problem dadurch zu lösen, daß wir in ein Datenbank-Schema

außer der Relationenmenge $\mathfrak{R}$ auch eine geeignete inter-relationale
semantische Integritätsbedingung σ aufnehmen, welche gerade den Zusammenhang der Schema-Relationen zu einer übergeordneten *universellen Relation* deutlich macht. Des weiteren ist dann die Frage zu
klären, welches Datenbank-Schema dasselbe Weltbild widerspiegelt
wie die vorgegebene (bzw. universelle) Relation R - d.h. die Frage
nach der *Äquivalenz* eines Datenbank-Schemas mit einer Relation R.

(URA) - DIE ALLGEMEINE *UNIVERSAL RELATION ASSUMPTION*

Die allgemeine Annahme einer universellen Relation (englisch: *universal relation assumption*) geht davon aus, daß es <u>eine</u> übergeordnete Relation gibt, zu der die Relationen eines Datenbank-Schemas
in einer gewissen, sehr engen Beziehung stehen, d.h. genauer: in
denen alle vorgegebenen funktionalen Abhängigkeiten (auf die wir
uns hier - der Kürze halber - beschränken wollen) gelten. Diese
Zusammenhänge können unterschiedlicher Natur sein, und es werden
in der Literatur auch durchaus kontroverse Meinungen vertreten.
Eine Zusammenstellung und Diskussion verschiedener Möglichkeiten
findet sich in [FMU80][1], eine übersichtliche Darstellung von
Nachteilen bei [Ken81]. Es gibt jedoch eine ganze Reihe weiterer
Arbeiten, die sich mit dieser Thematik befassen.

Für die weiteren Ausführungen gehen wir von folgenden generellen
Voraussetzungen aus:

(6.79) D: db(U;$\mathfrak{R}$|σ),

$\quad\quad\mathfrak{R}$ = {R_i: rel(A_i|F_i) | i=1..k},

$\quad\quad\mathfrak{z}$ = {A_1, ..., A_k},

$\quad\quad$U = $\cup A_i$, F = $\cup F_i$,

$\quad\quad\sigma$ zusätzliche spezifische (URA).

Wir betrachten verschiedene Formen der (URA) nach der Zusammenstellung in [FMU80] bzw. [Ull82] (soweit es sich um funktionale
Abhängigkeiten handelt).

---

[1] jedoch nicht mehr in [FMU82]; dafür in [Ull82], hier jedoch um zwei weitere
Versionen - die aber über funktionale Abhängigkeiten hinausgehen - erweitert.

(URSA) - die *universal relation schema assumption*

Diese geht davon aus, daß man beim Aufbau eines Informationssystems (d.h. einer Datenbank) für ein Unternehmen zunächst alle
Attribute (U) und funktionalen Abhängigkeiten (F) sammelt und dann
in ein Relationenschema einbringt:

(6.80) σ = (URSA):"rel(U I F) beschreibt die reale Welt."

Es gibt also ein *universelles Relationenschema*, aus dem man durch
beliebige Kombination von Attributen und Übertragung der in F^+ gel-
tenden funktionalen Abhängigkeiten relationale Schemata bilden
kann. Solche Zerlegungen $\mathfrak{z}$ sind dann naturgemäß fA-erhaltend, aber
zusätzlich gilt - im Gegensatz zu Beispiel 6.18(1) -, daß funktionale Abhängigkeiten zwischen denselben Attributmengen in verschiedenen Relationen der Zerlegung dieselbe semantische Bedeutung haben:

(6.81) $X, Y \subseteq U$: $\exists$ höchstens ein $X \rightarrow Y$ in D.

Diese Eigenschaft ist aber in der realen Welt häufig nicht erfüllt;
so kann etwa die funktionale Abhängigkeit

     Name $\rightarrow$ Ort

sowohl bei Kunden wie bei Lieferanten vorkommen, sodaß zu ein- und
demselben Namen zwei Orte gehören können (Namensgleichheit bei Kunden und Lieferanten). Eine Möglichkeit der Abhilfe ist die Umbenennung von Attributen oder die Einführung von Rollennamen:

     K-Name $\rightarrow$ K-Ort, L-Name $\rightarrow$ L-Ort.

Außerdem gibt es Beispiele dafür, daß, auch wenn sowohl $A \rightarrow B$ wie
$B \rightarrow C$ semantisch von Bedeutung sind, dies nicht auch für $A \rightarrow C$ gelten muß!

(UR/LJA) - die *universal relation/lossless join assumption*

Hier geht man von einer relationalen Datenbank D aus und nimmt an,
daß den Relationen der Datenbank eine verlustfreie Zerlegung (*lossless join*) einer universellen Relation R zugrundeliegt:

(6.82) σ = (UR/LJA):"$\mathfrak{z}$ verlustfreie Zerlegung von R."

Betrachten wir wieder Beispiel 6.18: dort ist (UR/LJA) sowohl für $\mathfrak{R}$ wie für $\mathfrak{R}'$ erfüllt, aber dennoch sind gewisse Widersprüche möglich. Bei der Bildung des Joins der Relationen werden diese Widersprüche gerade nicht erfaßt, sondern es werden nur solche Tupel verbunden, die bezüglich aller funktionalen Abhängigkeiten zusammenpassen. Betrachtet man als Wert der Einzelrelationen hingegen nur Projektionen ein und desselben Wertes einer universellen Relation, so entstehen solche Widersprüche natürlich nicht; dies ist Inhalt der (PURA).

(PURA) - die *pure universal relation assumption*

besagt, daß die Relationen der Datenbank D gerade die entsprechenden Projektionen einer universellen Relation R sind (zu jedem Zeitpunkt t):

(6.83) σ = (PURA):
     "$\exists$ Relation R: rel(U|F), sodaß $R.A_i = R_i$ (i=1..k)."

Die erste Folgerung ist die, daß es dann keine *dangling tuples* geben kann, obwohl diese in realen Systemen aber möglich sind. Hier schafft die Einführung von sog. *Nullwerten* eine gewisse Abhilfe - d.h. man führt ein spezielles Symbol ω als Attributwert ein, welches besagt, daß dieses Tupel (in R) bezüglich dieses Attributes keinen Wert annimmt. Allerdings müssen diese Nullwerte dann entsprechend in die Theorie eingeführt, die bisherigen Aussagen entsprechend modifiziert werden; dies kann durchaus zu gewissen Schwierigkeiten führen.

Ein weiteres Problem bei Zugrundelegen der (PURA) hängt damit zusammen, daß die (PURA)-Eigenschaft *zeitabhängig* ist (im Gegensatz sowohl zur (URA)- wie zur (UR/LJA)-Eigenschaft): angenommen, D hat einen Wert so, daß (PURA) gilt, und nun erfolgt eine Operation auf einer der Relationen R_i - gilt dann (PURA) immer noch? Diese Entscheidung ist im allgemeinen Fall nur sehr schwierig zu treffen. - Ein weiterer Nachteil ist auch der, daß die universelle Relation, genauer: ihr Wert zu einem bestimmten Zeitpunkt - nicht eindeutig durch die Werte der Datenbank-Relationen bestimmt ist. (Vgl. hierzu auch [Ken81]).

ÄQUIVALENZ VON DATENBANK-SCHEMATA

Man kann zwei Datenbanken D_1, D_2 als *im wesentlichen gleich* oder
äquivalent ansehen ("$D_1 \sim D_2$"), wenn sie zu jeder Zeit "dieselbe
Information" enthalten können. Wir beschränken uns hier - wie in
der Literatur auch meist üblich (vgl. die Zusammenstellung der
verschiedenen Definitionsmöglichkeiten in [BBG78]) - auf den Fall
der Äquivalenz einer Datenbank D mit einer Relation R, für die das
betreffende DB-Schema (etwa ein 3NF-Schema) konstruiert wurde; wir
beschränken uns außerdem auf funktionale Abhängigkeiten.

Wenn wir von einer *als existent vorgegebenen* Relation R ausgehen,
so können wir R ohne weiteres als universelle Relation für D ansehen; entsprechend der unterschiedlichen UR-Annahmen kann man
dann auch unterschiedliche Grade der Äquivalenz feststellen.

Es sei also

(6.84) R: rel(U|F), $F \subseteq$ fdep(U);
      D: db(U;$\mathbf{R}$|σ) mit
      $\mathbf{R}$ = {R_i: rel(A_i|F_i) | i=1,...,k}, $F_i \subseteq$ fdep(A_i),
      $\mathbf{Z}$ = {A_1, ..., A_k} Zerlegung von U;
      σ geeignet.

Wir wollen auf die in [BGG78] angegebenen verschiedenen Möglich-
keiten nicht direkt eingehen, da sie - genau besehen - zum großen
Teil nicht exakt definiert, sondern verbal umschrieben werden[1].
Wir begnügen uns daher mit den folgenden drei Definitionen:

• Äquivalenz im Sinne der (URSA):

(6.85)   D $\sim_1$ R :$\Longleftrightarrow$ $F_i \sim F^+.A_i$ (i=1,...,k) <u>und</u>
          $\mathbf{Z}$ fA-erhaltend.

   D.h. zu jedem Zeitpunkt t ist R insofern durch die R_i darstellbar, als jede Projektion von R ($R.A_i$) in R_i enthalten ist und

---

[1] Der mathematisch interessierte Leser, der sich mit der Materie der Relationentheorie befaßt, wird bestätigen können, daß es häufig sehr schwierig ist,
aus umgangssprachlichen Formulierungen eine mathematisch exakte Definition
herauszufiltern.

jedes R_i zusätzlich nur noch *dangling tuples* enthalten kann. Es können aber auch, wie Beispiel 6.1 zeigt, inkonsistente funktionale Abhängigkeiten zwischen existierenden Werten vorkommen.

- Äquivalenz im Sinne der (UR/LJA):

(6.86) $D \sim_2 R :\Longleftrightarrow *\{R = R$ (d.h. $\}$ verlustfrei).

R ist durch D darstellbar, wenn man von R als existent ausgeht und $R_i = R.A_i$ setzt.

- Äquivalenz im Sinne der (PURA):

(6.87) $D \sim_3 R :\Longleftrightarrow$ Abb. α: $VS(R) \rightarrow VS(D)$,
                       def. durch $\alpha(R) = \{R.A_i,\ldots,R.A_k\}$,
                       ist <u>bijektiv</u>.

Dies bedeutet, daß (zu jedem Zeitpunkt t) die Projektionen $R.A_i$ gültige Relationen R_i in D sind, und daß andererseits immer alle vorhandenen R_i als Projektionen einer möglichen Relation R darstellbar sind. (Es sei aber gleichzeitig nochmals auf die Entscheidbarkeitsprobleme bei Durchführung von Operationen in D verwiesen.)
Es läßt sich übrigens auch der folgende Zusammenhang zeigen (ohne Beweis):

(6.88) $D \sim_3 R \Longleftrightarrow D \sim_1 R$ <u>und</u> $D \sim_2 R$.

Man vergleiche zu diesen Aussagen auch [Lau82] und [Stu83].

6.5.4 <u>Algorithmen</u>

Algorithmen werden hauptsächlich benötigt, um auf das Vorhandensein einer bestimmten Normalform zu prüfen bzw. um eine Relation in ein entsprechendes NF-Schema zu zerlegen. Hierzu gibt es im wesentlichen zwei verschiedene Ansätze, nämlich die *Dekomposition* und die *Synthese*.

Dekompositionsalgorithmen gehen von einer

(6.89) bestehenden Relation R: $rel(U|F)$, $F \subseteq fdep(U)$,

aus, die durch Zusammenfassen geeigneter Attribute in ein relationales Schema D zerlegt wird. R ist dabei also eine semantisch sinnvolle Relation, die (PURA) gilt automatisch und ist sinnvoll. Die
Algorithmen liefern ein in vollem Sinne äquivalentes Schema:

(6.90) $D \sim_3 R$.

Der Dekompositionsansatz geht zurück auf Codd; Algorithmen dazu
- allerdings eher informeller Art - finden sich beispielsweise in
[Cdd72]. Wir wollen diese hier nicht weiter betrachten.

Synthesealgorithmen gehen davon aus, daß man eine

(6.91) Menge U von Attributen und eine
       Menge $F \subseteq fdep(U)$ funktionaler Abhängigkeiten

gesammelt hat und diese nun zu sinnvollen Relationen zusammenfassen
will. Die Algorithmen setzen allerdings voraus, daß alle Attribute
und funktionalen Abhängigkeiten in einer Relation sinnvoll sind:

(6.92) R: rel(U∤F) Abbild der realen Welt,

d.h. es gilt die (URSA). Die (PURA) wird zunächst nicht vorausgesetzt.

Der erste Synthesealgorithmus stammt von Bernstein [Ber76]; er war
allerdings noch nicht ganz korrekt, eine korrigierte Version er-
schien in [BeB79]. Dieser Algorithmus liefert ein 3NF-Schema D,
welches allerdings nur schwach äquivalent ist zu R:

(6.93) $D \sim_1 R$.

Erst durch eine Erweiterung von Biskup [BDB79] liefert der Algorithmus ein zu R in vollem Sinne äquivalentes 3NF-Schema D:

(6.94) $D \sim_3 R$.

In dieser letzten Version werden wir den Synthesealgorithmus weiter unten angeben.

DAS MEMBERSHIP-PROBLEM

Ein wichtiger Schritt des Synthesealgorithmus besteht in der Konstruktion nicht-redundanter Überdeckungen zu $F \subseteq fdep(U)$, wozu
wiederum geeignete Teilalgorithmen notwendig sind. Grundlage für

alle diese Algorithmen ist die Lösung des sogenannten *membership problems*, d.h. der Frage, ob eine spezielle funktionale Abhängigkeit aus einer Menge vorgegebener funktionaler Abhängigkeiten ableitbar ist:

(6.95) $F \subseteq fdep(U)$, $g \in fdep(U)$: $g \in F^+$?

Ein einfacher Algorithmus zur Lösung des Membership-Problems ist der folgende:

(6.96) gegeben: F, $X \to Y$;

berechne X^+ mit Algorithmus APLUS nach (6.40);

$(X \to Y \in F^+) \iff (Y \subseteq X^+)$.

Bei diesem Problem ist die Geschwindigkeit des Algorithmus aus dem Grunde von besonderer Bedeutung, da er beim Synthesealgorithmus sehr häufig aufgerufen werden muß.

EIN 3NF-SYNTHESEALGORITHMUS

Wir geben hier - der Vollständigkeit halber und beispielhaft - den Algorithmus in seiner endgültigen Version nach [BDB79] an. Wir wählen dabei die problembezogenen Datenstrukturen, auf Implementierungsmöglichkeiten braucht an dieser Stelle nicht weiter hingewiesen zu werden.

Zunächst noch zwei Bezeichnungen: wir nennen eine funktionale Abhängigkeit $f = A \to B \in F^+$ *reduziert*, wenn sie einfach ist (d.h. $f = A \to b$, $b \in U$) und keine *überflüssigen* Attribute auf der linken Seite enthält:

(6.97) $A' \subseteq A$, $A' \neq A \implies A' \to b \notin F^+$.

Um diese Reduktion durchzuführen, benötigt man wiederum den Algorithmus zur Lösung des Membership-Problems:

(6.98) bestimme A' minimal $\subseteq A$ mit $A' \to b \in F^+$.

Nun zum eigentlichen *Synthesealgorithmus SA*:

(6.99) Gegeben: U; $F \subseteq fdep(U)$; (URSA): $R:rel(U \mid F)$.

    (1) Mache alle $f \in F$ einfach.
        Ergebnis: $F' \subseteq fdep(U)$, $F' \sim F$, alle $f \in F'$ einfach.

(2) Entferne überflüssige Attribute der linken Seiten.
Ergebnis: $G \subseteq fdep(U)$, $G \sim F$, alle $g \in G$ reduziert.

(3) Finde nicht-redundante Überdeckung in G, d.h.:
konstruiere H minimal $\subseteq$ G mit $H \sim G$.

(4) Fasse funktionale Abhängigkeiten mit gleicher linker Seite
zu 1 Klasse zusammen.
Ergebnis: $H_i = \{A_i \rightarrow b \mid A_i \rightarrow b \in H\}$ (i=1..m).

(5) Konstruiere Relationen:
$$\mathcal{R}^- := \{R_i : rel(attr(H_i) \mid H_i) \mid i=1..m\}.$$

(6) Ergänze, falls notwendig, den Gesamtschlüssel von R, d.h.:
falls $A_i \rightarrow U \in F^+$ für ein i, dann: $\mathcal{R} := \mathcal{R}^-$;
sonst: bestimme $K \subseteq U$ mit $K \rightarrow U \in F^+$,
setze $\mathcal{R} := \mathcal{R}^- \cup \{R_0 : rel(K \mid \emptyset)\}$.

(7) Bilde Schema: $D : db(\mathcal{R} \mid \sigma)$.

Ergebnis: D 3NF-Schema mit $D \sim_3 R$. $\square$

Beispiel 6.23:

R: rel(vpaf | v → paf, p → f, a → f)
F': v → p, v → a, v → f
    p → f
    a → f
G = F'
H: v → p, v → a; - H_1
    p → f;   - H_2
    a → f   - H_3
v Schlüssel
$\mathcal{R}$ = {R_1: rel(vpa | v → pa);
     R_2: rel(pf | p → f);
     R_3: rel(af | a → f}. $\square$

<u>Beispiel 6.24:</u>

R: rel(abcd ⏐ a → b, c → d)
F = F' = G = H: a → b   - H_1
                c → d   - H_2
a,c kein Schlüssel; ac Schlüssel

$\mathfrak{R}$ = {R_1: rel(ab ⏐ a → b);
    R_2: rel(cd ⏐ c → d);
    R_3: rel(ac ⏐ ∅)}.   □

<u>Beispiel 6.25:</u>

LIEF: rel(PBL ⏐ PB → L, L → B)
F = F' = G = H: PB → L   - H_1
                L → B   - H_2

PB Schlüssel

$\mathfrak{R}$ = {R_1: rel(PBL ⏐ PB → L);
    R_2: rel(BL ⏐ L → B)}.

Man beachte R_1: L → B gilt nicht in R_1!   □

Anmerkung 1: Man beachte den Unterschied, wenn man in Algorithmus
(6.90) in Schritt (5) R_i ersetzt durch

    R_i':rel(attr(H_i) ⏐ F^+.attr(H_i))!

Anmerkung 2: Nach Schritt (4) kann man in einem Schritt (4a) noch
solche Klassen zusammenfassen, die äquivalente linke Seiten haben:
man wirft die H_i zusammen, nimmt die Äquivalenzen $A_i → A_j$ und
$A_j → A_i$ dazu und entfernt redundante Elemente. Auf diese Art erhält man ein 3NF-Schema mit minimaler Anzahl von Relationen. Wir
wollen hierauf aber nicht weiter eingehen.

Anmerkung 3: Für σ wird im allgemeinen implizit die (URSA) zugrunde
gelegt. Bei Verwendung des Algorithmus SA in der Form von (6.90)
genügt es jedoch, "σ=∅" vorzusehen, und dies ist u.U. auch sinnvoll, wie Beispiel 6.25 zeigt: die mehrfach erwähnten möglichen Anomalien in der Relation LIEF treten in D:db({R_1,R_2}⏐∅) nicht mehr
auf; eventuell nicht passende BL-Werte in R_1 werden durch $R_1 * R_2$
eliminiert.

In [Ber76] und [BeB79] fehlt Schritt (6), sodaß unter Umständen
der Schlüssel von R nicht in einer der Relationen von D ganz enthalten ist; dann gilt nur $D \sim_1 R$, d.h. D entspricht keiner ver-
lustfreien Zerlegung. Man betrachte Beispiel 6.24 bzw. 6.21: der
Synthesealgorithmus nach [BeB79] liefert nur die Relationen R_1 und
R_2; die zugrundeliegende Zerlegung ist wohl fA-erhaltend, aber
nicht verlustfrei.

In [Ber76] fehlt außerdem Schritt (1), sodaß die Überdeckung nach
Schritt (3) nicht einfach sein muß. Falls man in D die (URSA) for-
dert, muß dann D nicht notwendig ein 3NF-Schema sein, obwohl der
Algorithmus speziell zur Erstellung von 3NF-Schemata entwickelt
wurde. Man betrachte das folgende Beispiel.

<u>Beispiel 6.26:</u>

R: rel(abcxy | y → ab, y → x, x → ac)
Der Synthesealgorithmus nach [Ber76] liefert die beiden Relationen

R_1: rel(abxy | y → ab, y → x),
R_2: rel(acx | x → ac).

Dann ist a Nichtschlüsselattribut, aber wegen der (URSA) gilt
über R_2

y ⇄ x → a, also y ↦ a;

somit ist R_1 keine 3NF-Relation.   □

SCHLUSSBEMERKUNG

Die Untersuchungen, über die in diesem Kapitel berichtet wurde,
sehen wohl sehr theoretisch aus. Dennoch haben die Ergebnisse große Bedeutung für den systematischen, computerunterstützten Entwurf
von Informationssystemen; Werkzeuge dieser Art werden derzeit an
verschiedenen Stellen entwickelt. Die Ergebnisse sind zwar durch-
weg für Relationen formuliert, sie sind jedoch auch verwendbar
für Informationssysteme, die auf anderen Datenmodellen oder sogar
auf konventionellen Dateisystemen basieren.

7 PHYSISCHE DATENORGANISATION (INTERNE EBENE)

7.1 Das Entwurfsproblem

Nach der Definition des konzeptuellen Modelles durch den Unternehmensadministrator und der Erarbeitung notwendiger statistischer Information über geplante Anwendungen muß der Datenbankadministrator eine physische Datenorganisation festlegen, die sämtliche Informationen über alle konzeptuellen Entities und Beziehungen zwischen Entities enthält und dabei die Gesamtheit der Anwendungen möglichst gut unterstützt. (Dies geht - wie in Abschnitt 1.4.4 kurz angedeutet - in der Regel über den Umweg der Erstellung eines logischen Schemas. Da dieses logische Schema häufig sehr nahe an dem internen Schema liegt, gelten gewisse Aussagen, die wir im folgenden über die interne Ebene machen, bereits für die Erstellung des logischen Schemas - d.h. man kann für bestehende Datenbanksysteme häufig "Satz der internen Ebene" durch "Satz der logischen Ebene" ersetzen.) In diesem Kapitel werden Möglichkeiten der physischen Datenorganisation diskutiert.

Um mit der Datenbank arbeiten zu können, muß der Benutzer zwei *grundsätzliche Operationen* ausführen können:

- die *Auswahl von Entities* eines Typs, die bestimmte Bedingungen erfüllen (Selektion);
- das *Verfolgen von Beziehungen* zwischen Entities verschiedenen Typs (ausgehend von ausgewählten Entities eines Typs).

Es ist wesentliches Merkmal eines Datenbanksystems (gegenüber herkömmlichen File-Systemen), daß Entities verschiedenen Typs miteinander verbunden werden können. Selektion und die Auswertung von Beziehungen müssen in gewissem Umfang durch die physische Datenorganisation unterstützt werden, um ein vernünftig leistungsfähiges System zu erhalten; dabei hat der Datenbankadministrator sehr sorgfältig zu prüfen, welche Selektionen und welche Beziehungen zwischen Entities physisch unterstützt werden sollen. Diejenigen Selektionen und Beziehungen, die auf der Ebene der physischen Datenorganisation realisiert werden, bilden die *Zugriffspfade* des Datenbanksystems.

Ausgehend vom konzeptuellen Modell können wir folgende *groben Entwurfsschritte* für die physische Datenorganisation unterscheiden:

- In welcher Weise werden Entities auf interne Sätze abgebildet?

- Welche Zugriffspfade werden zu internen Sätzen eingerichtet?

- Welche Verbindungen werden zwischen internen Sätzen eingeführt?

Beim Entwurf einer konkreten Datenorganisation sind diese drei Fragen natürlich nicht streng getrennt behandelbar. Ein systematischer, mehrschichtiger Entwurfsprozeß muß vielmehr auf jeder Abstraktionsebene alle drei Fragen erfassen, um nicht das globale Optimum aus dem Auge zu verlieren. Wir werden deshalb gelegentlich Beziehungen zwischen Lösungen der drei genannten Probleme aufzeigen, zumal häufig dieselben Techniken sowohl zur Organisation von Sätzen als auch zur Realisierung von Beziehungen zwischen Sätzen eingesetzt werden können.

Wir gehen im folgenden davon aus, daß Datenbanksysteme generell *Sekundärspeicher mit wahlfreiem Zugriff* (wie Plattenspeicher, Trommelspeicher, auch Disketten u.ä.) verwenden. Geräteeigenschaften und technische Details werden nicht behandelt.

7.2 Interne Sätze

Der erste Schritt des Entwurfsprozesses für die physische Datenorganisation besteht darin, die Attribute der konzeptuellen Entities als Felder von Sätzen des internen Modells, den *internen Sätzen* [1], zu erfassen. Die durch Attributgruppierung gebildeten Sätze sind immer noch relativ abstrakte Konstruktionen (hier wird auch von "virtuellen Dateien" gesprochen, z.B. in [Scm76]; man kann sie ggf. auch als Sätze der logischen Ebene ansehen), für die in weiteren Verfeinerungsschritten dann die endgültige physische Realisierung entwickelt werden muß.

---

1) Wir reden hier auf der internen Ebene bewußt von "Sätzen" und nicht von Entities; vom Konzept her ist jedes Entity nur einmal vorhanden, wohingegen ein und derselbe Satz aus Effizienzgründen durchaus auch mehrfach vorkommen kann.

Auch ein interner Satztyp ist, ähnlich wie ein Entity-Typ, durch
Attribute gekennzeichnet, die hier aber in der Regel als *Felder* bezeichnet werden; Fremdschlüssel bzw. Zeiger zur Realisierung von
Beziehungen werden dabei ebenfalls als Attribute angesehen. Wir
können demnach die in Abschnitt 2.1.1 für Entity-Typen eingeführten Begriffe *Schlüssel*, *Primär-*, *Sekundärschlüssel* usw. in natürlicher Weise auf interne Satztypen übertragen.

7.2.1 Inhalt interner Sätze (Segmentierungsproblem)

Der Begriff des Entity legt es nahe, alle Attribute eines Entity
auch als Felder eines Satzes zu definieren. Daß dies aber nicht
immer vorteilhaft ist, wurde in Abschnitt 1.4.2 schon erwähnt (vgl.
Abb. 1.8 <u>a</u>): dort ist ein Beispiel für die Gruppierung von Attributen eines Entity-Typs in zwei internen Sätzen angegeben. Da die
Werte der selten benötigten Attribute lang sind, ist es nicht sinnvoll, sie bei jedem Zugriff auf die häufig benötigten Attribute mit
in den Arbeitsspeicher zu übertragen, d.h. es bietet sich an, zwei
interne Sätze zu bilden.
Obwohl interne Sätze praktisch meist aus Attributen <u>eines</u> Entity-
Typs bestehen (von Fremdschlüsseln zur Realisierung von Beziehungen
abgesehen), muß aber grundsätzlich auch die Gruppierung von Attributen verschiedener Entity-Typen in einem Satztyp möglich sein; so
kann es durchaus sinnvoll sein, einige Attribute des Projektleiters und einige Attribute des Projektes zu einem Satz zusammenzufassen.

Das Problem der Satzbildung, auch als *Segmentierungsproblem* [1] bezeichnet, kann grob etwa folgendermaßen formuliert werden:

- <u>Gegeben</u> ist eine Menge $A = \{a_1,\ldots,a_m\}$ von Attributen, eine
  Menge $P = \{p_1,\ldots,p_M\}$ von Anwendungsprogrammen, die diese Attribute (oder auch nur einen Teil davon) benötigen, sowie zu
  jedem Programm $p_j \in P$ die Häufigkeit h_j, mit welcher es (in
  einem bestimmten Zeitintervall) ausgeführt wird.

---

[1] Vgl. auch den Begriff "Segment" im Zusammenhang mit dem hierarchischen Datenmodell (Abschnitte 2.2.3 und 4.2). In anderem Zusammenhang bedeutet "Segmentierung" eine Unterteilung der gesamten Datenbank in als "Segmente" be-
zeichnete Teile mit bestimmten physischen Eigenschaften.

- <u>Gesucht</u> ist eine Zusammenfassung der Attribute zu Teilmengen
  ("Segmenten", d.h. internen Sätzen), so daß die gesamten Verarbeitungskosten minimal werden.

Die *Verarbeitungskosten* setzen sich dabei zusammen aus den Kosten
für den (gerätetechnischen) Zugriff auf die Sätze, den Kosten für
die Übertragung der Sätze aus dem Sekundärspeicher in den Hauptspeicher sowie den Kosten für die Speicherung der Sätze im Sekundärspeicher. Das Problem stellt ein komplexes kombinatorisches
Problem dar, für das verschiedene, hauptsächlich heuristische Lösungen vorgeschlagen wurden (vgl. [EiS76] und dort angegebene Literatur).

Bereits bei stark vereinfachenden Annahmen (etwa: nur ein Entity-
Typ; jedes Anwendungsprogramm benötigt bei jedem Durchlauf alle
Entities; Linearität der Kosten; redundanzfreie Segmentierung - bis
auf Zeiger - in nur zwei Segmente, etwa wie in Abb. 1.8) führt die
formale Behandlung dieses Problems zu komplizierten, nicht-linearen
Optimierungsproblemen, die nur schwierig exakt lösbar sind. Kenn-
zeichnend für das allgemeine Problem sind aber die folgenden Gegebenheiten, die die exakte Lösung des allgemeinen Problems um ein
Vielfaches schwerer, wenn nicht sogar unmöglich machen:

- mehrere Entity-Typen (insgesamt und für jedes Programm)
- Beziehungen zwischen Entities
- Segmentierung in mehrere Segmente pro Entity-Typ, evtl. sogar
- Anzahl der Segmente nicht vorgegeben
- nicht-redundanzfreie Segmentierung
- Blockung (mehrere Sätze pro physischem Block) mit Auswirkungen
  auf die Zugriffskosten
- Einführung von Wahrscheinlichkeiten auf verschiedenen Ebenen
  (benötigte Attribute, benötigte Sätze usw.)
- unterschiedliche Zugriffskosten aufgrund verschiedener Organisationsformen
u.a. Wie kompliziert solche Probleme gerade durch Einführung von
Wahrscheinlichkeiten werden können, zeigen z.B. auch die Untersuchungen in [Stu75].

Falls bei der Segmentierung die aus einem Entity gebildeten internen Sätze disjunkte Teilmengen der Entity-Attribute umfassen, kön-

nen Sätze entstehen, die keine identifizierende Attributkombination mehr enthalten; wir sprechen dann von *schlüsselfreien Segmenten*. In diesem Falle muß durch die Abspeicherung definiert sein, welche Sätze der verschiedenen Satztypen zusammengehören und die Information über ein bestimmtes Entity darstellen. Dies kann auf sehr verschiedene Arten realisiert werden, beispielsweise

- durch Verkettung zusammengehöriger Sätze (vgl. Abb. 7.1 _a_), wobei von dem Satz, der den Schlüssel enthält, auf das schlüsselfreie Segment verwiesen wird, oder

- durch die Wahl der Abspeicherung, etwa in der Weise, daß die Sätze in den betroffenen Dateien in der gleichen Reihenfolge stehen; hat man den Satz mit Schlüssel gefunden, so weiß man die Stelle ("interne Satznummer") der zugehörigen Sätze in den anderen Dateien (vgl. Abb. 7.1 _b_). Die Zugriffspfade sind in beiden Fällen für alle Satztypen, die zusammengehören, dieselben und werden also für das Entity als Ganzes definiert. Anders verhält es sich jedoch, wenn für das schlüsselfreie Segment beispielsweise ein "Index" (vgl. Abschnitte 7.4.5 bzw. 7.5.3) und somit ein eigener Zugriffspfad aufgebaut wird.

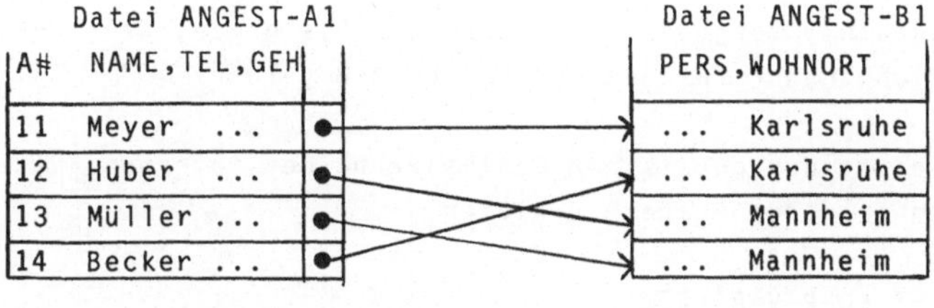

```
    Datei ANGEST-A1                    Datei ANGEST-B1
|A#  NAME,TEL,GEH|         |           PERS,WOHNORT        |

|11  Meyer  ...| •----------------→ |  ...  Karlsruhe      |
|12  Huber  ...| •          ↗       |  ...  Karlsruhe      |
|13  Müller ...| •      ↗           |  ...  Mannheim       |
|14  Becker ...| •                → |  ...  Mannheim       |
```

_a_. schlüsselfreie Segmentierung mit Zeigern

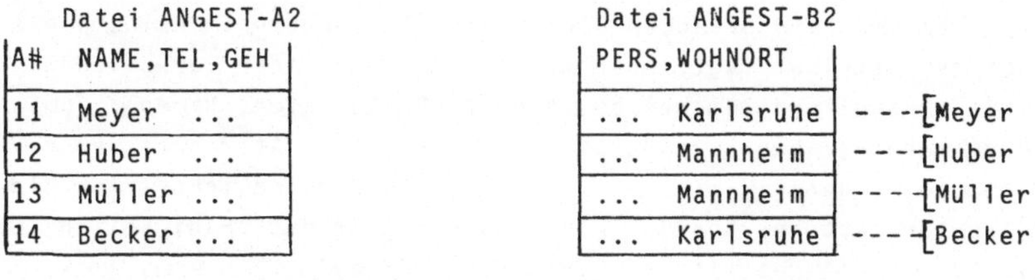

```
    Datei ANGEST-A2                    Datei ANGEST-B2
|A#  NAME,TEL,GEH |        |          PERS,WOHNORT         |

|11  Meyer  ...|                   |  ...  Karlsruhe |  ---[Meyer
|12  Huber  ...|                   |  ...  Mannheim  |  ---[Huber
|13  Müller ...|                   |  ...  Mannheim  |  ---[Müller
|14  Becker ...|                   |  ...  Karlsruhe |  ---[Becker
```

_b_. schlüsselfreie Segmentierung durch gleiche Reihenfolge

Abb. 7.1: Schlüsselfreie Segmentierung von ANGESTELLTER
           (vgl. Abb. 1.8)

Häufig ist es vorteilhaft, in verschiedenen Satztypen, die zu denselben Entities gehören, den Primärschlüssel zu wiederholen (vgl.
Abb. 1.8 _a_); wir sprechen dann von *Segmentierung mit Wiederholung
der Schlüssel*. In diesem Falle können die verschiedenen Satztypen
als unabhängig voneinander betrachtet werden, d.h. es können für
jeden Satztyp eigene Zugriffspfade (einschließlich der Adressie-
rungstechnik!) eingerichtet werden. Dies ist etwa dann sehr nützlich, wenn die verschiedenen Satztypen auf sehr unterschiedliche
Weise verarbeitet werden.

7.2.2 Realisierung interner Sätze

Sind die Inhalte der internen Sätze definiert, so muß deren physische Realisierung festgelegt werden. Natürlich können in Wirklichkeit Inhalt und physische Realisierung von internen Sätzen
nicht grundsätzlich streng nacheinander festgelegt werden. Beispielsweise hängt die zu wählende Segmentierung davon ab, wie Attributwerte abgespeichert werden (als vollständiger String von
Zeichen oder in codierter Form, z.B. KA statt Karlsruhe), usw.
Die hier angedeutete Vorgehensweise kann nur als grobe, sehr ver-
einfachende Richtschnur für den Entwurfsprozeß gelten.

Bei der Festlegung der physischen Realisierung der internen Sätze
sind vor allem folgende Fragen zu klären:

SATZLÄNGE: FEST ODER VARIABEL

Variable Satzlänge ergibt sich aus variabel langen Attributwerten.
Dies kann mehrere Ursachen haben: einmal kann ein im Prinzip ele-
mentares Attribut (vgl. Abschnitt 2.2.4) aus einer verschieden
großen Anzahl von Zeichen bestehen (z.B. Adressen, Namen); zum anderen kann es aber auch durch nicht-elementare Attribute verur-
sacht sein, deren Werte aus mehreren, unterschiedlich vielen Einzelwerten bestehen können (wie etwa das Attribut "Fähigkeiten" des
Entity-Typs "Angestellter"; vgl. Abb. 7.2 _a_).

Wir betrachten im folgenden nur den Fall unterschiedlich vieler
Einzelwerte mit konstanter Länge; für den Fall unterschiedlich

langer Werte elementarer Attribute sind einige der vorgestellten
Techniken jedoch in gleicher Weise anwendbar; desgleichen - in
komplexerer Form - im allgemeinen Fall unterschiedlich langer elementarer Einzelwerte nicht-elementarer Attribute.

Entscheidung feste/variable Satzlänge

Die Entscheidung für feste oder variable Satzlänge hängt von mehreren Faktoren ab. Für Sätze fester Länge spricht vor allem, daß sie
einfacher zu verwalten sind und daß spezielle schnelle Suchverfahren u.ä. verwendet werden können. Für die Verwendung variabel langer Sätze spricht demgegenüber die unter Umständen sehr große Einsparung an Speicherplatz sowie die Tatsache, daß bei festen Satzlängen die Sätze selbst evtl. sehr groß gemacht werden müssen; dies
kann sich wiederum ungünstig auf die Zugriffszeiten auswirken, da
bei gleicher Aufgabenstellung der zu durchsuchende Speicherbereich
bzw. die Zahl der zu übertragenden Speicherblöcke zum Aufsuchen
einer bestimmten Satzmenge größer wird. Hier muß in jedem Einzel-
fall eine gründliche Analyse aller Vor- und Nachteile durchgeführt
werden.

Vermeidung variabler Satzlänge

Bei endlichem Wertevorrat kann natürlich variable Satzlänge grundsätzlich vermieden werden, indem für ein Entity bezüglich jedes
möglichen Einzelwertes angegeben wird, ob es ihn besitzt oder
nicht (beispielsweise so, wie in Abb. 7.2 __b__ dargestellt).

Man sieht sofort, daß diese dargestellte Lösung große Nachteile
haben kann:sie kann einmal sehr inflexibel sein, nämlich dann,
wenn neue Einzelwerte zum Wertebereich hinzugefügt werden sollen,
zum anderen aber auch sehr speicheraufwendig, nämlich dann, wenn
es viele Entities und viele mögliche Einzelwerte gibt, von denen
aber jedes Entity im allgemeinen nur sehr wenige wirklich aufweist.

In diesem Fall kann eine zweite Möglichkeit, variable Satzlängen
zu vermeiden, günstig sein; diese besteht darin, eine Maximalzahl
von Einzelwerten für ein Attribut vorzusehen und gegebenenfalls
die Werteliste mit Blanks aufzufüllen (vgl. Abb. 7.2 __c__).

Grundsätzlich können natürlich variabel lange Sätze immer auf der
Basis von Sätzen fester Länge realisiert werden: der (variabel
lange) logische Satz wird physisch durch eine - z.B. miteinander
verkettete - Folge kleiner Sätze fester Länge dargestellt; der
letzte dieser physischen Sätze wird gegebenenfalls nur teilweise
genutzt.

	COBOL	APL	STENO	ENGL	RUSSISCH	(Fähigkeiten)
Ang 1	ja	-	ja	-	ja	
Ang 2	-	-	-	-	-	
Ang 3	-	-	-	ja	ja	

<u>a</u>. Angestellte mit unterschiedlich vielen Fähigkeiten

1	Name	COBOL	APL	STENO	RUSSI	ENGL
1	Name	1	0	1	0	1
2	Name	0	0	0	0	0
3	Name	0	0	0	1	1

1	Name	COBOL	STENO	RUSSI
1	Name	COBOL	STENO	RUSSI
2	Name	-	-	-
3	Name	ENGL	RUSSI	-

<u>b</u>. 0-1-Angaben für jeden Einzel-
wert bei jedem Angestellten

<u>c</u>. Maximalzahl von Einzelwerten
für jeden Angestellten

<u>Abb. 7.2:</u>   Darstellung nicht-elementarer Attribute in fester
Satzlänge

VARIABLE SATZLÄNGE: REALISIERUNGSMÖGLICHKEITEN

Betrachten wir nun den allgemeinen Fall, daß in einem Satz mehrere
solche nicht-elementaren Attribute vorkommen; die Einzelwerte sollen jedoch bei jedem Attribut feste Länge besitzen. Dann muß auf
irgendeine Weise festgehalten werden, welche Werte zu welchem Attribut gehören. Wir skizzieren dazu drei Lösungsmöglichkeiten:

Realisierung mit Längenangaben

In einem speziellen Feld (1 für jedes Attribut) wird angegeben, wieviele Werte das Attribut umfaßt (vgl. Abb. 7.3 <u>a</u>).

Realisierung mit Begrenzungssymbol

Ein spezielles Zeichen (z.B. *), das nur zu solchen Markierungszwecken verwendet wird, gibt an, wo die Werteliste eines Attributs zu Ende ist und die des nächsten beginnt (vgl. Abb. 7.3 <u>b</u>).

Realisierung mit Zeigern

Am Satzanfang wird für jedes in Frage kommende Attribut ein Zeiger eingerichtet; dieser Zeiger weist auf das erste Feld des zugehörigen Attributes, die Anzahl der Felder ergibt sich aus Feldlänge und Differenz zum nächsten Zeigerwert (vgl. Abb. 7.3 <u>c</u>).

ATTRIBUTE OHNE WERT

Es kann vorkommen, daß Attribute eines internen Satzes keinen Wert haben, d.h. daß der Attributwert nicht existiert. Dies ist etwa dann der Fall, wenn ein Entity-Typ und ein zugehöriger Subtyp (vgl. Abschnitt 2.1.2) durch <u>einen</u> internen Satztyp dargestellt werden. Man kann ein solches Attribut auf dieselbe Weise realisieren wie ein nicht-elementares Attribut - man weiß in diesem Fall zusätzlich, daß <u>ein oder kein</u> Attributwert vorhanden ist. Man kann aber auch einen speziellen, zusätzlichen Attributwert ω einführen, der gerade "nicht-existierend" bedeutet.

Davon zu unterscheiden sind "unbekannte" oder "noch nicht bekannte" Attributwerte; falls dies vorkommen kann, empfiehlt sich in jedem Fall die Einführung spezieller, zusätzlicher Attributwerte.

Diese gesamte Problematik wird unter dem Stichwort *Nullwerte* gerade in der Literatur über relationale Datenbanksysteme ausführlich diskutiert, da Nullwerte etwelcher Art die formale Behandlung von (funktionalen und anderen) Abhängigkeiten stark erschweren.

- 228 -

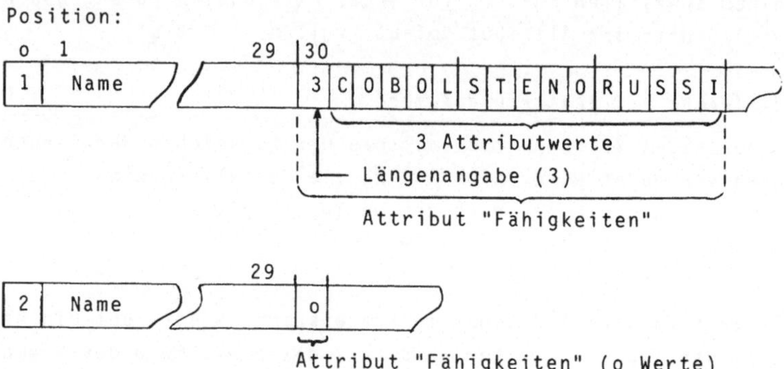

<u>a</u>. Realisierung mit Längenangaben

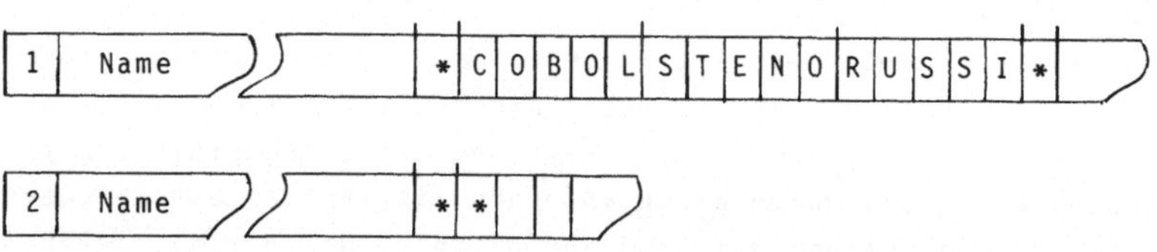

<u>b</u>. Realisierung mit Begrenzer-Zeichen *

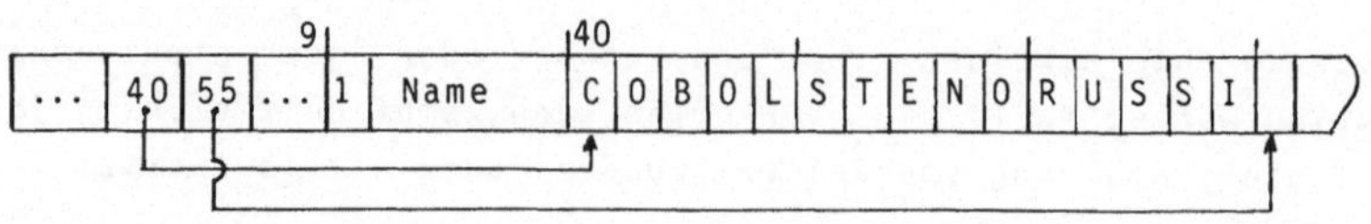

<u>c</u>. Realisierung mit Zeigern

<u>Abb. 7.3:</u> Realisierungsmöglichkeiten nicht-elementarer
Attribute bei variabler Satzlänge

MATERIALISIERUNG VON ATTRIBUTWERTEN

Virtuelle Felder

Nicht jeder Attributwert eines Entity muß unbedingt abgespeichert werden. Beispielsweise muß ein Wert (etwa NETTOGEHALT), der als Summe oder Differenz o.ä. anderer Attributwerte des Entity berechnet werden kann (NETTOGEHALT = BRUTTOGEHALT - ABZÜGE), nicht physisch im Satz vorhanden sein; er kann bei jedem Zugriff berechnet werden. Im allgemeinen spricht man in einem solchen Fall von einem "virtuellen" Feld; die Berechnungsvorschrift gehört zu den Transformationsregeln.

Faktorisierung (Materialisierung durch Zeiger)

In Fällen, in denen die Werte eines Attributes A lang sind und sich sehr oft wiederholen, können Faktorisierungstechniken vorteilhaft sein. Beispielsweise könnte man so vorgehen, daß jeder Wert aus dem Wertebereich von A genau einmal abgespeichert und im Satz mit einem Zeiger auf den zugehörigen Wert verwiesen wird (vgl. Abb. 7.4). Eine solche Lösung kann allerdings nur dann sinnvoll sein, wenn der Speicherbedarf von Zeigern kleiner ist als der der Attributwerte. Man beachte, daß als Nachteile sowohl größere Zugriffszeiten, um den ganzen Satz zu lesen, wie auch sehr aufwendiges Suchen bei Anfragen vom Typ "finde alle Sätze mit Wert von A = x" in Kauf zu nehmen sind. Um Anfragen der letzten Art zu realisieren, kann man Faktorisierung aber auch mit einer anderen Verzeigerungsstruktur realisieren (vgl. etwa Abb. 1.8 <u>c</u>).

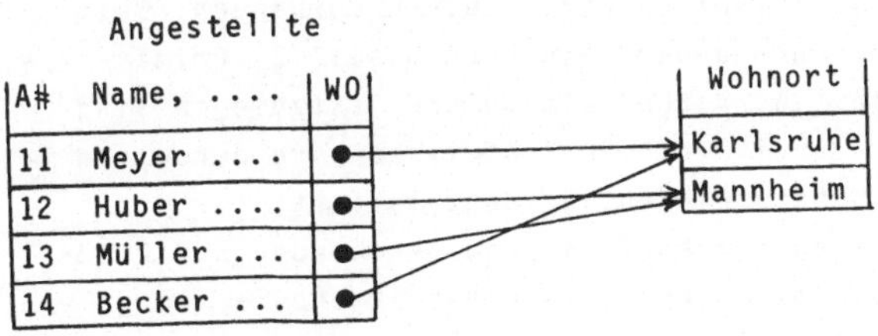

Abb. 7.4: Materialisierung von Attributwerten durch Zeiger

Codierung von Attributwerten

Sofern die Attributwerte lange Zeichenfolgen darstellen, kann es
vorteilhaft sein, diese zu codieren und z.B. statt "Karlsruhe" im
Satz nur "KA" abzuspeichern. Es muß dann natürlich eine Tabelle
existieren, die angibt, daß KA Karlsruhe bedeutet. Die notwendigen
Zugriffe auf diese Tabelle und der Aufwand zur Organisation einer
solchen Tabelle (vgl. auch Abschnitt 7.6) sind bei der Entscheidung über Anwendung von Codierungstechniken zu berücksichtigen.
Man beachte, daß Codierung außerdem auch eine Möglichkeit darstellt,
variable Satzlänge aufgrund unterschiedlich langer Werte elementarer Attribute zu vermeiden.

7.3 <u>Dateiorganisation: Speicherung und Zugriff</u>

7.3.1 <u>Speichermodell und Adressierungsformen</u>

DATEI/LOGISCHER SATZ/INTERNER SATZ

Unter einer Datei D verstehen wir im folgenden eine Ansammlung von
logischen Sätzen (Records) eines Typs; dabei ist "logisch" so zu
verstehen, daß der Satz genau die Information (d.h. Felder bzw.
Attribute) enthält, die das Anwendungsprogramm bzw. der Benutzer
sehen will, also ohne evtl. notwendige Verwaltungsinformationen.
Dabei werden die Sätze vom Benutzer mit ihrem Primärschlüssel oder
auch einem Sekundärschlüssel angesprochen, wobei wir i.f. keinen
Unterschied machen, ob ein Datenbanksystem oder nur ein Datei-
system zugrundeliegt. Beim erstmaligen Einfügen in die Datenbank
wird dabei der Primärschlüssel benutzt, sofern vorhanden. Beim
Wiederauffinden können auch andere "Suchschlüssel" S (Primär- oder
Sekundärschlüssel, die i.a. vorher als solche festzulegen sind)
verwendet werden. Ist dabei S ein Schlüssel, so wird durch den angegebenen S-Wert σ ein Satz eindeutig identifiziert; ist S kein
Schlüssel, so spricht man durch σ alle entsprechenden Sätze oder
aber den "ersten" bzw. "nächsten" - in einer irgendwie festgelegten Reihenfolge - an (wie es beispielsweise in COBOL der Fall ist).
Damit ist das Problem der Identifizierung eines Satzes auf der logischen, d.h. der Anwendungsprogramm-Ebene erledigt.

Wir gehen auf der hier betrachteten Ebene davon aus, daß die logischen Sätze einer Datei im wesentlichen eins-zu-eins abgespeichert werden; es kann lediglich noch gewisse Verwaltungsinformation
hinzukommen, die notwendig ist, um einen Satz aufgrund eines Schlüssels S auch möglichst effizient aufzufinden. Dieses physische Äquivalent eines logischen Satzes ist der interne Satz, über den wir
bereits in Abschnitt 7.2 gesprochen haben. Um nun aber einen solchen internen Satz aus dem Speicher wirklich zu finden bzw. den
Platz zu finden, wo er physisch abzuspeichern ist (beim erstmaligen Einfügen), muß man den Satz auch auf dieser physischen Ebene
identifizieren können, d.h. man muß seine "Adresse" kennen. Dazu
müssen wir uns etwas genauer mit dem Hintergrundspeicher, auf dem
Dateien gespeichert werden, selbst beschäftigen.

PHYSISCHER SPEICHER: SPEICHERRAUM, BLOCK-STRUKTUR

Die Übertragung von Daten zwischen Hintergrundspeicher (Magnetplat-
te, Floppy Disk u.a.) und Hauptspeicher geschieht bekanntlich in
Einheiten einer festen Länge, sog. *Blöcken* oder *Seiten* (englisch:
pages). Typische Blockgrößen sind je nach Typ des Hintergrund-
speichers derzeit bei Disketten (Floppy Disk) 128 Bytes, 256 B,
512 B oder aber bei Magnetplatten 1 KB, 2 KB, 4 KB oder auch mehr.
Wir gehen im folgenden davon aus, daß ein zu übertragender Block
nur Sätze einer Datei enthält und daß die Blockgröße für diesen
Satztyp fest und vorgegeben ist.

Wir betrachten den gesamten zur Verfügung stehenden physischen
Hintergrundspeicher als einen (Gesamt-)*Speicherraum* Φ, der entsprechend der physischen Gegebenheiten in Blöcke gleicher Größe
eingeteilt ist[1] : Diese Blöcke können wir uns durchnumeriert denken und erhalten so die

(7.1) *physischen Blocknummern*[2] 0 .. N-1 (bzw. 1 .. N).

---

[1] Auch wenn im praktischen Fall unterschiedliche Blockgrößen - sei es für verschiedene Dateien, sei es für verschiedene externe Geräte (z.B. Laufwerke) -
möglich sind, so bleiben die im folgenden gemachten Aussagen grundsätzlich
richtig; es sind lediglich an einigen Stellen geringfügige Modifikationen vorzunehmen.

[2] ".." bedeutet die PASCAL-Notation "von-bis" im integer-Bereich.

Jeder Block B kann durch seine physische Blocknummer $\pi(B)$ eindeutig identifiziert werden.

Die hardware-mäßige Ansteuerung des Blockes B durch das Betriebssystem geschieht durch die Angabe einer in der Form von dem speziellen Speichergerät abhängigen *physischen Adresse* $\varphi(B)$, etwa in der allgemeinen Form bei plattenähnlichen Speichergeräten durch

(7.2) $\varphi(B) = ($ Zylinder# , Spur# , Sektor# $)$,

wobei durchaus einer oder mehrere dieser Parameter entfallen können - so etwa bei Floppy Disk "Zylinder# " oder evtl. auch "Sektor#" (nämlich wenn nur eine ganze Spur gelesen werden kann). Eine meist noch vorhandene Geräte# wird vom Anwendungsprogramm oder vom Betriebssystem zusätzlich angegeben.

Wir gehen für das folgende davon aus, daß die Zuordnung

(7.3) $\pi(B) \mapsto \varphi(B)$

vom Betriebssystem übernommen wird. Falls wir daher im folgenden von der physischen Adresse eines Blocks sprechen, so ist damit die physische Blocknummer $\pi(B)$ - und nicht spezifisch $\varphi(B)$ gemeint.

DATEI-SPEICHERRAUM UND SATZADRESSIERUNG

Die einer Datei D zugewiesenen Blöcke des Speicherraumes Φ bilden den (Datei-)*Speicherraum* $\Phi(D)$ *der Datei* D. Dabei wollen wir hier nur den eigentlichen Datenteil von D (d.h. die Gesamtheit der internen Sätze) in Betracht ziehen; den Verwaltungsteil der Datei, in welchem generelle Angaben für das Betriebssystem - z.B. Parameter für gewisse Umrechnungen - enthalten sind, lassen wir hier außer Betracht.

$\Phi(D)$ kann aus aufeinanderfolgenden Blöcken bestehen, die in ihrer physischen Reihenfolge mit einer

(7.4) *relativen Blocknummern* $\pi_D(B)$ $(0..N_D-1$ bzw. $1..N_D)$,
      N_D = Anzahl der Blöcke für D,

durchnumeriert sind; die Blöcke können aber auch verstreut sein. In jedem Falle kann vom Betriebssystem eine i.a. *logische Reihenfolge* der Blöcke (gegebenenfalls durch Verkettung) aufrechterhalten und die Zuordnungen "relative/logische Blocknummer" - "physische Blocknummer" übernommen werden.

Die (internen) Sätze einer Datei D sind nun über die Blöcke des
Datei-Speicherraumes $\Phi(D)$ verteilt. Wir nehmen dabei im folgenden
vereinfachend an:

(7.5) Alle Sätze haben feste Länge.

(7.6) Die Satzlänge ist kleiner als die Blocklänge.

Dann enthält ein Block im allgemeinen mehrere Sätze; die maximal
mögliche Anzahl wird durch den *Blockungsfaktor* BF(D) angegeben:

$$(7.7) \quad BF(D) = \left[\frac{\text{Blocklänge}}{\text{Satzlänge}} \right] \quad (\text{beides etwa in Bytes}).$$

U.U. ist dabei auch bei maximaler Füllung eines Blockes dieser
nicht ganz belegt, was uns hier aber nicht weiter interessiert.

Jeder Block enthält also genau BF(D) Speicherplätze für Sätze von
D. Diese sogenannten *Satzspeicher*, bzw. die darin enthaltenen Sätze
können wir uns über alle Blöcke in ihrer logischen Reihenfolge hinweg durchnumeriert denken und erhalten so die

(7.8) *relativen Satznummern* [1]   (RSN) 0..M-1

$$\qquad\qquad (\text{bzw. } 1..M; \; M = N_D * BF(D)).$$

Dies entspricht der Durchnumerierung der Zeilen in einer Tabelle;
so wie es dort leere Zeilen geben kann, muß hier auch nicht jede
RSN einem vorhandenen Satz der Datei D entsprechen.

Einen Satz der Datei D - etwa identifiziert durch einen Wert s für
einen vorgegebenen Schlüssel S - bzw. den zugehörigen Satzspeicher
in $\Phi(D)$ kann man auf im wesentlichen zwei verschiedene Arten adres-
sieren:

---

[1] Andere Bezeichnungen und Abkürzungen dafür:
    interne Satznummer ISN, bzw. englisch:
    relative/internal record number RRN (COBOL!), IRN.

Alternative 1 der Satzadressierung:
durch Angabe der (physischen/relativen/logischen) Blocknummer
BN($). Nach Lesen des Blockes kann durch Nachprüfen im Haupt-
speicher (durch das DBMS oder ggf. das Betriebssystem, u.U. auch
durch das Anwendungsprogramm selbst) der Satz lokalisiert werden.
- Eine einfache Modifikation, die dieses Durchsuchen des Blockes
erübrigt, besteht darin, zusätzlich zur Blocknummer BN($) die
relative Satznummer $\rho(\delta)$ in diesem Block anzugeben; die möglichen
Werte für $\rho(\delta)$ sind also 0..BF(D)-1 bzw. 1..BF(D).

Alternative 2 der Satzadressierung:
durch Angabe der relativen Satznummer RSN($).
Aufgrund des Blockungsfaktors BF(D) (i.a. im Verwaltungsteil der
Datei enthalten oder sonstwie bekannt oder errechenbar) kann das
DBMS (bzw. das Betriebssystem bzw. das Anwendungsprogramm) die
Blocknummer BN($) sowie auch $\rho(\delta)$ errechnen und dann wie bei Al-
ternative 1 verfahren..

Alternative 2 hat, unabhängig von anderen Vor-/Nachteilen, gegenüber Alternative 1 den Vorteil einer größeren, physischen Datenunabhängigkeit: bei Änderung des Blockungsfaktors - sei es bei Wechsel des Speichermediums mit gleichzeitigem Wechsel der Blockgröße,
sei es bei nachträglicher Veränderung der Satzlänge - bleibt die
Adresse aller Sätze erhalten, es muß lediglich eine Änderung etwa
im Verwaltungsteil der Datei durchgeführt werden.

Falls die Voraussetzungen (7.5) und (7.6) nicht zutreffen, wir also variable Satzlänge und/oder blockübergreifende Sätze, sogenannte
spanned records haben, wird im wesentlichen die Adressierungsalter-
native 1 die adäquate Methode sein, wobei ggf. noch ein "Folge-
block" zu lesen ist. Wir wollen darauf hier aber nicht näher eingehen,

7.3.2 Speicherungs- und Zugriffsorganisation

DAS PROBLEM DER ADRESSIERUNG

Das erste Problem, das sich nun stellt, besteht darin, bei der
erstmaligen Abspeicherung eines Satzes in die Datenbank bzw. die

betreffende Datei einen geeigneten Speicherplatz zu finden; dazu
genügt es, entsprechend den Ausführungen in Abschnitt 7.3.1 eine
Blocknummer bzw. eine relative Satznummer für einen noch freien
Satzspeicher zu ermitteln. Dazu wird in der Regel ein Schlüssel S
vorgegeben sowie ein Verfahren, welches zu jedem neuen Schlüsselwert s - evtl. in Abhängigkeit von den schon vorhandenen Sätzen -
die Adresse adr(s) eines Speicherplatzes bestimmt:

(7.9) $s \mapsto$ adr(s).

Die damit einhergehende Organisationsform der Datei bezeichnen wir
als ihre *Primärorganisation*. Mit demselben Verfahren kann dann
auch ein vorhandener Satz, ausgehend von seinem Schlüsselwert s,
lokalisiert werden.

Diese Primärorganisation kann höchstens von *einem* vorgegebenen
Schlüssel S abhängen, da er den Ort bestimmt, an dem ein Satz
abgelegt wird; er wird daher auch als (interner) *Primärschlüssel*
bezeichnet.

Die Erstabspeicherung eines Satzes kann aber auch unabhängig von
einem internen Primärschlüssel erfolgen; in diesem Fall wird ein
auf der logischen Ebene eventuell vorhandener Primärschlüssel wie
jeder andere Sekundärschlüssel behandelt; darauf wollen wir im
folgenden kurz eingehen.

DAS PROBLEM DER SELEKTION

Das zweite Problem, das sich somit stellt, besteht darin, aufgrund
des Wertes s eines vorgegebenen Sekundärschlüssels S den Satz oder
die Sätze mit diesem Schlüsselwert zu finden (je nachdem, ob S
Schlüssel ist oder nicht). Eine einfache, aber i.a. ineffiziente
Möglichkeit besteht darin, *alle* Sätze der Datei daraufhin zu überprüfen. Die Selektion kann aber auch durch geeignete *Zugriffspfade*
unterstützt werden; unter Zugriffspfaden verstehen wir dabei zusätzliche Strukturen (Tabellen, Zeiger, Listen o.ä.), die ein
schnelles Wiederauffinden von Sätzen mit einem bestimmten S-Wert
ermöglichen. Die Zugriffspfade für Sekundärschlüssel haben keinen
Einfluß auf den Ort der Abspeicherung eines Satzes; sie dienen lediglich dazu, diesen Ort - d.h. die Adresse eines Satzes - möglichst
schnell aufzufinden. Die damit einhergehenden Organisationsformen

der Datei bezeichnen wir als ihre *Sekundärorganisation*.

In einer Datenbankumgebung ist das Vorhandensein einer bzw. mehrerer Sekundärorganisationen für eine Datei, d.h. für einen internen Satztyp, die Regel; der Benutzer bzw. das Anwendungsprogramm der externen Ebene soll jedoch mit Verwaltungsproblemen dieser Sekundärorganisationen nichts zu tun haben.

Anmerkung: Von der Organisationsform einer Datei (in COBOL: *ORGANISATION IS ...*) zu unterscheiden ist die Art der Verarbeitung der Sätze der Datei (in COBOL: *ACCESS IS ...*); allerdings hat die Organisationsform Auswirkungen auf die möglichen Verarbeitungsformen.

7.4 Verfahren der Primärorganisation von Dateien

7.4.1 Allgemeine Problemstellung

Die Primärorganisation dient vor allem dazu festzulegen, wie die internen Sätze abgespeichert werden, d.h. nach welchem Verfahren dem gerade aktuellen internen Satz ein Speicherplatz zugeordnet wird. Damit verbunden ist (bei Vorgabe eines internen Primärschlüssels) der Algorithmus zum Auffinden der Sätze.

Es sei im folgenden D eine Datei (Satztyp) mit Primärschlüssel S; falls kein Primärschlüssel vorgegeben ist, kann in gewissen Fällen die relative Satznummer an dessen Stelle treten. Mit AR(D) bezeichnen wir den zu $\Phi(D)$ gehörigen Adreßraum (als Menge von BN bzw. RSN), mit $adr(s)$ ($\in$ AR(D)) die zu dem Satz mit S-Wert s gehörige Adresse. Gesucht ist nun eine Vorschrift

$$(7.10) \quad f: s \mapsto adr(s)$$
$$(s \in dom(S), \ adr(s) \in AR(D)),$$

die zumindest jedem vorhandenen bzw. neu hinzukommenden S-Wert s die Adresse dieses Satzes zuordnet. Ist dabei $adr(s)$ eine Blocknummer, so muß noch - auf irgendeine Art - die relative Position $\rho(s)$ in diesem Block festgelegt werden. Die Werte $adr(s)$ und $\rho(s)$ sind i.a. nicht isoliert bestimmbar, sondern hängen meist von der Gesamtheit der vorhandenen S-Werte ab.

Die Vorschrift f ist so zu wählen, daß die Gesamtheit der auf den
Sätzen auszuführenden Operationen möglichst effizient (d.h. kosten-
günstig) abgearbeitet wird. Zu den zu betrachtenden Operationen gehören dabei die folgenden:

- lies/ändere den Satz mit Schlüssel s;
- füge den Satz mit Schlüssel s ein (= erstmaliges Abspeichern);
- lösche den Satz mit Schlüssel s

In allen Fällen handelt es sich zunächst um die Bestimmung von
adr(s) zu vorgegebenem s; im ersten und dritten Fall ist dabei ein
Satz mit Schlüssel s vorhanden, und in den beiden letzten Fällen
sind u.U. Folgewirkungen auf andere Sätze zu berücksichtigen.

In der Datenbankumgebung ist zur Bewertung von Datenorganisationen
noch folgende zusammengesetzte Operation von Bedeutung:

- finde alle Sätze des Satztyps (d.h. der Datei) S, gegebenenfalls
  in der Sortierfolge des Primärschlüssel (fortlaufende Verarbeitung oder auch Batch-Verarbeitung).

Die Vorschrift kann auf sehr viele unterschiedliche Arten reali-
siert werden; im folgenden wird ein Überblick über die wichtigsten
Organisationsformen gegeben, zur genaueren Diskussion einzelner
Organisationsformen muß auf die Literatur verwiesen werden.
Wir setzen im folgenden (7.5) und (7.6) als gegeben voraus.

7.4.2 Primärorganisation ohne Primärschlüssel

Es kann durchaus günstig sein, die Abspeicherung der Sätze unabhängig von einem Primärschlüssel durchzuführen, etwa

- *an beliebiger Stelle*, d.h. das DBMS (bzw. das Betriebssystem)
  sucht irgendwie/irgendwo (dem Benutzer unbekannt) einen freien
  Satzspeicher, oder

- *seriell*, auch als *entry sequenced* bezeichnet, d.h. der neu hinzukommende Satz wird als letzter Satz der Datei an die bereits
  vorhandenen Sätze angehängt; eine evtl. vorhandene Bedeutung der
  Reihenfolge des Einfügens (etwa wenn die Sätze vorsortiert sind)
  kann der Benutzer wohl ausnutzen, er muß sie aber explizit kennen.

In beiden Fällen kann man annehmen, daß das DBMS (oder das Betriebssystem) die RSN als Primärschlüssel ansieht und den aktuellen Wert nach den obigen Regeln vergibt.

Wird ein bestimmter Satz gesucht, so muß man den Suchschlüssel in jedem Fall als Sekundärschlüssel auffassen und mittels dem dafür eingerichteten Zugriffspfad auf den Satz zugreifen oder aber die Datei sequentiell durchsuchen.

7.4.3 <u>Sequentielle Organisation</u>

Bei der *sequentiellen Organisation* einer Datei (genauer vielleicht: "physisch sequentiell sortiert") werden die Sätze der Datei nach dem Primärschlüssel S sortiert aufeinanderfolgend in den Blöcken von $\Phi(D)$ (die selbst wiederum getrennt gespeichert sein können) abgespeichert. "Lücken", d.h. leere Satzspeicher sollten dabei grundsätzlich zugelassen werden.

Die sequentielle Verarbeitung einer solchen Datei ist natürlich bestens gewährleistet. Aber auch das Auffinden eines Satzes mit gegebenem S-Wert s ist durch Anwendung von binärem Suchen in den Blöcken von $\Phi(D)$ nicht sehr aufwendig: es genügen $O(\log_2 N_D)$ Zugriffe [1], wo N_D die Anzahl der Blöcke in $\Phi(D)$ ist; das Prüfen, ob der Satz in einem aktuellen Block enthalten ist, geschieht im Arbeitsspeicher und ist daher sehr schnell.

---

1) Die sog. *Landau-Symbole* O ("groß-O") und o ("klein-o") dienen dazu, das Wachstumsverhalten einer Funktion f (mit positiven Funktionswerten) für bestimmte Werte oder für die Annäherung an einen bestimmten Wert (z.B. für $n \to \infty$, wie in obigem Beispiel) durch das Wachstumsverhalten einer bekannten Funktion g darzustellen oder abzuschätzen:

$f(n) = O(g(n))$ (für $n \to \infty$) genau dann, wenn es eine Konstante $k > o$ gibt, so daß $f(n) < k \cdot g(n)$ (für $n \to \infty$, d.h. für $n > n_o$); d.h. es ist $f(n)/g(n) < k$ für $n > n_o$.

$f(n) = o(g(n))$ (für $n \to \infty$) genau dann, wenn $f(n)/g(n) \to o$ (für $n \to \infty$).

Das Einfügen (und evtl. das Löschen) können allerdings sehr aufwendig werden, wenn dabei Sätze über Blockgrenzen verschoben werden müssen; ist die Datei ohne Lücken gespeichert, so müssen im
Mittel M/2 Sätze bewegt werden (M = Anzahl der Sätze der Datei).
Bei Speicherung mit Lücken reduziert sich dieser Aufwand entsprechend.

In Datenbanksystemen spielt die rein sequentielle Organisation
keine Rolle, sondern es wird meist zusätzlich ein sogenannter
"Index" mit einbezogen, um das Zugriffsverhalten zu verbessern.

7.4.4 Der Begriff des Index

Bei vielen Organisationsformen ist es günstig, sich Informationen
über Schlüsselwerte und zugehörige Sätze in einem besonderen "In-
haltsverzeichnis", dem Index anzulegen.

Dabei verstehen wir unter einem *Index für ein Feld* S einer Datei D
eine spezielle Datei ("Indexdatei"), die im Prinzip Sätze der Form
$(s, adr(s))$ enthält - d.h. zu allen oder einer Auswahl von Schlüsselwerten s von S die Adresse des zugehörigen Satzes, und zwar hier
im allgemeinen eine Blocknummer. Dabei muß der Index nicht *vollständig* sein, d.h. er muß nicht alle Schlüsselwerte s enthalten.

Ist S der Primärschlüssel, so spricht man auch von einem *Primärin-
dex*. Ein Index läßt sich aber auch für jedes andere Feld bzw. jede
andere Feldkombination S anlegen; man bezeichnet ihn dann auch als
Sekundärindex. Ist insbesondere S kein Schlüssel, so kann man erlauben, daß ein Eintrag für einen S-Wert s mehrfach vorkommt - d.h.
zu jedem Satz mit diesem Schlüsselwert seine Adresse - oder aber
daß zu einem S-Wert s eine ganze Adreßliste ADR(s) eingetragen ist.
In jedem Fall enthält also der Index zu einem eingetragenen s eine
Information darüber, wo der Satz/die Sätze mit S-Wert s zu finden
sind.

Unter einem *mehrstufigen Index* für das Feld S der Datei D versteht
man eine Folge von Indexen I_1, I_2, ..., I_k, wobei I_1 Index für S
über D und I_j (j = 2..k) Index für S über I_{j-1} ist ("k-stufiger
Index", wenn k fest vorgegeben).

7.4.5 Index-sequentielle Organisation

Im allgemeinen ist die Adresse eines Satzes (RSN oder BN) im Anwendungsprogramm nicht bekannt, auch wenn der Wert s des Primärschlüssels S bekannt ist. Für die Suche nach einem bestimmten Satz
ist es wesentlich, die Zahl der Übertragungen von Blöcken in den
Arbeitsspeicher niedrig zu halten.

Eine häufige Organisationsform ist deshalb die *index-sequentielle*
Dateiorganisation: Die Sätze werden dabei - wie bei der sequentiellen Organisation - nach dem Primärschlüssel S sortiert gespeichert,
aber zusätzlich wird ein (u.U. mehrstufiger) Index angelegt, der zu
jedem Block i der Datei (i = 0..N_D-1; logische Blockreihenfolge!)
genau einen Eintrag der Form

$$(7.11) \quad (s^i, g_i); \quad s^i = \text{höchster S-Wert in Block i}$$
$$g_i = adr(s^i)$$

enthält[1]. Der Index selbst ist nach aufsteigenden S-Werten sortiert,
somit entspricht der i-te Eintrag auch dem i-ten Block in der logischen Blockreihenfolge. (Falls diese der physischen Blockreihenfolge
entspricht, so kann dabei adr(s^i) auch entfallen; aber in der Praxis
wird dies selten der Fall sein.)

Beispiel 7.1:

Wir betrachten eine Angestelltendatei ANGEST für maximal 2048 Angestellte. Der Speicherraum von ANGEST bestehe aus 64 aufeinanderfolgenden Blöcken zu je 32 Sätzen; die logische Blockreihenfolge
brauche aber nicht mit der physischen übereinzustimmen. Die Datei soll
index-sequentiell organisiert werden, mit NAME als Primärschlüssel
und der relativen Blocknummer als Satzadresse. Dann ergibt sich etwa das in Abb. 7.5 gezeigte Bild; wir gehen dabei davon aus, daß
zur Zeit nur rund 1000 Angestellte vorhanden sind, also jeder Block
nur etwa zur Hälfte belegt zu sein braucht und einige auch ganz leer
sein können. $\square$

---

1) Alternativ kann auch generell "s_i - niedrigster S-Wert in Block i" gewählt
   werden; die Verfahren sind geringfügig unterschiedlich.

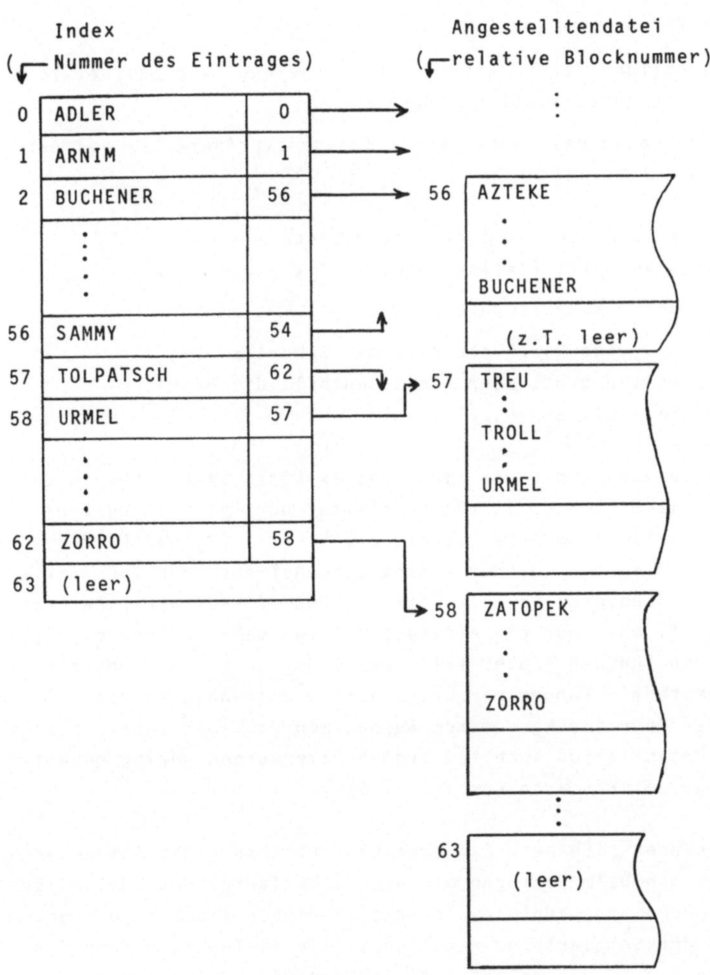

Abb. 7.5: Index-sequentielle Organisation der Angestelltendatei

Der Zugriff auf einen Satz kann nun über zwei verschiedene Zugriffspfade erfolgen:

- unter Ausnutzung der sortierten Abspeicherung, wie bei der rein
  sequentiellen Organisation, oder

- unter Verwendung des Index nach folgenden Verfahren (s sei der
  vorgegebene S-Wert):

(1) Suche im Index den zu s gehörigen Block i.
    (Für diesen gilt: (falls i > 0: s^{i-1} <) $s \leq s^i$.)

(2) Lies Block i mittels Adresse g_i.

(3) Suche in diesem Block den Satz mit S-Wert s
    (falls es ihn gibt; wenn nicht, enthält die Datei
    keinen Satz mit Schlüssel s).

Der Gesamtaufwand zum Lesen eines Satzes setzt sich dabei folgendermaßen zusammen: Schritt (3) beinhaltet nur (z.B. sequentielle
oder binäre) Suche im Arbeitsspeicher, Schritt (2) beinhaltet einen
Zugriff auf die Datei D; der wesentliche Aufwand kann von Schritt (1)
herrühren: in unserem Beispiel ist ein Zugriff auf den Index notwendig (evtl. aber nur ein einziges Mal für mehrere Lesevorgänge),
bei größeren Indexen - d.h. falls der Index selbst aus mehreren
Blöcken besteht - können mehrere Zugriffe notwendig werden. Die Anzahl dieser Zugriffe kann durch Aufbau mehrstufiger Indexe bei geeigneter Organisation auch bei großen Datenmengen gering gehalten
werden (vgl. hierzu auch Abschnit 7.6).

Probleme können sich beim Einfügen bzw. Löschen eines Satzes ergeben. Hat man beim Einfügen mit obigem Verfahren den zuständigen
Block gefunden, so kann man den Satz in diesen Block an die entsprechend der Sortierfolge richtige Stelle einfügen, sofern der
Block noch nicht voll belegt ist. Ist der Block hingegen schon voll
belegt, so kann man

- <u>entweder</u> einen sogenannten "Überlaufblock" anhängen, auf den man
  vom ursprünglichen Block aus verweist (wie übrigens auch bei der
  rein sequentiellen Organisation); dabei sind sehr unterschiedliche Formen der Behandlung von Überläufen mittels "Überlaufblöcken"
  denkbar;

- <u>oder</u> man kann den Block teilen, d.h. zwei neue, etwa gleichgroße,
  logisch aufeinanderfolgende Blöcke bilden; zusätzlich muß der Index entsprechend korrigiert (ergänzt) werden.

Diese zweite Vorgehensweise wird im Zusammenhang mit Datenbanksystemen bevorzugt; dazu wurden auch spezielle Organisationsformen
für Indexe entwickelt (vgl. auch hierzu Abschnitt 7.6), mit denen
sich auch ähnliche Probleme beim Löschen - wenn beispielsweise ein
Block ganz leer wird - lösen lassen.

<u>Anmerkung:</u> Der Begriff "index-sequentiell" wird in Fachliteratur
und Praxis nicht einheitlich verwendet. Häufig versteht man darunter einfach eine Dateiorganisation mit Index, bei dem die Schlüsselwerte in sortierter Reihenfolge im Index enthalten sind, ohne dasselbe auch für die Daten zu fordern; vgl. dazu auch die "invertierte Dateiorganisation" in Abschnitt 7.5.3.

7.4.6 <u>Hash-Organisation</u>

Der Grundgedanke bei der *Hash-Organisation* für eine Datei D mit
Primärschlüssel S ist der, daß die Speicheradresse adr(s) für einen
Satz aus dessen Primärschlüssel S berechnet wird: eine sog.

(7.12) *Hash-Funktion* h: dom(S) → AR(D)

ordnet jedem möglichen Primärschlüssel s eine Satzadresse h(s)
(Satz- oder Blocknummer) zu. Die Sätze werden auf diese Weise über
einen vorgegebenen Speicherbereich verstreut, daher auch *Streuspei-
cherung mit Hash-Verfahren*. Da die Adresse des Satzes über die Hash-
Funktion bekannt ist, ergibt sich im Prinzip ein sehr schneller direkter Zugriff auf die Sätze.

Eine sehr einfache und wohl die gebräuchlichste Hash-Funktion bei
numerischem Schlüssel ist das sog. *Divisions-Rest-Verfahren*: Besteht AR(D) aus den n Speicherplätzen o..n-1, so lautet die Hash-
Funktion:

(7.13) h(s) = s modulo n,

d.h. h(s) ist der Rest, der sich bei der ganzzahligen Division von
s durch n ergibt. In der Literatur werden eine Reihe anderer Hash-
Funktionen vorgeschlagen, die jedoch hier nicht behandelt werden

sollen. Die Hash-Funktion hat natürlich großen Einfluß auf das Ge-
samtverhalten der Dateiorganisation und muß sehr sorgfältig entsprechend den Gegebenheiten der speziellen Anwendung ausgewählt
werden.

Da für die Abspeicherung der Sätze ein möglichst kleiner Speicherplatz reserviert werden soll, gilt im allgemeinen

$$(7.14) \quad \# \, dom(S) \gg M \; (= N_D * BF(D)), \; ("\gg" \text{ bedeutet "sehr groß gegenüber")}$$

so daß sog. *Kollisionen* zu erwarten sind: der einem neu hinzukommenden Schlüssel durch h zugewiesene Speicherbereich - Satzspeicher
oder Block - ist bereits belegt. Die Behandlung solcher Kollisionen
stellt ein wesentliches Unterscheidungsmerkmal der verschiedenen
Hash-Verfahren dar; die üblichen Methoden sind (auch abhängig davon,
ob die Hash-Funktion Satz- oder Blocknummern zuordnet):

- Abspeicherung in separaten Überlauf-Bereichen;
- Abspeicherung im ersten freien Speicherplatz nach dem durch
  die Hash-Funktion h bestimmten Platz $h(s)$;
- Abspeicherung im ersten freien Speicherplatz aus einer Folge
  von Speicherplätzen, deren Adressen über Zufallszahlen berechnet
  werden (der Schlüssel ist die Eingabe für den Zufallszahlengene-
  rator);
- zusätzliche Verwendung einer zweiten Hash-Funktion, u.a.m.

Für den Fall, daß Kollisionen sehr häufig sind, muß man u.U. mit
großem zusätzlichem Aufwand beim Suchen eines vorhandenen Satzes
(Nachvollziehen des Abspeicherungsvorganges!), beim Entfernen (Be-
achtung, daß evtl. Ketten nicht unterbrochen werden) sowie auch für
aus diesen Gründen notwendig werdende Vorgänge der Reorganisation
der Datei rechnen.

7.5   Verfahren der Sekundärorganisation von Dateien

Für das folgende sei

- D eine Datei der internen Ebene,
- S der (interne) Primärschlüssel,
- X die Menge der konkret vorhandenen Sätze.

Die Primärorganisation der Datei D bezüglich S ist auf irgendeine, hier nicht weiter interessierende Weise fest vorgegeben; alle Verfahren der Sekundärorganisation greifen auf sie zurück, sie kann aber selbst nicht von diesen beeinflußt werden.

7.5.1 Typische Fragestellungen

Wir betrachten zunächst einige typische Probleme, die mit der Primärorganisation allein nicht - oder zumindest nicht gut genug - zu lösen sind. Ein Teil dieser Fragestellungen tritt bereits in üblichen Dateisystemen auf und ist dort mehr oder weniger gut gelöst, ein anderer Teil wird erst im Zusammenhang mit Datenbanksystemen interessant.

ZUGRIFF ÜBER BELIEBIGE SCHLÜSSEL

Neben dem Primärschlüssel wird es häufig noch andere Schlüssel geben, über die man auf die Sätze der Datei zugreifen will. Für diese Nichtprimär-Schlüssel muß man dann zusätzliche Zugriffspfade einführen, die nicht den Ort der Abspeicherung eines Satzes beeinflussen. Im wesentlichen sind dies

- Index-Organisationen, insbesondere wenn der direkte Zugriff auf den Satz, ausgehend vom Schlüsselwert, notwendig ist, sowie
- Listen-Organisationen (d.h. Verkettung von Sätzen), insbesondere wenn Sätze nur oder im wesentlichen in Schlüsselreihenfolge verarbeitet werden sollen.

AUSWAHL VON SATZMENGEN ÜBER BELIEBIGE SEKUNDÄRSCHLÜSSEL

Für Datenbanksysteme ist es typisch, daß Anfragen häufig über Sekundärschlüssel, die nicht Schlüssel sind, formuliert werden, z.B. "Finde alle Angestellten aus Abteilung 1o, die an Projekt P oder Q mitarbeiten". Um bei Anfragen dieser Art nicht ganze Dateien durchsuchen zu müssen, müssen zusätzlich zu den Zugriffspfaden für Primärschlüssel und Schlüssel auch solche für allgemeine Sekundärschlüssel eingeführt werden. Im Unterschied zu einem Zugriffspfad für Schlüssel führt das Suchen über Zugriffspfade für allgemeine Sekundärschlüssel i.a. nicht zu höchstens einem Satz, sondern - in Abhängigkeit vom Schlüsselwert - zu einer unterschiedlich großen Anzahl von Sätzen.

Das allgemeine *Sekundärschlüssel-Problem* läßt sich dann folgendermaßen formulieren:

- <u>Gegeben</u> ist ein Sekundärschlüssel A mit Wertebereich dom(A).

- <u>Gesucht</u> ist eine Datenorganisation derart, daß für jedes $w \in dom(A)$ die zugehörige Satz- bzw. Primärschlüsselmenge

$$(7.14) \quad X_{A,w} := \{x \in X \mid x.A = w\} \ (\text{bzw. } S_{A,w} \subseteq dom(S))$$

auf möglichst einfache Weise gefunden wird. "Auf einfache Weise" heißt insbesondere, daß zum Auffinden von $X_{A,w}$ bzw. $S_{A,w}$ möglichst keine Sätze x gelesen werden müssen, für die $x.A \neq w$ ist.

Zugriffspfade für Sekundärschlüssel, auch abkürzend *sekundäre Zugriffspfade* genannt, können auf unterschiedliche Weise implementiert werden. Wir können zwei grundsätzliche Vorgehensweisen bei der Implementierung unterscheiden:

- Trennung sekundärer Zugriffspfade von Sätzen; dies führt, wie bei beliebigen Schlüsseln, zu speziellen Index-Organisationen (insbesondere "Invertierung").

- Einbettung sekundärer Zugriffspfade in die Sätze; dies führt zu Listen-Organisationen, wobei man - da man es in diesem Fall mit mehreren Listen über einer Datei zu tun hat - auch von "Multilist-Strukturen" spricht. (Im allgemeinen geht mit Multilist-Strukturen auch eine gewisse Index-Organisation einher.)

AUSWAHL VON SATZMENGEN ÜBER BELIEBIGE ZUSAMMENGEHÖRIGKEITEN

Es ist im Bereich von Datenbanksystemen auch durchaus von Interesse, Teilmengen X' von Sätzen der Datei zusammenhängend zu verarbeiten, wie etwa (bei CODASYL-Datenbanken) die Member-Sätze, die zu einem Set gehören, oder alle Sätze einer Datei, die eine ganz bestimmte Eigenschaft erfüllen (z.B. ANGESTELLTE mit BERUF = PROGRAMMIERER).

Als Zugriffshilfsmittel eignen sich hierzu einmal

- Tabellen, in denen alle betreffenden Satznummern oder Primärschlüssel enthalten sind (dies kann als ein Spezialfall eines
  Index angesehen werden), sowie insbesondere

- Listen-Organisationen, wobei es sich - je nachdem, ob eine bestimmte Reihenfolge ("ORDER IS ..."!) vorgeschrieben ist oder
  nicht, um "sortierte" oder "unsortierte" Listen handelt.

Wir werden diese hier angesprochenen Verfahren zur Sekundärorganisation von Dateien im folgenden ausführlicher besprechen.

7.5.2 Sekundärorganisation mit Listen

In diesem Abschnitt betrachten wir die Listen-Organisation (d.h.
eine einzelne Liste als Zugriffspfad) und Multilist-Strukturen.

7.5.2.1 Listen-Organisation

In einer *Liste* werden die zusammengehörigen Sätze durch *Zeiger* miteinander verkettet. Ist die Reihenfolge in der Liste vorgeschrieben
(etwa aufsteigend nach den Werten eines Sortierfeldes), so handelt
es sich um eine *sortierte Liste*, im anderen Fall um eine *unsortierte* (oder: *nicht sortierte*) *Liste*.

Unabhängig von der Verteilung der Sätze über den Speicher erhält
man beim Durchlaufen der Liste eine geschlossene logische Datei,
so daß eine sequentielle Verarbeitung u.U. effizient durchgeführt
werden kann.

SORTIERTE LISTE

Der Nachteil solcher Listen ist offensichtlich: um einen Satz mit
gegebenem Sortierschlüssel zu finden, sind in einer Liste der
Länge n im Mittel (n+1)/2 Sätze zu lesen (bei gleicher Wahrscheinlichkeit für alle Sätze in der Liste); dies gilt im Prinzip auch,
wenn der Satz nicht in der Liste enthalten ist. Dies kann sich be-

sonders dann sehr ungünstig auswirken, wenn sich durch Löschen und
Hinzufügen von Sätzen die Liste im Laufe der Zeit sehr ungünstig
über die Speicherblöcke erstreckt in dem Sinn, daß Zeiger viel
häufiger Blockgrenzen überschreiten, als notwendig wäre. Im Beispiel von Abb. 7.6 sieht man, daß zum Durchsuchen der Liste nach
den .Veränderungen - sofern im Internspeicher nur ein Puffer für
einen Block verfügbar ist - insgesamt 6 Sekundärspeicherzugriffe
notwendig sind anstelle von nur 3 Zugriffen bei "optimaler" Zuordnung der Sätze auf die Blöcke. Diese optimale Satzzuordnung ist
aber auch durch Reorganisation i.a. nicht zu erhalten, sofern nämlich die Primärorganisation dem entgegensteht.

UNSORTIERTE LISTEN

Lesen eines bestimmten, irgendwie vorgegebenen Satzes benötigt
auch hier im Mittel $(n+1)/2$ Zugriffe auf Sätze der Liste - allerdings nur, wenn der Satz auch in der Liste enthalten ist. Da bei
unsortierten Listen aber Reorganisation allein durch Umlegen von
Zeigern möglich ist - wodurch ja die Primärorganisation nicht beeinflußt wird, kann die Anzahl der Zugriffe auf den Externspeicher
wesentlich reduziert werden (vgl. Abb. 7.6 _c_).

Diese Überlegungen gelten, wenn auf alle Sätze mit derselben Wahrscheinlichkeit zugegriffen wird. Ist dies nicht der Fall, so ergeben sich weitere Optimierungsmöglichkeiten durch Berücksichtigung
der Häufigkeiten, mit welchen auf die einzelnen Sätze zugegriffen
wird. Eine wirkungsvolle Methode ist etwa die folgende: Für jeden
Satz wird festgehalten, wie oft er verwendet wird (z.B. durch einen
Zähler im Satz); sobald der Zähler einen bestimmten Wert erreicht,
wandert der Satz in der Liste um eine Position weiter nach vorne,
also zum Listenanfang hin. Dies geschieht wieder durch Umlegen von
Zeigern. Diese laufende Reorganisation bewirkt, daß häufig benötigte Sätze am Listenanfang, selten benötigte aber am Listenende
stehen, so daß die mittlere Zahl der Zugriffe zum Auffinden eines
Satzes bei Berücksichtigung der Zugriffshäufigkeit minimiert wird.

Listen finden übrigens auch Verwendung zur Realisierung von Beziehungen zwischen verschiedenen Satztypen; darauf werden wir später noch genauer eingehen (vgl. Abschnitt 7.7).

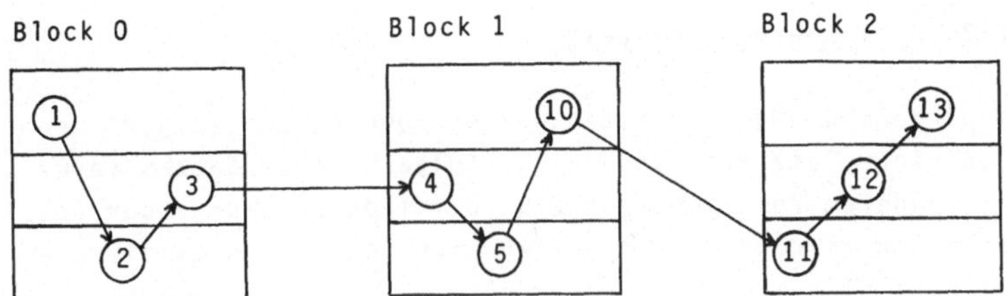

a. Sortierte Liste ((i) = Sortierfeld-Wert)

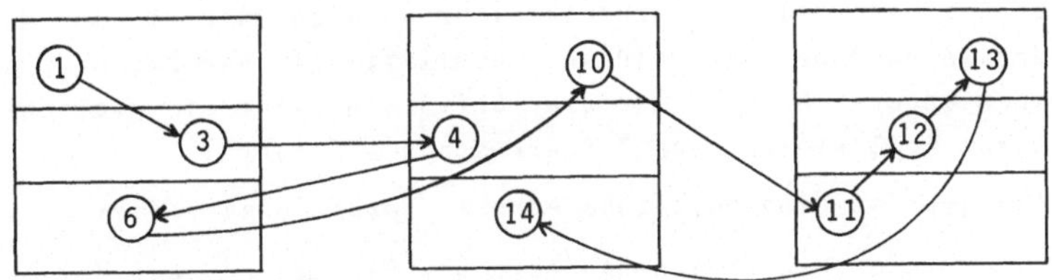

b. Sortierte Liste nach Änderungen (2→6, 5→14)

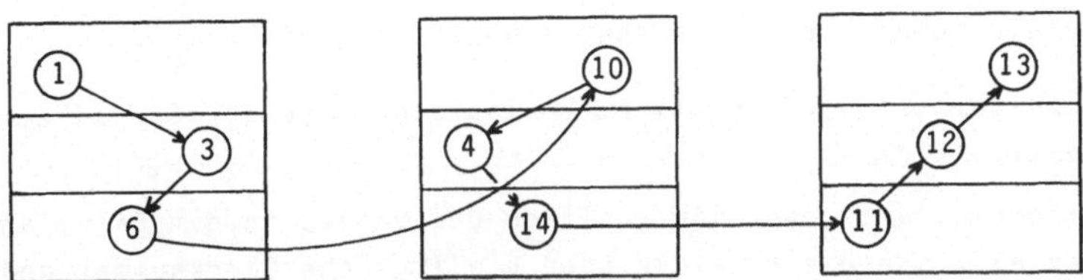

c. Unsortierte Liste nach Reorganisation

Datei D: 9 Sätze; 3 Blöcke à 3 Sätze

Abb. 7.6: Änderung des Zugriffsverhalten in Listen

7.5.2.2 Realisierung von Zeigern

Zur Implementierung von Listen werden sogenannte "Zeiger" benötigt,
die von einem Satz aus auf den Nachfolger dieses Satzes verweisen.
Auch in anderem Zusammenhang (z.B. bei Indexen) wurde der Begriff
Zeiger schon verwendet. Wir wollen hier mögliche Realisierungen
von Zeigern diskutieren.

Ein *Zeiger* ist ein Feld eines internen Satzes, dessen Wert einen
anderen Satz (derselben oder auch einer anderen Datei!) über dessen Adresse oder dessen Schlüssel identifiziert. Der Zeiger "zeigt"
auf einen anderen Satz. Mit dieser Definition sind die Möglichkeiten zur Realisierung von Zeigern schon skizziert:

- Der Zeiger ist eine physische Adresse (*physischer Zeiger*):

  Der Zeiger gibt die Speicheradresse des Platzes an, auf dem der
  referierte Satz liegt. Physische Zeiger sind in Datenbanksystemen nicht üblich, da sie zwar schnellen Zugriff gewährleisten,
  aber ein hohes Maß an Speicherabhängigkeit beinhalten.

- Der Zeiger ist eine relative oder logische Adresse (*logischer
  Zeiger*):

  Logische Zeiger geben die Position des Satzes in der Datei an,
  beispielsweise die relative oder die logische Blocknummer und
  die relative Position im Block, oder auch die relative Satznummer.
  Logische Zeiger haben den (wichtigen!) Vorteil, daß Teile der Datei bzw. die Datei selbst auf dem Speicher und in der Speicher-
  hierarchie bewegt werden können, ohne daß alle Zeiger auf die betroffenen Sätze verändert werden müssen.

- Der Zeiger ist der Primärschlüssel (*symbolischer Zeiger*):

  Symbolische Zeiger sind völlig unabhängig von der Speicherung des
  referierten Satzes; der Satz kann also beliebig in der Datei wie
  auch die Datei im Speicher bewegt werden, ohne daß Zeiger verändert werden müssen. Dies vereinfacht die laufende Anpassung der
  physischen Organisation an die aktuellen Bedürfnisse der Benutzergemeinschaft; Reorganisation, wie oben für Listen skizziert, wird
  weniger aufwendig. Der offensichtliche Nachteil symbolischer Zeiger ist der, daß der Zugriff auf den vom Zeiger angegebenen Satz
  langsamer ist als für die beiden vorgenannten Zeigerformen: Ent-

sprechend der Primärorganisation für den referierten Satztyp muß
aus dem Schlüssel die Adresse des Satzes abgeleitet werden, was
mehrere zusätzliche Speicherzugriffe bedeuten kann (vgl. Abschnitt 7.4). Dieser Aufwand kann gerade bei Listen den beschriebenen Gewinn an Unabhängigkeit von der physischen Organisation
bei weitem überwiegen.

7.5.2.3 Multilist-Strukturen

Mit *Multilist-Strukturen* werden Zugriffspfade für einen Sekundärschlüssel A dadurch realisiert, daß Sätze mit demselben A-Wert w
durch Zeiger zu einer Liste L(A,w) zusammengefaßt werden. Um zu
gegebenem w alle diese Sätze zu finden, muß diese ganze Liste durchlaufen werden; um die benötigte Liste L(A,w) selbst zu finden, wird
eine spezielle Tabelle der sog. *Listenköpfe* oder *Anker* eingerichtet,
die auf die ersten Elemente der Listen verweist. Diese Tabelle entspricht also einem speziell aufgebauten vollständigen Sekundärindex, der zu jedem A-Wert w einen Zeiger auf *einen* zugehörigen Satz
enthält. Als Beispiel vgl. Abb. 7.7.

Der Hauptvorteil von Multilist-Strukturen liegt in der einfachen
Programmierung und Verwaltung, insbesondere wenn die einzelnen
Listen unsortiert sind. Die Suchzeiten können jedoch beträchtlich
ansteigen, wenn die Listen lang werden und die Listenelemente un-
geschickt über die Speicherblöcke verteilt sind. Die Beantwortung
komplexerer Anfragen kann aufwendig werden, da die Zugriffspfade
durch Erweiterung der Sätze um Zeigerfelder in die Sätze selbst
integriert sind und so bei jedem Suchvorgang die Sätze selbst berührt werden müssen.

ERWEITERUNG UM ZUSÄTZLICHE ZEIGER

Um die Operationen Einfügen und Löschen zu vereinfachen, um Suchvorgänge in komplexeren Multilist-Strukturen abkürzen zu können
und aus Gründen der Recovery (s.u.) wird häufig die einfache Li-
stenform durch zusätzliche Zeiger erweitert (vgl. Abb. 7.7):

<u>Angestellten-Datei</u> (Primärschlüssel = ANG#)
mit Multilist-Struktur für ABT (sortiert nach ANG#; Zeiger=RSN)
sowie für ORT (unsortiert; Zeiger=Primärschlüssel)

						Zeiger		Rückwärts-verkettung	
Datei:	ANGEST	ANG#	ABT	ORT	#KI ...	ABT	ORT	ABT	ORT
RSN:	0	17	3	KA	2 ...	3	5	7	(1)
	1	24	1	MA	1 ...	6	15	2	(3)
	2	5	1	KA	0 ...	1	41	(0)	17
	3	41	3	KA	3 ...	(2)	44	0	5
	4	43	2	B	1 ...	(1)	(0)	(1)	(0)
	5	44	4	KA	1 ...	(3)	(1)	(3)	41
	6	112	1	M	0 ...	(0)	(2)	1	(2)
	7	15	3	MA	0 ...	0	(3)	(2)	24

Anker:	A-ABT	ABT	⟶
RSN: 0	1	2
1	2	4
2	3	7
3	4	5

A-ORT	ORT	⟶
RSN: 0	B	43
1	KA	17
2	M	112
3	MA	24

◯ Ringverkettung (d.h. Zeiger zur RSN des Ankers)

<u>Abb. 7.7</u>: Datei mit Multilist-Strukturen

- *Rückwärtsverkettung*:

  ein zweiter Zeiger in jedem Satz zeigt auf den Vorgänger in der
  Liste.

- *Ring-Verkettung*:

  der Zeiger des letzten Satzes in der Liste zeigt auf den Listenanfang, d.h. auf den zugehörigen Ankersatz.

Rückwärtsverkettung und Ringe ermöglichen es, von irgendeinem
Listenelement aus Vorgänger in der Liste zu finden. Dies ist insbesondere dann von Bedeutung, wenn wir auf mehreren Wegen zu einem
Satz kommen können (vgl. dazu etwa auch die Realisierung von n:m-
Beziehungen in einer Netzwerk-Datenbank und deren Implementierung
mit Hilfe solcher Listen!): Gelangen wir beispielsweise über die
Liste L(ABT,2) zum Angestellten mit der Angestellten-Nummer 43 und
wollen wissen, wo (bei Faktorisierung fürORT) dieser Angestellte
wohnt bzw. wer noch mit ihm im selben Ort wohnt, dann ist dies nur
möglich, wenn die Listen L(ORT,...) zu einem Ring verkettet bzw.
mit Rückwärtsverkettung versehen sind.

Zusätzliche Verkettungen sind besonders wichtig aus Gründen der
Recovery bei lokalem Verlust von Zeigern oder Sätzen. Wird nämlich in einer einfachen Liste ein Zeiger zerstört, so ist ein Teil
der Sätze über diesen Zugriffspfad nicht mehr erreichbar. Dies ist
sehr kritisch, wenn die Sätze grundsätzlich nur über solche Listen
erreichbar sind. Recovery, d.h. Wiederherstellung der korrekten
vollständigen Liste, ist entweder gar nicht oder nur mit sehr gros-
sem Aufwand möglich. Mit rückwärts verketteten Ringen läßt sich
ein zerstörter Zeiger jedoch auf simple Weise rekonstruieren. Auch
wenn ein ganzer Satz verlorengeht, so bleiben auf jeden Fall alle
übrigen Sätze über die Listen-Organisation erreichbar.

7.5.3 Sekundärorganisation mit Indexen

Der Begriff des Index war bereits definiert in Abschnitt 7.4.4,
wir wollen ihn hier aber etwas allgemeiner definieren.
Es sei wieder A ein beliebiger Sekundärschlüssel der Datei D, w
ein Wert $\in$ dom(A); dann bezeichnen wir mit

$$ADR(A,w)$$

die Menge der Adressen aller Sätze $x \in X$, die zu $X_{A,w}$ gehören
(vgl. (7.14)). Unter einem *Index* für A verstehen wir dann eine
spezielle Datenstruktur, die die Abbildung

$$(7.15) \quad w \rightarrow ADR(A,w) \quad (w \in dom(A))$$

realisiert, d.h. die Adressen aller Sätze x mit x.A = w liefert,
ohne auf die Sätze selbst zugreifen zu müssen. Dies ist eine we-

sentlich stärkere Anforderung als die in Abschnitt 7.5.1, vgl.
(7.14) angegebene!)

Wir setzen bei der Sekundärorganisation i.a. voraus, daß (7.15)
für alle w ∈ dom(A) gilt, d.h. daß der Index *vollständig* ist; der
in der Praxis einzige Fall eines nicht-vollständigen Index ist der
Index bei der index-sequentiellen Organisation.

Ein solcher Index ist üblicherweise so realisiert, daß in einer
Tabelle, d.h. einer speziellen Datei, die A-Werte enthalten sind
und zusätzlich eine oder mehrere Adressen ∈ ADR(A,w). Sind dabei
die A-Werte sortiert, so sprechen wir auch von einem *sortierten*
Index.

Existiert für einen Sekundärschlüssel A ein vollständiger sortierter Index, so heißt die Datei *invertiert bezüglich* A; in dieser
invertierten Organisation werden also sekundäre Zugriffspfade über
Indexe realisiert. Abb. 7.8 (<u>a</u>,<u>b</u>) gibt ein Beispiel für die nach
den Attributen ABT und ORT invertierte Angestelltendatei ANGEST.

Ist insbesondere A ein Schlüssel für die Datei D, so können - neben
der natürlich auch in diesem Fall möglichen invertierten Organisation - spezielle Index-Organisationen entwickelt werden. Wir wollen
hier nur eine Form erwähnen, nämlich die *Index-Hash-Organisation*:
Diese Organisationsform geht ebenfalls von einem vollständigen,
aber nun nicht sortierten Index aus. Vielmehr bestimmt man zu einem
gegebenen A-Wert w die Position von w im Index mittels eines Hash-
Verfahrens! Ein wesentlicher Vorteil ist der, daß nur eine Index-
stufe notwendig ist und daß dennoch ein relativ schneller Zugriff
auf den Index-Eintrag möglich ist.

VOR- UND NACHTEILE INVERTIERTER ORGANISATIONEN

Im Vergleich zu Multilist-Strukturen sind bei der Sekundärorganisation mit Indexen die Zugriffspfade völlig von den Sätzen getrennt.
Dies hat den Vorteil, daß Zugriffspfade unabhängig von den Sätzen
(d.h. den Daten selbst) aufgebaut, umorganisiert, im Speicher verschoben und entfernt werden können, sodaß schnelle Anpassung an
Anwendungsanforderungen möglich wird. Werden dabei symbolische oder
logische Zeiger verwendet, so wird zusätzlich erreicht, daß auch
die Sätze im Speicher bewegt werden können (Reorganisation!), ohne

```
ANGEST   | ANG#    ABT   ORT    # KI   ...
---------+-------------------------------------
RSN: 0   |  17      3    KA      2     ...
     1   |  24      1    MA      1     ...
     2   |   5      1    KA      0     ...
     3   |  41      3    KA      3     ...
     4   |  43      2    B       1     ...
     5   |  44      4    KA      1     ...
     6   | 112      1    M       0     ...
     7   |  15      3    MA      0     ...
```

(Primärschlüssel: ANG# ;
  Sekundärschlüssel: ABT, ORT)

a. Angestelltendatei ANGEST

Indexe: I-ABT | ABT | ↦

```
| 1    5    24   112 |
| 2   43             |
| 3   15   17    41  |
| 4   44             |
```

I-ORT | ORT | ↦

```
| B    43               |
| KA    5    17   41  44 |
| M    112              |
| MA   15   24          |
```

b. Sekundärindex mit Zeigerliste (variabel lange Sätze; symbolische Zeiger!)

Indexe: I-ABT | ABT | ↦

```
| 1   0 |
| 2   3 |
| 3   4 |
| 4   7 |
```

I-ORT | ORT | ↦

```
| B    0 |
| KA   1 |
| M    5 |
| MA   6 |
```

Zeigerlisten:

↦	0	1	2	3	4	5	6	7
ABT	5	24	112	43	15	17	41	44
ORT	43	5	17	41	44	112	15	24

c. Sekundärindex und Zeigerliste getrennt

I-ABT	ABT	RSN in ANGEST 0 1 2 3 4 5 6 7
	1	0 1 1 0 0 0 1 0
	2	0 0 0 0 1 0 0 0
	3	1 0 0 1 0 0 0 1
	4	0 0 0 0 0 1 0 0

I-ORT	ORT	RSN in ANGEST 0 1 2 3 4 5 6 7
	B	0 0 0 0 1 0 0 0
	KA	1 0 1 1 0 1 0 0
	M	0 0 0 0 0 0 1 0
	MA	0 1 0 0 0 0 0 1

d. Indexaufbau mit Bitlisten

Abb. 7.8: Invertierte Organisation mit unterschiedlichen
           Index-Realisierungen

daß die Indexe betroffen sind. - Ein weiterer Vorteil dieser Organisationsform ist der, daß zur Beantwortung von Anfragen die Indexe invertierter Dateien schnell nach den angegebenen Sekundärschlüsselwerten durchsucht werden können; sofern die Datei nach allen bei der Anfrage verwendeten Attributen invertiert ist, kann allein durch Suchen in den Indexen festgestellt werden, welche Sätze letztendlich vom Sekundärspeicher zu lesen sind, so daß ausschließlich solche Speicherblöcke übertragen werden müssen, die die gewünschte Information enthalten.

Der Hauptnachteil invertierter Organisationen ist der relativ große Speicherbedarf für die Indexe und der hohe Aufwand für die Verwaltung der Indexe (Ändern, Löschen, Einfügen). Suchzeiten und Änderungsaufwand hängen dabei aber stark von der gewählten Index-Organisation ab, die an die spezielle Anwendungssituation angepaßt werden muß; über spezielle Organisationsformen für die Indexe selbst werden wir in Abschnitt 7.6 noch ausführlicher reden. Zur Entscheidung zwischen Multilist-Strukturen und Sekundärindexen vergleiche z.B. [Car73].

7.6 Entwurf, Realisierung und Organisation von Indexen

7.6.1 Zum Entwurf von Sekundärindexen

Zusätzlich zur Frage, ob die Primärorganisation mit oder ohne Index realisiert werden soll, stellt sich dieselbe Frage bezüglich der Sekundärorganisation einer Datei. Indexe erleichtern einerseits wesentlich das Suchen in der Datenbank, andererseits verursachen sie aber Kosten für Speicherplatz und Verwaltung (Komplizierung des Änderungsdienstes). Die Entscheidung, nach welchen Sekundärschlüsseln invertiert werden soll und welche Techniken dabei anzuwenden sind, stellt deshalb ein kompliziertes Optimierungsproblem dar, für das keine allgemeine Lösung bekannt ist. Zu beantworten sind folgende Fragen:

- Nach welchen Attributen oder Attributkombinationen soll überhaupt invertiert werden?

- Welche Werte des ausgewählten Sekundärschlüssels werden zur Invertierung herangezogen?

- Nach welcher Organisationsform soll der Index aufgebaut werden?

- Welche Realisierungstechnik ist für den Index anzuwenden?

- Welche Zeigerform (symbolisch, logisch, physisch) wird verwendet?

- Sollen im Index Komprimierungstechniken für die Werte angewandt werden?

usw.

Wir werden in den folgenden Abschnitten einige Realisierungstechniken und Organisationsformen (insbesondere "Baum"-Organisationen) besprechen.

SELEKTIVITÄT

Generell ist Invertierung einer Datei nach einem Sekundärschlüssel A nur sinnvoll, wenn die *Selektivität* von A hoch ist, d.h. wenn für die Werte w des Sekundärschlüssels gilt, daß die Zahl der zu lesenden Sätze $\#X_{A,w}$ sehr viel kleiner ist als $\#X$. Sofern für einige Werte aus dom(A) dies nicht gilt, so werden diese Werte u.U. nicht im Index geführt, so daß der Index nicht vollständig ist (bezüglich A). Für Sekundärschlüssel (oder auch Sekundärschlüsselwerte) mit niedriger Selektivität ist der Aufwand zur Verwaltung des Index nicht gerechtfertigt, da die zu lesenden Satzmengen mit großer Wahrscheinlichkeit doch über einen großen Teil der Speicherblöcke verteilt sind, so daß gegenüber sequentiellem Durchsuchen wenig gewonnen wird.

7.6.2 Elementare Realisierungstechniken für Sekundärindexe

In diesem Abschnitt werden zunächst einige elementare Formen der Organisation von Sekundärindexen besprochen; wir gehen dabei bewußt davon aus, daß der Sekundärschlüssel A ein Nicht-Schlüssel ist.

INDEXTABELLEN

In *Indextabellen* wird die Funktion (7.15) als Tabelle (d.h. Index-Datei) mit Einträgen der Form

(7.16) (Sekundärschlüsselwert w, Zeigerliste ADR(A,w))

realisiert. Diese Organisationsform wurde schon in Abb. 7.8 <u>b</u> verwendet. Die Einträge in der Tabelle sind nach dem Sekundärschlüsselwert sortiert, um schnelleres Suchen zu ermöglichen. Ist der
Wertebereich des Sekundärschlüssels groß, so kann für diese Index-
datei wieder ein Index angelegt werden, usf. ("mehrstufiger Index").
Die Zeigerliste enthält physische oder logische Zeiger zu den Sätzen,
die diesen Sekundärschlüsselwert besitzen.

Da das Suchen in Dateien mit variabel langen Sätzen aufwendig ist,
wird man nicht immer die Tabellenelemente (w, ADR(A,w)) aus (7.16)
als Einheit abspeichern, sondern Zeigerlisten und Sekundärschlüsselwerte getrennt führen (vgl. etwa Abb. 7.8 <u>c</u>). Dabei wird vom Sekundärschlüsselwert des Index aus auf die zugehörige Zeigerliste
verwiesen. Besitzen die Sekundärschlüsselwerte gleiche Länge, so
ist damit binäres Suchen im Index möglich.

Zur Realisierung von Indextabellen werden im allgemeinen baumartige
Strukturen verwendet, auf die wir in den nachfolgenden Abschnitten
dieses Kapitels eingehen.

BIT-LISTEN

Beim Index-Aufbau mit *Bit-Listen* werden die Zeigerlisten der Index-
tabelle ersetzt durch Bit-Folgen der Länge M (M = Anzahl der Sätze
der Datei D), wobei durch das Setzen des i-ten Bit der Bit-Folge
angezeigt wird, daß der Satz mit RSN = i den entsprechenden Sekundärschlüsselwert besitzt (vgl. Abb. 7.8 <u>d</u>).

Da im allgemeinen nur Sekundärschlüssel mit hoher Selektivität zur
Invertierung herangezogen werden, muß man davon ausgehen, daß die
Bit-Listen nur sehr dünn besetzt sind. Es empfiehlt sich deshalb
häufig, Bit-Listen zu komprimieren; vgl. hierzu z.B. [WeH76].

ALLGEMEINE KOMPRIMIERUNGSTECHNIKEN

Auf allgemeine Komprimierungstechniken für Sekundärschlüsselwerte
wollen wir hier nur ganz kurz eingehen. Es handelt sich dabei grundsätzlich um Methoden, den erforderlichen Speicherplatz für die Abspeicherung gegebener Werte dadurch zu reduzieren, daß nicht die
Werte selbst abgespeichert werden, sondern nur diejenigen Teile,
die sich von anderen Werten unterscheiden. Betrachten wir beispielsweise alphabetische Schlüsselwerte, die häufig denselben Anfangs-
string haben, z.B.:

```
       ...
       R...
       Salami      ⎫
       Salat       ⎪
       Salmonelle  ⎬   (33 benötigte Zeichen, ohne ⎵ o.ä.),
       Salpeter    ⎪
       Salz        ⎭
       ...
```

so kann man in folgender Weise komprimieren:

```
       ...
       oSalami     ⎫
       4t          ⎪
       3monelle    ⎬   (25 benötigte Zeichen!).
       3peter      ⎪
       3z          ⎭
```

Dabei geben die Zahlen an, in wieviel Buchstaben von links her
Übereinstimmung zum vorangehenden Wert im Index besteht.

Eine andere Realisierungstechnik gerade für diesen Fall - nämlich
daß aufeinanderfolgende (Sekundär-)Schlüsselwerte denselben linken
Teilstring haben - ist die Verwendung von sogen. "Präfixbäumen",
auf die wir in Abschnitt 7.6.4 eingehen werden.

BAUM-TECHNIKEN UND -ORGANISATIONEN

Eine zentrale Rolle für die Realisierung von Indexen spielen baum-

artige Organisationsformen, insbesondere B-Bäume und Modifikationen. Die Bedeutung dieser Organisationsformen erklärt sich aus dem
gleichförmig guten Verhalten von Bäumen sowohl bei der Suche als
auch bei Einfügen und Löschen. Baumartige Indexorganisationen realisieren automatisch mehrstufige Indexe mit variierender Stufen-
zahl. Entsprechend ihrer Bedeutung werden baumartige Realisierungstechniken in den folgenden Abschnitten speziell diskutiert.

7.6.3 Graphen, Bäume, Schlüsselbäume

Besondere Bedeutung für die Organisation von Indexen haben baum-
strukturierte Dateiorganisationen. Die in der Literatur vorgeschla-
genen Baumorganisationen sind so zahlreich, daß hier nur einige
wichtige Konzepte diskutiert werden können; insbesondere werden wir
uns auf solche beschränken, die im Datenbankbereich (d.h. u.a. für
Externspeicher) von Interesse sind.
Wir benötigen dazu einige Begriffe aus der Graphentheorie, die wir
der Vollständigkeit und Eindeutigkeit halber hier nochmal kurz erläutern wollen.

GRUNDBEGRIFFE AUS DER GRAPHENTHEORIE

Ein

(7.17) *gerichteter Graph* G = (W,U)

besteht aus einer Menge W von *Knoten* und einer Menge U von *Kanten*[1],
U ⊆ W × W. Eine Kante $(a,b) \in U$ ist eine *gerichtete* Kante, auch
Pfeil genannt, von a nach b; der Knoten a heißt *unmittelbarer Vor-
gänger* des Knotens b, b ist *unmittelbarer Nachfolger* von a. Eine
Folge von Pfeilen

(7.18) (a_0,a_1), (a_1,a_2), ..., $(a_{L-1},a_L) \in U$ (L≥ 1; a_0=a, a_L=b)

ist ein (*gerichteter*) *Weg* von a nach b der *Länge* L (L = Anzahl der
Kanten); a heißt *Vorgänger* von b, b *Nachfolger* von a.

---

[1] Falls man mehrere Kanten zwischen 2 Knoten zulassen will, muß man G=(W,U,φ)
setzen, wobei φ: U → W×W die Abbildung ist, die jeder Kante ihren Anfangs-
und Endpunkt zuordnet. Alle nachfolgenden Aussagen müßten entsprechend modifiziert werden, was aber ohne größere Schwierigkeiten möglich ist.

Ein gerichteter Graph $G = (W,U)$ ist ein *Baum*, wenn er die folgenden drei Baumeigenschaften erfüllt:

(7.19) Es gibt genau einen Knoten $w_0 \varepsilon W$, der keinen Vorgänger hat (w_0 ist die *Wurzel* des Baumes);

(7.20) jeder Knoten, außer der Wurzel, hat genau einen unmittelbaren Vorgänger ;

(7.21) zu jedem Knoten, außer der Wurzel, gibt es genau einen Weg von der Wurzel zu diesem Knoten.

Es sei nun $G = (W,U)$ ein Baum mit Wurzel w_0, $a \varepsilon W$ sei ein beliebiger Knoten. Ist $(a,b) \varepsilon U$ eine Kante, so heißt a auch *Vater* von b, b *Sohn* von a. Die Anzahl der Söhne von a wird im folgenden mit $\sigma(a)$ bezeichnet; sind b und c Söhne desselben Vaters, so ist b ein *Bruder* von c und umgekehrt. Ist $\sigma(a) = 0$ (d.h. hat a keine Nachfolger), so ist a ein *Blatt*. Die *Höhe* $H(a)$ von a ist die Länge des Weges von w_0 nach a. Ist a ein Blatt, so ist dieser Weg ein *Ast*.

Jedem Knoten a ist ein *Teilbaum* G_a zugeordnet, der alle von a ausgehenden Wege (mit den zugehörigen Knoten) enthält und dessen Wurzel gerade a selbst ist:

(7.22) $G_a = (W_a, U_a)$ mit
$W_a = \{a\} \cup \{b \in W | b$ Nachfolger von $a\}$,
$U_a = U \cap (W_a \times W_a)$.

Die *Höhe* $H(G)$ (oder einfach H) des Baumes G ist die Länge des längsten Astes:

(7.23) *Höhe* $H(G) = \max\{H(a) \mid a \in W\}$.

Der Baum G hat die *Ordnung* $r(G)$ (oder einfach r), wenn jeder Knoten höchstens r Söhne hat und wenn es einen Knoten mit genau r Söhnen gibt:

(7.24) *Ordnung* $r(G) = \max \{\sigma(a) \mid a \in W\}$.

Ein Baum der Ordnung R ist ein *binärer Baum*. Für binäre Bäume gibt es viele spezielle Verfahren (etwa Suchverfahren); da sie aber insbesondere für die Datenorganisation im Arbeitsspeicher, also weniger für Datenbanksysteme selbst, geeignet sind, wollen wir sie im folgenden außer Betracht lassen.

Unter einem

(7.25) *geordneten Baum* (W, U, <)

verstehen wir einen Baum (W,U) zusammen mit einer sogenannten *Teil-ordnung* "<", die alle unmittelbaren Nachfolger eines Knotens (d.h. jeweils alle Brüder) in eine Reihenfolge bringt:

(7.26) $w \in W$; a, b, c, ... Söhne von w:
$$a < b < c < \ldots$$

Wir können also von einem "ersten", "zweiten", ..., "nächsten", "vorhergehenden", "letzten" Sohn eines Knotens sprechen. Für "a < b" sagen wir auch "a kommt vor b". Bei bildlichen Darstellungen wird die Reihenfolge in der Regel "von links nach rechts" angegeben.

PROBLEMSTELLUNG: BÄUME ALS HILFSMITTEL DER INDEXORGANISATION

Wir betrachten nun das folgende Problem:

<u>Gegeben</u> ist eine Datei D bzw. die zugehörige Menge X von Sätzen sowie ein Schlüssel[1] A. Die Menge der vorhandenen Schlüsselwerte sei S (wobei sich S natürlich i.a. mit der Zeit ändert):

(7.27) $S = X.A \subset dom(A)$.

Wir gehen davon aus, daß die Schlüsselwerte untereinander "der Größe nach" angeordnet werden können ("<"): entweder in der numerischen oder der lexikalischen oder einer vom Benutzer explizit vorgegebenen Reihenfolge.

<u>Gesucht</u> ist ein Baum, der unter Ausnutzung dieser Ordnung in dom(A) bzw. in S das

- Suchen (d.h. Auffinden bzw. Feststellen, daß nicht vorhanden),
- Einfügen und
- Löschen von Sätzen

in einer für die betrachteten Anwendungen optimalen Weise unterstützt.

---

[1] Wir wollen i.f. nur *verschiedene Sekundärschlüsselwerte* betrachten und formulieren daher - im wesentlichen o.B.d.A. - "A Schlüssel". Im Falle von Nicht-Schlüsseln sind an den geeigneten Stellen geeignete Verallgemeinerungen vorzunehmen; an einigen Stellen werden wir explizit darauf hinweisen.

Dabei verstehen wir i.a. die Blöcke des Speicherraumes ϕ bzw. $\phi(D)$ als Knoten von Bäumen. Ein solcher Knoten hat also - zusätzlich zur "Knoteneigenschaft" - einen sogen. "Inhalt", der neben Verwaltungsinformation (Zeiger u.ä.) entweder aus reinen Index-Daten oder aus Sätzen der Datei D bestehen kann. Je nachdem, ob diese Datei-Sätze in die Baumorganisation einbezogen sind oder nicht und in welcher Weise Schlüsselwerte im Baum dargestellt werden, unterscheiden wir ganz unterschiedliche Organisationsformen und Verfahren. Da Index-Daten im wesentlichen durch Schlüsselwerte s (und entsprechende Zeiger $\pi(s)$) gegeben sind, nennt man solche Bäume auch "Schlüsselbäume".

SCHLÜSSELBÄUME 1. UND 2. ART[1]

Wir setzen für das Folgende die oben eingeführten Bezeichnungen voraus und nehmen an, daß im Falle eines nicht-numerischen Schlüssels A jeder Schlüsselwert eine Zeichenfolge über dem Alphabet alph(A), also ein Wort aus alph(A)*, ist. Unter einem

(7.28) *Schlüsselbaum* (W, U, <, Inhalt, π) (über S)

verstehen wir einen geordneten Baum (W, U, <), bei dem zunächst jedem Knoten als sein "Inhalt" ein oder mehrere Schlüsselwerte oder auch Teile davon zugeordnet sind:.

(7.29) *Inhalt:* W $\to$ $\mathbb{P}$S   oder auch

(7.30) *Inhalt:* W $\to$ $\mathbb{P}$alph(A)*,

wobei aber "Inhalt(w) = $\emptyset$" <u>i.a.</u> ausgeschlossen ist.

Neben Schlüsselwerten bzw. Teilen von Schlüsselwerten enthält ein Teil der Knoten zusätzlich "Informationen" $\pi(x)$ über gewisse Sätze $x \in X$. Dabei wollen wir diesen Begriff zunächst recht weit fassen und alle denkbaren Möglichkeiten zulassen, etwa für $x \in X$ die Adresse des Satzes bzw. einen Zeiger auf diesen Satz:

(7.31) $\pi(x)$ = Zeiger auf Satz x
         (physisch/logisch/symbolisch; vgl. Abschnitt 7.5.2.2),

---

[1] Die nun folgenden Begriffe werden in der Literatur häufig mit unterschiedlichen Bedeutungen verwendet. Der Leser beachte die jeweils gültige Definition.

oder auch - als Extremfall - den Satz selbst:

(7.32) $\pi(x) = x$.

Ist $x \in X$ ein Satz mit (A-)Schlüsselwert δ, so schreiben wir i.f.
wahlweise auch $\pi(\delta)$:

(7.33) $x \in X$, $x.A = \delta$: $\pi(\delta) = \pi(x)$.

Die Informationen $\pi(x)$, die nun ein Knoten $w \in W$ enthält, werden
angegeben durch die Abbildung Π:

(7.34) $\Pi: W \to \mathbb{P}\pi(S)$ (mit $\pi(S) = \{\pi(\delta) \mid \delta \in S\}$.

Enthält dabei also ein Knoten w keine solche "Satz-Information",
so ist $\Pi(w) = \emptyset$; mit W_Π bezeichnen wir dagegen Knoten, die Satz-
Information enthalten:

(7.35) $W_\Pi = \{w \in W \mid \Pi(w) \neq \emptyset\}$.

Die gesamte, im Schlüsselbaum enthaltene Menge von Schlüsseln bezeichnen wir mit "Inhalt(W)", die gesamte enthaltene Satz-Information mit "$\Pi(W)$":

(7.36) Inhalt $(W) = \bigcup\limits_{w \in W}$ Inhalt(w);

(7.37) $\Pi(W) = \bigcup\limits_{w \in W} \Pi(w)$.

Ein Schlüsselbaum wird als *hohl* bezeichnet, wenn Satz-Information
nur in den Blättern steht:

(7.38) *hohler Schlüsselbaum*: $W_\Pi = \{w \in W \mid w \text{ Blatt}\}$.

Wir unterscheiden i.f. im wesentlichen zwei Arten von Schlüssel-
bäumen. Ein *Schlüsselbaum (SB) 1. Art* oder auch *Sequenzbaum* (nach
[Sev74]) enthält als Knoteninhalte ganze Schlüsselwerte, d.h. "In-
halt" ist eine Zuordnung gemäß (7.29); zusätzlich gilt, daß jeder
Schlüsselwert in einem Knoten vorkommt und daß jeder Knoten alle
Satz-Information über die so zugeordneten Sätze enthält:

(7.39) SB 1. Art: Inhalt: $W \to \mathbb{P}S$, Inhalt$(W) = S$;

$\qquad\qquad w \in W$: $\Pi(w) = \{\pi(\delta) \mid \delta \in \text{Inhalt}(w)\}$.

Ein Beispiel für einen Sequenzbaum gibt Abb. 7.9. Die Knoten sind
in diesem Baum so angeordnet bzw. ihre Inhalte so gewählt, daß das
Suchen eines Satzes einfach durchführbar ist: um den Satz mit

Schlüssel GEORG zu finden, wird - bei der Wurzel beginnend - GEORG
mit dem Knotenwert verglichen. Ist der Wert größer, so wird der
linke Nachfolger, ist er kleiner, so wird der rechte Nachfolger
gewählt; bei Gleichheit ist die Suche beendet, das heißt die Adresse des gesuchten Satzes ist gefunden. Die Sätze selbst gehören in
diesem Beispiel nicht zum Schlüsselbaum.

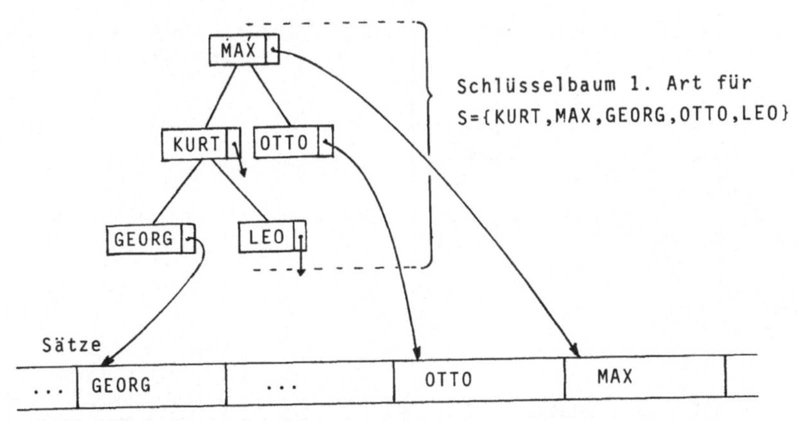

Abb. 7.9: Beispiel für einen Sequenzbaum (SB 1.Art)

Bei *Schlüsselbäumen 2. Art* oder *Präfixbäumen* (nach [Sev74]) werden
die Schlüsselwerte nicht als atomare Größen angesehen wie beim SB
1. Art, sondern als Zeichenfolgen über dem Alphabet alph(A). Die
Knoten enthalten demnach als Inhalte Teile von Schlüsselwerten,
d.h. "Inhalt" ist eine Zuordnung gemäß (7.30); beim Durchlaufen des
Baumes von der Wurzel aus wird ein Schlüsselwert aus einzelnen Alphabetzeichen oder auch Teilstrings zusammengesetzt. Vgl. etwa
Abb. 7.10: ein Schlüssel entspricht einem Ast des Baumes, beim
Suchen ist zeichenweise zu vergleichen. Da die Reihenfolge der
Nachfolgeknoten der Anordnung der Alphabetzeichen entspricht, kön-
te man auch hier wieder von einem "sortierten" SB 2. Art sprechen.
Wir werden Präfix-Bäume im nächsten Abschnitt nochmals kurz an-
sprechen.

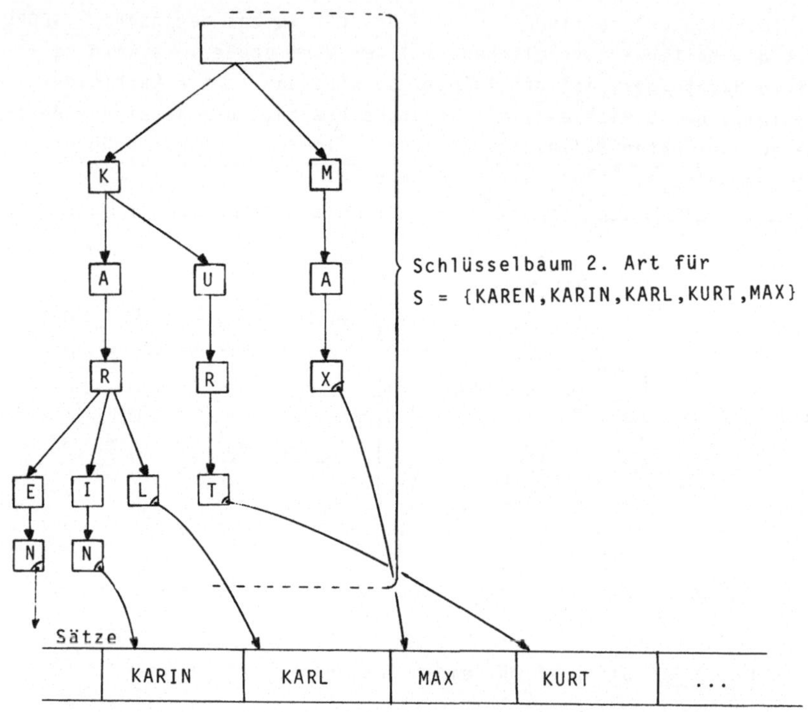

Abb. 7.10 : Beispiel für einen Präfixbaum (SB 2.Art)

7.6.4 Präfixbäume

In Präfixbäumen (SB 2. Art) werden, wie oben erwähnt, nicht die
Schlüssel als Ganzes betrachtet, vielmehr wird der Schlüssel in
die einzelnen Alphabetzeichen zerlegt und zeichenweise auf mehrere
Knoten des Baumes aufgeteilt, d.h. es gilt für den Inhalt des Knoten die Form (7.30):

Inhalt: $W \rightarrow P$ alph(A)*.

Präfixbäume stellen eine Möglichkeit der Index-Realisierung insbesondere dann dar, wenn als dom(A) beliebig (oder fast beliebig

oder sehr) lange Zeichenketten über alph(A) zugelassen sind. Interessant ist diese Möglichkeit der Index-Realisierung auch, wenn
verschiedene Attribute desselben Satztyps oder Attribute verschiedener Satztypen dieselben Wertmengen besitzen. In diesen Fällen
kann es günstig sein, die Wertmenge für diese Attribute nur einmal
in einem solchen Baum zu führen und von den Blättern dieses Baumes
aus auf die Liste von Paaren (Attributname, Zeigerliste) zu verweisen. Die Zeigerliste gibt alle Sätze an, die im bezeichneten
Feld (Attributname) den durch den Ast des Präfixbaumes gegebenen
Wert haben. Damit wird für jeden Wert im Schlüsselbaum angegeben,
in welchen Feldern welches Satzes dieser Wert auftritt.

PRÄFIXBAUM AUF LOGISCHER EBENE

Wir betrachten zunächst den einfachsten Fall, daß nämlich ein Knoten nur ein Zeichen als Inhalt hat, d.h. es gilt - bis auf die
Wurzel -

(7.40) Inhalt: W $\rightarrow$ alph(A).

Die Wurzel w des Baumes bleibt leer.

Die Söhne eines Knotens sind entsprechend der Ordnung "<" in
alph(A) "von links nach rechts" angeordnet. Hat ein Schlüsselwert
die Form

$$s = x_1 \ x_2 \ \ldots \ x_t,$$

so wird jedes x_i einem Knoten des Baumes zugeordnet in der Weise,
daß x_1 Inhalt eines Wohnes w_1 der Wurzel w_0 ist, x_2 Inhalt eines
Sohnes von w_1 usw. (vgl. auch Abb. 7.10). Soweit möglich, wird
ein Knoten mehrfach genutzt.

Das <u>Einfügen eines neuen Schlüssels</u> $s = x_1 \ x_2 \ \ldots \ x_t$ in den Baum
kann also folgendermaßen durchgeführt werden:

(0) w sei Variable, die als Wert einen Knoten des Baumes an-
    nehmen kann ("Knotenvariable").

(1) Setze $w:=w_0$, w_0 Wurzel des Baumes.

(2) Für i=1,2,...,t führe durch:
    $\exists$ Sohn w' von w mit Inhalt(w') = x_i?
    Ja: Setze w:=w'.

Nein: Erzeuge neuen Knoten w' mit der Eigenschaft
     w' Sohn von w, Inhalt(w') = x_i.
     Setze w:= w'.

Der Knoten, der x_t enthält, enthält zusätzlich die Satz-Information $\pi(\delta)$.

Grundsätzlich muß nicht der ganze Schlüssel auf Knoten eines Astes abgebildet werden; es genügt, einen linken Teilstring

$$s^i = x_1 \ldots x_i, \; i < t$$

zu verwenden, so daß x_i verschieden ist vom i-ten Zeichen aller schon im Baum enthaltenen Schlüssel s', die mit s in den ersten i-1 Zeichen übereinstimmen:

$$s' = x_1 \ldots x_{i-1} y_1 \ldots y_j.$$

In diesem Falle muß aber zur Feststellung, ob ein Satz mit einem bestimmten Schlüssel existiert, unter Umständen auf den einem Teilstring zugeordneten Satz zugegriffen und geprüft werden, ob er den vorgegebenen Schlüssel enthält. - Diese Technik läßt sich aber nicht anwenden, wenn z.B. ein Schlüssel linker Teil eines anderen Schlüssels sein kann.

Wir geben nun eine Möglichkeit an, einen solchen Präfixbaum zu implementieren: den *trie*. Die Schlüssel sind dabei im Baum vollständig dargestellt, wenn auch nicht konkret physisch enthalten; dazu kommt "Verwaltungsinformation", um etwa die Söhne eines Knotens in ihrer richtigen Reihenfolge erreichen zu können.

IMPLEMENTIERUNG EINES PRÄXIFBAUMES ALS *TRIE*

Wir wollen hier nur die Idee des *trie* [Fre60] grob skizzieren.
Ein *trie* über dem Alphabet

$$\text{alph}(A) = \{a_1, a_2, \ldots, a_k\}$$

ist ein Baum der Ordnung $r \le k$. Jeder Knoten besteht aus

$$k+1 \text{ Zeigerfeldern } F_1, \ldots, F_{k+1}.$$

Jedes Feld F_i (i=1..k) ist dem Zeichen $a_i \in \text{alph}(A)$ zugeordnet; jedes dieser Felder kann einen Zeiger zu einem möglichen Sohn des

Knotens im Baum oder zu einem Satz aufnehmen. Nicht-existierende
Zeiger (d.h. "leere" Zeigerfelder) werden mit Ω bezeichnet. Die
Zeigerfelder F_1, ..., F_n eines Knotens, der kein Blatt ist, enthalten nur Zeiger auf Söhne des Knotens im Baum. Jede Zeigerfolge
im Baum repräsentiert einen Schlüssel: erstes Zeichen in der Wurzel, nächstes Zeichen im Sohn, auf den das zugehörige Zeigerfeld
verweist, usw.

Das Zeigerfeld F_{k+1} nimmt eine Sonderstellung ein. "$F_{k+1} \neq \Omega$" zeigt
an, daß ein Schlüssel-String im Vater dieses Knotens endet (vgl.
Abb. 7.11).

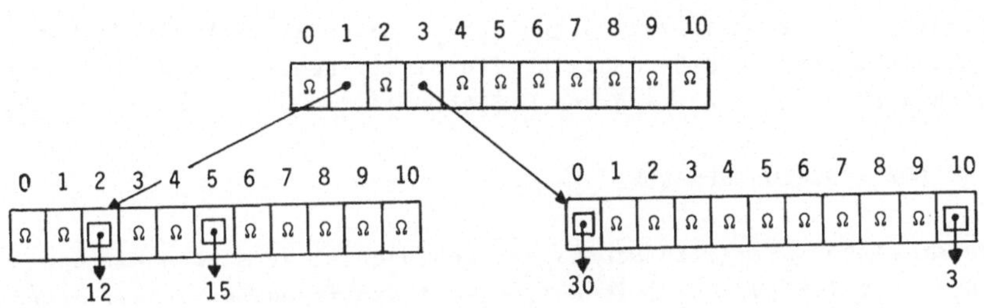

trie für Schlüsselmenge $S = \{3, 12, 15, 30\}$

<u>Abb. 7.11:</u> Beispiel für einen *trie* über $\{0,1,2, \ldots ,9\}$

Zeiger $\pi(\delta)$ auf Sätze mit Schlüssel δ sind

- entweder in Zeigerfeld F_{k+1}
  (F_{k+1} kann nur Zeiger der Art $\pi(\delta)$ enthalten);

- oder in den Zeigerfeldern F_1, ..., F_k der Blätter (und nur der
  Blätter) des *trie*; um dies zu kennzeichnen, kann man diesen be-
  treffenden Knoten bzw. alle nicht-leeren Zeigerfelder dieses
  Knotens entsprechend markieren.

(In Abb. 7.11 sind alle Zeiger auf Sätze markiert.)

7.6.5 B- und B*-Bäume

In der Klasse der Schlüsselbäume 1. Art finden wir eine große Zahl
verschiedenartiger Bäume. Der überwiegende Teil der in der Literatur diskutierten Bäume berücksichtigt jedoch nicht die in Datenbanksystemen wesentliche Tatsache, daß im allgemeinen nicht der gesamte Baum im Arbeitsspeicher gehalten, vielmehr jeweils nur zu Teilen vom Sekundärspeicher eingelesen werden kann. Für einige Baumty-
pen, die lediglich für die Verwendung im Arbeitsspeicher definiert
sind, existieren keine Untersuchungen über Einsatzmöglichkeiten
bei mehrstufigen Speichersystemen. Wir werden im folgenden nur solche Bäume betrachten, die zur Verwendung bei Sekundärspeichern besonders gut geeignet sind; dies sind ausschließlich sogenannte Mehr-
weg-Bäume. Ein *Mehrweg-Baum* ist dabei ein Baum, dessen Knoten im
allgemeinen mehr als zwei Söhne haben. Von praktischer Bedeutung
sind insbesondere B-Baum-artige Organisationen, auf die wir im folgenden etwas genauer eingehen wollen.

SORTIERTE SCHLÜSSELBÄUME

Unter einem *sortierten Schlüsselbaum* (über S) verstehen wir einen
SB 1. Art $T = (W, U, <, \text{Inhalt}, \Pi)$ mit den folgenden zusätzlichen
Eigenschaften: $(u, v, w \in W)$

- Zusammenhang zwischen "<" in T und "<" in S:

(7.41) u, v Brüder und $u < v$ (in T) $\Rightarrow$

$\quad\quad$ max Inhalt(u) < min Inhalt(v) (in S)

(d.h. alle Schlüsselwerte in u sind kleiner als alle Schlüsselwerte in v; es läßt sich hier übrigens dann auch sofort die Umkehrung
"$\Leftarrow$" zeigen!)

- Zusammenhang Sohn/Vater und "<" in S:

(7.42)[1] u Sohn von w, $s \in$ Inhalt(w) $\Rightarrow$

$\quad\quad$ entweder (a) max Inhalt(u) $\leq s$

$\quad\quad$ oder $\quad\quad$ (b) $s <$ min Inhalt(u)

---

[1] Eine geringfügig andere Definition basiert darauf, daß man in (a) "<" und in
(b) "$\leq$" schreibt (so, wie wir es in der 1. Auflage dieses Buches durchgeführt
hatten). Wir ziehen jetzt aber die oben gewählte Definition vor, weil sie im
Spezialfall der index-sequentiellen Organisation mit der in (7.11) gewählten
Schreibweise übereinstimmt.

- Zusammenhang Vater/Söhne und "<" in S:

(7.43) u, v Söhne von w und u < v (in T) $\Rightarrow$

$\exists\, \delta \in$ Inhalt(w): max Inhalt(u) $\leq \delta <$ min Inhalt(v).

Bezeichnen wir mit I(w) die Anzahl der Schlüsselwerte in w $\in$ W:

(7.44) w $\in$ W: I(w) = # Inhalt(w),

und ordnen wir die Schlüsselwerte in w der Größe nach an:

(7.45) w $\in$ W: $\delta_{w1} < \delta_{w2} < \cdots < \delta_{wI(w)}$,

so ergibt sich die in Abb. 7.12 gezeigte Darstellungsmöglichkeit
für einen Knoten w $\in$ W bzw. den ganzen Baum T. Die vor/nach (i.a.
zwischen) den Schlüsselwerten δ_{wi} angegebenen Zeiger $p_{w,i-1}$ bzw.
p_{wi} (vgl. auch Abb. 7.13) weisen jeweils auf den davor/danach (bzw.
dazwischen) liegenden Sohn des Knotens, sofern es ihn gibt. Alle
Schlüssel des Knotens, auf den $p_{w,i-1}$ zeigt, und die seiner Nachfolger sind kleiner oder gleich, alle Schlüssel des Knotens, auf
den p_{wi} zeigt, und die seiner Nachfolger sind größer als δ_{wi}. Die
Reihenfolge der Schlüssel δ_{wi} gibt also auch gerade die Reihenfolge der Söhne des Knotens w an.

Für die Anzahl $\sigma(w)$ der Söhne eines Knotens w $\in$ W gilt im übrigen,
wie man auch der Abb. 7.14 entnehmen kann:

(7.46) 0 $\leq \sigma(w) \leq$ I(w)+1.

Von besonderem Interesse sind - aus Effizienzgründen - die in gewissem Sinn "ausgeglichenen" sortierten Schlüsselbäume. Wir betrachten im folgenden zwei spezielle Klassen solcher ausgeglichenen sortierten Schlüsselbäume: B-Bäume und B*-Bäume.

B-Bäume sind sortierte Schlüsselbäume, die speziell für die Verwaltung großer Datenmengen auf Sekundärspeichern entwickelt wurden
[BaM72]. Man geht davon aus, daß ein Knoten des Baumes einem Spei-
cherblock fester Länge (Page) entspricht. Daher kann ein Knoten
auch nur eine gewisse Maximalzahl von Dateneinheiten (Schlüssel s
und Information $\pi(s)$) aufnehmen; andererseits sollte er immer bis
zu einem gewissen Grad erfüllt sein ("ausgeglichen"). Sind die
$\pi(s)$ Zeiger, so dient ein B-Baum genau der Verwaltung eines Index;

sind die π(s) bzw. π(x) die Sätze x selbst, so wird die ganze Datei mit dem B-Baum verwaltet.

B-Bäume* [Wed74] stellen eine hohle Modifikation von B-Bäumen dar
in dem Sinn, daß die Sätze selbst explizit im Baum, und zwar in
den Blättern, enthalten sind; m.a.W.: die Blöcke der Datei selbst
werden durch den Baum mitverwaltet. Da die Dateneinheiten in Nicht-
Blättern und Blättern unterschiedlich sind, ergeben sich auch unterschiedliche "Anzahlen von Dateneinheiten", die ein Knoten aufnehmen kann bzw. soll.

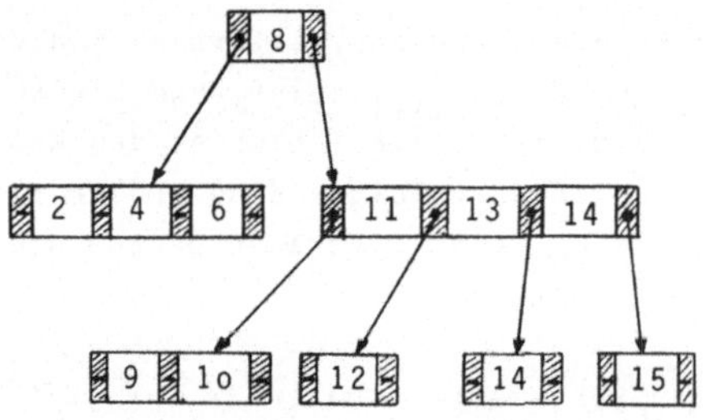

{i : Schlüsselwerte}

Abb. 7.12: Beispiel für einen sortierten Schlüsselbaum

B-BÄUME

Ein *B-Baum vom Typ* (k,h) $(k \geq 1, h \geq 0)$ ist ein sortierter Schlüsselbaum $T = (W, U, <, \text{Inhalt}, \Pi)$, für welchen zusätzlich gilt:
$(w \in W)$

- alle Blätter haben dieselbe Höhe h:

(7.47) w Blatt $\Rightarrow$ $H(w) = H(G) = h$;

- die Wurzel w_o hat mindestens zwei Söhne, oder der Baum besteht
  nur aus der Wurzel.

(7.48) $\sigma(w_o) \neq 1$ (d.h. $= 0$ oder ≥ 2);

- jeder Knoten w, der nicht Blatt ist, hat die für ihn maximal
  mögliche Anzahl von Söhnen:

(7.49) $\sigma(w) = 0$ oder $\sigma(w) = \#\text{Inhalt}(w)+1$

- jeder Knoten w außer der Wurzel enthält mindestens k Schlüssel:

(7.50) $w \neq w_o \Rightarrow \#\text{Inhalt}(w) \geq k$

- jeder Knoten w enthält höchstens 2k Schlüssel:

(7.51) $\#\text{Inhalt}(w) \leq 2k$.

Aus dieser Definition folgt unmittelbar für die Anzahl $\sigma(w)$ der
Söhne des Knotens w eines B-Baumes:

- für jeden Knoten w, außer der Wurzel w_o, gilt:

(7.52) $\sigma(w) = 0$ oder $k + 1 \leq \sigma(w) \leq 2k + 1$ $(w \in W, w \neq w_o)$;

- für die Wurzel w_o gilt:

(7.53) $\sigma(w_o) = 0$ oder $2 \leq \sigma(w_o) \leq 2k + 1$.

Wenn wir die Schlüssel in jedem Knoten sequentiell aufsteigend
anordnen, so besitzt der Knoten dann das in Abb. 7.13 dargestellte
Format.

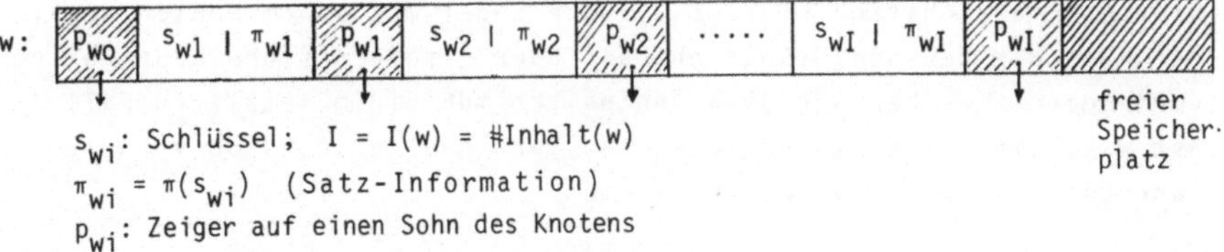

s_{wi}: Schlüssel; $I = I(w) = \#\text{Inhalt}(w)$
$\pi_{wi} = \pi(s_{wi})$ (Satz-Information)
p_{wi}: Zeiger auf einen Sohn des Knotens

<u>Abb. 7.13:</u> Format eines B-Baum-Knotens

Für die Zeiger p_{wi} $(i=0,\ldots,I(w))$ gilt:

- p_{wo} weist auf einen Teilbaum, dessen Schlüssel alle $\leq s_{w1}$ sind;

- p_{wi} $(i=1,\ldots,I(w)-1)$ weist auf einen Teilbaum mit Schlüsseln $> s_{wi}$, $\leq s_{w,i+1}$, und

- p_{w1} weist auf einen Teilbaum mit Schlüsseln $> s_{wI(w)}$.

In den Blattknoten sind diese Zeiger nicht definiert (d.h. die Zeigerfelder sind "leer": "-"). Abb. 7.14 gibt ein Beispiel für einen B-Baum vom Typ (1,2).

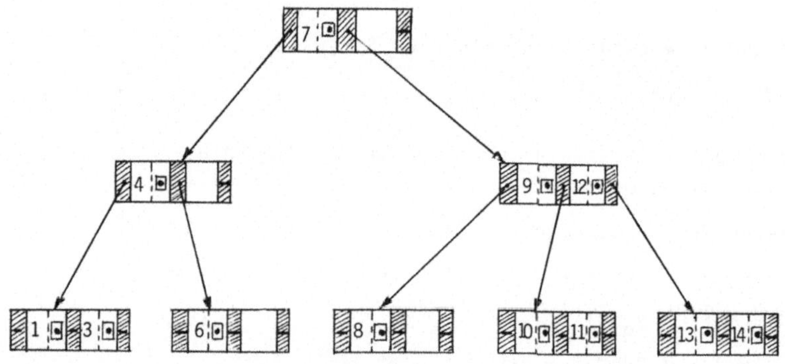

<u>Abb. 7.14:</u> Ein B-Baum vom Typ (1,2)

Das <u>Suchen eines Schlüssels im B-Baum</u> ist entsprechend den definierten Eigenschaften klar. Die Suche endet mit einem Knoten $w(s)$, der entweder den Schlüssels enthält oder - sofern s überhaupt nicht vorhanden ist - den Schlüssel enthalten müßte; im letzteren Fall ist $w(s)$ ein Blatt. Zum Durchsuchen der Inhalte von B-Baum-Knoten kann binäres Suchen verwendet werden.

Einfügen und Löschen von Schlüsseln wollen wir etwas genauer betrachten.

Einfügen eines Schlüssels s in einen B-Baum:

(1) Suche Schlüssel s:

s gefunden: Schlüssel ist schon vorhanden, Fehler.

s nicht gefunden: s ist in das gefundene Blatt w(s) einzufügen.

(2) w(s) ist nicht voll: füge s in die Folge der Schlüssel ein.

w(s) ist voll: w(s) muß - unter Hinzunahme von s - in zwei neue Knoten aufgespalten, "gesplittet" werden.

Splitten für s: Füge s in die Folge der Schlüssel von w(s) ein; es entsteht eine Schlüsselfolge aus 2k+1 Schlüsseln (dies geschieht im Arbeitsspeicher, so daß der entstehende Überlauf hier keine Rolle spielt). Speichere die ersten k Schlüssel in w(s), die letzten k Schlüssel in einem neuen Blattknoten w'(s) und speichere den (k+1)-ten Schlüssel im Vater v von w(s) - falls dieser existiert! -, wobei die zugehörigen Zeiger auf w'(s) (links) bzw. w(s) (rechts) weisen. Ist v bereits voll, so muß - nun unter Berücksichtigung der vorhandenen Zeiger, da v kein Blatt - erneut gesplittet werden.

(3) Falls ein Vater nicht existiert, handelt es sich also um die Wurzel, die zu splitten ist; man kreiere einen neuen, leeren Vaterknoten v und verfahre dann wie oben.

Ist im Beispiel von Abb. 7.14 Schlüssel 2 einzufügen, so ist das Blatt mit den Schlüsseln 1 und 3 zu splitten, und es entsteht der in Abb. 7.15 ausschnittsweise angegebene Baum.

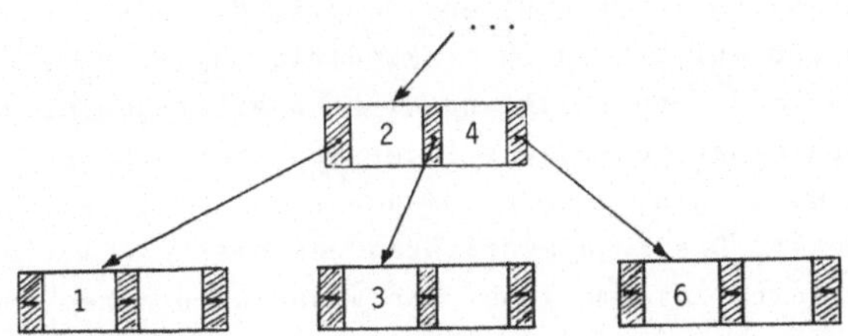

Abb. 7.15: Beispiel für Splitten eines B-Baum-Knotens

Der Leser mache sich klar, daß beim Aufbau eines Baumes und beim
Einfügen von Schlüsseln auf diese Weise die geforderten B-Baum-
Eigenschaften automatisch gewährleistet sind, insbesondere die
Gleichheit der Höhe aller Blätter. Nur wenn beim Einfügen eines
Schlüssels alle Knoten entlang des Astes bis zur Wurzel und diese
selbst voll sind, verändert der Baum seine Höhe um 1, d.h. er er-
hält eine neue Wurzel - Schritt(3) des Einfügeprozesses!

<u>Löschen eines Schlüssels s im B-Baum:</u>

Liegt <u>s in einem Blatt</u>, so wird s einfach entfernt. Falls die Zahl
der Schlüssel im Blatt dadurch kleiner als k wird, müssen Blätter
zusammengefaßt werden ("Zusammenfassen" s.u.).

Liegt <u>s nicht in einem Blatt</u>, so muß s durch einen Schlüssel s'
aus einem Blatt ersetzt werden, so daß - anschaulich gesprochen -
alle Schlüssel im linken Teilbaum von s' "≤" und alle Schlüssel
im rechten Teilbaum von s' ">" sind als s'. Diese Eigenschaft wird
erfüllt sowohl (Alternative 1) vom kleinsten Schlüssel im rechten
wie (Alternative 2) vom größten Schlüssel im linken zu s gehörigen
Teilbaum. Wir wählen Alternative 1: Ist p_s der zu s gehörende
rechte Zeiger, so ist also folgendes zu tun: finde über p_s und
dann alle p_0-Zeiger (= Zeiger ganz links) ein Blatt, ersetze s
durch den ersten Schlüssel s_1 in diesem Blatt und entferne s_1 aus
dem Blatt. Gegebenenfalls muß danach eine Zusammenfassung gestartet
werden.

<u>Zusammenfassung zweier Knoten eines B-Baumes:</u>

Eine Zusammenfassung zweier Knoten v und w, die Söhne desselben
Vaters u sind und auf die durch benachbarte Zeiger $p_{u,i-1}$ und p_{ui}
verwiesen wird, muß dann stattfinden, wenn einer der beiden Knoten
durch Entfernen eines Schlüssels (oder mehrerer Schlüssel auf einmal) zu klein wird, d.h. wenn er dann nur noch k-1 (oder weniger)
Schlüssel enthält. Die Zusammenfassung geschieht - wie in Abb. 7.16
dargestellt - durch Zusammenlegen von v und w zu einem neuen Knoten
v und der zusätzlichen Übernahme des - aus u entfernten - zugehörigen Schlüssels s_i. Im Regelfall ist dieser neue Knoten v nun zu
groß (bei Entfernen <u>eines</u> Schlüssels würde nun für das neue v gel-

ten: $2k \leq I(w) \leq 3k$), so daß durch analoge Anwendung des oben geschilderten Splitting-Verfahrens der Knoten v wieder dementsprechend zerteilt wird.

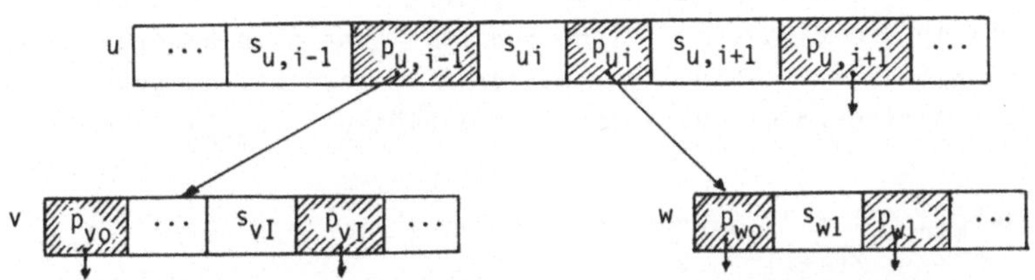

a. vor Zusammenfassen

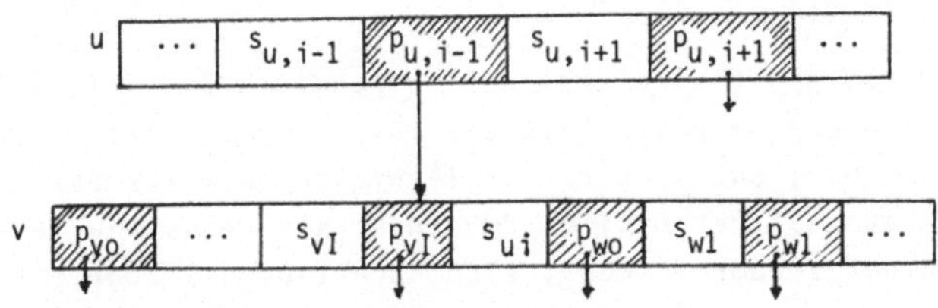

b. nach Zusammenfassen

Abb. 7.16: Zusammenfassen zweier Knoten eines B-Baumes

Durch das Entfernen von s_i aus dem Knoten u kann wiederum die
Zahl der Schlüssel in u kleiner als k werden, so daß erneut zusammengefaßt werden muß. Dieser Prozeß kann sich bis zur Wurzel
fortsetzen. Enthält die Wurzel vor dem Zusammenfassen nur einen
Schlüssel, so verringert sich die Höhe des Baumes beim Zusammenfassen um 1.

EIGENSCHAFTEN VON B-BÄUMEN

B-Bäume sind gerade für die Organisation von Datenbeständen, in
denen laufend Sätze gelöscht und eingefügt werden, geeignet, da

sowohl für Suchen als auch für Löschen und Einfügen $x \leq O(h)$ Knoten des Baumes gelesen bzw. verändert werden müssen; die Höhe h selbst ist bei gegebenem S begrenzt durch

$$(7.54) \quad h \leq \log_{k+1} \left(\frac{\# S+1}{2} \right), \quad \# S \geq 1.$$

Diese Schranke erhält man durch Betrachtung eines B-Baumes der Ordnung k, in dem die Wurzel einen Schlüssel und alle anderen Knoten genau k Schlüssel enthalten. Dieser Baum besitzt bei gegebener Höhe h die geringstmögliche Anzahl von Schlüsseln (S_{min}), und es gilt:

$$(7.55) \quad \# S_{min} = 1 + 2k \cdot (1 + (k+1) + (k+1)^2 + \ldots + (k+1)^{h-1})$$
$$= 2(k+1)^h - 1.$$

Daraus folgt sofort

$$(7.56) \quad h = \log_{k+1} \frac{\# S_{min} + 1}{2}$$

Für $k = 60$ ist die Maximalzahl der notwendigen Zugriffe auf B-Baum-Knoten beim Suchen eines Schlüssels für $\# S = 10^5$ erst 4 ($h=3$); man beachte aber, daß dies der schlechteste denkbare Fall ist, der praktisch kaum auftreten wird. Um einen Satz selbst zu lesen, benötigt man nur 1 Zugriff mehr, also höchstens $h+2$ Zugriffe.

Ein wichtiger Faktor für die Leistungsfähigkeit von B-Bäumen ist der Parameter k, der die benötigte Blockgröße festlegt. Zur Berechnung optimaler Werte für k sind Hardwaregrößen zu berücksichtigen: Suchzeiten für Blöcke auf dem Sekundärspeicher, Übertragungszeiten (Übertragungsrate des Kanals), Zeit zum Durchsuchen des eingelesenen Blockes nach dem gegebenen Schlüssel. Nach den Untersuchungen von [BaM72] ist das Optimum nicht sehr ausgeprägt, so daß k in einem größeren Bereich gewählt werden kann. Übliche Blockgrößen sind 1, 2 oder 4 K Bytes.

B*-BÄUME

Das Konzept der B-Bäume wurde zur Verwaltung von Indexen - auch Sekundärindexen - für große Datenmengen entwickelt. Über die Speicherung der Daten (Sätze) selbst wird nichts ausgesagt; bei großen Sätzen werden die Sätze jedenfalls nicht vollständig im

B-Baum abgespeichert (auch wenn dies im Prinzip mit "$\pi(x) = x$"
möglich wäre). - Eine Modifikation des B-Baum-Konzeptes ergibt sich,
wenn man die Sätze in den Baum einbezieht, und zwar so, daß die
Blätter die Sätze enthalten und die übrigen Knoten einen baumför-
migen Index für diese Sätze bilden. Bäume dieser Art heißen B^*-
Bäume [Wed74].

Ein B^*-Baum vom Typ (k, k^*, h) $(k, k^* \geq 1, h \geq 0)$ ist ein sortier-
ter Schlüsselbaum, für den die Eigenschaften (7.47) - (7.51) eines
B-Baumes vom Typ (k,h) gelten bis auf folgende Einschränkungen bzw.
Zusätze:

- Füllungsgrad der Blätter

(7.57) $w \in W$, $\sigma(w) = 0 \Rightarrow k^* \leq \# \text{Inhalt}(w) \leq 2k^*$

- Satz-Informationen:

(7.58) $W_\Pi = \{w \in W \mid \sigma(w) = 0\}$, und zusätzlich
$\forall s \in S: \pi(s) = $ Satz selbst.

Ein Knoten w eines B^*-Baumes hat demnach das in Abb. 7.17 angegebene Format. Abb. 7.18 zeigt einen B^*-Baum vom Typ $(2,1,2)$.

EIGENSCHAFTEN VON B^*-BÄUMEN

Man erkennt, daß im Unterschied zum B-Baum jetzt nicht mehr alle
Schlüssel im Index-Teil (Baum der Höhe h-1) auftreten. Für das
Suchen, Einfügen und Löschen im B^*-Baum gelten gleichartige Algorithmen wie im B-Baum. Der Baum wird jetzt bei jeder dieser Operationen bis zum Blatt durchlaufen; bei Gleichheit des Suchschlüs-
sels s mit einem Schlüssel s_{wi} in einem Nicht-Blatt-Knoten w ist
- im Unterschied zum B-Baum - der Weg (und zwar entlang $p_{w,i-1}$)
weiterzuverfolgen.

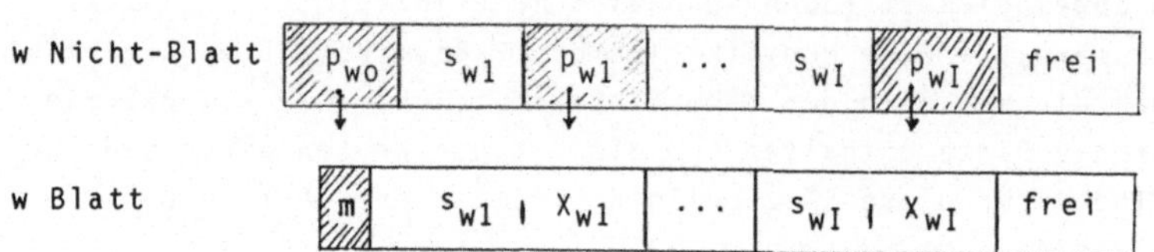

p_{wi}: Zeiger wie beim B-Baum; s_{wi}: Schlüssel wie beim B-Baum
X_{wi}: zu s_{wi} gehöriger Satz: m: Markierung für Blatt

<u>Abb. 7.17:</u> Formate von B*-Baum-Knoten

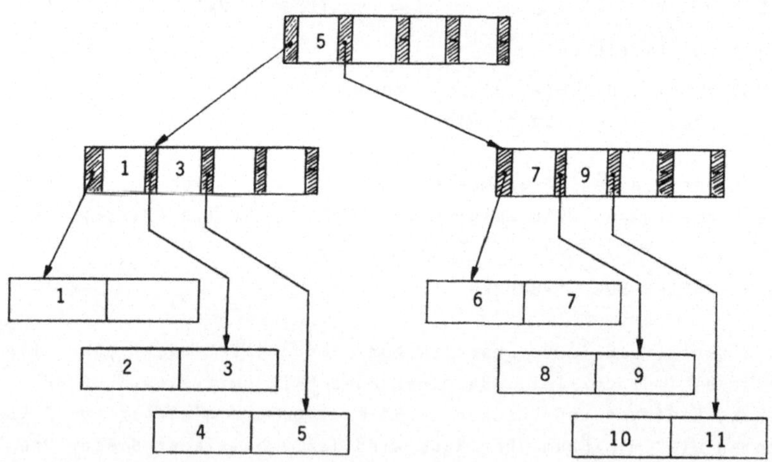

<u>Abb. 7.18:</u> Ein B*-Baum vom Typ (2,1,2)

VERGLEICH MIT B-BAUM

Eine generelle Aussage darüber, ob B- oder B*-Bäume "besser" sind,
ist nicht möglich. Unter *worst-case*-Betrachtung, d.h. minimaler
Belegung jedes Knotens, und mit dem Kriterium "Höhe des Baumes"
sind B*-Bäume in einem großen, praktisch bedeutsamen Bereich den
B-Bäumen überlegen (vgl. [Wed74]). Ähnlich wie die Eigenschaften
(7.54) - (7.56) kann man für B*-Bäume ableiten:

$$(7.59) \quad \text{\# Zugriffe für 1 Satz} = h+1 \leq \log_{k+1}\left(\frac{\# S}{2 \cdot k^*}\right) + 2.$$

$$(7.60) \quad k(\text{B-Baum}) < k(\text{B*-Baum})$$
$$\text{(bei gleicher Schlüsselmenge S, wegen } \pi(s)!).$$

7.7 Verbindungen zwischen Sätzen verschiedenen Typs

Werden Informationen aus Sätzen verschiedenen Satztyps häufig zusammen benötigt, so ist es sinnvoll, die Verbindung zwischen den
jeweils gemeinsam benötigten Sätzen in der physischen Datenorganisation zu realisieren. Benötigt z.B. eine häufig auszuführende
Anwendung immer Information über den Vertreter in einem bestimmten
Bezirk und über dessen Kunden, so ist es nützlich, einen Zugriffspfad einzurichten, der jeden Vertreter mit dem von ihm betreuten
Kunden verbindet.

Es seien etwa S, T zwei Satzmengen (interne Dateien), zwischen de-
ren Sätzen konkrete Beziehungen bestehen können, gegeben durch den
Beziehungstyp V: {S,T}. Ist S' eine Teilmenge $\subseteq$ S, so sind die mit
Sätzen s∈S' zusammenhängenen Sätze t∈T bestimmt durch

$$(7.61) \quad T_{V,S'} = \{x.T \mid x \in V, x.S \in S'\}.$$

Wir definieren dann allgemein:

Ein *Verbindungszugriffspfad*, oder einfach *Verbindung*, zwischen den
Satzmengen S und T für die Beziehung V: {S, T} realisiert diese
Beziehung derart, daß für S' $\subseteq$ S die zugehörige Satzmenge $T_{V,S'}$
ohne Durchsuchen der Sätze $t \in T \setminus T_{V,S'}$ gefunden werden kann.

Zugriffspfade dieser Art werden auch *link* genannt (vgl. [Tsi75,
ABC76]), im Unterschied zum "Selektions-" oder "sekundären" Zu-

griffspfad" des Abschnitts 7.5.   Wir müssen unterscheiden zwischen
informationstragenden Verbindungen (die im übrigen nicht in allen
Datenmodellen verwendet werden können) und solchen, die ausschließlich zum Zweck des einfacheren Zugriffs bei bestimmten Anfragen
eingerichtet werden.

Eine *informationstragende Verbindung* liegt dann vor, wenn mit dem
Entfernen der Verbindung auch bestimmte Anfragen nicht mehr beant-
wortbar sind. Ein Beispiel hierfür ist die in Abb. 7.19 dargestellte Realisierung der Vertreter-Kunde-Beziehung in Ring-Form, wobei
die Vertreternummer in den Kundensätzen nicht geführt wird. In diesem Falle kann die Liste Vertreter-(Kunde 1)-...-(Kunde n) nicht
entfernt werden, da sonst die Zuordnung Kunde-Vertreter verlorengeht.

Die Liste wird *nicht-informationstragend*, wenn jeder Kundensatz
auch die Nummer des zugehörigen Vertreters enthält.

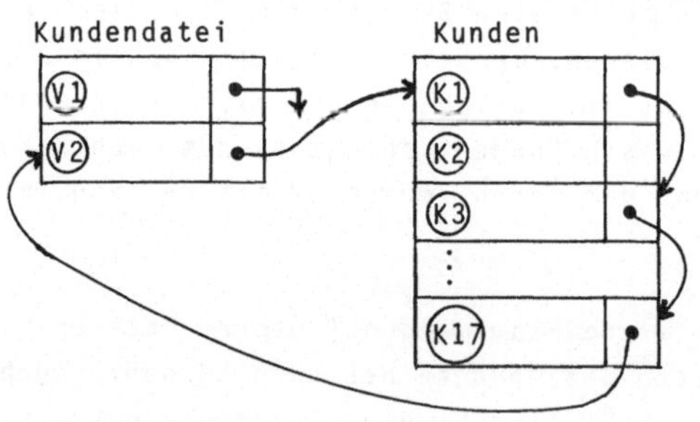

<u>Abb. 7.19:</u>   Informationstragende Verbindung
             (Vertreter nicht im Kundensatz)

Es kann unter Umständen durchaus sinnvoll sein, eine zum Zwecke
des schnellen Zugriffs einzurichtende Verbindung informations-
tragend zu machen und dadurch Redundanzen auf der physischen Ebene
zu vermeiden. Man verzichtet dabei allerdings auf Flexibilität,
da Zugriffspfade bei informationstragenden Verbindungen nicht mehr
ohne Schwierigkeiten - insbesondere im laufenden Betrieb! - entfernt werden können; dieser Verzicht auf Anpassungsfähigkeit des

Systems an sich verändernde Benutzeranforderungen muß sehr genau
gegen die dadurch erzielten Gewinne abgewogen werden. Im folgenden
halten wir die Unterscheidung informationstragende oder nicht-in-
formationstragende Verbindung nicht weiter aufrecht.

Nehmen wir nun an, die Beziehung V: {S,T} sei definiert über die
Werte eines Sekundärschlüssels A der Sätze $s \in S$ bzw. B der Sätze
$t \in T$:

(7.62) $(s,t) \in V <=> s.A = t.B$

V kann dann auf sehr unterschiedliche Weise realisiert werden,
z.B.:

- T wird invertiert bezüglich B. Dann kann zu jedem Satz $s \in S$ über
  den Index für B sofort die zugehörige Satzmenge in T gefunden
  werden.

- Die zu $s \in S$ gehörigen Sätze $t \in T$ (genauer: $t \in T_{V,\{s\}}$) werden physisch zusammenhängend (als ein physischer Satz) gespeichert.
  Dies ist nur möglich bei 1:1- oder 1:n-Beziehungen und kann auch
  nur im Zusammenhang mit der Primärorganisation durchgeführt werden.

- Die zu $s \in S$ gehörigen Sätze $t \in T$ werden durch eine Liste oder einen Ring verbunden, deren Anfangselement s ist. Diese Realisierung macht erhebliche Schwierigkeiten bei komplexen Beziehungen,
  da Sätze in unterschiedlich vielen Listen enthalten sein können,
  sodaß dies u.U. zu sehr aufwendigen Lösungen führen würde. Für
  diesen Fall bietet sich eine der folgenden (uns bereits bekannten)Lösungen an:

- Explizite Darstellung der (komplexen) Beziehung V durch Kett-
  sätze. Darüber ist bereits in Kapitel 2 (insbesondere Abschnitt 2.2.2) ausführlich gesprochen worden, sodaß sich hier
  eine weitere Diskussion erübrigt.

- Satz $s \in S$ wird um einen Zeiger-Satz erweitert (variable Zeigerliste); die Zeiger weisen auf die zu s gehörigen Sätze $t \in T$ (dies
  entspricht dem Aufbau eines Index über B für jeden Satz $s \in S$).
  Der Vorteil dieser Realisierungstechnik liegt darin, daß Suchen
  (retrieval) sehr effizient wird. Sehr aufwendig dagegen wird das
  Ändern, da man in variabel langen Sätzen Zeiger entfernen und

einfügen muß.

Mit diesem Überblick über Möglichkeiten zur Realisierung von Verbindungen zwischen Sätzen verschiedenen Typs schließen wir die Betrachtungen zur physischen Datenorganisation ab. Die beschriebenen Techniken können in unterschiedlichster Weise kombiniert und bei verschiedensten Problemstellungen angewandt werden.

EIN BEISPIEL: STÜCKLISTEN

Eine sehr bekannte und wichtige Anwendung von Kettsätzen sind Stücklisten: hier haben wir es mit einer n:m-Beziehung zwischen Sätzen desselben Typs, nämlich zwischen Bauteilen zu tun: Bauteil 1 benötigt die Bauteile i_1, i_2, ...; Bauteil 1 wird verwendet bei Bauteil j_1, j_2, ... (vgl. Abb. 7.20a). Es erfolgt üblicherweise eine Aufteilung in 2 Dateien (Tabellen): die Stammdatei, in welcher die Bauteile mit Nummer, Bezeichnung usw. ausgeführt sind, und die Strukturdatei, in welcher alle Angaben über die Struktur (= Beziehung V) enthalten sind, d.h. Listen der unter- bzw. übergeordneten Teile.

In der Stammdatei sind zusätzlich Zeiger enthalten, die den Anfang der jeweiligen Liste bezeichnen (in Abb. 7.20b z.B. als laufende Nummer des betreffenden Eintrags in der Strukturdatei).

Die Strukturdatei enthält für jede konkrete Beziehung, die man sich alle fortlaufend durchnumeriert denken kann, eine Zeile mit dieser laufenden Nummer sowie einem Zeiger auf den nächsten Eintrag mit demselben übergeordneten (Spalte I) bzw. untergeordneten (Spalte II) Bauteil (vgl. Abb. 7.20c, Spalten α): so zeigt z.B. der Eintrag "12" in Spalte Iα der Zeile 11 (d.h. für die konkrete Beziehung 1-2) an, daß auch die konkrete Beziehung in Zeile 12 zu demselben übergeordneten Zeil (nämlich Teil 1) gehört. Gibt es keinen nächsten Eintrag, so wird dies gekennzeichnet (*), und in den Spalten β erfolgt ein Rückverweis auf die Stammdatei - in Spalte I auf das betreffende übergeordnete, in Spalte II auf das betreffende untergeordnete Teil.

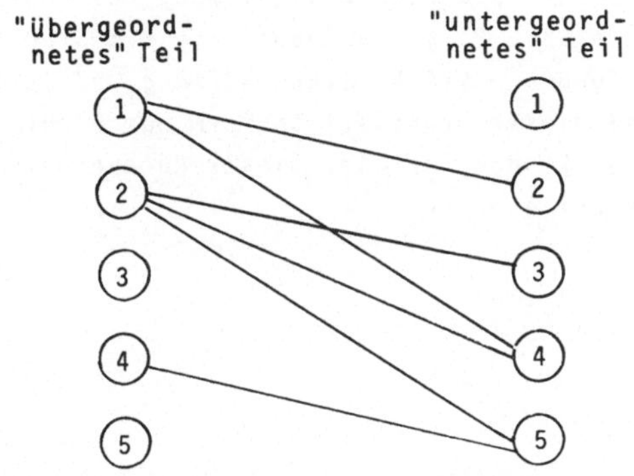

<u>a</u>. Beispiel einer Stückliste

Bauteil		Zeiger auf Liste der	
Nr.	Bezeichnung ...	unterg.T.	überg.T.
1	...	11	*
2	...	13	11
3	...	*	13
4	...	16	12
5	...	*	15

<u>b</u>. Stammdatei

Konkrete Beziehung (Kettsatz)	laufende Nummer	Spalte I		Spalte II	
		α	β	α	β
1-2	11	12	1	*	2
1-4	12	*	1	14	4
2-3	13	14	2	*	3
2-4	14	15	2	*	4
2-5	15	*	2	16	5
4-5	16	*	4	*	5

<u>c</u>. Strukturdatei

Abb. 7.20: Stücklistenorganisation

Diese Organisation ist genau eine Realisierung des CODASYL-Set-
Konzeptes (vgl. etwa Abb. 2.7). Da jedoch die mit Stücklisten zusammenhängenden Aufgaben - *Stücklistenauflösung* und *Teileverwen-
dungsnachweis* - bei dieser Organisationsform nur recht zeitauf-
wendig gelöst werden können, erfolgt dieser Rückverweis in den
Spalten β in <u>jeder</u> Zeile.

8 Integrität der Datenbank

8.1 Aspekte des Integritätsproblems

Unter dem Stichwort *Integrität* der Datenbank werden alle Fragen zusammengefaßt, die im weitesten Sinne mit der Erhaltung der Korrektheit der Daten in der Datenbank zu tun haben. Da auf eine Datenbank im allgemeinen eine größere Zahl von Benutzern zugreift, können wir nicht mehr - wie in konventionellen Dateisystemen - alle Fragen dieser Art den einzelnen Benutzern überlassen. Das System selbst muß soweit wie möglich in die Lage versetzt werden, die Integrität der Daten zu prüfen und zu gewährleisten.

Die Fragen der Integrität können folgendermaßen klassifiziert werden:

1. *Semantische Integrität*: Benutzer können Fehler begehen oder absichtlich falsche Daten einzugeben versuchen. Das System sollte Möglichkeiten haben, die Korrektheit von Daten und die Zulässigkeit von Operationen zu prüfen. Einige Fragen der semantischen Integrität werden nachfolgend diskutiert.

2. *Operationale Integrität*: Verhinderung von Fehlern, die durch den gleichzeitigen Zugriff mehrerer Benutzer auf die Datenbank entstehen können. Im Kapitel 9 werden diese Fragen unter dem Stichwort *Synchronisation paralleler Transaktionen* behandelt.

3. *Recovery*: Unterschiedlichste Fehler können dazu führen, daß die Datenbank inkorrekt wird. Das DBMS muß Möglichkeiten bieten, solche Fehler zu erkennen und wieder einen korrekten Datenbankzustand herzustellen. Recovery wird in Kapitel 10 behandelt.

Wesentlich für die Integrität der Datenbank ist es offensichtlich, Änderungen von Daten durch unberechtigte Personen zu verhindern. Die hierzu notwendigen Maßnahmen werden unter dem Begriff *Datenschutz* zusammengefaßt. Fragen des Datenschutzes werden in Kapitel 11 behandelt.

Synonym zum Begriff der Integrität der Daten verwenden wir den Begriff *Konsistenz*. Mit Konsistenz hat man den Blick auf die Widerspruchsfreiheit (auch gegenüber der Realwelt) und die Vollständigkeit der Daten im Auge, weniger die technischen Aspekte, die zu ihrer Erhaltung zu berücksichtigen sind. (Gelegentlich werden deshalb die beiden Begriffe getrennt definiert.) Letzten Endes ist mit beiden Begriffen die Korrektheit der Daten in Bezug auf die Realwelt gemeint, so daß wir auf eine Abgrenzung der beiden Begriffe voneinander verzichten.

8.2 <u>Semantische Integrität</u>

Daten können mit Absicht des Benutzers, durch Irrtum (Tippfehler) oder durch Nichtwissen (der Benutzer kennt die Bedeutung der Daten oder die Zusammenhänge nicht) falsch eingegeben werden. Das Datenbanksystem muß in die Lage versetzt werden, von sich aus Fehler dieser Art in gewissem Umfang zu verhindern. Zu diesem Zweck wird eine Reihe von *Integritätsbedingungen* formuliert und zusammen mit der Datendefinition im konzeptuellen Schema abgelegt [HaM75, FSW81]. Die Integritätsbedingungen beschreiben für einzelne Datenelemente, welche Werte erlaubt sein sollen, welche konkreten Beziehungen zwischen Objekten möglich sein sollen, welche Veränderungen zulässig sein sollen usw. Das Datenbanksystem kann dann anhand dieser Bedingungen nachprüfen, ob Dateneingaben oder -änderungen innerhalb des vorgegebenen Rahmens korrekt sind. Dabei ist klar, daß Integritätsprüfung nicht alle möglichen Fehler verhindern kann: Grundsätzlich ist nicht entscheidbar, ob ein einzelner Wert richtig ist - allenfalls kann er durch Plausibilitätsprüfungen als möglicherweise richtig erkannt werden.

Die Zahl der Integritätsbedingungen für eine größere Datenbank ist im allgemeinen außerordentlich groß. Welche Bedingungen explizit formuliert und dem System eingegeben werden sollten, hängt ganz vom Anwendungsfall ab. Es ist abzuwägen zwischen

- Laufzeitverlusten und Kosten (für die Auswertung
  der Integritätsbedingungen) und

- Fehlerwahrscheinlichkeiten und Korrektheitsanforderungen in der betrachteten Umgebung.

INTEGRITÄTSBEDINGUNGEN UND DATENDEFINITION

Man beachte, daß die Datendefinition in Form der typmäßigen Beschreibung der Daten bereits als Integritätsbedingung angesehen werden kann: Es sind nur Daten von diesem Typ möglich. Je nach Art der DDL kann die Datendefinition verschieden weitreichende Bedingungen enthalten.

Man betrachte das folgende Beispiel, in dem zum Datenelement Familienstand Angaben über die zulässigen Werte gemacht sind:

        RECORD PERSON

            .
            .
            .

            FAM-STAND = LEDIG|VERHEIRATET|GESCHIEDEN|VERWITWET.

Schon durch die Strukturierung der Datenbank werden häufig wichtige Integritätsbedingungen festgelegt, ohne daß sie explizit als solche formuliert werden. Beispielsweise besagt ein Set-Typ S:(A,B), daß ein Satz b $\in$ B bezüglich S mit höchstens einem Satz a $\in$ A in Beziehung stehen kann.

Bedingungen, die nicht unmittelbar mit der typmäßigen Beschreibung der Daten erfaßt werden können oder durch die Struktur der Daten erfaßt sind, werden explizit als Integritätsbedingungen in Form weiterer Schemaeinträge aufgeschrieben. Hierzu sind natürlich wieder sprachliche Hilfsmittel notwendig.

INTEGRITÄTSBEDINGUNGEN IN DEN CODASYL-VORSCHLÄGEN

Wir hatten bereits angedeutet, daß die DDL der CODASYL-Vorschläge eine ganze Reihe von Integritätsbedingungen zu formulieren gestattet. Schon die Angaben über die Set-Mitgliedschaft stellen Integritätsbedingungen dar: ist beispielsweise für einen Member-Typ M in einem Set-Typ S:(A,M) die Eigenschaft MANDATORY vereinbart, so bedeutet dies ja, daß das DBMS von sich aus folgende Integritätsbedingung aufrecht erhalten kann:

    "Steht m vom Typ M einmal in Beziehung zu einem a vom Typ A,
      so bleibt m immer in Beziehung zu irgendeinem a vom Typ A."

Wie schon in Kapitel 3 angedeutet, ist der Begriff der Datenbank-
Integrität in sehr vielfältiger Weise in die CODASYL-Vorschläge
eingearbeitet worden. In Kapitel 3 erwähnt wurden bereits die
CHECK- und die SOURCE-Klausel sowie die Datenbankprozeduren. Je
nach Spezifikation initiiert die CHECK-Klausel für Datenfelder au-
tomatische Bereichsprüfung, Formatprüfung oder Benutzer-definierte
Prüfungen. Datenbankprozeduren erlauben es, nahezu beliebige Integritätsbedingungen in prozeduraler Form einzurichten. Für Set-Typen
ist eine STRUCTURAL CONSTRAINT vorgesehen, die erzwingt, daß ein
Satz nur dann in einen Set eingefügt werden kann, wenn definierte
Datenelemente denselben Wert wie im Ownersatz haben.

INTEGRITÄTSBEDINGUNGEN IN RELATIONALEN SYSTEMEN

In relationalen Systemen stellen die funktionalen Abhängigkeiten
ganz wesentliche Integritätsbedingungen dar - diese spielen ja auch
beim Entwurf der Datenbank eine entscheidende Rolle. Praktisch werden diese Integritätsbedingungen meist durch die Definition von
Schlüsseln für ein Relationenschema ausgedrückt. Für die Erfassung
anderer Integritätsbedingungen gibt es eine Reihe von Sprachvor-
schlägen. Beispielsweise können Integritätsbedingungen in SQL mit
Hilfe üblicher SQL-Statements formuliert werden, wobei die Abfrage
als ASSERTION kenntlich gemacht wird. Ein Beispiel:

    "In der Relation ANGEST sollen alle Gehälter
     kleiner 100 000 sein".

    ASSERT INTBED1 ON ANGEST: GEHALT < 100 000.

INTBED1 ist der Name der Integritätsbedingung. Falls ein Einfügen
oder Verändern zu einer Verletzung dieser Bedingung führt, wird die
SQL-Anweisung vom DBMS nicht akzeptiert, der Benutzer erhält einen
Fehlercode zusammen mit dem Namen der verletzten Integritätsbedingung.

KLASSEN VON INTEGRITÄTSBEDINGUNGEN

Man kann Integritätsbedingungen nach verschiedenen Gesichtspunkten

klassifizieren, um etwa die Anforderungen, die die Auswertung einer
Integritätsbedingung an das Datenbanksystem stellt, zu charakterisieren [WSK83]. Zwei wichtige Klassifizierungen sind:

- Komplexität
  Integritätsbedingungen können sich auf einzelne Objekte der Datenbank, z.B. Felder oder Sätze, beziehen (vgl. obiges Beispiel),
  sie können sich aber auch auf beliebige Mengen von Objekten beziehen. Beispiele für solche komplexen Integritätsbedingungen
  sind:

  > "Das Durchschnittsgehalt von Abteilung X muß kleiner sein
  > als das von Abteilung Y";
  > "Die Menge der Manager muß eine Teilmenge der Angestellten
  > sein".

- Zustandsbedingungen, Übergangsbedingungen
  Integritätsbedingungen können Korrektheitsaussagen über den Zustand der Datenbank (*Zustandsbedingungen*) oder über Zustandsübergänge (*Übergangsbedingungen*) machen.

Das Beispiel der Vorgabe eines Wertevorrats für FAM-STAND ist eine
typische Integritätsbedingung, die den Zustand der Datenbank betrifft. Zu ihrer Überprüfung ist es nicht wichtig, welche Zustände
die Datenbank vorher durchlief. Integritätsbedingungen über Veränderungen der Datenbank machen Aussagen darüber, welche Änderungen
in einem bestimmten Zustand der Datenbank erlaubt sind. Beispiele:

  > "Eine Person, die den Familienstand 'verheiratet' hatte,
  > kann nicht mehr den Familienstand 'ledig' erreichen";
  > "Das Gehalt eines Angestellten darf nicht sinken";
  > "Ändert sich die Steuerklasse eines Ehepartners, so muß
  > sich auch die Steuerklasse des anderen Partners ent-
  > sprechend den Steuergesetzen ändern".

Das letzte Beispiel zeigt, daß die Integrität der Datenbank nicht
immer nach jeder einzelnen Änderung eines Objektes wieder hergestellt ist; hier sind in zwei Objekten voneinander abhängige Änderungen durchzuführen, ehe Konsistenz der Datenbank erreicht ist.
Diese beiden Operationen müssen zusammenhängend ausgeführt werden,

da nur beide zusammen eine konsistenzbewahrende Einheit bilden.
Die Notwendigkeit, solche logischen Verarbeitungseinheiten zu bilden und entsprechend zu verarbeiten, führt zu dem für Datenbanken
wesentlichen Konzept der Transaktion, das im Zentrum des Kapitels 9
steht.

Zusammen mit einer Integritätsbedingung muß dem DBMS mitgeteilt werden, wann jede Bedingung ausgewertet werden soll (*enforcement*) und
welche Aktionen im Falle einer entdeckten Integritätsverletzung zu
starten sind. Wir erweitern deshalb den Begriff der Integritätsbedingung in folgender Weise:

Eine *Integritätsbedingung* I = (O,C,A,R) *für Datenbankzustände* besteht aus

- einer Menge O von Objekten; das sind die Entities, auf die sich
  die Integritätsbedingung bezieht;

- einer Bedingung (Prädikat) C, die für die Objektmenge O erfüllt
  sein muß;

- einer Auslöseregel A, die angibt, wann C zu prüfen ist; und

- einer Reaktionsregel R, die angibt, welche Aktionen bei Feststellung einer Integritätsverletzung (C nicht erfüllt) zu starten
  sind.

Beispiele für Objektmengen und für Bedingungen auf diesen Mengen
wurden schon diskutiert.

Die Auslöseregel kann sein:

- kontinuierlich; in diesem Fall ist sie operationsabhängig, d.h.
  es ist anzugeben, bei welchen Operationen die Prüfung von C vorzunehmen ist, z.B. bei Ändern, Einfügen, Löschen oder der Ausführung ganzer Folgen von Operationen;

- periodisch, d.h. zeitabhängig; das System überprüft periodisch
  (Stunden, Tage), ob C noch erfüllt ist;

- Benutzer- oder Datenbankadministrator-initiiert.

Kontinuierliche Kontrolle ist nicht immer auf einfache Weise möglich (abgesehen davon, daß sie für sehr viele Operationen unver-

tretbar teuer wäre!), da ja in vielen Fällen ein neuer konsistenter
Zustand erst nach einer Folge von Operationen erreicht wird.

Integritätsbedingungen für Zustandsübergänge sind ähnlich aufgebaut: es muß im Prinzip eine Objektmenge O festgelegt werden; anstelle der Bedingung C muß angegeben werden, welche Änderungen der
Objekte aus O erlaubt bzw. verboten sind; und es muß eine Reaktionsregel R angegeben werden. Die Auslöseregel ist kontinuierlich, da
die Prüfung der Zulässigkeit eines Zustandüberganges nur dann möglich ist, wenn der Übergang stattfindet.

Je nach der Bedeutung der Integritätsbedingung für das Gesamtsystem
und je nach der Auslöseregel können bei festgestellter Integritätsverletzung vom System sehr unterschiedliche Aktionen gestartet werden:

(1) Markierung der inkonsistenten Daten, so daß andere Benutzerpro-
    zesse die Inkonsistenz erkennen und berücksichtigen können; so-
    wohl der erzeugende Prozeß als auch die später auf diese Daten
    zugreifenden Prozesse erhalten eine Warnung (*soft integrity
    constraint*).

(2) Meldung der entdeckten Integritätsverletzung an die zuständige
    Stelle, z.B. in einem periodisch gelieferten Zustandsbericht;
    im allgemeinen zusammen mit (1).

(3) Behandlung der Integritätsverletzung als Fehler, Verweigerung
    der verlangten Änderung in der Datenbank; unter Umständen wer-
    den die Änderungen des Prozesses rückgängig gemacht; der ver-
    ursachende Benutzer wird in geeigneter Form (z.B. durch Auf-
    listung der verletzten Integritätsbedingungen, der inkorrekten
    Daten usw.) informiert.

(4) Unterbrechung der Verarbeitung (Systemfehler) und Meldung der
    Integritätsverletzung an die zuständen Stelle.

(5) Versuch einer Korrektur der inkonsistenten Daten.

Die Verletzung einer Integritätsbedingung muß nicht unbedingt bedeuten, daß die Daten inkorrekt sind. In der Praxis könnte sich
herausstellen, daß die Integritätsbedingung "veraltet" ist und geändert werden muß.

9 SYNCHRONISATION PARALLELER TRANSAKTIONEN

9.1 Einführung

Eine Datenbank stellt im allgemeinen eine Basis von Information
für viele Benutzer dar, die unabhängig voneinander und oft zur selben Zeit auf die Daten zugreifen wollen. Das DBMS muß also in der
Lage sein, mehrere Benutzer gleichzeitig zu bedienen. Stellen wir
uns die Aktivitäten eines Benutzers als sequentiellen Prozeß vor,
so läuft also auf der Datenbank eine über der Zeit variable Menge
paralleler Prozesse ab. Der Zugriff auf die gemeinsamen Objekte,
die Datenbank, muß vom DBMS synchronisiert werden, um gegenseitige
Störungen der Prozesse zu verhindern. In diesem Kapitel wollen wir
diskutieren, wie die parallelen Prozesse zu synchronisieren sind
und welche Verfahren hierfür existieren.

Der Begriff der *Synchronisation* wird für zwei Probleme verwandt:

(1) Koordination von Prozessen, die kooperativ für eine gemeinsame
    Aufgabe aktiv sind (*cooperative sequential processes*)

(2) Serialisierung konkurrierender Zugriffe auf gemeinsame Objekte
    (*mutual exclusion, wechselseitiger Ausschluß*)

Im Bereich der Programmiersprachen und Betriebssysteme gibt es eine ganze Palette von Vorschlägen für die Koordination kooperieren-
der Prozesse. Das Problem des wechselseitigen Ausschlusses ist natürlich auch in diesen Bereichen fundamental.

Bei der Synchronisation gleichzeitig arbeitender Benutzer in Datenbanksystemen haben wir es ausschließlich mit Problem (2) zu tun,
da ja die einzelnen Benutzer voneinander unabhängig, ohne Wissen
voneinander, arbeiten. Es stellt sich jedoch heraus, daß das Problem bei weitem komplizierter ist als die bekannten Probleme des
wechselseitigen Ausschlusses in Betriebssystemen. Die Schwierigkeiten ergeben sich im wesentlichen daraus, daß die Datenbank nicht
als *ein* Objekt verwaltet werden kann, das nacheinander einem der
Prozesse zugänglich wird (in diesem Falle läge das klassische
Grundproblem des wechselseitigen Ausschlusses vor). Vielmehr muß
die Datenbank als Menge von Objekten gesehen werden, so daß durch-

aus mehrere Prozesse gleichzeitig auf Teile der Datenbank zugreifen können. Im Unterschied zu Betriebssystemen sind hier die einzelnen Objekte nun aber nicht unabhängig voneinander, sondern stehen in vielerlei semantischen Beziehungen zueinander. Dies hat weitreichenden Einfluß auf die anzuwendenden Synchronisationsmaßnahmen.

Die Theorie der Synchronisation in Datenbanksystemen hat sich zu einem eigenständigen großen Forschungsgebiet entwickelt. Die Grundlagen sowie die grundsätzlichen Verfahren sind heute verstanden, eine Reihe offener Fragen gibt es jedoch vor allem noch im Zusammenhang mit verteilten Datenbanksystemen.

9.2 Das Konzept der Transaktion

Ein grundlegendes Konzept der Synchronisationstheorie für Datenbanken ist das der Transaktion. Eine *Transaktion* stellt einen in sich abgeschlossenen Benutzerauftrag dar. Dabei wird in diesem Zusammenhang vorausgesetzt, daß ein solcher Benutzerauftrag - wenn er für sich allein abläuft - korrekt abläuft, so daß also die Datenbank durch eine Transaktion von einem konsistenten wieder in einen konsistenten Zustand überführt wird. [1]

Eine Transaktion setzt sich im allgemeinen aus einer Folge einzelner Schritte oder Teilaufgaben zusammen, beispielsweise Subtraktion eines Betrages von einem Konto, dann Addition desselben Betrages zu einem anderen Konto in einer Bank. Während der Ausführung einer solchen Transaktion kann sich die Datenbank daher temporär in einem inkonsistenten Zustand befinden (wenn etwa die Subtrak-

---

[1] Selbstverständlich wird man praktisch nicht davon ausgehen können, daß alle Benutzeraufträge von vornherein korrekt sind. Sowohl Programmier- als auch Eingabefehler lassen sich nie vollständig ausschließen. Aus diesem Grunde wird das DBMS selbst viele Korrektheitsprüfungen durchführen, ehe es eine Transaktion als erfolgreich beendet betrachtet; vgl. den Abschnitt über semantische Integrität. Kommt die Transaktion jedoch zum Abschluß, so muß sie vom Datenbanksystem als konsistenzbewahrender Übergang betrachtet werden.

tion bereits ausgeführt ist, die Addition aber noch nicht vorgenommen wurde). Das Datenbanksystem hat deshalb dafür zu sorgen, daß eine Transaktion *atomar* ist, d.h. entweder ganz oder gar nicht ausgeführt wird. Dies bedeutet im wesentlichen: Kann eine Transaktion nicht vollständig zu Ende geführt werden, so muß das DBMS alle Änderungen, die diese Transaktion bewirkt hat, wieder vollständig rückgängig machen. Die Atomarität einer Transaktion T beinhaltet, daß T die Existenz anderer Transaktionen nicht bemerkt und daß andere Transaktionen von den Aktivitäten von T nichts bemerken, solange T nicht beendet ist.

Dem DBMS selbst ist nicht ersichtlich, welche Folge von Einzelschritten eine Transaktion bilden; es müßte grundsätzlich einen ganzen Programmlauf als Transaktion ansehen. Dies wäre aber unter dem Gesichtspunkt des atomaren Charakters von Transaktionen sehr ungünstig, insbesondere wenn in Batch-Anwendungen viele gleichartige Transaktionen durchgeführt werden. Aus diesem Grunde sollte der Programmierer die Möglichkeit haben, in seinem Programm Folgen von Einzelschritten zu Transaktionen zu klammern. Typische DML-Statements zu diesem Zwecke sind

    BEGIN-TRANS und
    END-TRANS.

Das Konzept der Transaktion ist für Datenbanksysteme von zentraler Bedeutung. Es zieht sich durch den gesamten Aufbau eines DBMS hindurch und beeinflußt in entscheidender Weise alle Komponenten, die für die Mehrbenutzerumgebung benötigt werden, vorab die Synchronisation und die Recovery. Die Ausrichtung von Datenbanksystemen auf Transaktionen hin stellt eines der wesentlichen Unterscheidungsmerkmale zu konventionellen Dateisystemen dar.

9.3 Probleme beim parallelen Zugriff

Man überlegt sich leicht, daß Transaktionen nicht in beliebiger Weise parallel ablaufen dürfen; man betrachte dazu die folgenden 4 Beispiele.

Beispiel 9.1:

Transaktionen t_1, t_2: beide wollen den Wert von Objekt a um 10 erhöhen. Bei paralleler Abarbeitung kann folgender Ablauf eintreten:

```
t₁:    read a                    /a hat Wert 20/
t₂:    read a                    /a hat Wert 20/
t₁:    a := a + 10               /a = 30/
       write a
t₂:    a := a + 10               /a = 30/
       write a
```

a hat nun den Wert 30; bei korrekter Abarbeitung müßte a aber den
Wert 40 haben.
Die Änderung von t_1 ist nicht wirksam geworden, da beide Transaktionen vom alten Wert von a ausgegangen sind. Diese Situation heißt
lost update (verlorene Änderung).

Man beachte, daß lost update weder zu einer Konsistenzverletzung
der Datenbank noch zu ersichtlich falschen Ausgabedaten einer
Transaktion führen muß. □

Beispiel 9.2:

a und b sind zwei Konten, für die die Integritätsbedingung a + b
= 0 gelten soll. Transaktion t_1 verändert die Konten:

```
a := a - 1
b := b + 1
```

Liest eine Transaktion t_2 die Werte von a und b, nachdem t_1 a,
aber noch nicht b verändert hat (d.h. nach Ausführung des ersten
Befehls von t_1), dann erhält t_2 eine *inkonsistente Sicht* der Datenbank: t_2 erhält den neuen Wert von a, aber den alten von b,
a + b = 0 ist für t_2 nicht erfüllt. □

Beispiel 9.3:

t_1 möchte zwei Objekte a und b um einen konstanten Betrag erhöhen,

t_2 möchte dieselben Objekte um einen festen Prozentsatz erhöhen:

$$t_1: \quad a := a + 10$$
$$b := b + 10$$
$$t_2: \quad a := a * 1.1$$
$$b := b * 1.1$$

Es kann folgende Abarbeitungsfolge eintreten:

$$t_1: \quad \text{read } a; a := a + 10; \text{ write } a$$
$$t_2: \quad \text{read } a; a := a * 1.1; \text{ write } a$$
$$t_2: \quad \text{read } b; b := b * 1.1; \text{ write } b$$
$$t_1: \quad \text{read } b; b := b + 10; \text{ write } b$$

Damit erhalten wir für a und b als neue Werte:

$$a := (a + 10) * 1.1,$$
$$b := (b * 1.1) + 10;$$

für alte Werte a = b = 10 z.B.:

$$a = 22, \quad b = 21.$$

Nach Aufgabenstellung sollte natürlich a und b nach der Ausführung von t_1 und t_2 denselben Wert haben. Dies ist ein Beispiel, wo durch unkoordinierte Parallelität zwischen Transaktionen die *Datenbank selbst inkonsistent* wird. □

Beispiel 9.4:

Ein Benutzer eröffnet eine Transaktion t_1 und liest alle Angestelltensätze, um herauszufinden, wieviele Angestellte in Berlin wohnen. Danach beschließt er, dieselben Daten noch einmal zu durchsuchen, um festzustellen, welche Angestellten in Berlin-Mitte wohnen.

Nach dem ersten Suchvorgang könnte eine Transaktion t_2 einen Angestellten einfügen, der in Berlin-Mitte wohnt. Der Benutzer sieht diesen Angestellten im ersten Durchgang nicht, wohl aber im zweiten. Damit ist für den Benutzer der Grundsatz verletzt, daß er ungestört von allen anderen Benutzern mit der Datenbank arbeiten können muß.

Dieses Problem wird häufig als *Phantom-Problem* bezeichnet. Phantome sind Objekte, die zu einem bestimmten Zeitpunkt nicht existieren, aber in der Datenbank aufgrund der Schemadefinitionen möglich sind. Im obigen Beispiel muß das Datenbanksystem in der Lage sein zu verhindern, daß der neue Angestellte im zweiten Durchlauf für den Benutzer sichtbar wird. □

9.4 Serialisierbarkeit

PRINZIP DER SERIALISIERBARKEIT

Die Beispiele zeigen, daß die parallele Abarbeitung von Transaktionen Regeln unterworfen werden muß. Offensichtlich würde in allen Beispielen genau das geschehen, was von der Aufgabenstellung her beabsichtigt ist, wenn die Transaktionen in irgendeiner Form *nacheinander* ausgeführt würden. Diese Überlegung gilt allgemein und führt unmittelbar zu einer Aussage darüber, wann ein System paralleler Transaktionen "korrekt" abläuft [EGL76, Sch78, Gra78]:

Serialisierbarkeit:

Ein paralleles System von Transaktionen ist dann korrekt synchronisiert, wenn es *serialisierbar* ist, d.h. wenn es mindestens eine (gedachte) serielle Ausführung derselben Transaktionen gibt, die

(1) denselben Datenbankzustand und
(2) dieselben Ausgabedaten der Transaktionen

liefert. □

Wichtig bei dieser Definition ist es, daß es *irgendeine* serielle Ausführung mit gleicher Wirkung geben muß; die Reihenfolge der Transaktionen ist unwichtig.

Beispiel 9.5:

Wir betrachten zwei Transaktionen in einer Bankenumgebung:

```
t1:  read a                    t2:  read b
     a := a+10                       b := b+10
     write a                         write b
     read b                          read c
     b := b-10                       c := c-10
     write b                         write c
```

Die serielle Ausführung von t1 und t2 hat die Wirkung a := a+10,
b := b, c := c-10. Dies entspricht der generellen Integritätsbedingung, daß die Gesamtsumme der Konten bei Kontentransfers innerhalb der Bank konstant bleiben muß. Betrachten wir nun die folgenden Abläufe:

```
        ABLAUF 1                        ABLAUF 2
  t1              t2              t1              t2
read a                          read a
                read b                          read b
a := a+10                       a := a+10
                b := b+10       write a
write a                                         b := b+10
                write b         read b
read b                                          write b
                read c          b := b-10
b := b-10                                       read c
                c := c-10       write b
write b                                         c := c-10
                write c                         write c
```

Ablauf 1 ist serialisierbar (erst t2, dann t1), da wieder erreicht
wird:
        a := a+10, b := b, c := c-10.
Durch Ablauf 2 wird jedoch bewirkt:
        a := a+10, b := b-10, c := c-10.
Ablauf 2 ist also nicht serialisierbar. Die inkorrekte Veränderung
von b wird dadurch bewirkt, daß t1 b liest, bevor t2 b wieder zurückgeschrieben hat (t1 sieht die Änderung von b nicht; tatsächlich liegt ein *lost update* für t2 vor). t1 müßte vom DBMS gehindert
werden, b zu lesen, bevor *write b* erfolgt ist. □

SERIALISIERBARKEITSBEDINGUNGEN

Wie in den Beispielen gehen wir davon aus, daß Transaktionen auf
die Objekte der Datenbank mittels Lese- und Schreiboperationen,
read und *write*, zugreifen (eine *delete*-Operation wird dabei ebenfalls als *write* aufgefaßt). Das DBMS sieht eine Transaktion lediglich als Folge von *read*- und *write*-Operationen, es weiß nichts
über die von der Transaktion durchgeführten Berechnungen. Wir modellieren deshalb die Ausführung einer Transaktion durch die Folge
der *read*- und *write*-Operationen, die sie erzeugt. Ein paralleles
Transaktionssystem entsteht durch gleichzeitige Ausführung verschiedener Transaktionen. Dabei sind die Operationen *read* und *write*
unteilbar, d.h. zwei Operationen können nicht gleichzeitig oder
überlappt auf demselben Objekt ablaufen.

Betrachten wir nun die Folge der Operationen aller Transaktionen
auf einem Objekt der Datenbank; die Folge der Operationen auf Objekt a heißt $Log(a)$. Offenbar ist ein System paralleler Transaktionen *seriell* genau dann, wenn es eine totale Ordnung S der Transaktionen gibt, so daß gilt: ist Transaktion t_i vor t_j bezüglich S,
so sind die Operationen von t_i in jedem Log (in dem Operationen
von t_i und t_j auftreten) vor den Operationen von t_j. Mit anderen
Worten: die Operationen werden auf jedem Objekt in der gleichen
Reihenfolge der Transaktionen ausgeführt.

Zwei Operationen O, O' verschiedener Transaktionen stehen in *Konflikt* zueinander - wir schreiben auch kürzer: O *konflikt* O' -,
wenn sie auf dasselbe Objekt zugreifen und mindestens eine der
Operationen ein *write* ist. Für die Frage der Serialisierbarkeit
ist sicherlich nur die Reihenfolge der Operationen von Bedeutung,
die in Konflikt zueinander stehen. Die Reihenfolge von *reads*, die
unmittelbar aufeinander folgen, ist unwichtig, da ja alle diese
reads denselben Wert liefern. Wesentlich ist die Reihenfolge von
read und *write* und von *write* und *write*. Betrachten wir die folgenden Logs:

    Log(a)   Log(b)

    t_i: read a t_j: write b
    t_j: write a t_i: read b

Die Reihenfolge der Operationen von t_i und t_j ist in den beiden
Logs verschieden; in beiden Logs stehen die Operationen in Konflikt zueinander. Man sieht, daß t_i bezüglich der Tätigkeiten von
t_j einen alten Wert von a, aber einen neuen Wert von b erhält, das
Transaktionssystem also nicht serialisierbar ist.

Das Beispiel zeigt schon, wann ein Transaktionssystem in jedem Fall
serialisierbar ist: nämlich immer dann, wenn für t_i und t_j die Reihenfolge der Operationen, die in Konflikt zueinander stehen, in allen Logs dieselbe ist (man beachte hier den kleinen Unterschied zu
seriell). Bezeichnen wir mit *ops*(t) die Menge der Operationen der
Transaktion t, so können wir dies so formulieren:

Serialisierbarkeitsbedingung (1. Form):

Sei T ein Transaktionssystem der Transaktionen t_1, ..., t_n, model-
liert durch die Menge der Logs $\{L_1, ..., L_m\}$. *T ist immer dann serialisierbar*, wenn eine totale Ordnung S für T existiert, die mit
der Reihenfolge aller in Konflikt stehenden Operationen in den
Logs L_1, ..., L_m *verträglich* ist. *Verträglich* bedeutet dabei genauer:
$\forall t, t' \in T, t \neq t'$, mit t vor t' bezüglich S:
$\forall O \in ops(t), O' \in ops(t')$ in gemeinsamem Log L_k:

    O konflikt O' => O vor O' in L_k. □

Die Serialisierbarkeitsbedingung besagt also, daß die Logs eine
(gedachte) serielle Ausführung induzieren müssen; treten auf zwei
Objekten zwei Transaktionen in unterschiedlicher Reihenfolge auf,
so liegt ein Widerspruch vor, falls die entsprechenden Operationen
in Konflikt zueinander stehen.

<u>Beispiel 9.6:</u>

Im Beispiel 8.5 erzeugt Ablauf 2 die folgenden Logs:

Log(a)	Log(b)	Log(c)
t1: read	t2: read	t2: read
t1: write	t1: read	t2: write
	t2: write	
	t1: write	

In Log(b) gilt (T1: read) <u>vor</u> (T2: write) und (T2: write) <u>vor</u>
(T1: write). Damit ist es nicht möglich, T1 und T2 so zu ordnen,
daß die Serialisierbarkeitsbedingung erfüllt ist; das Transaktionssystem ist also nicht serialisierbar. □

Man beachte, daß die folgende Form der Serialisierbarkeitsbedingung
nicht ausreichend ist:

> "Für jedes Paar t, $t' \in T$ muß gelten:
> in allen Logs treten alle $0 \in ops(t)$ vor allen $0' \in ops(t')$
> oder
> in allen Logs treten alle $0' \in ops(t')$ vor allen $0 \in ops(t)$
> auf."

Man sieht dies an einem einfachen Beispiel:

Log(x)	Log(y)	Log(z)
t1	t2	t3
t2	t3	t1

Die obige Bedingung ist für jedes Paar t_i, t_j erfüllt, dennoch ist
das Transaktionssystem nicht serialisierbar.

Die angegebene Serialisierbarkeitsbedingung (1. Form) ist zwar
hinreichend, aber nicht notwendig. Die Formulierung einer notwendigen Bedingung müßte den Fall sogenannter *wirkungsloser Transaktionen* (*dead transactions, useless transactions*) berücksichtigen.
Man betrachte etwa das folgende Beispiel.

<u>Beispiel 9.7:</u>

Log(x)	Log(z)
t_1: read	t_1: write
t_2: read	t_3: read
t_2: write	
t_1: write	
t_3: write	

Offensichtlich gilt in Log(x) sowohl t_1 <u>vor</u> t_2 als auch t_1 <u>nach</u> t_2

für zueinander in Konflikt stehende Operationen. Damit wäre nach
der gegebenen Definition das Transaktionssystem nicht serialisierbar. Bei genauerem Nachprüfen erkennt man aber, daß t_3 Objekt x
schreibt, es aber nicht zuvor liest, so daß dadurch alle vorangehenden Zugriffe auf x bedeutungslos werden. Der Widerspruch in
Log(x) zwischen t_1 und t_2 wird durch t_3 verdeckt. t_2 ist bezüglich
des Endzustandes der Datenbank wirkungslos. □

Dieses Beispiel zeigt, daß Widersprüche in einem Log nicht notwen-
digerweise auch Nicht-Serialisierbarkeit des Transaktionssystems
bedeuten. Es kann sich um "lokale" Widersprüche handeln, die durch
spätere Transaktionen geheilt werden.

Es gibt relativ aufwendige Verfahren, Serialisierbarkeit auch bei
Berücksichtigung wirkungsloser Transaktionen zu prüfen. Ullman beschreibt in [Ull80] ein Verfahren, das die Logs in sogenannte "Po-
lygraphen" abbildet; ein Polygraph kann in einen zyklenfreien Di-
graphen überführt werden, wenn das Transaktionssystem serialisierbar ist. (Vgl. hierzu die folgende zweite Form der Serialisierbarkeitsbedingung.)

Wir beschränken uns auf die angegebene Form der Serialisierbarkeitsbedingung, weil praktisch relevante Synchronisationsverfahren Transaktionssysteme der Art des Beispiels 9.7 nicht erzeugen. Ein Synchronisationsverfahren, das wirkungslose Transaktionen
explizit berücksichtigen wollte, müßte entweder vorausschauen können (um zu erkennen, daß der Widerspruch zwischen t_1 und t_2 später
durch t_3 aufgelöst werden wird), oder es müßte warten, um zu sehen,
ob ein Widerspruch nicht doch noch durch eine hinzukommende Transaktion behoben wird. Könnte das Synchronisationsverfahren vorausschauen, so könnte es wirkungslose Transaktionen ohnehin von vornherein übergehen.

Die Klasse praktisch relevanter Synchronisationsverfahren kann man
wie folgt charakterisieren [Dad82]:

Praktisch relevante Synchronisationsverfahren erzeugen serialisierbare Transaktionssysteme (im Sinne des *allgemeinen Prinzips*, S.299),
für welche gilt: Durch das Streichen der Operationen einer belie-

bigen Transaktion (oder Menge von Transaktionen) aus den Logs entsteht wieder ein serialisierbares Transaktionssystem.

Mit dieser Charakterisierung ist gerade der Fall "heilender" Transaktionen ausgeschlossen: Entfernt man nämlich im obigen Beispiel
die Operationen von t_3 aus den Logs, so entsteht ein nicht-seriali-
sierbares Transaktionssystem. Man kann auf sehr einfache Weise zeigen, daß für diese "praktisch relevanten" Synchronisationsverfahren
Widersprüche in den Logs nicht mehr auftreten können, ohne daß diese Nicht-Serialisierbarkeit bedeuten. -

In einem (zentralen) Datenbanksystem beobachten wir nicht eine Menge sich entwickelnder Logs; vielmehr verarbeitet das DBMS *eine* Folge von *read*- und *write*-Operationen, so daß wir eine Zusammenfassung
aller Logs beobachten. Diese Folge der *read*- und *write*-Operationen
nennen wir *Schedule*. Die Schedule enthält die zur Überprüfung der
Serialisierbarkeitsbedingung benötigte Information: gilt O vor O'
in einem Log(a), so gilt O vor O' auch in der Schedule.

Beispiel 9.8:

Die Schedule zu Beispiel 9.5, Ablauf 2, ist:

        t1: read a
        t2: read b
        t1: write a
        t1: read b

        t2: write b
        t2: read c
        t1: write b
        t2: write c. □

Da aus der Schedule die Logs ableitbar sind, kann anhand der Schedule festgestellt werden, ob das Transaktionssystem serialisierbar
ist. Dieser Weg ist etwas indirekt. Wir wollen deshalb den Test
auf Serialisierbarkeit anders formulieren:

Gegeben sei die Schedule des Transaktionssystems. Ein Eintrag in
der Schedule hat die Form (t: op a), t ausführende Transaktion,

op $\in$ {read, write}, a betroffenes Objekt.

Aus der Schedule erzeugen wir einen Graphen G =(T,U) mit Knotenmenge T und Kantenmenge U $\subset$ T $\times$ T. T repräsentiert die Transaktionen in der Schedule. Für die Pfeile (t,t') $\in$ U gilt:

$$(t,t') \in U <=> \exists a: (t: op1\ a)\ \underline{vor}\ (t': op2\ a)\ \text{in der Schedule,}$$
$$\text{und } (op1\ a)\ \text{konflikt}\ (op2\ a).$$

Wir müssen also die Schedule nach Operationen auf gleichen Objekten durchsuchen und, falls diese in Konflikt zueinander stehen, die entsprechenden Pfeile im Graphen G erzeugen.

Die Serialisierbarkeitsbedingung läßt sich dann so formulieren:

Serialisierbarkeitsbedingung (2. Form):

Ein Transaktionssystem ist immer dann serialisierbar, wenn G zyklenfrei ist. $\square$

<u>Beispiel 9.9:</u>

Die Schedule aus Beispiel 9.8 erzeugt einen Graphen G in der folgenden Weise:

Die Knotenmenge ist {t1, t2}.

Auf (t2:read b) folgt in der Schedule (t1:write b), so daß ein Pfeil von t2 nach t1 zu zeichnen ist. Auf (t1:read b) folgt (t2: write b), so daß ein Pfeil von t2 nach t1 zu zeichnen ist.

Damit ist G zyklisch, das Transaktionssystem also nicht serialisierbar. $\square$

9.5 Synchronisationsverfahren

9.5.1 Methoden zur Gewährleistung der Serialisierbarkeit

Ziel der Synchronisation von Transaktionen in einem Datenbanksystem
muß es sein, Serialisierbarkeit des parallelen Transaktionssystems
zu gewährleisten. Wir können zwei grundsätzliche Methoden anwenden,
um dies zu erreichen:

(1) *Verifizierende* Verfahren:
    Wir beobachten zu bestimmten Zeitpunkten die bisher entstande-
    ne Schedule, etwa in Form des Graphen G. Ist diese Schedule
    nicht serialisierbar, so wird eine geeignete Transaktion zu-
    rückgesetzt und neu gestartet. Verfahren dieser Art werden
    erst seit kurzer Zeit diskutiert; wir werden darauf kurz in
    Abschnitt 9.5.4 eingehen.

(2) *Präventive* Verfahren:
    Das sind Verfahren, die verhindern, daß nicht-serialisierbare
    Schedules überhaupt entstehen können. In diese Kategorie fal-
    len alle bislang praktisch angewandten Verfahren.

In der Klasse (2) kann man zwei große Gruppen von Verfahren unterscheiden:

> *Sperr-Verfahren* und
> *Zeitstempel-Verfahren*.

Für zentrale Datenbanken werden bislang ausschließlich Verfahren
angewandt, die auf dem Sperren von Objekten beruhen. Bei Zeitstempel-Verfahren wird die Serialisierbarkeit im Prinzip dadurch
erreicht, daß der Zugriff auf Objekte in der Reihenfolge des Al-
ters der Transaktionen erfolgt. Solche Verfahren wurden erst im
Zusammenhang mit verteilten Datenbanken ausführlich untersucht.

Entsprechend ihrer Bedeutung werden wir auf Sperr-Verfahren ausführlicher eingehen; Zeitstempel-Verfahren werden nur kurz behandelt.

9.5.2 Sperr-Verfahren

9.5.2.1 Zwei-Phasen-Sperrprotokoll

Die Synchronisation paralleler Transaktionen kann dadurch geschehen, daß jede Transaktion den Teil der Datenbank, auf dem sie arbeiten will, für sich *sperrt*. Solange eine *Sperre* gesetzt ist,
können andere Transaktionen auf diesen Teil der Datenbank nicht
zugreifen. Je nach den beabsichtigten Operationen wird man Objekte
in unterschiedlicher Weise sperren: will eine Transaktion nur lesen, so braucht sie andere Transaktionen, die ebenfalls nur lesen
wollen, nicht am Zugriff zu hindern. Zur Vereinfachung der Diskussion betrachten wir jedoch für den Moment nur eine einzige Art
von Sperren, nämlich *exklusive* Sperren.

Betrachten wir noch einmal das Beispiel 9.5 der Bankentransaktio-
nen t1 und t2: Würden t1 und t2 die Objekte a, b und c sperren,
bevor sie diese lesen, und würden sie die Sperren erst nach dem
Schreiben der Objekte wieder aufheben, so könnte Ablauf 2 nicht
eintreten: t1 könnte b zu dem angegebenen Zeitpunkt nicht lesen,
da t2 eine Sperre auf b hätte. t1 müßte warten, bis b geschrieben
und freigegeben ist, so daß der Ablauf serialisierbar würde.

Wir verlangen also, daß eine Transaktion ein Objekt a sperrt, bevor sie darauf zugreift, und daß sie die Sperre erst nach Ausführung aller Operationen auf a wieder aufgibt, spätestens jedoch bei
ihrem Ende. Hierfür führen wir die Operationen

```
LOCK a     (sperre Objekt a)
UNLOCK a   (gib Objekt a frei)
```

ein. Die Sperren werden vom DBMS verwaltet. LOCK wirkt als *Synchro-
nisationsprimitiv*, d.h. wenn eine Transaktion versucht, ein bereits
gesperrtes Objekt zu sperren, so muß sie warten, bis dieses Objekt
durch den Besitzer der Sperre mit einem UNLOCK-Befehl wieder freigegeben wird.

<u>Beispiel 9.10:</u>

t1 aus Beispiel 9.5 hat nun also beispielsweise folgende Form:

```
LOCK a
READ a
a  := a+10
WRITE a
LOCK b
READ b
b  := b-10
WRITE b
UNLOCK a
UNLOCK b.  □
```

Das DBMS muß darüber wachen, daß Zugriffe auf Objekte nur möglich
sind, wenn diese für die betreffende Transaktion gesperrt sind,
und daß am Ende einer Transaktion alle von ihr gehaltenen Sperren
aufgegeben werden.

Drei Probleme sind in der skizzierten Umgebung zu berücksichtigen:

(1) Wegen des exklusiven Sperrens von Objekten ist Deadlock mög-
    lich.

(2) Bei ungünstiger ("unfairer") Zuteilung von Sperren kann per-
    manentes Blockieren einer Transaktion auftreten.

(3) Sperren müssen so gesetzt und freigegeben werden, daß Seriali-
    sierbarkeit gewährleistet ist.

Auf Problem (1) gehen wir später kurz ein. Problem (2) verlangt
eine LOCK-Zuteilungsstrategie von seiten des DBMS in der Weise,
daß folgender Fall nicht auftreten kann: Transaktion t2 wartet auf
einen LOCK, der derzeit von t1 gehalten wird; bevor t1 freigibt,
verlangt auch t3 denselben LOCK; nach der Freigabe erhält t3 den
LOCK; usw. t2 kommt nie zum Zug.

Zentral und typisch für Datenbanksysteme ist Problem (3). Die Verwendung von Sperren in der bisher betrachteten Weise reicht näm-

lich nicht aus, um Serialisierbarkeit zu gewährleisten. Man sieht
dies sofort am Beispiel 9.5: nehmen wir an, daß t1 und t2 ihre Objekte sperren, unmittelbar bevor sie zum ersten Mal darauf zugreifen, und daß sie die Sperren nach dem Zurückschreiben der Objekte
sofort wieder freigeben. In diesem Falle kann genau dieselbe nicht-
serialisierbare Abarbeitungsfolge auftreten wie in Beispiel 9.5,
Ablauf 2. Das Beispiel macht deutlich, daß das Setzen und Freigeben
von Sperren gewissen Regeln, sogenannten *Protokollen*, unterworfen
werden muß, um Serialisierbarkeit zu erreichen.

Ein einfaches Protokoll, das Serialisierbarkeit paralleler Transaktionen garantiert, ist das

ZWEI-PHASEN-SPERRPROTOKOLL:

Nach dem ersten UNLOCK einer Transaktion t darf von t kein LOCK
mehr angefordert werden. ☐

Jede Transaktion ist also zweiphasig in dem Sinne, daß in einer
Wachstumsphase alle Sperren gesetzt, und in einer dann folgenden
Schrumpfungsphase die Sperren wieder freigegeben werden. In der
Schrumpfungsphase dürfen keine neuen Sperren angefordert werden
(vgl. Abb. 9.1).

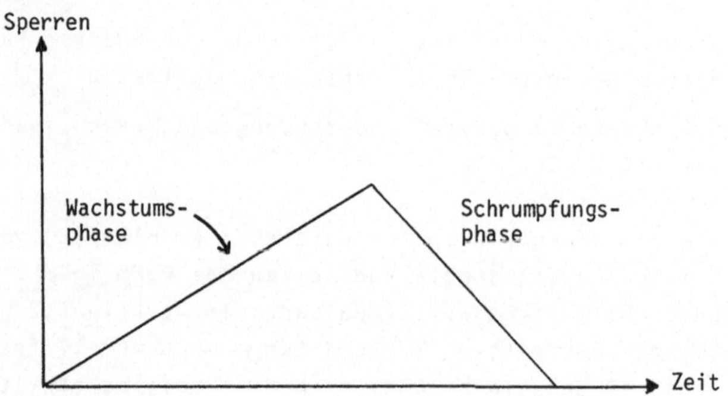

<u>Abb. 9.1:</u> Wachstums- und Schrumpfungsphase beim
Zwei-Phasen-Sperrprotokoll

Um zu sehen, daß jedes System zweiphasiger Transaktionen serialisierbar ist, muß man zeigen, daß bei Anwendung dieses Protokolls
ein Zyklus im Graph G nicht existieren kann. Dies sieht man folgendermaßen (statt der Operationen betrachten wir jetzt einfach die
Folge der LOCK-UNLOCK-Befehle):

Man nehme einen Zyklus

$$t_{i_1} \rightarrow t_{i_2} \rightarrow \ldots \rightarrow t_{i_p} \rightarrow t_{i_1}$$

an. Also muß ein LOCK von t_{i_2} auf ein UNLOCK von t_{i_1} folgen, ein
LOCK von t_{i_3} auf ein UNLOCK von t_{i_2} usw. Schließlich muß ein LOCK
von t_{i_1} auf ein UNLOCK von t_{i_p} folgen. Dies bedeutet aber, es muß
ein LOCK von t_{i_1} auf ein UNLOCK von t_{i_1} folgen. Dies ist ein Widerspruch zur Annahme der Zwei-Phasigkeit.

9.5.2.2 Realisierung von Sperr-Verfahren

Die unterschiedlichen Sperr-Verfahren können wir nach den folgenden Kriterien klassifizieren:

  - Sperrobjekte
  - Sperrmodi
  - Sperrprotokoll.

SPERROBJEKTE

Es stellt sich die Frage, welche Objekte der Datenbank für Transaktionen gesperrt werden sollen. Denkbar sind Sperren auf logischen Objekten wie Datenelement, Satz, Satztyp, Datenbank, sowie
auf physischen Objekten wie Seiten (pages). Aus der Sicht der
Transaktionen genügt es sicherlich, genau diejenigen logischen Objekte entsprechend dem Zwei-Phasen-Protokoll zu sperren, die die
jeweilige Transaktion benötigt. Je nach der physischen Organisation der Datenbank kann es darüber hinaus jedoch notwendig sein,
zusätzlich zu den Sperren auf logischen Objekten auch Sperren auf

physische Objekte zu setzen. Beispielsweise kann das Einfügen oder
Löschen eines Satzes dazu führen, daß verschiedene Sätze in einer
Seite verschoben werden müssen. Für die Dauer einer solchen Opera-
tion "Reorganisation der Seite" muß die ganze Seite gesperrt sein.
Ähnliches kann gelten, wenn die Änderung eines logischen Objektes
zu Änderungen in Indexstrukturen führt.

Die Synchronisation könnte allein auf der physischen Ebene durchgeführt werden, etwa indem Seiten entsprechend dem Lock-Protokoll
gesperrt werden. In vielen Fällen ist diese Wahl der Sperrobjekte
jedoch sehr ungünstig, wie ja die obigen Beispiele bereits andeu-
ten. Die Wahl der Sperrobjekte muß die Anwendungssituation berücksichtigen. Für viele Anwendungen genügt das Sperren relativ großer
Einheiten [RiS77, RiS79], für andere dagegen sind feine Sperreinheiten erforderlich. Zu berücksichtigen sind zwei gegenläufige
Aspekte:

- je feiner die Sperreinheiten, desto mehr Parallelität zwischen
  Transaktionen ist möglich;

- je feiner die Sperreinheiten, desto größer ist der Verwaltungs-
  aufwand für die Sperren.

Eine übliche Sperrebene in gängigen Datenbanksystemen ist die der
Sätze. Zusätzlich wird in manchen Systemen das Sperren von Seiten
für die Dauer einer Operation notwendig. Diese Seiten-Sperren un-
terliegen also nicht dem Zwei-Phasen-Protokoll.

Da Transaktionen ganz unterschiedliche Datenanforderungen und damit
Sperranforderungen haben, ist die Verwendung einer einzigen Sperrebene im allgemeinen recht ungünstig. Die Transaktionen sollten in
der Lage sein, entsprechend ihrer Bedürfnisse auf unterschiedlichen
Ebenen zu sperren. Dies bedeutet, daß eine Transaktion, die viele
Sätze eines Typs ändern möchte, einfach den ganzen Satztyp (die Datei) sperren können sollte; eine Transaktion, die nur auf einen
einzelnen Satz zugreift, sollte genau diesen sperren können, usw.
Sind in dieser Weise Sperren auf unterschiedlichen Ebenen setzbar,
so spricht man von einer *Sperrhierarchie*.

Eine mögliche Sperrhierarchie ist die folgende:

- Datenbank
- Area (oft ist eine Datenbank in größere disjunkte
  Bereiche, sog. Areas, unterteilt)
- Datei (oder Relation)
- Satz (oder Tupel)

In [LeY79] wurde die zweistufige Sperrhierarchie

- Attribut einer Relation
- Feld innerhalb eines Attributes (d.h. bestimmtes Feld
  eines bestimmten Tupels)

betrachtet.

Sperrhierarchien sind komplizierter zu verwalten als Sperren auf
nur einer Ebene: Im letzteren Falle sind die Sperrobjekte alle voneinander verschieden und können ganz unabhängig voneinander betrachtet werden; im Falle der Sperrhierarchie können sich Sperrobjekte überlappen. Die Entscheidung, ob ein Objekt X gesperrt werden kann, hängt in einer Sperrhierarchie nicht nur davon ab, ob
dieses Objekt gesperrt ist, sondern auch davon, ob ein Objekt, das
in X enthalten ist oder das X enthält, für eine andere Transaktion
gesperrt ist. Die grundsätzliche Lösung zu diesem Problem ist die
folgende: Wird eine Sperre auf ein Objekt X gesetzt, so wird ein
Vermerk, ein sog. *Intention-Lock*, auf alle übergeordneten Objekte
gesetzt. Damit ist es möglich, auf jeder Ebene zu sehen, ob irgend-
wo auf einer tieferen Ebene ein Objekt gesperrt ist. Ist auf einer
tieferen Ebene ein Objekt gesperrt, so darf das Objekt auf der höheren Ebene nicht gesperrt werden.

<u>Beispiel</u>: Sperrt Transaktion t den Satz R in der Datei D der
Area A, so wird auf R die Sperre, auf D und A ein Intention-Lock
für T gesetzt. Will nun t' die Area A ganz sperren, so zeigt der
Intention-Lock an, daß dies zur Zeit nicht möglich ist. t' kann
aber ohne weiteres einen Satz R' aus D sperren; in diesem Falle
würde auch für t' ein Intention-Lock auf D und A eingetragen. □

Eine detaillierte Behandlung von Sperrhierarchien findet sich in
[Gra78].

SPERREN ÜBER PRÄDIKATE

Bei der bisher diskutierten Form des Sperrens wird jedes benötigte
Objekt mit einer Sperre versehen, bevor darauf zugegriffen werden
kann. Eine andere Vorgehensweise ist das *Sperren über Prädikate*,
auch *logisches Sperren* genannt (im Unterschied zum bisher betrachteten *physischen Sperren*). Der Grundgedanke ist der folgende: Eine
Transaktion beschreibt die Objekte, die sie gesperrt haben möchte,
durch eine Bedingung (Prädikat) B. Beispiel:

>   "Sperre alle Angestelltensätze, für die gilt:
>   Wohnort = Berlin und Alter > 25".

Das Datenbanksystem sucht nun nicht jeden einzelnen Satz, der diese Bedingung erfüllt, und sperrt ihn dann. Vielmehr wird die Bedingung B in eine *Prädikat-Tabelle* eingetragen, falls sie sich
nicht mit anderen Bedingungen in der Tabelle "überlappt". Überlappen zweier Bedingungen heißt, daß es ein Objekt in der Datenbank
geben könnte, das beide Bedingungen erfüllt. Kann B in die Tabelle
eingetragen werden, so sind von diesem Augenblick an alle Objekte,
die B erfüllen, für die Transaktion gesperrt. Beim Zugriff auf ein
Objekt ·(auch beim Schreiben!) muß geprüft werden, ob es tatsächlich B erfüllt.

<u>Beispiel:</u> Man betrachte die folgenden Prädikate für ANGEST:

>   (1) "Alter > 25"
>   (2) "Wohnort = Bonn"
>   (3) "Gehalt > 2500 ∧ Alter < 25"

>   Die Prädikate (1) und (2) überlappen sich, während (1) und
>   (3) sich nicht überlappen. □

Obwohl das Konzept des Sperrens über Prädikate sehr elegant ist
und vor allem automatisch das Phantom-Problem löst, wurde es bislang in keinem Datenbanksystem realisiert. Gründe sind vor allem
Effizienzprobleme, aber auch das Problem, daß vom Benutzer vorge-

gebene oder vom System ermittelte Prädikate im allgemeinen unnötig
viele Objekte der Datenbank sperren würden.

Bei nicht-prozeduralen Anfragesprachen sind die Sperr-Prädikate unmittelbar aus der Anfrage ableitbar. Die Prädikate sind jedoch im
allgemeinen zu komplex - man beachte, daß das Überlappungsproblem
bei beliebigen Prädikaten nicht entscheidbar ist -, so daß man
Prädikate auf relativ hoher Objektebene heranziehen oder aber
Sperrhierarchien verwenden muß. Beispielsweise sind die zu sperrenden Attribute aus einer SQL-Anfrage sehr leicht über die Opera-
tions-Klausel (SELECT etc.) und die WHERE-Klausel ableitbar. Prädikate, die Attributwerte beinhalten, können zu komplex werden, so
daß auf dieser Ebene physisches Sperren angewandt werden müßte. Die
physischen Sperren können natürlich nur durch Abarbeitung der WHERE-
Klausel gesetzt werden.

SPERRMODI

Da Transaktionen auf Objekte zu unterschiedlichen Zwecken zugreifen, unterscheidet man häufig verschiedene Arten von Sperren; jede
Sperre hat dann einen bestimmten *Modus*. Typisch ist die Unterscheidung von Lese- und Schreibsperren:

> Eine *Lesesperre* (*shared lock*) erlaubt einer Transaktion nur
> lesenden Zugriff auf ein Objekt. Die Sperre erlaubt das
> Setzen weiterer Lesesperren durch andere Transaktionen, ver-
> bietet aber das Setzen von Schreibsperren.

> Eine *Schreibsperre* (*exclusive lock*) erlaubt lesenden und
> schreibenden Zugriff auf ein Objekt. Andere Transaktionen
> können keine gleichzeitigen Sperren für das Objekt er-
> halten.

Die Unterscheidung in Lese- und Schreibsperren ermöglicht eine sehr
viel höhere Parallelität als im Falle nur eines einzigen Sperrmo-
dus (der ja dann einer Schreibsperre entspricht).

Im Zusammenhang mit Sperrhierarchien werden, wie wir bereits gesehen haben, weitere Sperrmodi, sogenannte *Intention-Locks* eingeführt.

SPERRPROTOKOLLE

Einen Rahmen für mögliche Sperrprotokolle definiert das Zwei-Pha-
sen-Protokoll, das man sich wie in Abb. 9.2a veranschaulichen kann.
Abb. 9.2b und 9.2c zeigen zwei wichtige praktische Einschränkungen
des allgemeinen Protokolls von Abb. 9.2a: Bild b zeigt die äußere
Gestalt eines Protokolles, bei dem Preclaiming angewandt wird,
Bild c ein Protokoll, bei dem Sperren bis zum Transaktionsende
(EOT, end of transaction) angewandt wird.

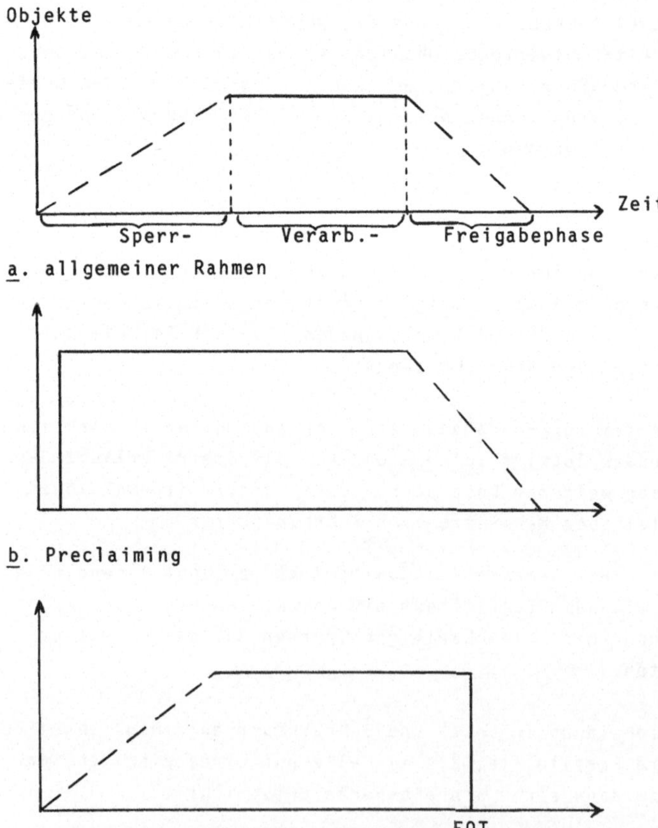

a. allgemeiner Rahmen

b. Preclaiming

c. Sperren bis EOT (end of transaction)

Abb. 9.2: Zwei-Phasen-Lockprotokoll und Spezialfälle

Preclaiming bedeutet, daß alle Objekte, die eine Transaktion möglicherweise verwenden wird, zu Beginn der Transaktion, d.h. *vor* Beginn der Verarbeitung, gesperrt werden. Dieser Fall ist wichtig, da eine Transaktion, die überhaupt zur Verarbeitung kommt, mit Sicherheit auch beendet werden kann: sie verfügt ja über alle Objekte, die sie benötigt. Bei Preclaiming kann also eine Transaktion, die in die Verarbeitungsphase gelangt, nicht mehr in einen Deadlock mit anderen Transaktionen kommen. (Das Deadlock-Problem wird in Abschnitt 9.5.2.3 betrachtet.)

Bei Anwendung von Preclaiming muß dem DBMS zu Beginn der Transaktion bekannt sein, welche Objekte es sperren muß. Dies kann auf zweierlei Weise geschehen:

(1) Der Benutzer beschreibt die benötigten Objekte, z.B. über geeignete Prädikate.

(2) Das DBMS ermittelt beim Übersetzen der Transaktion selbst die zu sperrende Objektmenge. Da der Benutzer vom Sperrproblem nichts sehen soll, ist dieses Verfahren zu bevorzugen.

Wie bereits erwähnt, ist die Ermittlung der vorab zu sperrenden Objekte im Falle nicht-prozeduraler relationaler Abfragesprachen sehr einfach, wenn man sich auf die Attributebene beschränkt. Sofern man nicht mit einer eingeschränkten Klasse von Prädikaten arbeiten kann, wird Preclaiming auf der Tupel- oder Attributwertebene sehr viel komplizierter, da ja die Identifikation der zu sperrenden Objekte nicht bekannt ist.

Insgesamt ist Preclaiming in der Datenbankumgebung aus folgenden Gründen nicht unproblematisch:

(1) Die Menge der gesperrten Objekte ist im allgemeinen eine Obermenge der tatsächlich benötigten Objekte. Dies läßt sich zumindest dann nicht vermeiden, wenn der Transaktionsablauf datenabhängig ist, d.h. wenn es von Zwischenresultaten einer Transaktion abhängt, auf welche Objekte im weiteren zugegriffen werden muß.

(2) Objekte werden für einen längeren Zeitraum gesperrt als notwendig. Dies kann die Parallelität im System erheblich reduzieren.

Preclaiming wird bevorzugt dort angewandt, wo das Deadlock-Problem besonders schwierig ist oder wo der Parallelitätsverlust durch Preclaiming nicht ins Gewicht fällt. Ein Beispiel dafür, wo das Deadlock-Problem besonders schwierig ist, sind Datenbanken, die auf mehrere Rechner verteilt sind (sogenannte *verteilte Datenbanken*).

Sperren bis EOT (end of transaction) heißt, daß alle Objekte, die für die Transaktion gesperrt wurden, erst beim Transaktionsende gemeinsam freigegeben werden. Dies reduziert sicherlich, ähnlich wie Preclaiming, den Grad an möglicher Parallelität. Sperren bis EOT ist aber von großer praktischer Bedeutung, da dadurch garantiert wird, daß Transaktionen *atomar* sind: Solange die Transaktion ihr Ende nicht erreicht hat, kann sie jederzeit abgebrochen und rückgängig gemacht werden, ohne daß andere Transaktionen davon betroffen werden. In Abb. 9.3 ist gezeigt, warum dies praktisch so wichtig ist:

Transaktion t_1 hält sich zwar an das Zwei-Phasen-Protokoll, gibt jedoch ihre Projekte bereits vor EOT frei. Transaktion t_2 liest ein von t_1 verändertes und freigegebenes Objekt v_1. Bricht nun t_1 aus irgendeinem Grunde ab (Zeitpunkt τ), so muß mit dem Rücksetzen von t_1 auch t_2 rückgängig gemacht werden, da t_2 ja sonst mit falschen Daten arbeiten würde. Diese *Fortpflanzung von Rollback* ist nicht nur technisch aufwendig, sie kann insbesondere unangenehme organisatorische Auswirkungen im Informationssystem des Betriebes haben. Man beachte, daß fortgepflanzter Rollback durchaus auch Transaktionen erfassen kann, die bereits beendet waren.

In manchen Anwendungen kann die frühzeitige Freigabe von Objekten sinnvoll sein, insbesondere die Freigabe nur gelesener Objekte. Man beachte aber, daß der Overhead für die sukzessive Freigabe deutlich größer ist, als der für die geschlossene Freigabe aller Objekte: Jeder Freigabevorgang bedeutet einen Aufruf der verwaltenden Instanz und damit meist wieder ein Einreihen in die CPU-Warteschlange. Dieser Overhead kann in realen Systemen so groß

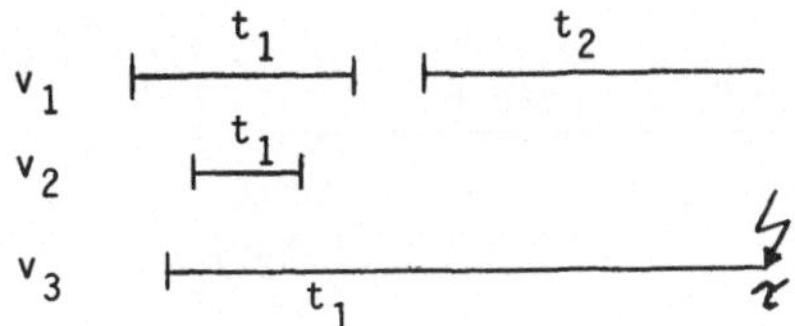

Abb. 9.3: Fortpflanzung von Rollback bei freier Anwendung
des Zwei-Phasen-Protokolls

v_i: Objekte

---

werden, daß er den potentiellen Gewinn an höherer Parallelität
übersteigt.

9.5.2.3 Deadlock

Das Deadlock-Problem wird ausführlich in der Literatur über Betriebssysteme behandelt. Wir betrachten das Problem hier nur sehr
knapp.

Um zu verstehen, was ein Deadlock ist, betrachten wir ein kleines
Beispiel: Man stelle sich vor, daß zwei Transaktionen t_1 und t_2
die Objekte a und b verändern wollen. t_1 sperrt a, t_2 sperrt b,
beide beginnen zu arbeiten. Nun verlangt t_1 das Objekt b, t_1 muß
warten. Dann verlangt t_2 Objekt a, auch t_2 muß warten. Jetzt warten aber die beiden Transaktionen wechselseitig aufeinander, der
Wartezustand wird sich nie mehr auflösen (vgl. Abb. 9.4). Diese
Situation heißt *Deadlock*. Deadlock kann nur aufgelöst werden, indem eine der Transaktionen von außen gezwungen wird, ein Objekt
freizugeben. Dies bedeutet aber, daß zumindest ein Teil der von
ihr geleisteten Arbeit rückgängig gemacht werden muß, der alte
Zustand der zwangsweise freigegebenen Objekte muß wieder hergestellt werden.

Das Deadlock-Problem wird in Datenbanksystemen im wesentlichen
auf zwei Arten behandelt:

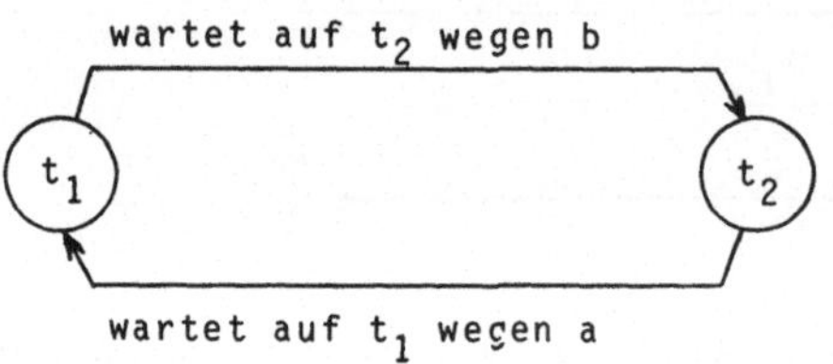

t_1 sperrt a, möchte b
t_2 sperrt b, möchte a

Abb. 9.4: Beispiel: Deadlocksituation

- Preclaiming (siehe Abschnitt 9.5.2.2):
Wird Preclaiming auf einer Ebene angewandt, auf der die Identität
zu sperrender Objekte bekannt ist, so ist dies eine sehr einfache
Methode, das Deadlock-Problem zu umgehen. Die Nachteile wurden
diskutiert. Ist Objektsperrung auf einer feineren Ebene (z.B. Tupel) notwendig, so kann der Sperrvorgang selbst recht komplex
werden und Suchvorgänge in der Datenbank beinhalten. Auf diese
Weise kann Deadlock zwischen solchen Transaktionen auftreten, die
noch in der Sperrphase sind. Diese Konflikte sind jedoch einfach
lösbar, da ja keines der bisher gesperrten Objekte verändert wurde.

- Deadlock-Entdeckung zur Laufzeit:
Man läßt das Entstehen eines Deadlock zu und führt Kontrollen
ein, die einen entstandenen Deadlock entdecken. Der Deadlock wird
dann durch Zurücksetzen einer oder mehrerer Transaktionen aufgelöst. Dieses Verfahren beinhaltet keine Einschränkungen bezüglich
des Sperrprotokolls. Zu berücksichtigen ist aber, daß Kosten an-
fallen einmal für das Überprüfen auf Deadlock, und zum andern
- im Falle eines Deadlock - für Rollback und Neustart einer
Transaktion.

9.5.2.4 <u>Der Lock-Manager</u>

Die Instanz des Datenbanksystems, die für die Synchronisation der Transaktionen verantwortlich ist, wird üblicherweise *Lock-Manager* genannt. Wir können die Aufgaben des Lock-Managers folgendermaßen zusammenfassen:

(1) Setzen und Freigeben von Sperren, so daß das Zwei-Phasen-Protokoll erfüllt wird;

(2) Verhinderung von dauerndem Blockieren (d.h. "faire" Vergabe von Sperren an Transaktionen);

(3) Verhinderung oder Entdeckung und Auflösung von Deadlock.

Der Lock-Manager wird aufgerufen, wenn ein Objekt gesperrt werden muß. Er überprüft, ob die Sperre vergeben werden kann, andernfalls wird die aufrufende Transaktion in einen Wartezustand versetzt oder erhält eine entsprechende Nachricht. Der Lock-Manager muß demzufolge Information darüber führen, welche Objekte für welche Transaktionen gesperrt sind und welche Transaktionen auf die Freigabe gesperrter Objekte warten. Falls die angewandten Sperrprotokolle das Entstehen von Deadlock erlauben, muß der Lock-Manager Deadlock-Erkennung betreiben und gegebenenfalls das Abbrechen und Rücksetzen von Transaktionen initiieren. Der Lock-Manager wird wieder aufgerufen, wenn ein gesperrtes Objekt freigegeben wird.

Die Aufrufe an den Lock-Manager haben etwa folgende Form:

      LOCK   objektidentifikation, modus
      UNLOCK objektidentifikation

Für jedes gesperrte Objekt wird ein Eintrag

      < Objektidentifikation, Transaktionsidentifikation,
        Modus >

in einer *Sperrtabelle* erzeugt. Weitere Transaktionen, die dasselbe Objekt sperren oder auf die Freigabe warten, werden in einer Schlange an diesen Tabelleneintrag angefügt (vgl. Abb. 9.5).

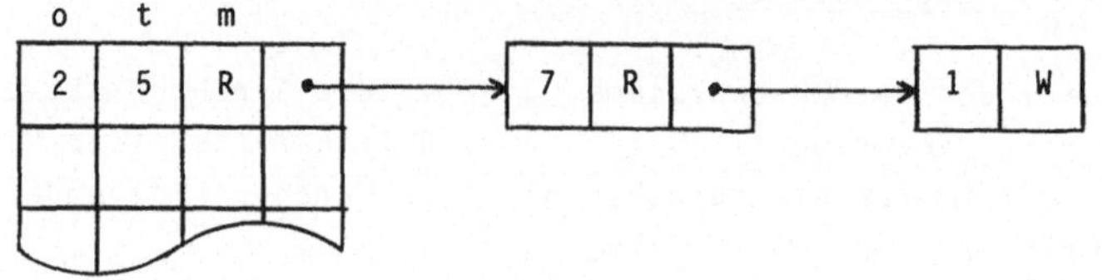

o = Objekt, t = Transaktion, m = Modus
Transaktionen 5 und 7 sperren Objekt 2 im
Lesemodus, Transaktion 1 wartet, um eine
Schreibsperre zu setzen.

Abb. 9.5: Beispiel: Sperrtabelle

Sämtliche Information, die zur Deadlock-Prüfung notwendig ist, ist
in der Sperrtabelle enthalten. Um jedoch eine effiziente Deadlock-
Prüfung zu erreichen, wird zusätzlich ein *Abhängigkeitsgraph* oder
Wartegraph G_W = (T,U) geführt:

> T ist die Menge der augenblicklich im System aktiven
> Transaktionen,
>
> (t, t') $\in$ U genau dann, wenn Transaktion t' in irgend-
> einer Schlange der Sperrtabelle auf die Freigabe eines
> Objektes durch t wartet.

Deadlock-Prüfung bedeutet dann, daß G auf Zyklen zu untersuchen
ist. Wird ein Zyklus entdeckt, so ist eine der am Zyklus beteiligten Transaktionen abzubrechen, rückgängig zu machen und neu zu
starten.

9.5.3 Zeitstempel-Verfahren

Im Zusammenhang mit verteilten Datenbanken wurden Synchronisations-
Verfahren entwickelt, die nicht auf dem Sperren von Objekten basieren, sondern auf der zeitlichen Reihenfolge, in der Transaktionen ankommen. Wir wollen hier nur die grundsätzliche Idee skizzieren.

Jede Transaktion t erhält eine eindeutige Zeitmarke $TS(t)$ (*time stamp*), z.B. die Uhrzeit ihrer Ankunft im System. Jede Operation wird mit der Zeitmarke der Transaktion versehen. Jedes Objekt x besitzt zwei Zeitmarken $TSR(x)$ und $TSW(x)$ (TSR/W - *time stamp for read/write*). $TSR(x)$ ist die Zeitmarke der letzten Operation, die lesend auf x zugegriffen hat; entsprechend $TSW(x)$.

Das Zeitstempel-Verfahren arbeitet nun beim Eintreffen einer Operation $O = (t: op\ x)$ wie folgt:

<u>op = read:</u>
if $TS(t) < TSW(x)$ then (Abbruch von t)
   else (führe read aus und setze
      $TSR(x) := max\ \{TSR(x),\ TS(t)\})$

<u>op = write:</u>
if $TS(t) < max\ \{TSR(x),\ TSW(x)\}$ then (Abbruch von t)
   else (führe write aus und setze
      $TSW(x) := TS(write))$

Dieser Algorithmus erzwingt, daß Operationen von Transaktionen in der Reihenfolge ihrer Zeitmarken ausgeführt werden; wo dies nicht möglich ist, wird eine Transaktion abgebrochen und mit einer neuen Zeitmarke wieder gestartet. Eine Leseoperation kann nur ausgeführt werden, wenn ihre Zeitmarke "jünger" ist als die des letzten Schreibers. Eine Schreibaktion kann nur dann ausgeführt werden, wenn kein "jüngerer" Leser und kein "jüngerer" Schreiber auf das Objekt zugegriffen hat.

Da die Operationen auf diese Weise nach den Zeitmarken geordnet werden, ist natürlich die entstehende Schedule serialisierbar.

In der Literatur werden verschiedene Varianten von Zeitmarken-Verfahren diskutiert. In zentralen Datenbanksystemen werden Zeitmarken-Verfahren bislang nicht eingesetzt, wohl aber in verteilten Datenbanksystemen [BRG78].

9.5.4 Optimistische Synchronisationsverfahren

In vielen Anwendungen ist die Wahrscheinlichkeit für Konflikte zwischen Transaktionen oder für das Entstehen nicht-serialisierbarer Schedules niedrig, so daß das Sperren von Objekten in vielen Fällen gar nicht notwendig wäre. In jüngster Zeit werden deshalb sogenannte *optimistische Synchronisationsverfahren* diskutiert. Bei diesen sorgt man nicht von vornherein dafür, daß entstehende Schedules serialisierbar sind, sondern man überprüft im nachhinein, ob eine entstandene Schedule serialisierbar ist oder nicht. Ist sie nicht serialisierbar, so werden Transaktionen zurückgesetzt.

Die prinzipielle Idee ist folgende: Man läßt jede Transaktion ohne jegliche Berücksichtigung paralleler Transaktionen zu ihrem Ende laufen. Bevor dann die Daten als gültig für andere Transaktionen freigegeben werden (*commit*), wird geprüft, ob die entstandene Schedule serialisierbar ist. Eine Möglichkeit, auf Serialisierbarkeit zu prüfen, besteht darin, den Abhängigkeitsgraphen G in irgendeiner Form mitzuführen und jeweils beim Ende einer Transaktion auszuwerten. Eine andere Möglichkeit wurde in [KuR79] vorgeschlagen: Man notiert für jede Transaktion, welche Objekte sie gelesen und geschrieben hat. Am Ende einer Transaktion t stellt man fest, ob ihre Lesemenge sich mit der Schreibmenge einer Transaktion überlappt, welche während der Laufzeit von t ihre Daten geschrieben hat. Auf Einzelheiten gehen wir hier nicht ein. Modifikationen zum Verfahren nach [KuR79] wurden in [Lau82a, Här82, Sch81, UPS83] vorgeschlagen.

Der wesentliche Unterschied zwischen herkömmlichen Synchronisationsverfahren (Sperren) und optimistischen Verfahren besteht darin, daß der Steuermechanismus jetzt auf dem Rücksetzen von Transaktionen, im Falle des Sperrens auf dem Blockieren von Transaktionen basiert. Der Vorteil der optimistischen Verfahren liegt darin, daß Objekte nicht gesperrt und nach dem Gebrauch wieder freigegeben werden müssen, was ja jeweils wieder einen erneuten Aufruf des Schedulers bedeutet. Bei optimistischen Verfahren wird der Scheduler nur einmal, nämlich am Ende der Transaktion, aufgerufen. Diesem Vorteil stehen natürlich die Kosten für den Neustart einer Transaktion gegenüber.

10 RECOVERY

10.1 Fehlerklassen

Von großer Bedeutung für Datenbanksysteme sind diejenigen Funktionen des Systems, die die Wiederherstellung eines korrekten Zustandes der Datenbank ermöglichen, wenn Fehler aufgetreten sind. Diese Wiederherstellung eines korrekten Zustandes heißt *Recovery*. Recovery erfordert, daß Operationen von Transaktionen rückgängig gemacht werden oder daß ein korrekter Zustand von älteren Kopien der Datenbank aus konstruiert wird. Die Bedeutung der Recovery-Funktionen des DBMS ergibt sich vor allem daraus, daß eine Transaktion temporär die Konsistenz der Datenbank verletzen kann, so daß - etwa nach dem Abbruch einer Transaktion oder dem Zusammenbruch des Betriebssystems (*crash*) - sich die Datenbank in einem völlig undefinierten Zustand befindet. So können etwa Zeiger auf falsche Objekte verweisen (physische Inkonsistenz), oder Sätze können widersprüchliche oder teilweise veraltete Daten enthalten (logische Inkonsistenz). Ohne Unterstützung des Datenbanksystems selbst ist es ganz hoffnungslos, die Datenbank wieder in einen korrekten Zustand zurückzuversetzen. Erschwerend für die Recovery kommt hinzu, daß im allgemeinen viele Transaktionen gleichzeitig mit der Datenbank arbeiten.

Die für die Recovery zu betrachtenden Fehler können folgendermaßen klassifiziert werden:

- *Transaktionsfehler*: Fehler im Benutzerprogramm, Deadlock, Integritätsverletzungen. Man spricht von Transaktionsfehlern, weil in diesen Fällen Recovery durch das Rücksetzen einer oder mehrerer Transaktionen möglich ist. Dies kann im laufenden Betrieb geschehen.

- *Systemfehler*: Fehler, bei denen das Datenbanksystem selbst funktionsunfähig wird und die Arbeitsspeicherinhalte verlorengehen. Ursache können Fehler im DBMS oder im Betriebssystem sein, oder Hardware-Fehler, die die Massenspeicher nicht betreffen.
Ein korrekter Datenbankzustand kann in diesen Fällen wieder hergestellt werden, wenn es gelingt, in der Datenbank alle Änderungen derjenigen Transaktionen rückgängig zu machen, die zum Zeit-

punkt des Zusammenbruchs noch nicht beendet waren.

- *Speicherfehler*: Fehler, die zur Unlesbarkeit von Daten auf den
  Massenspeichern führen, z.B. *disk head crash*. In diesen Fällen
  muß ein korrekter Datenbankzustand konstruiert werden, wozu im
  allgemeinen zurückliegende Kopien der Datenbank benötigt werden.
  Speicherfehler treten normalerweise, verglichen zu den beiden
  anderen Fällen, sehr selten auf.

Diese drei Fehlerklassen schreiben unmittelbar vor, welche Recove-
ry-Maßnahmen vom Datenbanksystem unterstützt werden müssen, nämlich

- *Rücksetzen* einer Transaktion (*Rollback, Zurückrollen*),
- *Neustart* nach Systemzusammenbruch,
- *Rekonstruktion*.

10.2 Rollback

Das DBMS stellt im laufenden Betrieb fest, daß eine bestimmte Transaktion T zurückgesetzt werden muß. Diese Anforderung kann z.B. als
Ergebnis einer Deadlock-Analyse auftreten, kann aber auch als Befehl für das DBMS von der Transaktion selbst kommen. Alle Änderungen, die T in der Datenbank bewirkt hat, müssen rückgängig gemacht
werden, so als ob T nie gelaufen wäre. Da vom Zurückrollen keine
anderen Transaktionen betroffen sind, kann das Datenbanksystem das
Rücksetzen von Transaktionen parallel zur Abarbeitung anderer Transaktionen durchführen. Voraussetzung hierfür ist allerdings, daß die
Transaktion noch keine Sperren für veränderte Objekte freigegeben
hat.

Um eine Transaktion T rückgängig machen zu können, benötigt das Datenbanksystem Information, aus der der Zustand von Objekten vor der
Veränderung durch T ermittelt werden kann. Diese Information muß
jeden Fehler, der Rollback von T notwendig macht, überleben. Solche Information kann auf vielerlei Art im System gehalten werden.
Die beiden Extreme sind:

- *Logfile*
  Vor jeder Veränderung eines Objektes wird eine Kopie des Objektes
  in ein *Logfile* eingetragen. Damit ist für jede Operation einer
  Transaktion der alte Wert des betroffenen Objektes bekannt. Um
  eine Transaktion rückgängig zu machen, wird das Logfile rückwärts
  gelesen. Für jedes Objekt, das T verändert hat, wird der alte
  Wert in die Datenbank zurückgeschrieben.

- *Update auf Kopien*
  Die Änderungen einer Transaktion werden erst dann in die Datenbank eingebracht, wenn die Transaktion beendet ist. Bis zu diesem
  Zeitpunkt arbeitet die Transaktion auf Kopien der Datenbankobjek-
  te. Rollback heißt dann einfach, diese Kopien zu löschen. In diesem Falle enthält also die Datenbank selbst die Rollback-Informa-
  tion. Da bei diesem Vorgehen die Datenbank "verzögert" verändert
  wird (nämlich erst am Ende jeder Transaktion),spricht man auch
  von *deferred update*.

In der Praxis werden im wesentlichen Rollback-Verfahren verwendet,
die auf Logfiles zurückgreifen. Wir beschränken uns deshalb auf
diesen Typ von Verfahren.

LOGFILE

Das DBMS führt ein Logfile für Rollback, das mindestens die folgende Information enthält:

(1) Marke für Beginn einer Transaktion; diese enthält die Identi-
    fikation der Transaktion.

(2) *Before-Image* für jedes veränderte Objekt:

    - Identifikation des Objektes (z.B. database key)
    - alter Wert des Objektes
    - Identifikation der Transaktion

(3) Marke für das Ende einer Transaktion.

Bevor ein geändertes Objekt in die Datenbank geschrieben werden
darf, muß sein Before-Image im Logfile gespeichert sein. Diese

zeitliche Abfolge ist wichtig, da sonst bei einem Rollback unter
Umständen nicht mit Sicherheit alle Änderungen rückgängig gemacht
werden könnten.

Die verlangte zeitliche Abfolge ist nicht immer auf simple Weise zu
gewährleisten. Betrachten wir dazu kurz den Prozeß des Abspeicherns
von Daten in die Datenbank:

Um die Daten aus der Datenbank zu lesen oder zu verändern, wird jeweils eine ganze Page vom Externspeicher in den Arbeitsspeicher gebracht. Diese Page verbleibt solange im Arbeitsspeicher (Systempuffer), bis die Speicherverwaltung des Betriebssystems diese wieder
auf den Externspeicher verdrängt, um Platz für eine andere Page zu
schaffen. Wann eine Änderung also in die Datenbank kommt, ist völlig ungewiß und ohne weitere Maßnahmen für das DBMS nicht sichtbar.
Dieselbe Ungewißheit über zeitliche Abläufe gilt natürlich auch für
das Abspeichern im Logfile. Ist in einem Rechnersystem die skizzierte Situation gegeben, so muß der Implementierer des DBMS Mecha-
nismen finden, um die Abfolge "Schreiben Logfile vor Schreiben Datenbank" dennoch zu gewährleisten. Die Möglichkeiten hierfür sind
bei den verschiedenen Systemen sehr unterschiedlich und können hier
nicht diskutiert werden.

BASISVERFAHREN FÜR ROLLBACK

Zum Rücksetzen einer Transaktion T wird das Logfile rückwärts gelesen. Für jedes Before-Image mit Transaktionsidentifikation T
wird der alte Objektwert in die Datenbank zurückgeschrieben (damit
also die von T bewirkte Änderung rückgängig gemacht). Rollback ist
beendet, wenn die Beginn-Marke für T gelesen wird.

10.3 System-Neustart

System-Neustart (*system restart*) wird notwendig, wenn der Betrieb
des Datenbanksystems aus irgendeinem Grunde in ungeplanter Weise
abbricht. In diesem Falle muß man davon ausgehen, daß sämtliche
Arbeitsspeicherinhalte einschließlich aller Puffer verloren sind.
Zum Zeitpunkt des Systemzusammenbruchs können Transaktionen aktiv

gewesen sein, so daß sich die Datenbank in einem inkonsistenten Zustand befindet. Beim Neustart des Systems muß zunächst die Datenbank wieder in einen konsistenten Zustand gebracht werden.

In dieser Situation kann man natürlich im Prinzip so vorgehen, wie
im Falle des Transaktions-Rollback: Man bestimmt mit Hilfe des Logfiles für Rollback die nicht beendeten Transaktionen und macht deren Änderungen in der Datenbank rückgängig. (Man betrachte etwa
Abb. 10.1.)

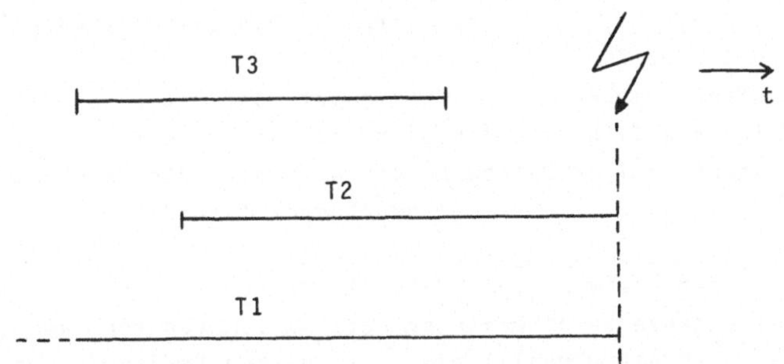

<u>Abb.10.1:</u> Systemzusammenbruch: T1 und T2 müssen
rückgängig gemacht werden.

Das DBMS liest das Logfile rückwärts und prüft zu jeder Marke
"Transaktions-Beginn", ob zu dieser Transaktion auch eine Marke
"Transaktions-Ende" auf dem Logfile eingetragen war. Ist dies nicht
der Fall, so muß die Transaktion rückgängig gemacht werden.

Um den Abschnitt des Logfiles zu begrenzen, der bei Systemzusammen-
bruch durchsucht werden muß, werden auf das Logfile von Zeit zu
Zeit *Checkpoints* geschrieben (Größenordnung: 10 Minuten). Der
Checkpoint gibt an, welche Transaktionen zu diesem Zeitpunkt aktiv
waren, d.h. er enthält einfach eine Liste von Transaktionsidenti-
fikationen. Das DBMS muß bei Neustart lediglich bis zum letzten
Checkpoint rückwärts lesen; an dieser Stelle ist bekannt, welche
Transaktionen für Recovery zu betrachten sind, nämlich alle Trans-

aktionen, die zum Zeitpunkt des Checkpoints oder danach aktiv waren.

Die *Recovery-Logik für Neustart* ist also folgende:

> Lese das Logfile rückwärts bis zum jüngsten Checkpoint;
> jede Transaktion, für die keine Endemarke gefunden wird,
> wird mittels des Before-Images rückgängig gemacht. Vom
> Checkpoint weiter rückwärts gehend werden die Transaktionen
> rückgängig gemacht, die im Checkpoint aufgeführt sind und
> für die keine Endemarke gefunden wurde. □

Am Beispiel von Abb. 10.2 sei der Vorgang noch einmal verdeutlicht: Transaktion T_2 und T_3 wurden beendet, werden also von Recovery nicht betroffen. Die Rolle des Checkpoint als "Begrenzer" für die Recovery wird deutlich am Beispiel der Transaktion T_3, die von Recovery nicht berührt wird, obwohl sie erst nach dem Checkpoint gestartet wurde. T_4 und T_5 müssen zurückgerollt werden.

Diese Skizze der Recovery bei Neustart ist nur sehr grob, tatsächlich ist eine ganze Reihe weiterer Details zu beachten, um ein arbeitsfähiges System zu realisieren. Das genaue Verfahren hängt insbesondere ab von

- dem Prozeß der Datenabspeicherung in die Datenbank und
- der Art des Checkpoints.

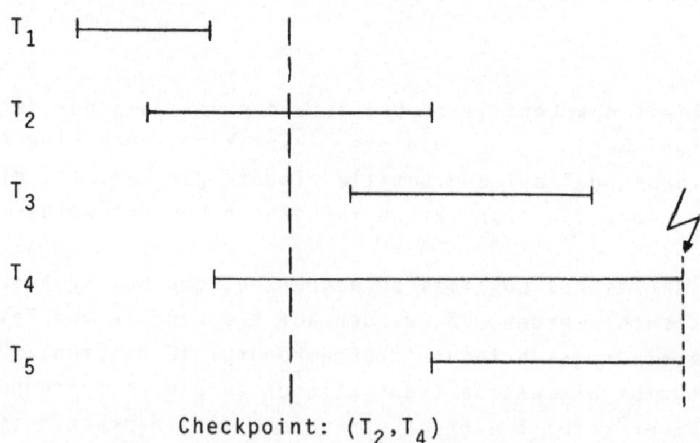

Abb. 10.2: Beispiel für eine Neustart-Situation

Man sieht leicht, daß das oben skizzierte Verfahren für Recovery bei Neustart nur dann sicher funktioniert, wenn zum Zeitpunkt des EOT-Eintrags in das Logfile auch alle veränderten Daten (Pages) physisch in der Datenbank gespeichert sind. EOT muß also das Betriebssystem zwingen, alle betroffenen Pages tatsächlich auf die entsprechenden Externspeicher zu schreiben.

Wird dieses "Hinauszwingen von Daten" bei EOT nicht gewährleistet, so müssen beendete Transaktionen wiederholt werden, d.h. die von ihnen veränderten Daten müssen noch einmal in die Datenbank eingebracht werden. Dieser Vorgang, der wiederum entsprechende Log-Information voraussetzt, wird nachfolgend unter "Rekonstruktion" genauer behandelt.

Verzicht auf das "Hinauszwingen" bei EOT wirft offensichtlich wieder ein schon bekanntes Problem auf: Man muß ein Verfahren finden, um feststellen zu können, welche Transaktionen zu wiederholen sind. Eine einfache Möglichkeit, die Menge der zu wiederholenden Transaktionen zu begrenzen, ist die folgende: Das Schreiben eines Checkpoints erzwingt das Hinausschreiben aller bis dahin veränderten Daten. In diesem Falle müssen Transaktionen, die vor dem Checkpoint beendet wurden, nicht wiederholt werden, wohl aber die, die danach beendet wurden.

Die *allgemeine Recovery-Logik bei Neustart* hat dann also folgende Form:

1. Feststellen aller Transaktionen, die nach dem letzten Checkpoint beendet wurden, Wiederholung dieser Transaktionen (mit Hilfe des *After-Image*-Logfiles, in dem die Objektwerte *nach* jeder Veränderung festgehalten sind).

2. Rollback aller Transaktionen, die nach dem Checkpoint aktiv waren und nicht vor dem Zusammenbruch beendet wurden. ☐

Schließlich kann die Recovery-Logik wieder anders aussehen, wenn der Prozeß zur Datenabspeicherung die Veränderungen frühestens bei EOT in die Datenbank einbringt. Jetzt ist, je nach Realisierung der Datenabspeicherung, unter Umständen Wiederholung notwendig, nicht

aber Rollback. Auf die Details wollen wir hier nicht weiter eingehen.

Wir wollen abschließend noch kurz unterschiedliche Arten von Checkpoints betrachten.

CHECKPOINT-ARTEN

(1) *Checkpoint im laufenden Betrieb*

Dies ist die bisher herangezogene Form des Checkpoints: In gewissen
Zeitintervallen wird, unabhängig von den Aktivitäten des Systems,
ein Checkpoint geschrieben. Das System wartet den Abschluß gerade
laufender Aktionen ab, schreibt den Checkpoint und nimmt dann die
weitere Verarbeitung der Transaktionen wieder auf. Als Aktion können wir solche Aufgaben ansehen, die die Datenbank in einem spei-
cherkonsistenten Zustand hinterlassen, d.h. alle Zeiger, Verwaltungsinformation etc. sind nach Abschluß einer Aktion korrekt. Da
lediglich Aktionen, nicht ganze Transaktionen, beendet sein müssen,
führt diese Art des Checkpoints nicht zu merkbaren Stillstandszei-
ten oder Unterauslastung des Systems.

(2) *Checkpoint mit Stillstand des Systems*

Dies sind Checkpoints, die geschrieben werden, wenn keine Transaktion aktiv ist (vgl. Abb. 10.3). Es werden alle gerade aktiven
Transaktionen abgearbeitet, dann wird der Checkpoint geschrieben,
und erst danach werden neue Transaktionen vom System gestartet.
Diese Art des Checkpoints ist aus Recovery-Sicht sehr angenehm, da
er einen logisch konsistenten Zustand der Datenbank beschreibt.
Rollback über den Checkpoint hinaus wird nie notwendig. Wegen des
Systemstillstandes beim Schreiben des Checkpoints sind die Kosten
solcher Checkpoints jedoch sehr hoch.

(3) *Checkpoint bei Transaktions-Ende*

Beim Ende jeder Transaktion wird ein Checkpoint geschrieben. Dies
könnte man als Sonderfall der ersten Checkpointart ansehen. Das
"Hinauszwingen" von veränderten Daten kann sich jedoch bei dieser

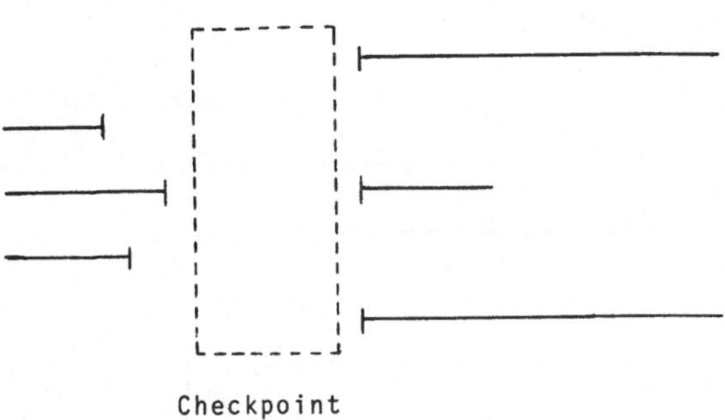

Checkpoint

<u>Abb. 10.3:</u> Checkpoint mit Stillstand des Systems

Checkpointart auf die Daten der gerade beendeten Transaktion beschränken.

10.3 <u>Rekonstruktion</u>

Im Falle von Speicherfehlern sind Teile der Datenbank nicht mehr
lesbar. Es muß ein korrekter Datenbankzustand rekonstruiert werden.
Dabei soll möglichst wenig geleistete Arbeit verlorengehen, d.h.
der durch die Rekonstruktion erreichte Zustand soll im allgemeinen
möglichst nahe am Zeitpunkt des Fehlers liegen.

Für die Rekonstruktion benötigt man eine Kopie der Datenbank zu
einem zurückliegenden Zeitpunkt, oft *Dump* genannt. Das Erstellen
solcher Dumps ist bei großen Datenbanken sehr teuer (u.U. mehrere
Stunden Laufzeit), so daß Dumps nur in großen Intervallen angefertigt werden. Man verwendet aus diesem Grunde nicht den Dump selbst
als neuen Datenbankzustand nach einem Speicherfehler, sondern "wiederholt" von diesem Dump aus die seitdem beendeten Transaktionen.
Wiederholung heißt dabei, daß die durch diese Transaktionen bewirk-
ten Änderungen nochmals in der Datenbank - vom Dumpzustand ausgehend - gespeichert werden. Vgl. etwa Abb. 10.4: nach der Rekonstruktion sind die Veränderungen der Transaktionen T_2, T_3, T_4 in der
Datenbank enthalten, die Veränderungen von T_1 und T_5 werden bei der
Wiederholung übergangen; T_1 und T_5 müssen neu gestartet werden.

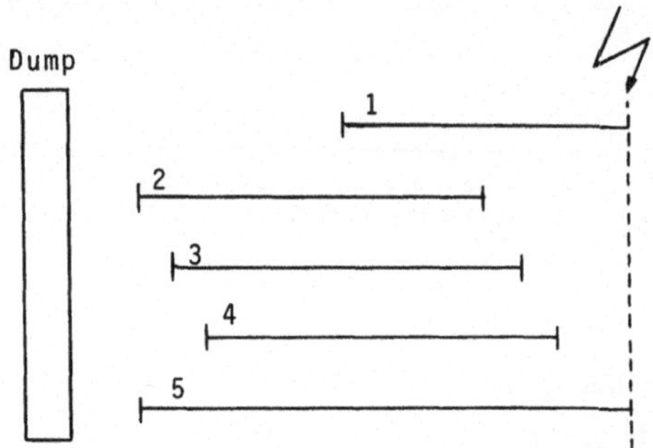

<u>Abb. 10.4:</u> Rekonstruktion von Dump ausgehend

Um Wiederholung von Transaktionen zu ermöglichen, müssen in das
Logfile nun auch die Objektwerte nach einer Veränderung eingetragen
werden; dies sind die *After-Images*. Der Inhalt der After-Image-Einträge muß dabei ganz analog zu den Before-Image-Einträgen aufgebaut
sein. Wichtig ist jedoch, daß die After-Image-Einträge mindestens
seit dem letzten Dump vollständig aufbewahrt werden müssen, während
Before-Images nur für nicht beendete Transaktionen benötigt werden.

Im Unterschied zu Before-Images genügt es, die After-Images bei EOT
auf das Logfile zu schreiben. Es werden ja grundsätzlich - sowohl
im Falle der Rekonstruktion wie im Falle der Wiederholung bei Neustart - nur beendete Transaktionen wiederholt.

Literatur: Die Arbeiten zum Recovery-Problem sind sehr zahlreich.
Wir verweisen auf [BhL81, Gra78, GJB81, Reu81] und dort angegebene
Literatur.

11 DATENSCHUTZ

11.1 Das Datenschutzproblem

Mit dem Stichwort *Datenschutz* werden gemeinhin alle Fragen erfaßt,
die im Zusammenhang mit möglichem Mißbrauch von Daten stehen. Da in
Datenbanken sehr viele Daten in integrierter, nach vielen Kriterien
auswertbarer Form abgespeichert werden können, ist die Sicherung
der Daten gegen Mißbrauch gerade bei solchen Systemen von heraus-
ragender Bedeutung.

Gehen wir davon aus, daß für das Unternehmen eine Menge von legalen,
sozial korrekten, usw. Aufgaben spezifiziert ist; dann muß gewährleistet sein, daß

(1) nur solche Daten abgespeichert werden, die zur Durchführung
    der spezifizierten Aufgaben benötigt werden, und

(2) die Daten ausschließlich für die spezifizierten Aufgaben ver-
    wendet werden.

Dies ist nur ein sehr grobes Muster der Anforderungen, die mit Datenschutz gemeint sind. Zu (1) gehört z.B. auch

- das Recht des Einzelnen zu erfahren, welche Daten über ihn abgespeichert sind, und gegebenenfalls Korrekturen zu verlangen;

- die Gewährleistung, daß Daten, die ein gewisses "Alter" erreicht
  haben, gelöscht werden (klare Definition von Löschfristen);

- daß Daten über Bewertungen (etwa die Qualifikation oder Zuverläs-
  sigkeit oder ähnliches eines Mitarbeiters) mit den notwendigen
  Hintergrundinformationen versehen sind, um Fehlinterpretationen
  zu vermeiden, usw.

Zu (2) gehören z.B. die Forderungen, daß

- die Daten nur von dem entsprechend den Aufgaben autorisierten
  Personenkreis und nur in dem dazu notwendigen Umfang gesehen und
  verändert werden können;

- Daten nicht anderen Firmen oder Institutionen "zur Einsicht" verfügbar gemacht werden können;

- Datenbestände nicht nach anderen Kriterien als den in den Aufgaben spezifizierten ausgewertet werden können, usw.

Das Datenschutzproblem hat im wesentlichen zwei Aspekte, nämlich

- einen rechtlichen: durch gesetzgeberische Maßnahmen ist festzulegen, welche Daten in welchem Umfang schutzbedürftig sind, und es sind geeignete Vorschriften zu definieren, die dem Mißbrauch von Daten entgegenwirken. (Häufig wird dieser Aspekt allein als Datenschutz bezeichnet.)

- einen technischen: durch technische Maßnahmen ist soweit als möglich zu verhindern, daß Mißbrauch möglich ist. Technische Maßnahmen betreffen sowohl die Organisation des EDV-Wesens bzw. des ganzen Informationssystems eines Unternehmens als auch das EDV-System, hier das Datenbanksystem selbst. (Dieser Aspekt wird gelegentlich mit *Datensicherheit* umschrieben.)

Die Gesetzgeber verschiedener Länder haben die Bedeutung des Datenschutzes erkannt und entsprechende "Datenschutzgesetze" geschaffen. Im Bundes-Datenschutzgesetz der Bundesrepublik Deutschland wird der Begriff des Datenschutzes dabei verstanden als "Schutz personenbezogener Daten vor Mißbrauch", d.h. zentrales Anliegen ist der Schutz der Privatsphäre des Einzelnen [BDS77].

Wir wollen in diesem Buch nicht weiter auf gesellschaftliche und rechtliche Aspekte des Datenschutzproblems eingehen; vielmehr beschränken wir uns auf die technischen Aspekte, soweit sie das Datenbanksystem berühren, d.h. wir betrachten das Problem, die Daten in der Datenbank vor unberechtigtem Lesen und unberechtigter Änderung oder Zerstörung zu schützen.

Die Beziehung zwischen Datenschutz im rechtlichen Sinne und den Maßnahmen zur Einhaltung des Datenschutzes ist in Abb. 11.1 skizziert: *Legislative Maßnahmen* legen fest, welche Daten von wem gesammelt und gespeichert werden dürfen, welcher Zugriff auf Daten erlaubt sein soll, welche Weitergabe von Daten erlaubt ist, usw. Diese Vorschriften erzwingen technische Maßnahmen im Umfeld des Datenbanksystems und im Datenbanksystem selbst. *Organisatorische Maßnahmen* bilden einen äußeren Wall von Schutzmaßnahmen. Diejenigen

Benutzer, die die Möglichkeit bekommen, mit dem Datenbanksystem zu
kommunizieren, müssen dem System gegenüber zunächst ihre *Identität*
nachweisen. Hat der Benutzer die Berechtigung, überhaupt mit dem
System zu arbeiten, so muß das System sicherstellen, daß er nur mit
solchen Daten arbeiten kann, für die *Zugriffsberechtigung* besteht,
und daß er auf diesen Daten nur *erlaubte Operationen* ausführen kann.
Gelingt einem unberechtigten Benutzer auf irgendeine Weise ein Ein-
dringen in das System, so daß er unbeschränkten Zugriff auf die Daten bekommt, so können *kryptographische Methoden* dennoch verhindern,
daß er die Daten auswerten kann. Dies wird im Prinzip dadurch erreicht, daß die Daten in verschlüsselter Form gespeichert werden.
Ohne Kenntnis spezieller Schlüssel sollte eine Entschlüsselung der
Daten so teuer sein, daß sie sich für den Benutzer nicht lohnt.

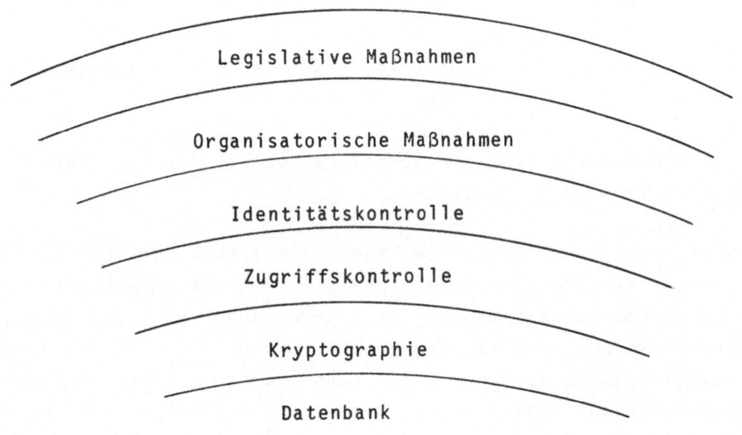

<u>Abb. 11.1:</u> Die verschiedenen Ebenen des Datenschutzes

Auf die organisatorischen Maßnahmen gehen wir im folgenden nicht
im einzelnen ein, da sie Bestandteil jedes Rechenzentrums sein
müssen und somit nicht datenbankspezifisch sind. Zu den organisatorischen Maßnahmen gehören z.B. bauliche Maßnahmen, Beschränkungen des Zugangs zum Rechner (Personalkontrollen), Überwachung der

peripheren Geräte, Schutz von Datenträgern gegen Diebstahl, Schutz
gegen Feuer, usw.

11.2 <u>Identitätskontrolle</u>

An der Schnittstelle Benutzer - System muß geprüft werden, ob der
Benutzer tatsächlich berechtigt ist, mit dem System zu arbeiten.
Der Benutzer muß sich dem System gegenüber *identifizieren*. Die Aufgabe der Identitätskontrolle wird im allgemeinen vom Betriebssystem
des Rechners übernommen. Die Identifikation kann durchgeführt werden durch

- Abfragen von Information, die der Benutzer kennen muß: Paßwortverfahren. Hierzu werden wir im Anschluß einige Anmerkungen machen.

- Abprüfen von Erkennungsmerkmalen, die der Benutzer vorweisen
  muß (magnetische Streifenkarten usw.)

- Abprüfen physischer Charakteristika des Benutzers (Fingerab-
  drücke, Stimmanalyse usw.)

Am häufigsten angewandt werden *Paßwortverfahren*. Um überhaupt mit
dem System arbeiten zu können, muß der Benutzer zunächst ein nur
ihm bekanntes Paßwort angeben. Die Verwendung von Paßwörtern setzt
natürlich voraus, daß es einem Beobachter nicht möglich ist, das
jeweilige Paßwort zu sehen. Dies kann zwar am Bildschirm durch Aus-
blenden oder auf Papier durch Überschreiben gewährleistet werden,
der Beobachter kann aber z.B. sehen, welche Tasten bei der Eingabe
gedrückt werden. Aus diesem Grunde werden statt fester Paßwörter
auch Verfahren vereinbart, nach denen aus vorgegebener Information
ein Paßwort ermittelt wird. Etwa: auf dem Bildschirm erscheint bei
jeder Sitzung ein anderer Text, der Benutzer ermittelt nach dem
vereinbarten Verfahren aus dem Text das erwartete Paßwort. Sofern
das Verfahren zur Ermittlung des Paßwortes nicht ganz trivial ist,
ist es für den Beobachter in diesem Falle sehr schwer, das richtige Paßwort zu "stehlen".

Paßwortverfahren sollten durch Überwachungsmaßnahmen unterstützt
werden, bei welchen jeder erfolglose Versuch, mit dem System in
Verbindung zu treten, registriert wird.

11.3 Zugriffskontrolle

Zugriffskontrollen regeln das Lesen, Verändern, Einfügen und Löschen von Daten in der Datenbank. Wir betrachten hier nur die Aufgaben des Datenbanksystems. Voraussetzung für einen wirkungsvollen
Schutz ist es natürlich, daß das Betriebssystem der Rechenanlage
Schutzmaßnahmen geeignet unterstützt und selbst bereits eine Reihe
von Schutzmaßnahmen enthält, etwa

- strenge Trennung der Benutzerprozesse untereinander

- Schutz der Datenbank vor Benutzern, die versuchen, das Datenbanksystem zu umgehen und direkt auf die Datenbank zuzugreifen.

Ziel der Zugriffskontrolle ist es, verschiedenen Benutzern unterschiedlichen Zugriff auf die Objekte der Datenbank zu erlauben.
Der Angestellte der Personalabteilung muß sicher andere Daten über
einen Angestellten sehen als ein Projektmanager. Man kann sich vorstellen, daß zu jedem Zeitpunkt eine *Berechtigungsmatrix* existiert,
in der für jeden Benutzer B und jedes Objekt O angegeben ist, ob
und unter welchen Umständen B Zugriff zu O erhält. Die Einträge
der Matrix nennen wir *Zugriffsbedingungen*. Die Objekte, für die
Zugriffsberechtigungen vergeben werden, sind im allgemeinen Objekte
der Schema-Ebene, z.B. Relationen und Attribute von Relationen im
Relationenmodell oder Satztypen und Datenelemente im CODASYL-Modell.
Ein Beispiel einer Berechtigungsmatrix für die erweiterte Relation
ANGEST ist in Abb. 11.2 dargestellt. Dabei stehen N für "kein Zugriff erlaubt", R für "Lesen erlaubt" und RW für "Lesen und Schreiben erlaubt". Zum Beispiel darf Benutzer A das Gehalt eines Angestellten zwar lesen, aber nicht verändern.

	ANG-NR	AUSBILDUNG	GEHALT	LEISTUNG	BEMERKUNGEN
A	R	R	R	RW	Manager
B	RW	RW	RW	R	Personalchef
C	R	N	R	N	Lohnbüro

Abb. 11.2: Eine Berechtigungsmatrix

Die Zugriffsbedingungen sind in diesem Beispiel *wertunabhängig*, d.h. eine Zugriffsberechtigung wird für alle Objekte desselben Typs gegeben. Zugriffsbedingungen können jedoch auch *wertabhängig* sein. Eine wertabhängige Zugriffsbedingung ist z.B. die folgende:

$$Z_{A,GEHALT} = \begin{array}{l} R: GEHALT < 10.000, \\ RW: GEHALT < 5.000; \end{array}$$

also: Benutzer A darf das Gehalt eines Angestellten x nur lesen, wenn x weniger als DM 10.000 verdient, und er darf Gehälter unter DM 5.000 auch verändern.

Wertabhängige Zugriffsbedingungen bestehen also nicht nur aus Operationsbezeichnungen (R, W in Abb. 11.2), sondern enthalten zusätzlich für jede Operation ein Prädikat; nur wenn das Prädikat durch den Wert des verlangten Objektes erfüllt ist, ist die Operation zulässig.

Wertabhängige Zugriffsbedingungen sind kostspieliger als wertunabhängige, da ja das Datenbanksystem erst nach dem Lesen der Daten feststellen kann, ob der Benutzer diese Daten erhalten darf oder nicht. Im Falle der wertunabhängigen Zugriffsbedingungen ist ein solcher Zugriff nicht nötig; die Prüfung kann schon bei der Übersetzung des Anwendungsprogrammes vorgenommen werden. Man beachte, daß wertabhängige Zugriffsbedingungen sehr kompliziert werden können; insbesondere ist es möglich, daß zur Auswertung andere (als vom Benutzer verlangte) Objekte gelesen werden müssen. Dies ist schon der Fall bei dem einfachen Beispiel "Benutzer A darf keine Information über Mitarbeiter an Projekt 11 erhalten". Man betrach-

te dazu wieder die Datenbank mit den Relationen ANGEST, PROJEKT,
ANG-PRO: wie man sieht, ist zur Feststellung, ob ein bestimmter
Angestellter an Projekt 11 mitarbeitet, eine Suche in der Rela-
tion ANG-PRO notwendig.

In Datenbanksystemen können neben der Wertabhängigkeit von Informationen weitere Faktoren eine wesentliche Rolle für die Zugriffskontrolle spielen:

Kontext

Es kann notwendig sein, Beschränkungen dafür einzuführen, auf welche Felder ein Benutzer *zugleich* zugreifen darf. Enthält eine Relation Namen und Gehälter von Angestellten, so kann es notwendig
sein, einem bestimmten Benutzer zwar den Zugriff auf die Gehälter
zu erlauben, ihm aber gleichzeitig zu verwehren, das Gehalt bestimmter Angestellter zu erfahren. Das DBMS muß also verhindern,
daß dieser Benutzer auf Name und Gehalt gleichzeitig zugreifen
kann.

Funktionen

In sogenannten *statistischen Datenbanken* kann die Forderung auftreten, daß Benutzer zwar Durchschnitte, Summen usw. von Daten sehen
können, nicht aber einzelne Werte. Die Erfüllung dieser Forderung
ist außerordentlich schwierig, da man durch geschickte Anwendung
statistischer Funktionen auf gesuchte individuelle Werte schließen
kann. Es genügt zum Beispiel nicht zu verlangen, daß die Funktionen
nur auf Mengen bestimmter minimaler Kardinalität anwendbar sind.
Um ein sehr simples Beispiel zu geben: Ein Benutzer interessiert
sich für das Gehalt des Managers X. Er kennt eine Eigenschaft Q
von X, die keiner der anderen Manager aufweist (z.B. rote Haare).
Er stellt im ersten Schritt die Anfrage

"Summe der Gehälter aller Manager"

und in einem weiteren Schritt

"Summe der Gehälter aller Manager, für die Q nicht gilt".

Die Differenz ergibt sofort das Gehalt von X. Für beide Anfragen
ist jedoch die Grundmenge groß, so daß eine Limitierung der Grund-

mengen etwa auf "mindestens die Hälfte der Manager" wirkungslos
bliebe.

Vergangenheit

Um Schlüsse wie im vorigen Beispiel zu verhindern, ist vergangen-
heitsabhängige Zugriffskontrolle notwendig. Ob die gerade vorlie-
gende Anfrage vom DBMS beantwortet werden darf, hängt unter anderem
auch von den früher gestellten Anfragen des Benutzers ab. Das allgemeine Problem besteht darin zu verhindern, daß aus erhaltenen Daten Schlüsse auf Fakten gezogen werden können, die nicht zugänglich sein sollen. Eine vollständige Lösung dieses Problems - d.h.
totaler Schutz gegen Schlüsse auf geschützte Fakten - ist im Rahmen
der gegenwärtigen Technologie nicht realisierbar.

REALISIERUNG WERTABHÄNGIGER ZUGRIFFSBEDINGUNGEN

Sichten

Wertabhängige Zugriffsbedingungen können in relationalen Datenbanken durch den Sichten-Mechanismus realisiert werden. Betrachten wir
die folgende Sicht X:

```
    DEFINE VIEW X (ANG-NR, GEHALT) AS
        SELECT ANG-NR, GEHALT
        FROM ANGEST
        WHERE GEHALT < 3000.
```

Der Benutzer, der auf dieser Sicht arbeitet, erhält keine Information über die Gehälter von Angestellten, die DM 3000 oder mehr verdienen.

Abfragemodifikation (Query Modification)

Eine andere Methode zur Realisierung wertabhängiger Zugriffsbedingungen ist die der Abfragemodifikation. Für einen bestimmten Benutzer B sei z.B. festgelegt:

```
    DENY (NAME, GEHALT) WHERE GEHALT > 3000
```

(englisch: *deny* = zurückweisen). Der Zugriffsschutz wird nun so erreicht, daß jede Anfrage von B, die die Relation ANGEST berührt,
mit den Angaben in der DENY-Klausel modifiziert wird. Eine Anfrage
nach dem Gehalt des Angestellten Schmidt

        FIND GEHALT WHERE NAME = SCHMIDT

würde vom System wie folgt abgeändert:

        FIND GEHALT WHERE NAME = SCHMIDT
          AND NOT GEHALT > 3000.

Verdient Schmidt mehr als DM 3000, so erhält der Benutzer B die gewünschte Auskunft nicht.

SICHTEN ALS SCHUTZMECHANISMUS

Sichten haben einmal die Funktion, dem Benutzer eine für ihn günstige eingeschränkte Sicht auf die Datenbank zu vermitteln. Sie haben aber auch die Funktion, dem Benutzer den Blick auf Teile der
Datenbank, die nicht in seiner Sicht enthalten sind, zu verwehren.
Hierfür ist es natürlich notwendig, daß ein Benutzer nur über die
ihm zugedachte Sicht mit der Datenbank arbeiten kann, und daß er
seine Sicht nicht nach eigenem Gutdünken verändern kann. Dies kann
wieder gewährleistet werden, indem auch für Sichten und Operationen
auf Sicht-Definitionen Rechte vergeben werden. Sowohl in relationalen Systemen, z.B. im System R, wie nach den CODASYL-Vorschlägen
können Sichten als sehr wirkungsvolles Mittel für den Datenschutz
eingesetzt werden. Die große Flexibilität des Sicht-Mechanismus in
relationalen Systemen wurde deutlich im Zusammenhang mit den wert-
abhängigen Zugriffsbedingungen. Der Sicht-Mechanismus von CODASYL-
Systemen ist hingegen, wie wir früher schon gesehen haben, weniger
flexibel.

REAKTION AUF UNBERECHTIGTE ZUGRIFFE

Wie im Falle der Integritätsbedingung muß auch bei der Auswertung
von Zugriffsbedingungen geklärt werden, was bei der Verletzung
einer Zugriffsbedingung geschehen soll. Zunächst einmal ist wich-

tig, daß jeder Versuch, einen unberechtigten Zugriff auszuführen,
registriert wird (Benutzeridentifikation, Objekt, Zeit, Terminal,
usw.). Die Reaktion des Kontrollsystems sollte dann abhängen von
der Bedeutung der Daten und gegebenenfalls davon, wie oft ein Benutzer schon versucht hat, unberechtigt auf Daten zuzugreifen. Beispielsweise wird ein Benutzer bei der erstmaligen Verletzung einer
Zugriffsbedingung einfach informiert;bei wiederholtem Versuch (der
Benutzer kennt z.B. ein Paßwort "ungefähr" und versucht nun, das
korrekte Paßwort herauszufinden) sollte das System den Schutzbe-
auftragten oder den Datenbankadministrator sofort informieren. Unter Umständen kann es auch nützlich sein, den Benutzer nicht wissen
zu lassen, daß sein "Eindringversuch" bemerkt wurde, und ihm falsche oder veraltete Daten auszugeben

11.4 <u>Kryptographische Methoden</u>

Zugriffskontrollen zum Schutze der Daten sind nicht ausreichend,
wenn es einem Benutzer gelingt, das Datenbanksystem zu umgehen.
Das simpelste Beispiel für "Umgehen des Datenbanksystems" ist der
Diebstahl von Plattentürmen o.ä. Gegen Versuche dieser Art sind zunächst, wie bereits erwähnt, organisatorische Maßnahmen notwendig
(Zugangskontrollen zum Rechenzentrum usw.). Zusätzlich können *kryptographische Methoden (Chiffrierung, Verschlüsselung)* angewandt
werden: Die Daten werden in verschlüsselter Form abgespeichert; um-
geht ein Benutzer das System, so muß er die Daten wieder entschlüsseln. Der Aufwand für das Entschlüsseln muß hinreichend groß sein,
so daß es sich für die vorhandenen Daten nicht lohnt.

Kryptographische Methoden sind auch notwendig, um die *Übertragung
von Daten* zwischen Terminal und Computer oder zwischen zwei Compu-
tern zu schützen. Die Übertragungswege sind im allgemeinen sehr
unsicher, d.h. es ist technisch nicht schwierig, durch Einschalten
in Übertragungswege "mitzuhören". Werden aber verschlüsselte Daten
übertragen, so steht der Abhörer wieder vor dem Problem der Entschlüsselung.

Es existieren eine ganze Reihe von Verfahren zur Verschlüsselung
von Daten, auf die wir hier nicht eingehen können. Grundsätzlich

werden Verschlüsselungsverfahren angewandt, bei denen die Daten
nach einer festen Vorschrift mit Hilfe eines *Schlüssels* verschlüs-
selt werden. Die Vorschrift, der *Verschlüsselungsalgorithmus*, muß
nicht geheim sein, wohl aber der verwendete Schlüssel. Ein sehr
einfaches Verfahren besteht z.B. darin, die Bitfolge des zu ver-
schlüsselnden Textes über die Operation "exklusives Oder" teilweise
mit einem vorgegebenen Schlüssel zu verknüpfen. Einem Eindringling
nützt es wenig, wenn er den Algorithmus (Verknüpfung über exklusives Oder) kennt; er kann die verschlüsselten Daten nur entschlüsseln, wenn er den Schlüssel selbst kennt.

Die Verwendung von Schlüsseln hat den entscheidenden Vorzug, daß
ein verschlüsselter Text auch bei Kenntnis des Verschlüsselungsalgorithmus nicht entschlüsselt werden kann, solange der Schlüssel
geheim bleibt. Auf diese Weise kann für alle Daten dasselbe Verfahren angewandt werden. Da jeweils nur der Besitzer der Daten den
gültigen Schlüssel kennt, kann selbst der Implementierer des Verfahrens einmal verschlüsselte Daten nicht entschlüsseln. Das Problem besteht also darin, die zur Verschlüsselung verwendeten
Schlüssel im Datenbanksystem unzugänglich zu halten. Eine andere
Möglichkeit ist die, die Schlüssel nicht im System zu halten (das
DBMS kennt also lediglich das Ver- und Entschlüsselungsverfahren,
nicht aber die Schlüssel), sondern zu verlangen, daß der Benutzer
den jeweils benötigten Schlüssel angibt.

Problematisch bei der Verschlüsselung der Daten in der Datenbank
kann der Laufzeitverlust werden, der dadurch entsteht, daß die Daten vor der Verarbeitung im Rechner entschlüsselt werden müssen.
Man kann dieses Problem dadurch reduzieren, daß man Verschlüsselungen wählt, die gewisse Eigenschaften der Daten erhalten. Beispielsweise kann die Verschlüsselung so gewählt werden, daß Ordnungen,
wie etwa "<", erhalten bleiben, d.h.: wenn im nicht verschlüsselten
Text "a < b" gilt, so gilt auch im verschlüsselten Text "a' < b'".
Dies bedeutet, daß gewisse grundlegende Operationen mit den verschlüsselten Daten die erwarteten Ergebnisse unmittelbar in verschlüsselter Form liefern, ohne daß Ent- oder Verschlüsselungen
notwendig werden. Für diese Operationen wird dann auch kein Schlüssel benötigt, so daß sich mit solchen Verschlüsselungen auch das
Problem des Schutzes von Schlüsseln löst. Zu dieser Art von Ver-

schlüsselung gibt es allerdings eine Reihe offener Fragen.

Wie bereits erwähnt, spielen kryptographische Verfahren eine besondere Rolle für den Schutz der Übertragung von Daten. Mit Hilfe eines geheimen Schlüssels wird der zu übertragende Text in einen unverständlichen Text verwandelt, bevor er übertragen wird. Der kritische Punkt bei diesen Verfahren ist der, daß Sender *und* Empfänger den geheimen Schlüssel kennen müssen; das zentrale Problem liegt also in der Verwaltung und Verteilung der geheimen Schlüssel.

In jüngster Zeit wurden Vorschläge gemacht, die dieses Problem der Schlüsselverwaltung beseitigen. Diese Verfahren sind unter dem Namen *public-key-Kryptosysteme* (Kryptosysteme mit öffentlichem Schlüssel) bekanntgeworden [DiH76, Sim79, Lem79]. Die Philosophie dieser Systeme ist die folgende: Sender und Empfänger müssen nicht denselben geheimen Schlüssel kennen, sondern jeder Benutzer besitzt zwei Schlüssel: einen "öffentlichen" Schlüssel O und einen "privaten" Schlüssel P. Der öffentliche Schlüssel wird gehandhabt wie eine Telefonnummer: jeder, der diesem Benutzer eine Nachricht übermitteln will, muß die Nachricht mit dem öffentlichen Schlüssel O verschlüsseln. Der Benutzer entschlüsselt dann die Nachricht mit seinem privaten Schlüssel, der nur ihm allein bekannt ist. Bezeichnet T den Originaltext, T^O den mit dem öffentlichen Schlüssel chiffrierten Text, so müssen die Schlüssel O und P so aufeinander abgestimmt sein, daß gilt $(T^O)^P = T$. Bei gegebenem T, O und T^O muß die Berechnung von P ein sehr komplexes Problem sein. Auf die mathematischen Bedingungen, die O und P erfüllen müssen, und auf mögliche Realisierungen können wir hier nicht eingehen.

11.5 Zugriffskontrolle in den CODASYL-Vorschlägen

Neben dem Subschema ist in den CODASYL-Vorschlägen das folgende Instrument zum Datenschutz vorgesehen: mittels

    ACCESS CONTROL LOCKS

können im Schema *Schlösser* vor Objekten eingerichtet werden, die mit Hilfe von *Schlüsseln*, den

    ACCESS CONTROL KEYS

geöffnet werden können. Ist beispielsweise im Schema angegeben:

    RECORD NAME IS ANGEST

        ...

        ACCESS CONTROL LOCK FOR ERAS IS 'BOSS',

so muß das Programm (*run-unit*) den Schlüssel mit Wert 'BOSS' lie-
fern, bevor das DBMS einen ERASE-Befehl für ANGEST akzeptiert. Der
Schlüsselwert kann beispielsweise dem Programm zur Laufzeit vom
Benutzer angegeben werden.

Verfahren dieser Art heißen allgemein *Paßwortverfahren*, der String
'BOSS' heißt *Paßwort*. Diese Verfahren sind dadurch charakterisiert,
daß jedem zu schützenden Objekt ein Paßwort zugeordnet ist; alle
Benutzer verwenden für dieselben Objekte auch dieselben Paßwörter.
Das Paßwort identifiziert also nicht seinen Benutzer. Der gezielte
Entzug eines Zugriffsrechtes ist damit nicht möglich; der einzige
Weg, jemandem ein Zugriffsrecht wieder zu nehmen, führt über die
Änderung des Paßwortes im Schema: nur die berechtigten Benutzer
bekommen das neue Paßwort ausgehändigt.

Paßwortverfahren sind effizient zu implementieren. Sie sind aber
nicht sonderlich sicher: da ja das Anwendungsprogramm das Paßwort
liefern muß, ist dieses relativ leicht zugänglich.

Nach den CODASYL-Vorschlägen kann ein ACCESS CONTROL LOCK eine
Konstante (wie im Beispiel) oder eine Datenbank-Prozedur sein.
Die Datenbank-Prozedur kann z.B. einen Dialog mit dem Benutzer
beginnen, um verschiedene Fragen zu stellen, bevor der Zugriff
gewährt wird.

ACCESS CONTROL LOCKS können definiert werden für das Schema selbst,
die Subschemata, die Satztypen, die Datenelemente und die Set-Typen. Dabei können sich die Locks auf alle Operationen beziehen, die
die jeweilige Einheit ansprechen, also zum Beispiel für Set-Typen
auf die Operationen FIND, CONNECT, DISCONNECT und RECONNECT. Damit
können auf verschiedenen Ebenen unterschiedliche und beliebig komplizierte Locks definiert werden, so daß im Prinzip ein sehr enges
Netz zur Zugriffskontrolle erstellt werden kann. Insbesondere durch
die Möglichkeit, Datenbank-Prozeduren in beliebiger Weise einzusetzen, kann die erwähnte Verletzbarkeit klassischer Paßwortver-

fahren erheblich reduziert werden. Die CODASYL-Vorschläge machen
hierzu allerdings keine genauen Angaben.

Ein wesentlich vereinfachtes Paßwortverfahren ergibt sich, wenn man
die Objekte in *Sicherheitsstufen* einteilt; ein Zugriffsrecht auf
Objekte einer Sicherheitsstufe beinhaltet das Zugriffsrecht auf alle Objekte mit niedrigerer Sicherheitsstufe. Jeder Benutzer erhält
ein Paßwort, das eine bestimmte Sicherheitsstufe ausdrückt. Paßwort 'X' ordnet etwa dem Benutzer über eine interne Tabelle die
Sicherheitsstufe i zu; damit hat der Benutzer dann Zugriff auf alle
Objekte mit Sicherheitsstufe $\leq$ i.

Beispiel 11.1:

Satztyp ANGEST: Sicherheitsstufe 3
Satztyp PROJEKT: Sicherheitsstufe 5

Paßworttabelle:

Paßwort	Sicherheitsstufe
ABC	4
BCD	2
F	5

Der Benutzer, der das Paßwort 'F' kennt, kann auf alle Sätze zugreifen, der Benutzer, der nur 'BCD' kennt, auf keinen. □

Dieses Verfahren ist sehr benutzerfreundlich, da der Benutzer nur
ein Paßwort angeben muß, um auf alle für ihn wichtigen Objekte zugreifen zu können. Es ist jedoch sehr viel weniger flexibel als das
allgemeine Paßwortverfahren. Schwierigkeiten kann vor allem der
Zwang zu einer Einteilung der Objekte in eine einzige Sicherheits-
hierarchie machen.

11.6 Zugriffskontrolle im System R

Ein allgemeiner Vorschlag für die Zugriffskontrolle in relationalen
Datenbanken existiert nicht. Wir behandeln hier grob die Zugriffskontrolle des Systems R [GrW76], da sie eine deutliche Alternative
zu der Zugriffskontrolle der CODASYL-Vorschläge darstellt.

Der wesentliche Unterschied der Zugriffskontrolle im System R zu
den CODASYL-Vorschlägen besteht darin, daß keine zentrale Instanz
(wie etwa der Datenbankadministrator) erforderlich ist, um Zugriffsrechte auf Objekte der Datenbank zu erteilen, sondern daß
jeder Benutzer "Eigentümer" von privaten Relationen ist und volle
Verfügungsgewalt über diese besitzt. Falls solche Relationen auch
für andere Benutzer von Interesse sind, werden diesen vom Eigentümer explizit Zugriffsrechte eingeräumt. Diese Zugriffsrechte können auch wieder entzogen werden. Das System kennt alle Zugriffsrechte und registriert Weitergabe und Entzug derselben. Die Zugriffskontrolle besteht darin, daß für jeden Benutzer ein Katalog
von Basis- oder abgeleiteten Relationen, seine Sicht, existiert,
und er ausschließlich über diese Relationen Zugriff auf die Datenbank erhält. Natürlich können die Zugriffsrechte auch durch einen
Datenbankadministrator zentral festgelegt und manipuliert werden;
in diesem Falle wäre der Datenbankadministrator der Eigentümer aller Relationen.

Das Einräumen von Zugriffsrechten an einen anderen Benutzer geschieht in SQL mit der *GRANT-Anweisung* [1]:

> GRANT   {ALL RIGHTS | privileges | ALL BUT privileges}
>   ON relation TO user   [WITH GRANT OPTION]

Mit GRANT können also an einen Benutzer alle Rechte (ALL RIGHTS),
bestimmte Rechte (privileges) oder alle Rechte bis auf bestimmte
(ALL BUT privileges) verliehen werden. Der Besitzer einer Relation
kann folgende Rechte weitergeben:

> READ: das Recht, auf eine Relation lesend zuzugreifen.
>   Dies schließt ein, daß der Benutzer Sichten auf
>   dieser Relation definieren darf.
> INSERT: das Recht, Tupel in die Relation einzufügen.
> DELETE: das Recht, Tupel in der Relation zu löschen.
> UPDATE: das Recht, Änderungen von Werten vorzunehmen;
>   dieses Recht kann auf einzelne Attribute be-
>   schränkt werden.

---

[1] {a|b} bezeichnet Alternativen, [ ] bezeichnet einen optionalen Ausdruck.

    DROP: das Recht, die ganze Relation aus dem System
              zu entfernen.

Der Besitzer der Relation kann mit der GRANT-Option einem anderen
Benutzer auch das Recht geben, seinerseits Zugriffsrechte auf diese Relation bzw. Teile davon zu vergeben. Damit entfällt bezüglich
der Zugriffskontrolle der Unterschied zwischen Basisrelationen und
Sicht völlig; ein Benutzer hat Zugriffsrechte auf bestimmte Sichten (auch eine Basisrelation ist eine Sicht) und kann, sofern er
das Recht dazu besitzt, anderen Benutzern Zugriffsrechte zu seiner
Sicht und damit zu Definitionen weiterer Sichten gewähren.

<u>Beispiel 11.2:</u>

    A: GRANT READ, INSERT ON ANGEST TO B WITH GRANT OPTION

Damit kann B auf ANGEST lesend zugreifen und Tupel einfügen und
darf alle Rechte, die er besitzt, weitergeben. B kann beispielsweise eine Sicht ANGEST-1 definieren, die nur die Angestellten
der Abteilung 17 enthält, und Zugriffsrechte auf diese Sicht weitergeben:

    B: GRANT READ ON ANGEST-1 TO C WITH GRANT OPTION;
       GRANT INSERT ON ANGEST-1 TO C.

Somit darf C zwar lesen und einfügen, kann aber lediglich das
Recht zu lesen weitergeben. □

Da Zugriffsrechte weitergegeben werden können, muß es auch möglich
sein, Zugriffsrechte wieder zurückzunehmen. Jeder Benutzer, der ein
Recht vergeben hat, kann dieses mit der *REVOKE-Anweisung* wieder
zurücknehmen:

    REVOKE {ALL RIGHTS ı privileges} ON relation FROM user.

<u>Beispiel 11.3:</u>

Mit

    B: REVOKE ALL RIGHTS ON ANGEST-1 FROM C

werden Benutzer C (vgl. Beispiel 11.2) genau die Rechte genommen,
die ihm von B verliehen wurden; erhielt C hingegen auch von anderer
Seite ein Zugriffsrecht auf ANGEST-1, so bleibt dieses unter Umständen von diesem REVOKE unberührt - der genaue Sachverhalt wird nachfolgend diskutiert. □

Die REVOKE-Möglichkeit kompliziert natürlich die Zugriffskontrolle
erheblich: es genügt nicht mehr festzuhalten, daß C Zugriffsrechte
auf ANGEST-1 besitzt - es muß zusätzlich festgehalten werden, wer
die einzelnen Rechte verliehen hat (und damit wieder zurückziehen
darf). Ferner muß das System im Falle eines REVOKE dafür sorgen,
daß auch allen Benutzern, die entsprechende Rechte von C erhalten
haben, diese Rechte wieder weggenommen werden, usw. Die Feststellung, welche Rechte durch ein REVOKE tatsächlich weggenommen werden müssen, ist nicht immer trivial, wie das folgende Beispiel
zeigt.

Beispiel 11.4:

    A: GRANT READ, INSERT, UPDATE ON ANGEST TO D.
    B: GRANT READ, UPDATE ON ANGEST TO D WITH GRANT OPTION.
    D: GRANT READ, UPDATE ON ANGEST TO E.
    A: REVOKE INSERT, UPDATE ON ANGEST FROM D.

Zunächst würde Benutzer D nur das INSERT-Recht auf ANGEST verlie-
ren, da er ja das READ- und UPDATE-Recht auch von B erhalten hat.
Damit würde auch E keine Rechte verlieren. Tatsächlich könnte aber
B seinerseits alle seine Rechte von A erhalten haben, etwa über

    A: GRANT ALL RIGHTS ON ANGEST TO B WITH GRANT OPTION.

Was geschieht in diesem Falle? Wir können die Situation wie in
Abb. 11.3 a darstellen; ein Pfeil (X,Y) gibt dabei an, daß X an Y
Rechte verliehen hat. Führt A obige REVOKE-Anweisung aus, so darf
in dieser Situation D (und E) sicher nicht das UPDATE-Recht behalten, da B nicht ein "unabhängiger" Verleiher dieses Rechtes war
(sondern seinerseits von A abhängt). □

Die allgemeine Regel für REVOKE muß sein: besitzt D dasselbe Recht R

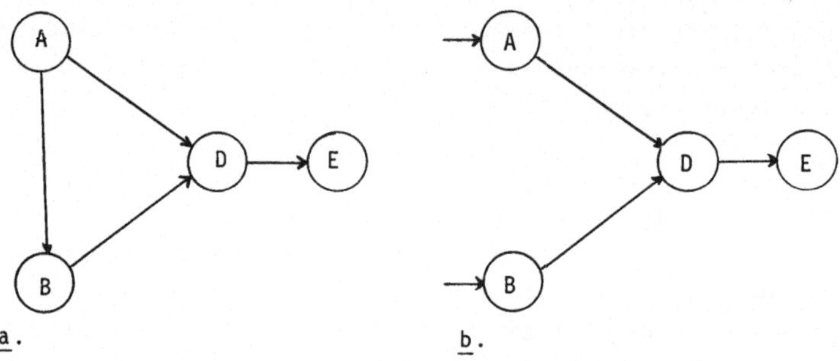

<u>Abb. 11.3:</u> Beispiel zur Problematik des Widerrufs
von Zugriffsrechten

von mehreren Benutzern B1, ..., Bn und wird R von Benutzer B1 zu-
rückgezogen, so bleibt R für D nur erhalten, wenn nicht alle Wege,
auf denen R vom Besitzer der Sicht zu D gelangt sein kann, über B1
führen. In der Situation von Abb. 11.3 <u>b</u> bliebe das UPDATE-Recht für
D und E erhalten. Tatsächlich ist mit dieser Semantik von REVOKE das
Problem sehr vereinfacht behandelt. Exakt müßte die *Semantik für
den Entzug von Zugriffsrechten* heißen:

> Die Zugriffsrechte aller Benutzer müssen nach dem Entzug
> eines Rechtes R von einem Empfänger Y so sein, als ob Y
> dieses Recht R nie erhalten hätte.
> Mit anderen Worten: der Entzug eines GRANT G soll sich so
> auswirken, als ob G niemals gegeben worden wäre.

Betrachten wir dazu noch einmal Beispiel 11.4, Abb. 11.3 <u>a</u>. Dieser
Abhängigkeitsgraph kann durch unterschiedliche Folgen von GRANT-
Anweisungen erzeugt worden sein. Zieht B sein an D weitergegebenes
Recht zurück, so bleibt die Kante (D,E) nicht ohne weiteres erhalten: hat D das Recht für E aufgrund des GRANT von B oder aufgrund
des GRANT von A weitergegeben? Im ersten Falle muß nach der exakten
Semantik auch E das Recht wieder entzogen werden. Um entscheiden zu
können, auf welchen GRANT eine Weitergabe zurückgeht, muß der *Zeitpunkt des GRANT* festgehalten werden; wir schreiben diese Zeitpunkte
an die Kanten des Graphen (vgl. Abb. 11.4). Der so gewonnene Ab-

hängigkeitsgraph zeigt also, daß A Zugriffsrechte an B zum Zeitpunkt 10, an D zum Zeitpunkt 50 verliehen hat, usw. Man sieht, daß
das Recht an E von D zum Zeitpunkt 40 verliehen wurde, damit also
auf ein GRANT von B und nicht auf das spätere GRANT von A zurückgeht. Die Rücknahme des Zugriffsrechtes, das B an D verliehen hat,
muß also dazu führen, daß auch E sein Zugriffsrecht verliert. Hätte
die Kante (D,E) eine Markierung > 50, so würde E sein Zugriffsrecht
behalten. Hat D neben seinem GRANT zum Zeitpunkt 40 an E auch einen
GRANT zum Zeitpunkt 60 gewährt (gestrichelte Kante), so werden dem
Benutzer E die entlang der Kante "40" vergebenen Rechte entzogen,
nicht aber die entlang der Kante "60" vergebenen.

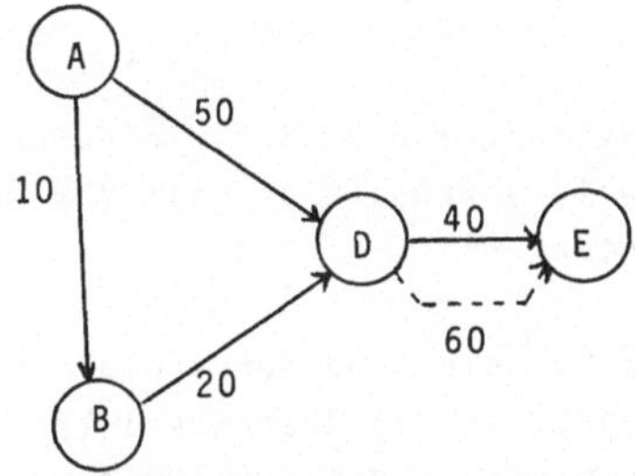

Abb. 11.4:   Graph der Zugriffsrechte mit Angabe der
             Verleih-Zeit jedes GRANT

Diese REVOKE-Semantik ist gegenüber der zuerst besprochenen sehr
viel aufwendiger (Zeitmarken, parallele Kanten im Abhängigkeitsgraphen). Man hat deshalb zu prüfen, ob der zusätzliche Aufwand für
die Realisierung der exakten Semantik entsprechenden praktischen
Nutzen mit sich bringt; im allgemeinen wird dies nicht der Fall sein.

Neben den im Text erwähnten Arbeiten sei noch auf [FSW81] hingewiesen; dieses Buch gibt einen Überblick über die Datenschutzpro-
blematik in Datenbanksystemen.

AUSBLICK

Das Gebiet der Datenbanksysteme ist in den letzten Jahren ungeheuer schnell gewachsen; über den Beobachter der Szene ergießt sich eine Flut von Veröffentlichungen. Es ist nicht möglich, in einem Buch dieses Umfanges einen Überblick über das Gesamtgebiet in seinem jetzigen Stand zu geben - wir waren gezwungen, uns auf die zentralen, inzwischen schon nahezu "klassischen" Fragestellungen zu beschränken. Obwohl auch in diesem Kernbereich längst nicht alle Fragen befriedigend gelöst sind, ist inzwischen ein sehr stabiler, gut fundierter Wissensstand einschließlich praktischer Erfahrungen erreich Relationale Systeme, als vorläufiger Höhepunkt der Entwicklung der Datenverwaltung, sind seit kurzem kommerziell verfügbar.

Wie immer in der Datenverarbeitung sind die Forderungen der Anwendung der Entwicklung weit voraus. Dies gilt für Datenbanksysteme zumindest in drei Richtungen:

(1) Derzeit verfügbare Systeme sind für viele Anwendungen nicht genügend leistungsfähig, so daß über Spezialrechner für die Datenverwaltung, sogenannte *Datenbankcomputer*, nachgedacht wird. Die Idee ist die, das DBMS aus dem Hauptrechner (*host*) auszulagern und in einem *back-end*-System zu realisieren, das ausschließlich für die Datenverwaltung zuständig ist. Dieser *back-end*-Computer könnte ein Universalrechner (Minicomputer) sein, wesentlich bessere Leistungen verspricht man sich jedoch durch den Einsatz von Spezialrechnern, die von vornherein für die Datenverwaltung konzipiert wurden. Die Literatur zu Datenbank-Computern ist sehr umfangreich, wir verweisen lediglich auf [BrF79] und [Shi80], wo sich ausführliche Literaturangaben finden.

(2) Der Wunsch, die Organisation der Datenverarbeitung den organisatorischen Gegebenheiten des Unternehmens anzupassen, also der Trend zu verteilten Systemen, führt zu Datenbanksystemen, die auf mehrere Rechner verteilt sind, sogenannte *verteilte Datenbanksysteme*. Die Verteilung der Daten ist für den Benutzer unsichtbar, er hat es mit *einer* logischen Datenbank zu tun. Die jeweiligen Teile der Datenbank werden von lokalen DBMS verwal-

tet, die zur Abarbeitung globaler Aufgaben kooperieren müssen.

Neben der Anpassung an die Organisationsstruktur (Autonomie, Übertragungskosten usw.) haben verteilte Datenbanksysteme die wesentlichen Vorteile höherer Verfügbarkeit, leichterer Ausbaubarbeit und reduzierter Zugriffszeiten (infolge des lokalen Speicherns der Daten).

Verteilte Datenbanksysteme werden in einer ganzen Reihe von Pilotprojekten untersucht, etwa SDD-1 (Computer Corporation of America), POREL (Universität Stuttgart), VDN (Universität Berlin, Nixdorf), Cyclade (INRIA), R* (IBM San Jose), um nur einige zu nennen. Viele Fragen sind offen, dies gilt in besonderem Maße für den Fall, daß DBMS mit unterschiedlichen Datenmodellen zu einem Gesamtsystem integriert werden sollen (sogenannte *heterogene verteilte Datenbanksysteme*). Auch zum Gebiet der verteilten Datenbanksysteme existieren zahlreiche Publikationen. Wir verweisen lediglich auf [DrP80, Cha80, ISD82].

(3) Datenbanksysteme verwalten *strukturierte* Daten, d.h. die Bedeutung der Daten ergibt sich aus der im Schema festgelegten Struktur. In vielen Anwendungen sind die Daten in diesem Sinne wenig oder gar nicht strukturiert. Beispiele sind Texte aller Art, Grafiken, Zeichnungen oder auch digitalisierte Sprache. Die Verwaltung solcher *unstrukturierter* Daten spielt eine große Rolle im Bereich des Information Retrieval, des CAD/CAM, der Büroinformationssysteme, usw. Der Wunsch wird deutlich nach Systemen, die sowohl strukturierte als auch unstrukturierte Daten verwalten können.

Probleme bereitet bei dieser Erweiterung des Funktionsspektrums von Datenbanksystemen vor allem auch die veränderte Arbeitsweise des Benutzers: während in "klassischen" Datenbanksystemen Transaktionen als Ganzes abgeliefert und ausgeführt werden, treten jetzt lange interaktive Transaktionen in den Vordergrund; der Benutzer arbeitet interaktiv mit den vom DBMS verwalteten Daten (etwa Konstruktionsplan bei CAD) oder beschließt aufgrund von Zwischenergebnissen seine weiteren Schritte (etwa beim Information Retrieval). Die Untersuchungen zu solchen erweiterten

Datenverwaltungssystemen sind, abgesehen von Insellösungen für
sehr spezielle praktische Fragestellungen, erst in den Anfängen
[HaL82, NeH82, PrS83, Sch80].

Das Umfeld, in dem Datenbanksysteme eine besondere Rolle spielen
werden, wird sich wesentlich erweitern. Der Wunsch nach "intelli-
genten" Systemen zur Datenverwaltung (*Expertensysteme, knowledge
based systems*, Systeme mit Fähigkeiten zu logischem Schließen, usw.)
wird das Gebiet der Datenbanksysteme mit neuen Gebieten der Informatik und ihrer Anwendungen verknüpfen.

Wir beherrschen inzwischen weitgehend das Werkzeug Datenbanksystem
für kommerzielle Anwendungen - seine Einbeziehung in all die anderen Bereiche, wo es benötigt wird, und die damit verbundenen Erweiterungen stellen uns jedoch vor eine wachsende Zahl praktisch wichtiger Aufgaben.

LITERATURVERZEICHNIS

[ABC76] Astrahan, M.M.; et al.: System R: Relational approach to database management. ACM Trans. Database Syst. 1(1976), 97-137.

[ANS75] ANSI/X3/SPARC Study Group on Data Base Management Systems. Interim Report 75-02-08. FDT (Bulletin of ACM-SIGMOD) 7 (1975), Nr. 2.

[Arm74] Armstrong, W.W.: Dependency structures of data base relationships. Proc. 1974 IFIP Congress, 580-583. North Holland, Amsterdam 1974.

[BaM72] Bayer, R.; McCreight, E.M.: Organization and maintenance of large ordered indexes. Acta Informatica 1(1972), 173-189.

[BBG78] Beeri, C.; Bernstein, P.A.; Goodman, N.: A sophisticate's introduction to database normalization theory. Proc. VLDB 1978, 113-124.

[BDB79] Biskup, J.; Dayal, U.; Bernstein, P.A.: Synthesizing independent database schemas. ACM SIGMOD 1979 Int. Conf. on Management of Data Proceedings, 143-151.

[BDS77] Bundesdatenschutzgesetz (BDSG): Gesetz zum Schutz vor Mißbrauch personenbezogener Daten bei der Datenverarbeitung. Deutscher Bundes-Verlag, Bonn 1977.

[BeB79] Beeri, C.; Bernstein, P.A.: Computational problems related to the design of normal form relational schemas. ACM Trans. Database Syst. 4(1979), No. 1, 30-59.

[BeG80] Bernstein, P.A.; Goodman, N.: What does Boyce-Codd normal form do? Proc. VLDB 1980, 245-259.

[Ber76] Bernstein, P.A.: Synthesizing third normal form relations from functional dependencies. ACM Trans. Database Syst. 1(1976), 277-298.

[BhL81] Bhargava, Bh.; Lilien, L.: Feature analysis of selected database recovery techniques. AFIPS Conf. Proc. NCC 1981, 543-554.

[BrF79] Bray, O.H.; Freeman, H.: Database Computers. Lexington Books, 1979.

[BRG78] Bernstein, P.A.; Rothnie, J.; Goodman, N.; Papadimitriou, C.A.: The concurrency control mechanism of SDD-1: A system for distributed databases (The fully redundant case). IEEE Trans. Softw. Eng. SE-4(1978), 154-168.

[CAE76] Chamberlin, D.D.; et al.: SEQUEL 2: A unified approach to data definition, manipulation, and control. IBM J. Res. Dev. 20(1976), 560-575.

[Car73] Cardenas, A.F.: Evaluation and selection of file organization - a model
and system. Commun. ACM $\underline{16}$(1973), 540-548.

[Cdd70] Codd, E.F.: A relational model of data for large shared data bases.
Commun. ACM $\underline{13}$(1970), 377-387.

[Cdd71] Codd, E.F.: A data sublanguage founded on the relational calculus.
Proc. 1971 ACM-SIGFIDET Workshop on Data Description, Access, and Control, 35-68. ACM, New York 1971.

[Cdd72] Codd, E.F.: Further normalization of the data base relational model.
In: Data Base Systems (R.Rustin, Ed.), 33-64. Prentice Hall Inc.,
Englewood Cliffs, N.J. 1972.

[Cdd74] Codd, E.F.: Recent investigations in relational data base systems. Proc.
IFIP Congress 74, 1017-1021. North Holland Publishing Comp., Amsterdam
1974.

[Cdd79] Codd, E.F.: Extending the database relational model to capture more
meaning. ACM Trans. Database Syst. $\underline{4}$(1979), No. 4.

[Cha80] Champine, G.A.: Distributed Computer Systems. North Holland 1980.

[Che76] Chen, P.P.S.: The entity-relationship model - toward a unified view of
data. ACM Trans. Database Syst. $\underline{1}$(1976), No. 1.

[COC78] CODASYL COBOL COMMITTEE Journal of Development: The COBOL Data Base Fa-
cility - Data Manipulation, 1978.

[COD71] CODASYL Data Base Task Group. April 71 Report.

[COD73] CODASYL DDL Journal of Development. June 73 Report.

[COD78] Report of CODASYL Data Description Language Committee. Information
Systems $\underline{3}$(1978), 247-320.

[Dad82] Dadam, P.: Synchronisation und Recovery in verteilten Datenbanken:
Konzepte und Grundlagen. Dissertation, FernUniversität Hagen, 1982.

[Dat81] Date, C.J.: An Introduction to Database Systems (Vol. I), Third Edition.
Addison-Wesley Publishing Company, Reading, Mass. 1981.

[Dat83] Date, C.J.: An Introduction to Database Systems (Vol.II). Addison-Wesley
Publ. Comp., Reading, Mass. 1983.

[DeL74] Delobel, C.; Leonhard, M.: The decomposition process in a relational
model. Int. Workshop on Data Structures, IRIA, Namur (Belgium) 1974.

[DiH76] Diffie, W.; Hellmann, M.E.: New directions in cryptography. IEEE Trans.
Inf. Theory IT-$\underline{22}$(1976), 644-654.

[DrP80] Draffan, I.W.; Poole, F. (Eds.): Distributed Data Bases. Cambridge University Press 1980.

[EGL76] Eswaran, K.P.; Gray, J.N.; Lorie, R.A.; Traiger, I.L.: The notions of consistency and predicate locks in a database system. Commun. ACM $\underline{19}$(1976), 624-633.

[EiS76] Eisner, M.J.; Severance, D.G.: Mathematical techniques for efficient record segmentation in large shared databases. J. ACM $\underline{23}$(1976), 619-635.

[Fag77] Fagin, R.: Multivalued dependencies and a new normal form for relational data bases. ACM Trans. Database Syst. $\underline{2}$(1977), No. 3, 262-278.

[FMU80] Fagin, R.; Mendelzon, A.O.; Ullman, J.D.: A simplified universal relation assumption and its properties. IBM Res. Report RJ2900 (Nov. 1980), Yorktown Heights, N.Y.

[FMU82] Fagin, R.; Mendelzon, A.O.; Ullman, J.D.: A simplified universal relation assumption and its properties. ACM Trans. Database Syst. $\underline{7}$(1982), No. 3, 343-360.

[Fre6o] Fredkin, E.: Trie memory. Commun. ACM $\underline{3}$(1960), 490-499.

[FSW81] Fernandez, E.B.; Summers, R.C.; Wood, C.: Database Security and Integrity. Addison Wesley Publ. Comp., Reading, Mass. 1981.

[GJB81] Gray, J.; et al.: The recovery manager of the System R database manager. Comput. Surv. $\underline{13}$(1981), 223-242.

[GLP75] Gray, J.N.; Lorie, R.A.; Putzolu,G.R.: Granularity of locks in a shared data base. Proc. VLDB 1975, 428-451.

[Gra78] Gray, J.N.: Notes on Database Operating Systems. Lecture Notes in Computer Science 60, 393-481. Springer-Verlag, Berlin 1978.

[GrW76] Griffiths, P.P.; Wade, B.W.: An authorization mechanism for a relational database system.ACM Trans. Database Syst. $\underline{1}$(1976), 242-255.

[HaL82] Haskin, R.L.; Lorie, R.A.: On extending the functions of a relational database system. Proc. SIGMOD 1982.

[HaM75] Hammer, M.M.; McLeod, D.J.: Semantic integrity in a relation data base system. Proc. VLDB 1975, 25-47.

[HaM81] Hammer, M.M.; McLeod, D.J.: Database description with SDM: a semantic database model. ACM Trans. Database Syst. $\underline{6}$(1981), No. 3, 351-386.

[Här78] Härder, T.: Implementierung von Datenbanksystemen. Carl Hanser Verlag, München 1978.

[Här82] Härder, T.: Observations on optimistic concurrency control schemes. IBM Res. Report RJ3645, 1982.

[IMS-G] IBM Corporation: Information Management System / Virtual Storage General Information Manual. IBM Form No. GH20-1260.

[IMS-U] IBM Corporation: Information Management System / Virtual Storage Utilities Reference Manual. IBM Form No. SH20-9029.

[IQL82] Siemens: IQS (BS 2000) V3, Leistungsbeschreibungen, Mai 1982.

[ISD82] Proc. International Symposium on Distributed Data Bases, Paris 1980 und Berlin 1982 (North Holland).

[ISO82] ISO TC97/SC5/WG3:Concepts and Terminology for the Conceptual Schema and the Information Base. March 1982.

[Ken81] Kent, W.: Consequences of assuming a universal relation. ACM Trans. Database Syst. $\underline{6}$(1981), No. 4, 539-556.

[KLS82] Krieger, R.; Lausen, G.; Stucky, W.: Methodischer Datenentwurf beim Aufbau betrieblicher Informationssysteme. Angewandte Informatik 3/82(1982), 191-198.

[Knu73] Knuth, D.E.: The Art of Computer Programming. Volume 3/Sorting and Searching. Addison-Wesley Publ. Comp., Reading, Mass. 1973.

[KuR79] Kung, H.T.; Robinson, J.T.: On optimistic methods for concurrency control. ACM Trans. Database Syst. $\underline{6}$(1981), No. 2.

[Lau82] Laue, R.: A universal relation with null-values for relational databases. Technical Report, RWTH Aachen, 1982.

[Lau82a] Lausen, G.: Concurrency control in database systems: a step towards the integration of optimistic methods and locking. Proc. ACM 82 Conf., 64-68.

[Lem79] Lempel, A.: Cryptology in transition. ACM Computing Surveys $\underline{11}$(1979), 285-304.

[LeY79] Lee, S.; Yeh, R.: Structural locking for concurrency control in database systems. Proc. COMPSAC 1979.

[LoM78] Lockemann, P.C.; Mayr, H.C.: Rechnergestützte Informationssysteme. Springer-Verlag, Berlin 1978.

[LoN76] Lockemann, P.C.; Neuhold, E.J. (Eds.): Systems for Large Data Bases. Proc. VLDB Brussels 1976. (North Holland Publishing Comp., Amsterdam 1976.)

[Man78] Mandola, F.: A review of the 1978 CODASYL database specifications. Proc. VLDB Berlin, 1978.

[Mar81] Martin, J.: Einführung in die Datenbanktechnik. Carl Hanser Verlag,
München 1981.

[NeH82] Neumann, C.; Hornung, T.: Consistency and transactions in CAD-database.
Proc. VLDB 82, Mexico City 1982.

[Nie74] Nievergelt, J.: Binary search trees and file organization. Comput.Surv.
6(1974), 195-207.

[PrS83] Prädel, U.; Schlageter, G.: Concurrency control in integrated information
systems: A survey of problems. Informatik Berichte, FernUniversität
Hagen 1983 (submitted for publication).

[Rei77] Reisner, P.: Use of psychological experimentation as an aid to development of a very query language. IEEE Trans. Softw. Eng. 3(1977), 218-229.

[Reu81] Reuter, A.: Fehlerbehandlung in Datenbanksystemen. Carl Hanser Verlag,
München 1981.

[RiS77] Ries, D.R.; Stonebraker, M.R.: Effects of locking granularity in a database management system. ACM Trans. Database Syst. 2(1977), No. 3.

[RiS79] Ries, D.R.; Stonebraker, M.R.: Locking granularity revisited. ACM Trans.
Database Syst. 4(1979), No. 2.

[SaW80] Sagiv, Y.; Walecka, S.: Subset dependencies and a completeness result
for a subclass of embedded multivalued dependencies. Report, Dept. of
Computer Science, University of Illinois, Urbana 1980.

[ScB83] Schmidt, J.W.; Brodie, M. (Hrg.): Relational Database Systems - Analysis
and Comparison. Springer Verlag, Berlin 1983.

[Sch78] Schlageter, G.: Process synchronisation in database systems. ACM Trans.
Database Syst. 3(1978), No. 3.

[Sch80] Schek, H.-J.: Methods for the administration of textual data in database
systems. Proc. Research and Development in Information Retrieval,
Cambridge 1980.

[Sch81] Schlageter, G.: Optimistic methods for concurrency control in distributed database systems. Proc. VLDB 1981.

[Scm76] Schmid, H.A.: Architektur und Implementierung von Datenbanksystemen.
Sommer-Seminar der GMD, St. Augustin, Juli 1976. Der GMD-Spiegel, Nr. 3,
Sept. 1976, 78-122.

[Sev74] Severance, D.G.: Indentifier search mechanisms: A survey and generalized
model. Comput. Surv. 6(1974), 175-194.

[Shi80] Shiao, D.K.: Database computers. In: Advances in Computers 19(1980).

[Sim79] Simmons, G.J.: Symmetric and asymmetric encryption. Comput. Surv. 11(1979), 305-330.

[SmS77] Smith, J.M.; Smith, D.C.: Database abstractions: Aggregation and generalization. ACM Trans. Database Syst. 2(1977), No. 2.

[SPR82] Schlageter, G.; Rieskamp, R.; Prädel, U.; Unland, R.: The network query language NOAH. Proc. SIGMOD 1982.

[Stu75] Stucky, W.: Ein wahrscheinlichkeitstheoretischer Ansatz zur Bestimmung der optimalen Implementierung komplexer Relationen in Datenbanken. Forschungsberichte, Institut für Angewandte Informatik und Formale Beschreibungsverfahren, Universität Karlsruhe, 1975.

[Stu83] Stucky, W.: Zur Theorie der relationalen Datenbanken. Forschungsberichte, Institut für Angewandte Informatik und Formale Beschreibungsverfahren, Universität Karlsruhe, 1983.

[SWK76] Stonebraker, M.; Wong, E.; Kreps, P.: The design and implementation of INGRES. ACM Trans. Database Syst. 1(1976), 189-222.

[Thu80] Thurnherr, B.: Konzepte und Sprachen für den Entwurf konsistenter Datenbanken. Dissertation, ETH Zürich 1980.

[Tsi75] Tsichritzis, D.: A network framework for relational implementation. Proc. IFIP TC-2 Special Working Conference on Data Base Description 1975, 269-282 North-Holland Publishing Comp., Amsterdam 1975.

[Ull80] Ullman, J.D.: Principles of Database Systems. Pitman Publ. Ltd., London 1980 (2. Auflage 1982).

[Ull82] Ullman, J.D.: The U.R. strikes back. Proc. ACM Symposium on Principles of Database Systems 1982, 10-22.

[UPS82] Unland, R.; Prädel, U.; Schlageter, G.: Design alternatives for optimistic concurrency control schemes. Informatik-Bericht, FernUniversität Hagen 1982 (submitted for publication).

[Wed74] Wedekind, H.: On the selection of access paths in a database system. Proc. IFIP Working Conference on Data Base Management 1974, 385-397. North-Holland Publishing Comp., Amsterdam 1974.

[Wed81] Wedekind, H.: Datenbanksysteme I. Bibliographisches Institut, Mannheim 1981 (2. Auflage).

[WeH76] Wedekind, H.; Härder, T.: Datenbanksysteme II. Bibliographisches Institut, Mannheim 1976.

[WSK83] Weber, W.; Stucky, W.; Karszt, J.: Integrity checking in database systems. Information Systems $\underline{8}$(1983).

[Zlo75] Zloof, M.M.: Query by Example. AFIPS Conf. Proc. 1975 NCC, 431-437.

[ZeT80] Zehnder, C.A.; Thurnherr, B.: Dynamic consistency constraints in the conceptual schema and their connections with the external schema. Proc. GI - 10.Jahrestagung Saarbrücken 1980 (Springer Verlag Berlin 1980).

SACHREGISTER

Abbildungsorientierte Sprachen 148

Abfragemodifikation 342

Abfragesprachen 119, 138

Äquivalenz (Datenbank-Schema) 209, 212

Äquivalenz (FA) 179

After-Image 331, 334

Aktualitäts-Indikatoren 93

ALPHA 142

Anomalien (insertion/deletion/update) 164

Anwendungsadministrator 32

Architektur eines DBS 26, 38

Armstrong-Axiome 181

Attribut 15

B-Baum 271

B*-Baum 272, 278

Bachmann-Diagramm 60

Baum 72, 261

-, ausgeglichener 271

-, binärer 261

-, geordneter 262

BCNF-Relation 190

Before-Image 327

Berechtigungsmatrix 339

Bereichsvariable 143

Beziehung 13, 47

Binden 39

Bit-Liste 258

Boyce-Codd-Normalform 190

Checkpoint 329, 332

CODASYL 59, 92

currency 92

dangling tuple 201

data base conditions 112

Data Design 197

Data Storage Description Language 92,120

Datei 17, 130

-, invertierte 254

-, virtuelle 220

Datenbank-Typ 170

Datenbank-Variable 171

Datenbankadministrator 33

Datenbankentwurf 197

Datenbankprozedur 101, 290

Datenbankschlüssel 93

Datenbanksoftware 22

Datenbeschreibungssprache 29, 57

Datenebenen 26

Datenmanipulationssprache 57

Datenmodell 57

Datenorganisation, logische 57

-, physische 23, 33, 219

Datenschutz 287, 335

Datenunabhängigkeit, dynamische 40

-, logische 22

-, physische 22

-, statische 40

DBMS / Datenbankmanagementsystem 37

DBTG / Data Base Task Group 59, 92

DDL / Data Description Language 29,57

Deadlock 319

decomposition 202

Dekompositionsalgorithmen 213

Determinante 176

DL / I (Data Language/I) 136

DML / Data Manipulation Language 32,57

domain 44

Dump 333

E-R-Diagramm 16

Einstiegspunkt 68, 75

Entity 13

EOT / end of transaction 318, 331

Symbole und Bezeichnungen

{ }	Mengenklammern
$X \subseteq Y$, $Y \supseteq X$	X ist Teilmenge von Y
$\not\subseteq$	"nicht Teilmenge"
$x \in X$, $X \ni x$	x ist Element der Menge X
$\notin$	"nicht Element"
$\emptyset$	leere Menge
$X \cup Y$	Vereinigung der Mengen X und Y
$X \cap Y$	Durchschnitt der Mengen X und Y
$X \setminus Y$	Differenz von Mengen: $\{x \mid x \in X, x \notin Y\}$
$\mathbb{P}X$	Potenzmenge der Menge X: $\{Y \mid Y \subseteq x\}$
$X \times Y$	kartesisches Produkt der Mengen X und Y: $\{(x,y) \mid x \in X, y \in Y\}$
$X1 \times X2 \times \ldots \times Xn$	kartesisches Produkt von n Mengen (analog)
$\#X$	Anzahl der Elemente der Menge X
$:=$	definierende Gleichung
$:\subset$	verwendet für Typdefinition (s. Seite 169)
$\rightarrow$	daraus folgt
$\leftrightarrow$	genau dann, wenn
$\forall$	für alle (Allquantor)
$\exists$	es existiert (Existenzquantor)
$f: S \rightarrow N$	Abbildung
O, o	Landau-Symbole (vgl. Abschnitt 6.4.3)
o.B.d.A.	ohne Beschränkung der Allgemeinheit
$\mathbb{N}$	Menge der natürlichen Zahlen: $\{1,2,3,4,\ldots\}$
$\mathbb{N}^0$	$\mathbb{N} \cup \{o\}$
$i = 1..n$	PASCAL-ähnliche Notation für $i = 1,2,\ldots,n$

Verwendete deutsche Buchstaben: $\mathfrak{A}$ A ; $\mathfrak{E}$ E ; $\mathfrak{R}$ R ; $\mathfrak{Z}$ Z .

Leitfäden der angewandten Informatik

K. Bauknecht / C. A. Zehnder
Grundzüge der Datenverarbeitung
Methoden und Konzepte für die Anwendungen
2. Aufl. 344 Seiten. Kart. DM 26,80

Beth / Heß / Wirl
Kryptographie
205 Seiten. Kart. DM 24,80

H. Hultzsch
Prozeßdatenverarbeitung
216 Seiten. Kart. DM 22,80

H. Kästner
Architektur und Organisation digitaler Rechenanlagen
224 Seiten. Kart. DM 23,80

G. Lausen / G. Schlageter / W. Stucky
Datenbanksysteme: Eine Einführung
In Vorbereitung

G. Müller
Entscheidungsunterstützende Endbenutzersysteme
253 Seiten. Kart. DM 26,80

G. Mußtopf / H. Winter
Mikroprozessor-Systeme
Trends in Hardware und Software
302 Seiten. Kart. DM 28,80

V. Schmidt et al.
Digitalschaltungen mit Mikroprozessoren
2. Aufl. 208 Seiten. Kart. DM 23,80

H. J. Schneider
Problemorientierte Programmiersprachen
226 Seiten. Kart. DM 23,80

F. Singer
Programmieren in der Praxis
176 Seiten. Kart. DM 19,80

J. Specht
APL-Praxis
192 Seiten. Kart. DM 22,80

M. Vetter
Aufbau betrieblicher Informationssysteme
300 Seiten. Kart. DM 28,80

F. Wingert
Medizinische Informatik
272 Seiten. Kart. DM 23,80

Preisänderungen vorbehalten

 B. G. Teubner Stuttgart